U0182404

精准护肤

科学原理与实践

PRECISION SKINCARE

SCIENTIFIC PRINCIPLES IN PRACTICE

主　编：梅鹤祥　马彦云

副主编：苏　宁　叶　睿

清華大学出版社

北　京

图书在版编目（CIP）数据

精准护肤：科学原理与实践 / 梅鹤祥等主编. —北京：清华大学出版社，2022.9（2023.8重印）
ISBN 978-7-302-61802-7

Ⅰ.①精… Ⅱ.①梅… Ⅲ.①皮肤－护理 Ⅳ.①TS974.11

中国版本图书馆CIP数据核字（2022）第165220号

责任编辑：周婷婷
封面设计：钟 达
责任校对：李建庄
责任印制：朱雨萌

出版发行：清华大学出版社
网　　址：http://www.tup.com.cn，http://www. wqbook. com
地　　址：北京清华大学学研大厦A座　　**邮　　编：**100084
社 总 机：010-83470000　　**邮　　购：**010-62786544
投稿与读者服务：010-62776969，c-service@tup.tsinghua.edu.cn
质量反馈：010-62772015，zhiliang@tup.tsinghua.edu.cn
印 刷 者：三河市东方印刷有限公司
经　　销：全国新华书店
开　　本：185mm×260mm　**印　张：**16.5　**插　页：**14　**字　数：**419千字
版　　次：2022年10月第1版　**印　　次：**2023年8月第5次印刷
定　　价：198.00元

产品编号：099075-01

编委会

主　审　刘　玮（中国人民解放军空军特色医学中心皮肤科）

主　编　梅鹤祥（上海拜思丽实业有限公司）

马彦云（复旦大学人类表型组研究院）

副主编　苏　宁（中国检验检疫科学研究院）

叶　睿（懿奈（上海）生物科技有限公司）

顾　问　刘　玮（中国人民解放军空军特色医学中心皮肤科）

李　利（四川大学华西医院皮肤科）

赖　维（中山大学附属第三医院皮肤科）

王久存（复旦大学生命科学学院/复旦大学人类表型组研究院）

编　者（按姓氏拼音排序）

冰　寒　陈雨童　杜　乐　傅晓蕾　高　颖　侯敷南

贾雪婷　康思宁　李　雪　李钧翔　刘　菲　刘铭丽

卢云宇　陆　益　马维民　马彦云　麦麦提艾力·热合曼

梅鹤祥　牛哲明　潘　毅　彭　飞　任传鹏　苏　宁

王艺臻　王银娟　许　阳　杨　丽　叶　睿　张倩倩

张馨元　郑洪艳　钟　倩

序

PREFACE

近十年来生命科学的飞速发展，极大提升了人们对化妆品皮肤科学的认知和理解，科学护肤已成为全社会广泛共识。为了宣传和推广科学护肤相关知识，近年来我们组织发布了皮肤防晒、皮肤清洁、修复皮肤屏障功能、中国敏感性皮肤诊治以及面膜类产品的选择与使用等系列专家共识。这些共识从不同的维度和视角阐述科学护肤理念与知识，为消费者和化妆品相关从业人员理解科学护肤提供参考。但这些文献只对一些具体问题展开探讨，限于篇幅未能就科学护肤理念进行全面系统的总结和深入阐述。

实际上，对科学护肤的讨论从2005年我和张怀亮教授出版《皮肤科学与化妆品功效评价》时就已经开始，彼时我们集中讨论一个问题——化妆品究竟有没有效果？尽管现在来看化妆品的功效已经是众人皆知的常识，但在科学护肤的框架里，功效是目标也是基础。之后受2015年奥巴马所提精准医疗政策的影响，我和几位同道也多次深入交流讨论“精准护肤”的内容和意义，也曾多次在公开的研讨会上作过对精准护肤理论思考的报告。2021年《化妆品监督管理条例》的实施将化妆品功效的科学依据变成了法规强制要求。顺应新时代化妆品的发展要求，精准护肤或许是科学护肤最有效的模式之一。

由梅鹤祥先生和马彦云博士主编的《精准护肤——科学原理与实践》一书汇聚了国内外三十多位医学、生物学、药学、临床及化妆品领域内青年科学家的集体智慧，在该书付梓之际，受两位主编的邀请为本书作序。梅鹤祥先生曾在德国企业工作多年，不仅对国内外化妆品行业有深刻了解，而且深耕化妆品活性原料市场，对化妆品领域了解非常全面，对行业上下游产业链的洞察也很深刻。马彦云博士跟我一起从事光皮肤生物学研究和化妆品功效评价研究，对化妆品行业具有独到见解和认识。参与编写的其他作者也是行业内不同专业领域的青年才俊。在这个团队的努力下，通过十四章从理论到实践全面论述了精准护肤的理论和应用，这在国内乃至国际上都是对科学护肤这个话题进行的首次深入讨论。

功效是精准护肤的核心，针对不同的皮肤问题，通过研究挖掘各类皮肤问题发生发展的具体机制，选择相应的靶点和活性成分，利用高效的透皮技术实现靶向传递，并能利用不同人群的功效试验证实产品功效，即为精准护肤。精准护肤以不同人群的皮肤特征和问题为对象，以明确的分子靶点和活性原料寻找为手段，以证据驱动的功效试验为目的，实现科学护肤的全流程管理。本书对这些内容都有非常齐全的论述，基本上对目前精准护肤所涉及的各个维度都有讨论。

精准护肤也会像精准医疗一样，不断深入、不断完善，包括科学理论建设、新技术应用以及法规条例变化等，本书所论述的内容也会随着认识的更新而发生改变，有些内容还需要再斟酌、再思考，但本书不失为一本科学护肤理论体系中高品质之作，值得广大从业人员阅读参考，并广泛讨论。

刘　玮
皮肤科教授、博士生导师
中国医师协会皮肤科医师分会顾问
2022年8月

前言

FOREWORD

当前，我国已经成为全球最大的化妆品市场，伴随着化妆品经济的快速发展，化妆品行业的创新建设迫在眉睫。为了加速我国化妆品产业结构升级，国家从监管层面业已推出一系列政策法规，目前已经对化妆品产业产生了诸多影响。加速化妆品皮肤科学的建设，充分挖掘化妆品的多学科构成特点，综合各学科的前沿科技进展，通过科技创新推出更符合中国人群皮肤特征的原创性功效型护肤品已经逐渐成为行业共识。遗憾的是，目前尚缺乏完备的理论指导深入探究精准靶向于皮肤生理机制的活性成分开发、稳定高效的输送（递送）系统设计、预期功效的科学验证，以实现有安全保障的产品来满足多样化消费人群对特定皮肤问题的健康护理。随着精准医疗模式在我国大健康产业中的作用和贡献不断被发掘，“精准护肤”模式也在皮肤健康领域被提上了日程。从最初的概念提出到不断增加清晰明确的学术内容，精准护肤概念的内涵和外延日渐成形，欣喜的是随着“人类表型组计划”尤其是“皮肤表型组学”的快速进展直接为精准护肤模式的完善奠定了扎实的科学基础。基于此，揭示在不同环境因子的作用下各类皮肤表型形成的分子机制，以此为基础选择干预靶点并筛选活性成分复配成特定功效的护肤品，通过高效输送体系到达皮肤的既定部位发挥预期作用，改善皮肤状态，维持健康构成精准护肤的基本模式。精准护肤的模式包括以皮肤表型特征为基础的人群分类，问题皮肤改善和健康皮肤维持相应的机理揭示和靶点筛选，高通量的活性物筛选，高效输送（递送）体系的开发，及高特异性和灵敏性功效评价方法的建立。精准护肤模式可望为我国化妆品产业的科学发展提供一种新的理论依据和参考。

为全面体现精准护肤的理念和模式，本书在编写中分为基础篇、个论篇和实践篇。前三章为本书的总论部分，第一章详细介绍了精准医学和精准护肤的概念，重点阐述精准护肤在化妆品产业中需要解决的科学问题。第二章主要介绍皮肤的基本结构及皮肤在环境再适应中面临的问题和困境。第三章阐述暴露组学、基因组学、表观遗传学、转录组学、蛋白组学、代谢组学、免疫组学和微生物组学在皮肤领域中的前沿进展，本章重点展示了皮肤表型组学的前沿成果，皮肤表型组学是精准护肤模式的科学基础。第四章到第八章是本书的个论部分，分别阐述了精准护肤模式下五种最常见护肤诉求的解决方案，分别为祛斑美白、皮肤衰老、敏感性皮肤、痤疮和光防护。第九章主要介绍化妆品的功效管理。第十章重点介绍精准护肤范式下创新活性成分的筛选与设计。第十一章和十二章分别介绍精准护肤范式下的经皮输送系统和与智能技术的融合。第十三章着重介绍精准护肤模式在产业融合发展中的作用和价值。第十四章主要展示精准护肤理念指导下新型功效产品的开发过程，详细介绍了从基础研究、靶点确定、原料筛选、配方体系、功效评价到产品完成整个过程。

本书在创作过程中得到了空军特色医学中心皮肤科刘玮教授、四川大学华西医院皮肤科李利教授、中山大学附属第三医院皮肤科赖维教授、复旦大学生命科学学院王久存教授的大力支持和全面指导，在与四位教授的多次反复讨论后本书得以确定内容框架，在此表示衷心的感谢！正是在与各位教授的不断交流中才积累了本书的点滴内容，以此为引在各位青年学者的积极参与下最终汇聚成了本书。在此对这些青年学者深表感谢，他们是上海拜思丽实业有限公司任传鹏博士，山东福瑞达生物工程有限公司刘菲博士，杭州彗搏科技有限公司卢云宇博士，法国勃艮第-弗朗什孔泰大学皮肤学博士王银娟，海军军医大学第一附属医院皮肤科陈雨童博士，懿耐（上海）生物科技有限公司叶睿博士和杜乐博士，南京医科大学第一附属医院许阳博士，同济大学附属上海市皮肤病医院/冰寒护肤实验室冰寒博士，中国检验检疫科学研究院苏宁博士，禾美生物科技（浙江）有限公司陆益、李钧翔、傅晓蕾、康思宁等博士，上海麦色医疗科技有限公司马维民、侯敷南，以及在德国波恩大学的牛哲明博士和卡尔斯鲁厄大学的彭飞博士，海德堡大学李雪博士和奥地利格拉茨医科大学潘毅博士，上海馥盾检测技术有限公司张馨元，中国检验检疫科学研究院郑洪艳、杨丽、贾雪婷、刘铭丽和张倩倩等都在百忙中参与部分章节的撰写任务。在此，尤其感谢三位在校的博士研究生同学，分别是来自清华大学生命科学学院的麦麦提艾力·热合曼，复旦大学化学学院的王艺臻，都是在撰写论文和答辩前的时间参与了制图工作，来自复旦大学生命科学学院的博士研究生钟倩同学除了协助制图工作外，还协助完成稿件的文字校对、初稿整稿等任务。

本书可供化妆品科学、精细化学、皮肤病学、药学、生物学及其他相关领域科研人员、教师、研究生、本科生阅读参考，可供化妆品相关领域从业人员学习参考。

由于作者水平所限，加之时间仓促，书中疏漏之处在所难免，恳请读者批评指正。

主　编

2022年4月于上海

目 录

CONTENTS

基础篇

个论篇

实 践 篇

基础篇

第一章　精准护肤的背景和定义

梅鹤祥

本章概要

- ☐ 精准医学的历史背景与概念
- ☐ 精准护肤的历史机遇
- ☐ 精准护肤关注的科学问题
- ☐ 精准护肤的机遇和挑战
- ☐ 精准护肤的重点目标和任务

第一节　精准护肤的背景和发展机遇

一、精准医学的历史背景与概念

精准医学的前身是“个体化医学”，是指医学决策要根据每位患者的个体特征进行量体裁衣。精准医学的概念最早于20世纪70年代提出，但受当时的医疗和科技发展水平所限，并未引起医学界的足够重视。直至2003年，人类基因组计划完成，精准医学才逐渐成为医学研究领域中受关注的发展方向之一。

人类基因组计划的完成使科研工作者能够从基因层面来观察、研究和分析疾病发生、发展的分子机制，并提出防治策略。新一代测序技术的迅速发展极大地推动了基因组学的研究，也使研究人员逐渐认识到基因组研究无法单独实现了解人类疾病这个复杂的艰巨任务。随着基因组、转录组、蛋白组、脂质组、微生物组和代谢组等表型组研究的进展，人类有望发现基因-表型-环境以及宏观-微观表型之间的联动机制，支撑起对疾病更加精准的诊断、干预、调控和治疗，最终实现真正的精准医学。

二、精准护肤的历史机遇

（一）精准医学的发展为精准护肤提供了理论依据

皮肤是人体的最大器官，是保护屏障，也是具有感觉和温度调节等功能的器官。皮肤对维持机体的稳态至关重要，但相关分子机制仍未完全明确。近年来层出不穷的新技术和新方法提供了进一步研究的机会。例如，皮肤类器官模型和单细胞组学技术、各类新型无创测量设备等的快速发展使揭示皮肤这个复杂体系的生命活动规律成为可能。

在医学诊疗中，包括皮肤病的诊疗，传统上主要依赖患者的病史和检查进行诊断并选择治疗方法。过去的20年里，在医疗实践和临床研究中，生物医学领域的研究在分子和细胞水平上获得了长足进步，各类新技术的发展直接推动了基因组、转录组、蛋白组、脂质组、微生物组、代谢组及暴露组的创新研究，皮肤学相关研究的快速进展尤其值得关注。环境暴露因子的量化研究、皮肤微生态的深入解读、皮肤屏障功能和机制的不断挖掘以及对皮肤老化发生机制的解析，极大地提高了我们对环境和基因相互作用形成各类皮肤表型机制的认识，也初步解析了微观分子到宏观特征之间的联动机制，而无创测量技术的发展使皮肤宏观表型特征得以精确呈现。分子水平的研究为各类皮肤疾病和问题皮肤定位到了潜在治疗靶点和干预通路，而宏观表型的测量则为实现精准干预提供了循证基础。总之，基于人类表型组学的前沿进展，通过精准医学的研究策略，不仅能够实现皮肤疾病的精准防治，也可为科学护肤提供精准方式。

“精准护肤”概念的提出则将为皮肤健康领域基础研究和应用研究的发展提出新的预期和目标，也将有利于皮肤病学及相关领域研究水平的进一步提升。

（二）新时代背景下的专业需要

中国在2020年已成为全球最大的个人护理品和美容产品消费市场。据国家统计局2021年1月18日发布的数据，2020年中国市场化妆品零售总额达到了3400亿元。但民族企业迄今为止的表现并不尽如人意，尚无市值超过千亿的本土美妆类企业。究其原因，皮肤科学研究成果转化率过低是根源，化妆品科学理论体系的缺位卡口。因此，厘清化妆品多学科交叉的特性，彰显化妆品的科技属性，促进美妆行业走向科技驱动和科技创新的道路，是本土品牌实现跨越发展和国际化的关键。

为规范和引导这一行业的发展并鼓励科技创新实现产业升级，国家近年来持续出台了一系列政策法规，相关的学术科研机构也越来越积极地参与其中。

2020年6月16日中华人民共和国国务院令（第727号）公布《化妆品监督管理条例》，其中第二十二条规定：“化妆品的功效宣称应当有充分的科学依据。化妆品注册人、备案人应当在国务院药品监督管理部门规定的专门网站公布功效宣称所依据的文献资料、研究数据或者产品功效评价资料的摘要，接受社会监督。”这对化妆品的功效提出了更高的要求，为未来中国皮肤护理和美容产品的发展明确了目标。

2020年10月9日，以“化学生物医药工程与皮肤健康”为主题的香山科学会议第678次学术讨论会在北京成功召开。会议主要就以下议题进行深入讨论：①与皮肤健康相关的特定功能化学品的生物制造；②生物工程与制剂新技术；③皮肤医学与医学美容技术；④皮肤健康产业的可持续发展等。

2021年3月12日发布的《中华人民共和国国民经济和社会发展第十四个五年规划

和2035年远景目标纲要》（简称“十四五”规划）第四篇第十二章第一节中明确指出：“建立健全质量分级制度，加快标准升级迭代和国际标准转化应用。开展中国品牌创建行动，保护发展中华老字号，提升自主品牌影响力和竞争力，率先在化妆品、服装、家纺、电子产品等消费品领域培育一批高端品牌。”

综上所述，在国内消费市场日益成熟、竞争日趋激烈、新一代消费者回归国潮的时代背景下，“十四五”规划及相关配套的法律法规为化妆品美容行业的发展提供了政策层面的支持，科技界的日益重视和参与也为此提供了技术上的支持。然而国内化妆品美容行业目前仍处于发展阶段，研发技术不足，尤其缺乏系统完整的科学体系指导，导致科技赋能不足，难以形成极具竞争力的高科技产品，亟待理论体系的建设，而基于精准医学研究策略的精准护肤或可助力本土企业的科技化发展。

第二节　精准护肤关注的问题和主要任务

一、精准护肤关注的科学问题

精准护肤关注的科学问题主要包括：健康皮肤表型形成的机制和特征；问题皮肤（皮肤屏障损伤、敏感性皮肤、皮肤老化等）发生发展的机制；生物标志物的发现和干预靶点的确定；高特异性活性物的研发与复配；靶向传输系统的建立；精准功效评价方法体系的开发应用。

目前推动国内外精准护肤发展的主要驱动因素有下列三个方面：第一是皮肤科学在分子水平的研究突飞猛进，包括基因组学研究技术的革新以及蛋白质组学和代谢组学等研究手段的日益成熟；第二是皮肤影像诊断和无创测量技术的快速发展；第三是大数据和人工智能等分析方法的不断迭代。这些新方法和新技术的出现为精准护肤提供了技术保障。

二、精准护肤的机遇和挑战

近年来组学研究蓬勃发展，并将生物医学领域的研究成功带到了表型组学。跨尺度、多维度的组学研究对揭示皮肤在各类环境压力下如何通过分子水平的调控影响宏观表型以重塑适应新环境提供了方法依据。基于全球不同人群的队列研究正在不断清晰地揭示各人群皮肤的差异特征。高精度的影像设备可以获取高分辨率的数字化图像，以分析皮肤纹理和附属器特性，皮肤超声、皮肤计算机断层扫描术（computer tomography，CT）以及多光子皮肤成像系统更是能够从组织和分子水平展示皮肤的结构特征。新一代测序技术使皮肤细胞中各基因的功能研究获得了确认，皮肤老化调控的基因和脱发相关的基因正在不断被发现和确认。磁共振技术和各类质谱技术的使用让皮肤代谢物和蛋白质获得了鉴定，皮肤表面的全部脂类物质首次获得了定量研究。这些皮肤领域的研究为精准护肤的提出和实践提供了前所未有的机遇。从全球研究来看，这些成果主要来自于欧美，中国人群皮肤的相关研究尤其是针对健康皮肤的研究极其匮乏，这为基于中国人群皮肤特征的精准护肤实践提出了要求和挑战。

三、精准护肤的重点目标和任务

精准护肤尽管以维持皮肤生理结构和健康状态为主，但同样也是针对病理性皮肤进行预防和辅助治疗的实践，因此属于精准医学的范畴。精准医学的研究策略和成果也适用于精准护肤，交叉学科的研究手段和成果也能为精准护肤提供借鉴。精准医学虽然能发现致病基因及相关分子机制，并以此为据选择针对性的治疗方案，但精准护肤在实际应用中所涉及的许多外用成分则面临更为复杂的环境和技术问题，常规简单的制剂方式难以实现预期的功能，需要结合物理、化学、药学、材料学等方面的知识来补充或优化。因此，精准护肤的重点目标为在深入研究皮肤表型特征的基础上通过整合多学科技术为皮肤健康护理提供理论依据和实践方案。

参考精准医学的研究策略，人们在皮肤健康管理科学实践领域提出了一些新的研发理念和技术路径，以更精准的方式实现针对特定人群的皮肤护理。主要包括以各组学结合高通量技术及生物信息学分析，揭示皮肤表型形成机制并确定关键靶点；利用网络药理学等方法，通过高通量筛选方式获取新的活性成分；参照智能技术完成产品的设计、开发以及化妆品功效评价研究；以皮肤问题为导向，实现从理论到产品开发再到精准应用（精准护肤）。因此，精准护肤的主要任务如下：

（1）各人群健康皮肤表型图谱的绘制；

（2）皮肤表型（正常皮肤和问题皮肤）形成的分子机制和调控靶标的发掘；

（3）基于特定靶标的高通量活性物的筛选；

（4）安全高效靶向传输体系的构建；

（5）基于产品特性的功效评价方法的开发；

（6）大数据分析和人工智能（artificial intelligence，AI）手段在产品研发和市场拓展中的应用。

（刘　玮　审校）

参考文献

第二章　皮肤的基本结构与环境影响

梅鹤祥　刘　菲　马彦云

本章概要

- ☐　皮肤的基本结构和生理功能
- ☐　皮肤表型的形成及对环境的适应
- ☐　现代工业文明与皮肤问题

能够对人体产生效应的环境因素称为“暴露组”（exposome）。环境因素与基因相互作用共同决定了人类皮肤的全部表型。人类在漫长的进化发展过程中，皮肤表型已经几近完美地适应了当地的自然环境，但随着人类文明的飞速发展，现代工业技术已经极大地改变了生存环境，这对人类皮肤表型形成了新的压力，而生活方式及饮食习惯的改变进一步加重了这种压力。这些快速变化的新环境会对人体已经适应的表型造成负面影响，这种现象称为“进化不良（dysevolution）”或者“进化失配（evolutionary mismatch）”。

“进化失配”假说为我们了解各类繁杂问题皮肤和皮肤病提供了独特视角。工业文明时代的光污染和大量电子设备的普及已经严重影响了人体生物节律及皮肤健康，高糖、高脂的饮食结构和快节奏、高强度的生活方式等也对皮肤健康造成了影响，这些变化不仅加剧了皮肤老化的发生和问题皮肤的出现，也诱发了大量的皮肤病。此外，医疗美容手段、化妆品使用及各种新奇的皮肤护理方式，实际上也可能是一种对皮肤的“侵扰”。如何利用生物进化的理论研究暴露组对皮肤的影响并实现对皮肤的精准管理，就成了精准护肤首要解决的关键问题。

第一节　皮肤的基本结构和生理功能

人类皮肤表型特征十分突出，主要特点是外表裸露直接暴露在环境中，具有鲜明的颜色，通过分泌汗液使人体具有强大的体温调节功能，并与附着在其表面的微生物构成皮肤微生态，共同调节皮肤健康。

成年人的平均皮肤面积为1.5～2.0 m^2，厚度一般不超过2 mm，质量约占体重的15%，是人体最大的单一器官。人类皮肤的主要功能是保护人体免受机械损伤、微生物和环境中辐射的侵袭，调节温度，通过保温和出汗参与神经系统的功能和水分含量的调节，并监控周围环境和所接触物体的关键信息等。皮肤的特性和状况因身体部位而不同，并受各种先天因素的影响，如皮肤类型、种族、性别，甚至生活方式和体重指数（body mass index，BMI）。皮肤是人体与外界环境接触的直接屏障，能直观地展现人当前的身体状态及某些人群特定的遗传特征。

一、皮肤的基本结构

皮肤由三层组织构成，由表及里分别是较薄的外层——表皮，较厚且内部较为复杂的内层——真皮，以及皮下组织（图2-1、彩图2-1）。其中，表皮主要起屏障作用；真皮位于表皮下方，富含血管、神经和多种皮肤附属器官，起到为表皮提供水分、营养物质及皮肤支撑等作用；皮下组织位于皮肤的最深层，由脂肪组织构成，具有储存能量、保温、缓冲等作用。表皮和真皮之间通过基底膜结构隔开，而真皮和皮下组织之间没有明显界限。

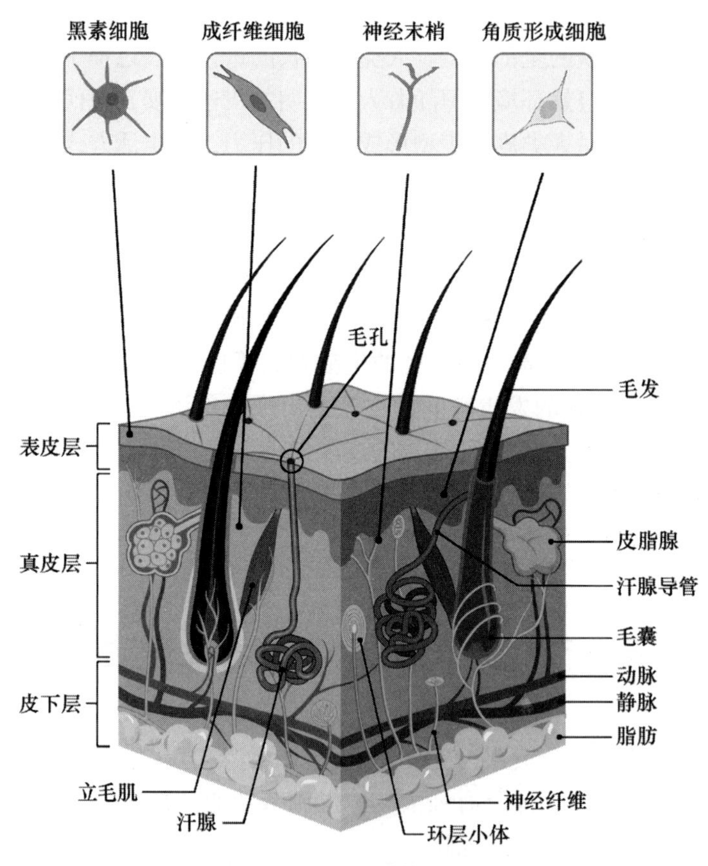

图2-1 人体皮肤横截面示意图

（一）角质层

角质层位于表皮的最外层，由10～20层扁平无核、胞质染色嗜酸性的角质化细胞组成，是构成皮肤屏障最重要的结构。皮肤的屏障特性可基于角质层的完整性进行预测。角质层的屏障结构通常被形容为“砖块-灰浆”结构。其中，“砖块”是指角质形成细胞，“灰浆”主要指细胞间脂质，还包括少量糖蛋白、桥粒、酶、汗腺和皮脂分泌产物等。细胞间脂质是由板层小体释放而来，包括神经酰胺、胆固醇、游离脂肪酸等，又称为“结构脂质”。角质层中的丝聚蛋白被酶解为天然保湿因子，具有吸湿功能，起到维持角质层中水分含量的作用。角质细胞中贯穿大量角蛋白中间丝，在胞质膜下有一层由角蛋白、丝聚蛋白、兜甲蛋白、内披蛋白及其他富含脯氨酸的小蛋白组成的角化包膜，细胞内的角蛋白和细胞间脂质都附着在角化包膜上。随着时间的推移，角质层细胞逐渐脱落，基底层的表皮干细胞不断产生新的角质形成细胞并向上推移，由此形成表皮不断更新的动态平衡过程。

（二）表皮

表皮是多层角化上皮，由神经外胚层发育而来，表面光滑、耐磨，只有毛囊和汗腺的毛孔穿透其中。角质形成细胞是表皮中发现的主要细胞类型，此外表皮还含有四种树突状细胞：黑素细胞、朗格汉斯细胞、默克尔细胞和未定型细胞。表皮厚度在不同的人群中存在相当大的差异，与年龄和阳光暴露史等有关。深肤色人群的角质层比浅肤色人群的角质层更加致密，由更多角质化的细胞层组成，从而增强了皮肤的屏障保护功能。

1. 角质形成细胞

表皮细胞中90%～95%为角质形成细胞，它们有序排列形成多层结构。其中，最下层为基底层，基底层细胞经过有丝分裂不断形成新的角质形成细胞，并边向外表面移动边成熟分化。这些细胞在分化过程中发生形态的变化，依次形成棘层、颗粒层和角质层，而掌跖等表皮较厚的部位在角质层和颗粒层之间还存在透明层。角质形成细胞中有大量角蛋白的表达，形成角蛋白中间丝，嵌入无定形基质中。角质形成细胞在各层结构中都有特定的角蛋白成对表达，其中包含一种碱性角蛋白（K1～K9）和一种酸性角蛋白（K10～K20），它们的配对和定位取决于分化状态。例如，基底层中以角蛋白K5/K14为主，棘层中以角蛋白K1/K10为特征。特定的成对角蛋白形成异源二聚体结构，是构成角蛋白中间丝的基本单元。在哺乳动物的表皮中，角蛋白和丝聚蛋白构成了细胞蛋白含量的80%～90%，角蛋白中间丝在细胞质中充分延展，起到细胞骨架的作用。

（1）基底层：基底层位于表皮层的最下层，由单层立方状细胞组成；细胞呈栅栏状排列于基底膜之上，细胞核较大，胞质染色嗜碱性，含有多种细胞器结构和从黑素细胞获取的黑素颗粒。相邻基底层细胞之间以及基底层和棘层细胞之间通过桥粒相连接，基底层和基底膜之间通过半桥粒连接。K5/K14角蛋白中间丝以与皮肤表面相垂直的方向排列，并同半桥粒连接，将基底层锚定在基底膜上。基底层细胞均未分化，其中约10%是表皮干细胞，其余大部分细胞会进行次数有限的有丝分裂，新生细胞不断向上移动并逐渐成熟分化。角质形成细胞从基底层迁移到颗粒层上层大概需要14天，从到达角质层再到脱落又需要14天，从而形成约28天的表皮更替周期。除角质形成细胞外，基底层中还含有黑素细胞和默克尔细胞。

（2）棘层：棘层位于基底层之上，由4～8层多面体细胞组成，由于细胞在胞质中有多个棘状突起故称为“棘层”。棘层细胞之间通过桥粒相连接，越靠近上层细胞形态越扁平，胞质染色嗜碱性。与基底层不同，棘层细胞中特异表达的角蛋白为K1/K10二聚体（同时也存在少量K5/K14二聚体），角蛋白中间丝贯穿整个胞质并将末梢插入桥粒中。棘层上部细胞中含有圆形的、具有膜结构和分泌作用的细胞器，称为“板层小体”，内含有多糖、糖蛋白、脂质、酶类等物质。除角质形成细胞外，棘层中还含有朗格汉斯细胞。

（3）颗粒层：颗粒层位于棘层之上，由2～4层扁平梭状细胞组成，细胞的角质化由这一层开始。顾名思义，颗粒层中含有大小不一、形状不规则、嗜碱性强的透明角质颗粒，这些颗粒主要由角蛋白、前丝聚蛋白、内披蛋白等组成。前丝聚蛋白是丝聚蛋白的前体，在角质细胞从颗粒层向角质层移动的过程中被剪切为丝聚蛋白。内披蛋白在角质层角化包膜的形成中发挥重要作用。大部分板层小体存在于颗粒层，其内的脂质以胞吐的形式分泌到颗粒层-角质层分界面的细胞间隙中，形成皮肤屏障“砖块-灰浆”结构中的“灰浆”，起到屏障保护作用。

（4）透明层：透明层由2～3层扁平透明无核、胞质染色嗜酸性的死细胞组成，只存在于掌跖等表皮较厚的部位。透明层细胞中含有较多由角质透明蛋白衍生而来的富含脂质的角母蛋白，是皮肤渗透屏障的重要组成部分。

2. 黑素细胞

黑素细胞起源于神经嵴，位于基底层，是一种特殊的树突状细胞。其胞质透明，细胞内有黑素小体，具有合成黑色素的作用，在皮肤的主要色素或发色团中扮演着重要的角色，并通过对紫外线的吸收和散射来保护皮肤免受辐射损伤。皮肤中平均每8～10个基底细胞中存在一个黑素细胞。黑素细胞与基底层角质细胞并不相连，而是通过树枝状突起与棘层角质细胞相连，将黑素小体通过突起输送到棘层细胞中。这些黑素小体覆盖在角质细胞细胞核的周围，起到屏蔽紫外辐射、保护DNA的作用。每个黑素细胞周围有30～40个角质形成细胞，它们共同构成了一个黑色素形成单元。黑素小体是含有黑色素的椭圆形、膜结合型细胞器，它们在被转移到角质形成细胞后会聚集在一起，并被黑素小体复合体中的一层膜所包裹。在深色皮肤中，黑素小体较大，不聚集成团，而在浅色皮肤中，这些细胞器较小且聚集。不同种族的人群含有数目相近的黑素细胞，皮肤着色的强度由以下因素决定（图2-2、彩图2-2）：①角质形成细胞和黑素细胞中黑素小体的总数及其分散程度；②黑色素产生的速度；③黑素小体的黑化程度；④黑素小体进入角质形成细胞的运输速度和类型；⑤角质形成细胞内黑素小体的降解速度（黑素小体越大，其降解速度越慢）；⑥活跃的黑素细胞（产生黑色素）的数量（年龄越大，其数量越少，可通过暴露于紫外线照射而增加）。

黑色素是一种极其致密、几乎不溶于水的高分子量聚合物，它通过酪氨酸酶氧化

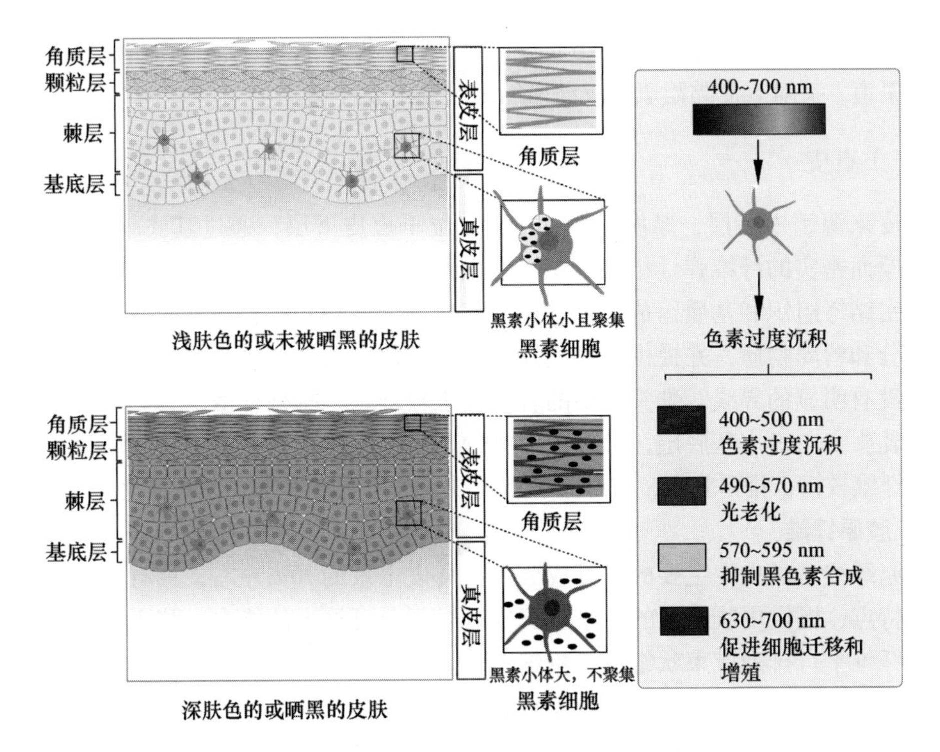

图2-2　浅色和深色人体皮肤横截面示意图

酪氨酸合成，附着在结构蛋白上。人类皮肤含有所有哺乳动物都存在的两种黑色素，棕黑色的真黑素和红黄色的褐黑素。它们产生于一条共同的代谢途径，其中多巴醌是关键的中间体。黑色素的产生受色素沉着相关基因、激素和紫外线等的调节，调节因子的紊乱会导致皮肤色素沉着的异常。皮肤黑色素会随着角质层的更新而脱落。

3. 朗格汉斯细胞

朗格汉斯细胞位于棘层，胞质透明，细胞内有网球拍状的伯贝克颗粒。它来源于骨髓，是表皮中主要的抗原呈递细胞，具有吞噬作用，能摄取、加工并呈递抗原，活化T淋巴细胞发挥免疫效应。

4. 默克尔细胞

默克尔细胞位于基底层，胞质透明，通过桥粒与角质形成细胞相连接，在手部和足部较常见，与神经末梢一起形成适应机械接触的触觉感受器，与神经传导和感觉功能有关。

5. 未定型细胞

未定型细胞位于基底层，细胞内没有黑素小体和伯贝克颗粒，未来可能分化为黑素细胞或朗格汉斯细胞。

6. 基底膜

基底膜位于基底层下方，由表皮的下突部分和真皮乳头相互嵌合成波浪状结构，起到连接表皮和真皮的作用。基底膜中含有层粘连蛋白、Ⅳ型胶原纤维、Ⅶ型胶原纤维、巢蛋白、锚原纤维及黏多糖等成分，形成四层稳定结构，既是物质从真皮到表皮的输送渠道，又对表皮黏附于真皮结缔组织起到重要作用。

（三）真皮

真皮来源于中胚层，厚度为1～4 mm，位于表皮下层，通过基底膜与表皮相连，是一层厚而密实的纤维弹性结缔组织。它主要由胶原纤维、弹性纤维、网状纤维等构成的致密结缔组织和基质组成，另外还含有血管、神经和多种皮肤附属器官，为表皮提供水分和营养物质，并提供弹性支撑作用。真皮分为上部乳头层和下部网状层，两层之间没有明显的界线。乳头层中的胶原纤维较纤细，排列松散，具有更多的成纤维细胞。乳头突向表皮基底层，形成波浪状的基底膜结构，与表皮进行物质交换。网状层中的纤维较粗，排列紧实，成纤维细胞较少，含有弹性纤维，韧性较大。

1. 胶原纤维

胶原纤维是真皮中主要的纤维成分，占真皮干重的70%左右，具有韧性大、抗拉力强的特点，提供皮肤组织的抗张和真皮散射部分可见光的能力。胶原纤维由数量不等的原纤维平行排列成束状组成，粗细不一。乳头层中胶原纤维较细，排列方向不规则，而网状层中胶原纤维较粗，与皮肤表面平行排列。此外，还有一种纤细的、未成熟的胶原纤维，称为“网状纤维”，主要由Ⅲ型胶原构成。儿童皮肤中多为Ⅲ型胶原，成年人皮肤中多为Ⅰ型胶原。

2. 弹性纤维

弹性纤维数量较少，不足真皮干重的1%，大多存在于网状层中。它比胶原纤维更细，松散地缠绕于胶原纤维之间。弹性纤维中的弹性蛋白交叉排列，微纤维蛋白绕于周围，使皮肤保持弹性。

3. 糖胺聚糖

糖胺聚糖是纤长、刚性的、未分枝的多糖链。这些链由重复的二糖单元组成，其中一个单元是氨基糖，氨基糖大多被硫酸化并具有羧基。由于这些官能团具有天然的负电荷，因此可吸引正离子，如钠离子，该作用使其能在基质中积累高浓度的钠。由于渗透压形成的高盐浓度使间隙液迁移到基质中，间隙液的存在赋予了基质的不可压缩性，同时由于糖胺聚糖上的负电荷，链和链之间相互排斥，最终形成光滑的液体（黏液、滑液）（图2-3、彩图2-3）。

不同类型的糖胺聚糖：

（1）透明质酸（hyaluronic acid）：透明质酸是唯一未被硫酸化的糖胺聚糖，因此不会与蛋白质结合形成蛋白聚糖。透明质酸广泛分布于人体内，并且在成人的几乎所有组织和体液中以不同的含量分布，如疏松结缔组织、软骨、皮肤、玻璃体和滑液中都可观察到。透明质酸是一种多糖，由*D*-葡萄糖醛酸和*N*-乙酰氨基葡萄糖的交替单元组成。它可帮助组织抵抗压缩，因此通常在承重的关节中存在。它还是愈合、炎症和肿瘤发展过程的调节分子。此外，它与跨膜受体CD44相互作用以促进组织修复和形态发

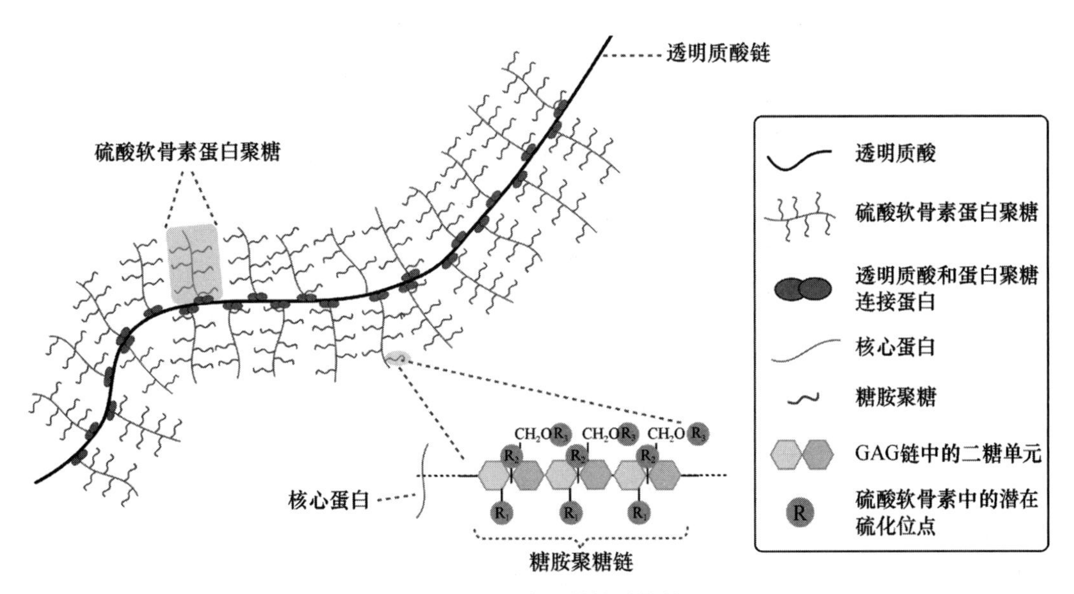

图2-3 不同类型的糖胺聚糖

生过程中的细胞迁移。

（2）硫酸软骨素：硫酸软骨素主要存在于透明和弹性软骨和骨组织中。它由*N*-乙酰半乳糖胺和葡萄糖醛酸的交替单元组成链状结构。硫酸软骨素为软骨、主动脉壁、韧带、肌腱和骨骼提供机械和拉伸强度。同时，硫酸软骨素还通过与透明质酸结合形成大的聚集体。

（3）硫酸皮肤素：硫酸皮肤素也被称为“硫酸软骨素B”，主要存在于真皮组织、肌腱、韧带、心脏瓣膜、纤维软骨、动脉和神经中。它由*N*-乙酰半乳糖胺和葡萄糖醛酸的交替单元组成。它与Ⅰ型胶原纤维结合，在凝血、伤口修复和纤维化中发挥作用。

（4）硫酸角质素：硫酸角质素存在于骨骼、软骨和角膜中。它是一种线性多糖，由半乳糖和*N*-乙酰半乳糖胺的交替单元组成。它存在于关节中，充当润滑剂和缓冲剂，同时有为组织提供机械强度的功能。

（5）硫酸乙酰肝素：硫酸乙酰肝素由葡萄糖醛酸和*N*-乙酰氨基葡萄糖的重复单元组成，存在于成纤维细胞和上皮细胞的表面，同时也存在于基底层和外部层中。硫酸乙酰肝素与成纤维细胞生长因子（fibroblast growth factor，FGF）的结合使其能够介导细胞黏附。硫酸乙酰肝素的其他功能包括调节血管生成、凝血和肿瘤转移等。

4. 蛋白聚糖

蛋白聚糖是由糖胺聚糖与蛋白质中心以共价键形成的大分子。糖胺聚糖看起来像瓶刷的刷毛，丝杆由核心蛋白构成（图2-4、彩图2-4）。这些大分子表现出高黏度，因此可作为良好的润滑剂。硫酸乙酰肝素也能够帮助抵抗压缩，其黏性特性阻碍了微生物和细胞的快速迁移。蛋白多糖还具有某些信号分子的结合位点，这些位点在结合时显示出其活性的增强或障碍。这种结合能力也用于在细胞外基质内捕获和储存生长因子。根据硫酸乙酰肝素的定位可将其分为两类：

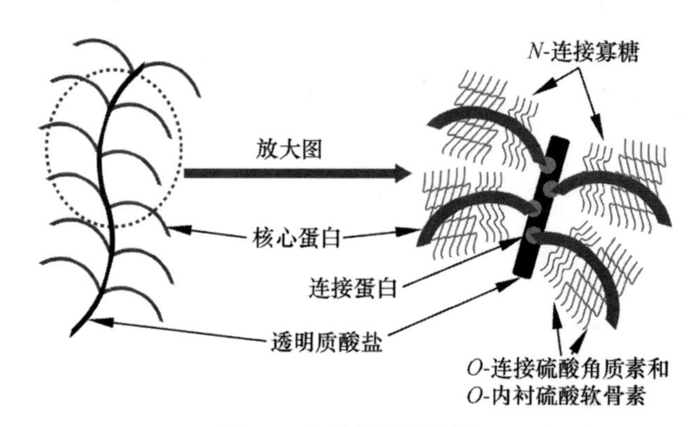

图2-4　蛋白聚糖的结构

（1）分泌性蛋白聚糖促进和增强细胞黏附，根据结合的糖胺聚糖，它包括两种亚型。①蛋白聚糖：由与硫酸角质素和硫酸软骨素结合的蛋白质核心组成，并在软骨中表达；②基底膜蛋白多糖：蛋白质核心与硫酸乙酰肝素结合，并由构成基底膜的所有细胞表达。

（2）膜结合蛋白聚糖负责连接细胞、纤连蛋白和胶原纤维。黏结蛋白聚糖由硫酸乙酰肝素和硫酸软骨素组成，在胚胎上皮组织以及成纤维细胞和浆细胞中表达。

5. 真皮内的细胞

真皮中细胞仅占10%，其中大部分是成纤维细胞，另外还有脂肪细胞、巨噬细胞、肥大细胞及其他免疫细胞。真皮中的纤维和基质成分基本都是由成纤维细胞分泌的。

6. 血管和神经

真皮内分布着广泛的血管分支网络和神经网络。血管网络中的血液循环起到为皮肤输送氧气、营养物质及代谢物的作用，而血管的收缩、舒张以及血液在浅层和深层血管丛中的分流起到了控制热损失、调节体温的作用。皮肤血管密度在体表各部位有所不同，与温度和血压调节，以及身体不同部位必须承受的间歇性物理压力的相对量有关，其中在头部、乳头、手掌、脚底和坐骨结节的皮肤中密度最高。皮肤血管中携带的氧化和脱氧形式的血红蛋白是皮肤中的重要色素，与黑色素共同决定了一个人的肤色。

皮肤是主要的感觉器官，包含各种类型的感受器。皮肤的神经网络高度复杂，持续向中枢神经系统发送关于外部环境和皮肤内部状态的信号，对人体起到保护作用。这些感受器包括两种类型的温度传感器，与有毛和无毛皮肤相关的各种机械感受器，以及一组重要的皮肤感觉细胞（伤害性传入细胞），专门用于检测危害组织的刺激、损伤或炎症反应。手和脚的皮肤密布着感觉神经末梢，这些感觉神经末梢可保证皮肤精细区分出高度敏感的触觉以及温度和质地等。

2021年的诺贝尔生理学或医学奖颁给了戴维·朱利叶斯（David Julius）和雅顿·帕塔普蒂安（Ardem Patapoutian），以表彰他们发现了温度和触觉的受体（for their discoveries of receptors for temperature and touch）。其中，戴维·朱利叶斯利用辣椒素（一种从辣椒中提取的刺激性化合物，能产生灼烧感）来识别皮肤神经末梢上对热做出反应的感受器（图2-5、彩图2-5）（详见第七章）。雅顿·帕塔普蒂安利用压力敏感细胞发现了一种对皮肤和内部器官的机械刺激做出反应的新型感受器（图2-6、彩图2-6）。这些突破性的发现引发了研究热潮，迅速提高了我们对神经系统如何感知热、冷和机械刺激的理解。两位获奖者还指出，我们在理解感官与环境之间复杂的相互作用的过程中，仍然缺失关键的环节。

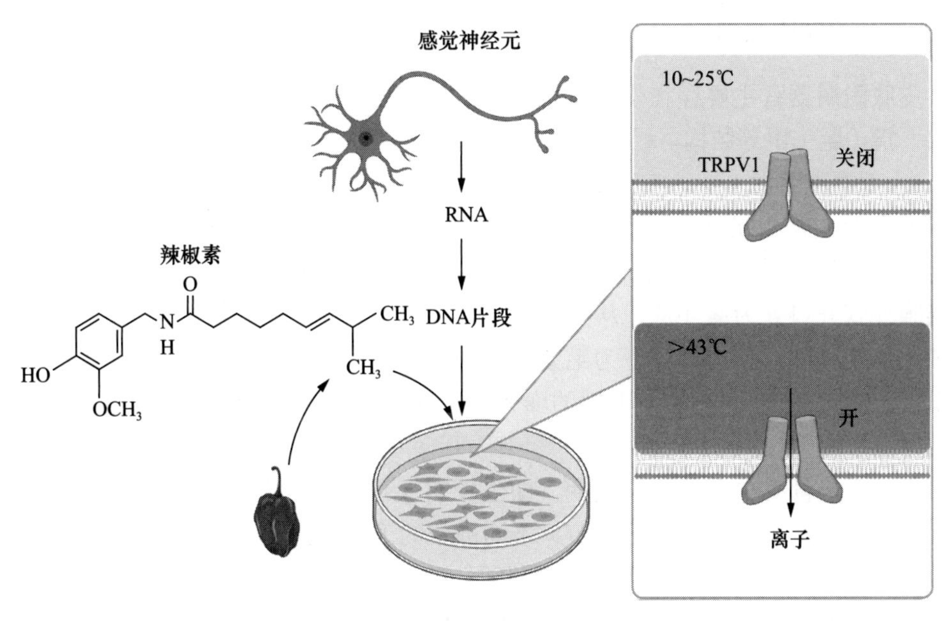

图2-5　辣椒素受体TRPV1

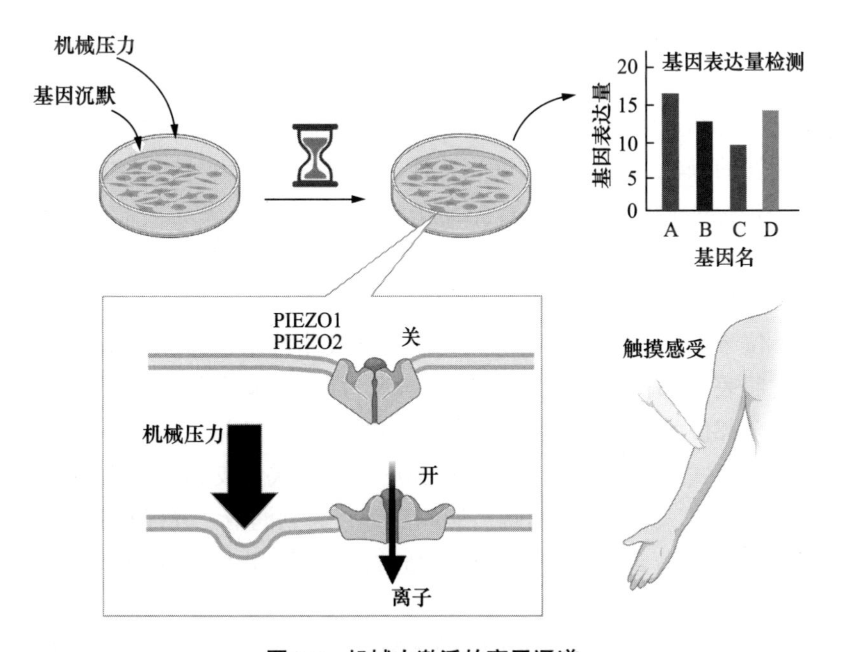

图2-6　机械力激活的离子通道

（四）皮下组织

皮下组织位于真皮下方，与真皮没有明显界限，由疏松的结缔组织和分布于其中的脂肪小叶组成。皮下组织中也含有丰富的血管和神经，起到物质交换、保温、能量储存的作用，同时作为软垫起到对外界机械冲击的缓冲作用。

（五）皮肤附属器官

皮肤附属器官主要存在于真皮层中，包括毛囊和毛发、皮脂腺、外泌汗腺、顶泌汗腺、指（趾）甲等结构。

1. 毛囊和毛发

毛囊的主要功能是产生毛发并支持毛发的生长，多与皮脂腺相连，由内毛根鞘、外毛根鞘和结缔组织鞘组成，自上而下分为漏斗部、峪部和下部三部分。从毛囊口到皮脂腺导管开口处为漏斗部，从皮脂腺导管开口处到立毛肌附着的膨出部（含有毛囊干细胞）为峪部，膨出部以下为毛囊下部，会周期性更新。当立毛肌收缩时，皮肤上会出现“鸡皮疙瘩”。毛囊最下端的膨大部位称为“毛球”，其内含有黑素细胞及毛乳头结构。

每个毛囊都有独立的生长周期，即生长期、退行期和休止期，这主要受甲状腺激素、皮质类激素、性激素等的调节。不同部位的毛囊具有各自不同的生长周期，其中头部毛发的生长周期长达2～5年，除胡须外的身体其他部位的毛发生长周期一般为数月。头部有80%～90%的毛发处于生长期，10%～20%处于休止期。休止期的毛囊萎缩，毛发与毛囊的附着力减弱，因此人每天有25～100根毛发脱落。

毛发由深度角质化的细胞构成，从内到外分为毛髓质、形成毛发主体的皮质和毛小皮三层。根据长度和质地，毛发分为胎毛、毳毛和终毛，其中毳毛和终毛是最主要的两种类型。除掌跖、嘴唇、指节末端、部分生殖器官外，身体其他部位的皮肤都有毛发生长。毛发的颜色、形状、长度等特征主要由基因决定，同时也受外界环境、年龄等的影响。毛发的颜色由毛球中黑素细胞产生的色素类型决定。

2. 皮脂腺

皮脂腺分为导管和腺体两部分。导管大多与毛囊漏斗部相连，腺体为一个或多个囊泡状小叶，位于毛囊和立毛肌之间，构成毛囊皮脂腺单位。除掌跖、足背外，身体其他部位的皮肤表面都存在皮脂腺；其中头部、面部、躯干部、外阴部等部位的皮脂腺多且大，其余部位的皮脂腺少且小。腺体中的细胞合成并充满脂质后被酶裂解，脂质以全浆分泌的形式通过导管和毛囊运输到皮肤表面成为皮脂。皮脂的主要成分是甘油三酯、游离脂肪酸、蜡酯、角鲨烯、胆固醇等，起到润滑、光泽皮肤和毛发的作用，故又称为“润泽脂质”。润泽脂质与结构脂质共同起到防止体内水分挥发、维持皮肤角质层屏障的作用。

皮脂腺合成和分泌皮脂的活动主要受雄激素（尤其是睾酮）水平的调控。由于受母亲激素的影响，新生儿的皮脂腺较为活跃，数月后皮脂腺收缩活力下降；青春期时皮脂腺在雄性激素影响下，皮脂分泌旺盛；青春期过后皮脂腺功能逐渐减退，这一现象女性比男性更明显。皮脂腺功能异常活跃会导致痤疮、脂溢性皮炎等疾病的发生。

3. 外泌汗腺

外泌汗腺又称为“小汗腺”，由腺体和导管组成，是合成和分泌汗液的主要结构。人的身体表面共有200万～400万个小汗腺，除嘴唇、部分生殖器官、甲床外，身体其他部位的皮肤表面都有分布。外泌汗腺底部腺体为封闭的长形盲管，自我缠绕成球形结构，位于真皮下层或皮下组织，导管部分经真皮向上垂直延伸到表皮并开口于皮肤表面。腺体细胞分为暗色细胞和透明细胞两种。腺体细胞分泌汗液的主要成分为水分、无机盐、尿素等，为胞质等渗液；汗液在向皮肤表面输送的过程中，由于导管对电解质的重新吸收，在皮肤表面成为低渗液。汗液的分泌受身体内外温度和乙酰胆碱能神经的调控，具有排泄、散热、湿润皮肤、降低皮肤表面pH值、乳化皮脂等作用。

4. 顶泌汗腺

顶泌汗腺又称为“大汗腺”，由腺体和导管组成，主要分布在腋窝、乳晕、脐周、会阴、肛周等部位。其腺体比外泌汗腺大10倍左右，位于真皮下层或皮下组织，导管注入毛囊漏斗部而并不开口于皮肤表面。青春期时腺体变大，开始分泌汗液，这主要受肾上腺素能神经的支配。顶泌汗腺分泌的汗液为乳状液，经皮肤表面的细菌分解后生成挥发性短链脂肪酸和盐，产生恶臭异味。

5. 指（趾）甲

指（趾）甲覆盖于指（趾）末端的伸面，由坚硬的角蛋白组成，呈半透明状，具有保护指（趾）尖免受损伤及协助手指完成精细动作的作用。指（趾）甲结构上分为甲基质、甲床、甲板和甲廓等，由甲母细胞逐渐分化形成。指甲的生长速度约为每天0.1 mm，趾甲的生长速度一般要比指甲慢，约为每天0.05 mm。

二、皮肤的生理功能

作为一种有效的物理屏障，皮肤的层状结构使其能抵抗磨损、渗透和物质经皮吸收，而且它的免疫细胞构成了抵御接触身体病原体的第一道防线。由于缺乏足够的毛发保护，人类皮肤经历了许多适应性的结构变化，具有了强度、弹性和敏感性。与所有其他四肢动物一样，人类的皮肤起着遮挡紫外线的作用，可以保护身体免受大多数紫外线辐射的伤害，同时也是启动体内由紫外线辐射驱动的维生素D合成过程的场所。总体而言，皮肤的生理功能主要包括屏障保护、体温调节、感觉应答、分泌排泄、渗透吸收、免疫、合成维生素D等。

（一）屏障保护作用

皮肤的首要功能是屏障保护，一方面保护机体免受外界环境中物理性、化学性、生物性等有害因素的损伤；另一方面阻止体内营养物质、电解质和水分的散失。

表皮的角质层致密坚韧，可以使皮肤抵抗一定的摩擦和撞击。在掌跖等摩擦强度大的部位，角质层的厚度增加以抵御摩擦损伤。真皮和皮下组织中的胶原纤维、弹性纤维、黏多糖和脂肪组织坚韧而富有弹性，使皮肤具有良好的韧性、弹性和柔软性，能够缓冲外界各种机械性撞击，有效保护体内器官和组织免受外界损伤。

皮肤可以反射和吸收光线，保护机体免受光损伤。短波紫外线（ultraviolet C，UVC）的穿透力弱，几乎都被臭氧层吸收，无法到达地球表面。中波紫外线（ultraviolet B，UVB）的穿透力稍强，少量到达地球表面，其中大多数可被表皮中的角质层吸收。长波紫外线（ultraviolet A，UVA）的穿透力更强，可以透过臭氧层到达地球表面，其中大部分可被表皮吸收，小部分能到达真皮层。皮肤中吸收紫外线的结构有角蛋白、胞质、黑素颗粒等。由基底层黑素细胞产生并通过树枝状突起输送到表皮上层的黑素颗粒对于吸收紫外线、防止紫外损伤具有至关重要的作用。日光照射可导致角质层增厚和黑素颗粒增多，这是皮肤的一种自我保护机制。

表皮的角质层细胞呈交错状紧密排列，细胞外层有相对坚硬的角化包膜保护，细胞间填充多种脂质成分，由此形成致密的屏障结构，可以阻止多种化学物质的渗入。另外，正常皮肤表面呈弱酸性，pH值为5.5左右，对弱酸、弱碱有一定的缓冲能力。不过由于皮肤缓冲能力有限，一些醇溶、脂溶性物质仍可渗透入皮肤中，高浓度的腐蚀性、刺激性物质更会引发皮肤炎症和损伤。

皮肤表面共生着大量微生物，包括细菌、真菌、病毒、古生菌、螨虫等，它们与皮肤的微环境共同形成完整的生态系统。皮肤生态系统中的大部分微生物是有益的，它们首先通过空间占位作用来阻止有害菌的定植；其次级代谢产物如有机酸、过氧化氢、抗菌肽等能够抑制致病菌的生长；微生物菌群还可以通过直接调节免疫反应提升皮肤屏障作用、维持皮肤稳态。某些皮肤疾病如痤疮、特应性皮炎、银屑病等会伴随皮肤表面微生态的失衡，但两者间的作用机制仍处于研究阶段。

（二）体温调节作用

在体温调节过程中，皮肤温度感应器先感受到温度变化，并将信号传至下丘脑和脊髓的温度感应器，由此引发人体产生一系列相应活动，保持热量产生与散失之间的平衡，从而维持体温的恒定。皮肤不仅是温度感应器，还是体温调节的效应器，能够散失体内约80%的热量。皮肤散热的机制主要包括红外辐射、蒸发、对流、传导等方式，其中大部分热量通过红外辐射散失，其次是蒸发和对流。

当外界温度较低时，体内代谢加强，产热增多，同时皮肤毛细血管收缩，血流减少，更多的血液从真皮的浅层血管丛流向深层血管丛，从而减少热散失，维持体温稳态。当温度较高时，皮肤内血管扩张，使流向肢体和表皮的血流增加，加速热量的散失。除上述散热机制外，皮肤还可以通过出汗的方式散热。汗液蒸发为吸热过程，从而带走部分热量，调节体温。汗腺对热应激的反应能力会受到紫外线辐射的不利影响。

因此，对于长期居住在热带地区的人群，保护汗腺的完整性以免受紫外线辐射的破坏显得尤为重要。

（三）感觉应答作用

皮肤是主要的感觉受体，内含有丰富的感觉神经末梢和多种感受器。皮肤受外界刺激后产生神经冲动，并通过神经网络将信号传至中枢神经系统，产生相应的感觉，从而引起相应的神经反射，对人体起到保护作用。感觉分为两大类，一类是痛觉、痒觉、触觉、冷觉、温觉、压觉六种单一感觉，由神经末梢或单一感受器感知；另一类是潮湿、干燥、平滑、粗糙、坚硬、柔软等复合感觉，由不同的感受器或神经末梢共同感知，并由大脑皮层综合分析产生。

（四）分泌排泄作用

皮肤的分泌和排泄作用通过汗腺和皮脂腺实现。外泌汗腺是主要的汗液分泌器官，在一定程度上可替代部分的肾脏排泄功能，同时还具有调节体温、湿润皮肤、降低皮肤表面pH值、乳化皮脂等作用。顶泌汗腺受肾上腺素能神经的调控，分泌乳状汗液。皮脂腺分泌皮脂，覆盖于皮肤和毛发表面，起到润滑光泽皮肤和毛发、防止体内水分挥发和外来物质入侵，以及调节皮肤表面菌群平衡的作用。

（五）渗透吸收作用

皮肤角质层虽然结构致密，但是仍有些物质可以经过表皮被真皮吸收，并通过血液循环输送到全身各处，该过程称为“经皮吸收”，主要通过角质层、毛囊口和汗管口三个途径实现。其中角质层是最主要的途径，角质层的厚度、柔软度、完整性及物质的脂溶性都影响经皮吸收的效率。经皮吸收对于皮肤日常护理和外用药物治疗具有重要意义，但同时也是有毒物质引发机体损伤的重要途径。

（六）免疫作用

皮肤中有朗格汉斯细胞、巨噬细胞、肥大细胞、淋巴细胞等多种免疫细胞及丰富的淋巴管网，具有重要的免疫作用。其中，朗格汉斯细胞是表皮中主要的抗原呈递细胞，能摄取、加工并呈递抗原，活化T淋巴细胞，启动免疫应答。角质形成细胞中也可产生多种细胞因子，在免疫应答中发挥重要作用。

（七）合成维生素D

维生素D是人体中必不可少的一种类固醇激素，它与表皮上的维生素D受体结合，具有调节钙磷代谢、促进骨骼发育和矿化、影响细胞增殖和分化、调节免疫反应等功能。人体所需的维生素D只能通过在皮肤上的光化学过程合成或摄入含有维生素D的食物来获取。维生素D在皮肤中的合成是唯一公认的由紫外线辐射产生的积极作用。

紫外线穿透皮肤，并被表皮（特别是基底层和棘层的角质形成细胞）和真皮成纤维细胞中的7-脱氢胆固醇（7-dehydrocholesterol，7-DHC）吸收，催化维生素D_3前体的形成。一旦在皮肤中形成，维生素D_3前体可以在体温下异构化成维生素D_3，然后进一步化学转化为1α, 25-二羟基维生素D_3（1α, 25-dihydroxy vitamin D_3），又称“骨化三醇”，是维生素D_3的生物活性形式。

第二节　皮肤表型的形成及对环境的适应

一、人类皮肤的适应性

人类体毛脱落伴随着角质层屏障功能的增强和其他表皮角蛋白的进化，这些变化都降低了皮肤的渗透性并提高了其抵抗磨损和病原微生物的能力。负责表皮分化基因的快速分化是人类与黑猩猩基因组最初比对中出现的最重要结果之一，黑素皮质素受体1（melanocortin 1 receptor，MC1R）基因正常会使得皮肤毛发减少。另外，MC1R基因也是人类皮肤合成黑色素过程中的关键基因，作用机制包括MC1R被α-促黑色素细胞刺激激素（α-melanocyte-stimulating hormone，α-MSH）激活后，会通过活化腺苷酸环化酶，增加胞内环磷酸腺苷（cyclic adenosine monophosphate，cAMP）的水平，导致酪氨酸酶水平的增加，最终导致真黑色素的生成。肤色变化主要是黑色素沉积的变化。黑色素主要有两种形式：褐黑色素和真黑色素。前者主要在欧洲人皮肤中沉积，后者主要在非洲人皮肤中。该基因被证明具有多态性，在人类走出非洲后，欧洲人更易发生MC1R基因变异而导致浅色皮肤以及红色头发；另外，MC1R基因多态性与皮肤对阳光的敏感性和雀斑有关。

早在1849年，科学家就提出了强烈的太阳光与黑色皮肤之间的关联，到了1973年，又进一步提出了太阳光与黑色皮肤的因果关系，识别出是紫外线辐射，而非其他环境因素与皮肤黑色素的累积相关。黑色素沉着具有高度遗传性，与人类正常黑色素变异相关的常见基因多态性除了MC1R，还包括眼皮肤白化病2型（oculocutaneous albinism 2，OCA2）、可溶性载质转运蛋白家族（solute carrier family 24，memer5，SLC24A5）、膜相关转运蛋白（membrane-associated transporter protein，MATP）、鼠灰色蛋白（agouti signal protein，ASIP）、酪氨酸（tyrosine，TYR）等基因。除了受遗传因素的影响外，黑色素沉着还受环境和内分泌因素的调节，这些因素共同调节皮肤、头发和眼睛中黑色素的数量、类型和分布。除了在伪装、热量调节和美容变化方面的作用外，黑色素还可以防止紫外线辐射，因此是人体皮肤防御系统中的重要成员。作为身体最大的器官，皮肤一直持续受内部和外部因素的影响，经常通过改变组成性色素沉着模式对这些因素做出反应。有研究通过地理信息系统技术和遥感环境数据的应用，精确测试了环境物理参数与皮肤色素沉着之间的关系，并证明了皮肤色素沉着与紫外线辐射之间的高度相关性。该研究中最显著的发现之一是证明皮肤反射率与秋季紫外线辐射水平的相关性高于其与年平均、夏季或最高水平的相关性。将紫外线辐射确定为人类皮肤黑色素沉着的一个原因，而不仅仅是相关因素，涉及可能相关的选择性机制。除紫外线辐射外，其他关于皮肤黑色素沉着的假设包括：①在热带环境中，皮肤的黑化加强了对微生物以及寄生水生病原的抵抗；②皮肤的黑化加强了在干燥的环境中表皮的渗透性，但该假设可被嘴唇、手掌、脚掌无黑色素沉着证据所质疑。紫外线辐射被认为是人类肤色进化的驱动力以及主要的选择介质，但我们同时也必须考虑史前人类的生活习惯和紫外线辐射暴露模式与现代人不同。早期在赤道生活的智人属，全年受热带地区普遍存在的UVA和UVB的混合辐射影响。UVA的含量丰富，能够深入皮肤真皮层；UVB则更有活力，但数量较少，一般无法穿透真皮层，主要作用于基底层，从而被吸收及分散。

从生殖健康的角度考虑，如果紫外线辐射对人类繁殖影响很小，则它对进化的影响也很小。然而，紫外线辐射会破坏DNA和结缔组织，并且皮肤中缺失黑色素的白化病患者在高紫外线辐射环境下显示出了很高的皮肤癌发病率。在这种情况下，皮肤黑色素的沉积是人类进化出的自我保护、防御环境中紫外线辐射的最直接方式。另外，人类一生中黑色素沉着形成的时间进程也反映了黑色素在人类繁殖以及进化中的重要性。新生儿的皮肤色素比成年人的更浅，色素沉着水平只有在青少年晚期或20多岁、进入生育高峰期时才达到顶峰。在中老年时期，由于活跃的黑色素细胞数量减少，组成性黑色素沉着消退，晒黑的可能性降低。

1970年，科学家发现皮肤中的真黑素可以保护叶酸免受降解。叶酸通常以5-甲基四氢叶酸（5-methyltetrahydrofolate，5-MTHF）的形式存在，在分子水平上被用于DNA合成、修复、甲基化、细胞增殖（如胚胎和生精小管中快速分裂的细胞）、氨基酸代谢等。叶酸对于生殖健康的重要性不言而喻。临床上，孕妇在备孕时需要补充叶酸来预防胎儿神经管畸形。紫外线辐射与叶酸的关系复杂，存在于皮肤血管中的叶酸可被紫外线辐射光解。因此，在2000年，科学家提出皮肤黑色素沉着的进化是为了防止叶酸被光解而导致孕妇生育能力下降的观点。叶酸代谢与几种酶密切相关，包括5，10-亚甲基四氢叶酸还原酶（5，10-methylenetetraphydrofolate reductase，MTHFR）、甲硫氨酸合成酶还原酶（methionine synthase reductase，MTRR）、甲硫氨酸合成酶（methionine synthase，MTR）。这些酶的多态性导致其功能活性不同，包括它们对于紫外线辐射的反应不同以及代谢叶酸的能力不同。

长期以来，人类从热带地区迁移到非洲南部，再离开非洲，走向高纬度地区，而高纬度地区皮肤的浅色素化演变与阳光暴露导致皮肤合成维生素D_3的重要性有关。当皮肤暴露于UVB时，维生素D_3在皮肤中产生。

维生素D_3在皮肤中的合成主要发生在上表皮棘层的角质细胞中，主要由胆固醇的前体7-脱氢胆固醇（7-dehydrocholesterol）暴露于UVB下转化而成。7-脱氢胆固醇的水平主要由7-脱氢胆固醇还原酶（7-dehydrocholesterol Reductase，DHCR7）控制。

DHCR7活性较低的个体皮肤中的7-脱氢胆固醇含量较高，即它们可以在低强度的UVB照射下更有效地产生维生素D_3。维生素D_3从角质形成细胞释放到血流中，并通过GC球蛋白（维生素D结合蛋白）转运。而膳食来源的维生素D_3则在肠细胞中组装成乳糜微粒，并通过淋巴系统进入血液，在那里维生素D_3被卸载到血清糖蛋白GC上。到达肝脏以后，通过维生素D_3代谢酶CYP2R1转化为25（OH）D_3。肾脏和其他一些细胞，如免疫细胞和角质形成细胞，表达CYP27B1酶，介导25（OH）D_3进一步羟基化成1α，25-二羟基维生素D_3（1，25（OH）$_2D_3$）。1α，25-二羟基维生素以高亲和力与转录因子维生素D受体（vitamin D receptor，VDR）结合，调节数百个主要靶基因的表达。在紫外线辐射降低的条件下，自然选择通过让皮肤失去黑色素沉着来高效利用UVB产生维生素D_3。高纬度地区UVB通常较低且季节性变化幅度较大，这样的选择性环境有利于皮肤通过黑色素沉着的丧失来捕获维生素D_3光合作用所需的UVB光子。

二、人类皮肤表型多样性

人类在进化过程中，随着迁徙而需要适应新环境的挑战。今天观察到的人类表型分布是这种持续适应的结果，生物、生理的影响，以及文化和习俗的改变都会导致表型变化。帕特里夏·巴拉雷斯克（P. Balaresque）和图里·金（T. E. King）研究了许多适应性特征及遗传和环境决定因素对人类表型的作用。他们选择了一些用于人类识别目的的特征（外部可见特征），发现这些特征与人类新陈代谢有关，也与生存方式和食物消费的转变有关，如时间和空间分布的进化过程，以及自然、性和文化选择等。

当早期人类逐渐将活动范围扩展到非洲之外时，他们开始遇到新的环境以及与这些环境相关的挑战。人类的许多特征反映了其通过自然选择对这些不同条件的适应：气候、大气、致病性以及食物资源的可用性和性质。人类也能够塑造自己的进化，如可以通过文化学习快速有效地改变其生活环境，然后适应这些已经创造的新环境（如农业、医学、技术）。因此人类可能是最先改变环境的物种之一，而不是被动地通过自然选择跟上环境变化的速度。

适应具有复杂的时空动态，因为有利/不利/中性特征的概念是对应于特定环境的。在这方面，讨论表型性状的正常和变异也就显得相当微妙。首先，“表型”不能简单地与医学“健康/不健康”状态相关联；其次，某个时间或某个人群的病理特征可能在未来或其他人群中具有优势。

鉴于此，随着人类科学技术的发展，对环境和自身的改变过快，也可能会出现表型和基因型与快速变化的环境相冲突的现象，如从低海拔地区到高海拔地区会出现高原反应现象，过量摄入脂肪和糖分极可能导致肥胖和糖尿病，过度暴晒会导致皮肤灼伤等。

（一）皮肤和头发的色素沉着：从生物学基础到选择性力量

人类不同种族间的皮肤、头发和眼睛颜色的深浅（从最深到最浅）由色素沉着的细微差异所造成。如前所述，人类色素系统依赖于黑色素的产生。黑色素由称为黑色素细胞的特殊细胞产生，位于皮肤真皮和表皮之间。黑色素在黑素体中集中，然后被运送到角质形成细胞。黑色素具有许多功能，包括通过吸收紫外线辐射来保护皮肤，并作为过滤器吸收紫外线损伤的化学副产物（清除自由基和限制营养物质的光降解）。

1. 生物学机制和遗传决定论

头发和皮肤颜色的高水平遗传预测（80%～97%的准确率，取决于确切的颜色）依赖于决定颜色变异性的有限数量的单核苷酸多态性（single nucleotide polymorphism，SNP）。尽管这种关联性看起来非常清晰简单，但仍有大量其他的基因影响皮肤色素沉着表型。

在20世纪初期，色素沉着决定论被认为非常简单，涉及两个基因的相等累加效应。但在后来的研究中，包括比较基因组学和正选择下基因组区域的识别，将数量增加到3～6个基因对，然后又增加到170个基因，其中包括11～14个共同参与黑色素合成的关键基因。

如前所述，黑色素是酪氨酸通过酪氨酸酶氧化合成的，酪氨酸可以在哺乳动物的皮肤中产生两种类型的黑色素。虽然完整的色素调控分子途径尚不完全清楚，但黑色素的产生已知主要受三类基因的调控，即调控MSH细胞表面受体、黑色素体P蛋白、合成黑色素的人酪氨酸酶相关蛋白1（TRP1）和人酪氨酸酶相关蛋白2（TRP2）表达相关的基因。一旦受到刺激，MC1R会诱导优黑素成熟为真黑素，这条途径包含合成深色素真黑素所需的所有酶。在没有MC1R刺激的情况下，真黑素则不能形成，未成熟的优黑素持续存在，色素沉着表型减少（红头发是纯合子MC1R的表型，没有MC1R活性；基因*SLC24a5*也参与皮肤黑素体的生物合成）。来自*SLC24a5*基因的SNP rs1426654（Ala111Thr）与肤色相关，并可解释非洲裔美国人、非洲加勒比人和南亚人中约30%的表型差异。颜色与其中一些SNP之间的强关联促使医学家和企业开发针对这些变体的基因分型试剂盒，以建立个体的表型谱。这些SNP还被存储在法医DNA数据库中用于比对“通缉”海报肖像。

2. 皮肤颜色的变化：对可变紫外线照射的适应？

如前所述，皮肤和头发颜色的分布是智人对其直接环境的一些最明显的适应：肤色较深的人群集中在热带地区，而肤色较浅的人群则集中在北半球高纬度地区。

与紫外线辐射密切相关的皮肤和头发颜色的差异，主要是由于黑色素浓度和质量的差异。皮肤的超微结构研究所示，不同种族的黑色素质量差异很大。黑素细胞的数量相对恒定，但角质形成细胞内黑素体的分布确实有所不同：分布较稀疏的较小黑素体（＜0.8 μm）通常与较轻的色素沉着相关，而较大的黑素体（＞0.8 μm）色素沉着分布更密集，因此产生色素沉着更深的皮肤。所有现代人类的直系祖先很可能是黑皮肤，人类迁移到光照不足的区域越远，肤色越浅，越有利于紫外线穿透皮肤并合成维生素D。相比之下，深色皮肤的人不太适应光照不足的区域：他们更大、更密集的黑素体不利于紫外线穿透，导致部分个体缺乏维生素D并出现相关的健康问题（例如，心血管疾病风险增加、癌症、儿童严重哮喘、1型和2型糖尿病、高血压、葡萄糖耐受不良）。维生素D对钙稳态以及婴儿和青春期骨骼的矿化和正常生长具有重要作用，还可以降低感染和其他疾病风险。维生素D缺乏与饮食习惯之间存在一定的关系，并因此出现了与之相适应的饮食文化，如北极地区食用鱼油类、蛋黄、奶制品和维生素补充食品以防缺乏维生素D。

（二）表型（phenotype）的定义

生物体的表型（来自希腊语“phainein”意为“展示”和“typos”意为“类型”）是随机变异、基因表达和环境因素的综合产物。最初，术语“表型”指的是不同个体的可观察特征的不同形式，但其在进化研究中的使用超出了这个定义，因为大多数特征本身虽不可见，但可量化。今天我们观察到的人类表型多样性是长期适应和选择过程的结果，尤其是对环境和文化变化的反应。同时也源于所在的文化习惯或个人偏好的变化，这些变化可能对人类健康产生重大影响。适应变化（可逆性状，如晒黑）或环境可影响个体长期发展的发育可塑性（如环境变化对营养不良、代谢率的影响）。

进化遗传学中对人类表型的研究主要集中在三类特征上：

（1）人类识别特征，作为外部可见特征（externally visible characteristic，EVC），如性别、身高、头发颜色、肤色、面部形态，但也包括血液类型。

（2）人类对新环境和饮食变化的适应性特征（如乳糖酶、淀粉酶）。

（3）疾病，不仅是引发疾病的基因，还有防止或引起疾病易感性的基因。这些特征可以归入一个或多个类别（如肤色、血红蛋白病）。

过去数年中，使用全基因组关联研究进行的分析表明，大多数表型具有非常复杂的基础，这是由多种基因和社会/文化因素的共同影响/相互作用引起的，这些因素在人的一生中也可能会有所不同（如面部形态、体型和脂肪分布、新陈代谢）。在过去的几十年里，生物学家和人类学家收集了大量关于形态、生理和行为变化的描述性数据。对这些数据进行分析通常可以确定并解释所观察到的人群变异的进化力量，以及遗传因素在多大程度上可以造成这些差异。过去50年中的大部分研究都集中在精神、代谢和认知问题上（51%），只有不到1%的研究涉及发育和感染问题。通过分析其中的17 804个特征发现，遗传因素对这些特征的影响约为49%。由此得到的结论是，遗传和环境因素对大多数性状的贡献相同。受遗传影响最明显的是大脑和眼睛的相关特征，其次是耳朵、鼻子、喉咙、皮肤和骨骼，而最低的是与环境、繁殖和社会价值领域相关的特征。

皮肤特征是人类表型中最明显的方面，它的主要特点是裸露的外观，通过分泌汗液极大地增强散热能力，以及在单一物种中大范围存在的、由基因决定的皮肤颜色。利用比较解剖学、生理学和基因组学可以重建人类皮肤和肤色进化的许多方面。在热的环境下流汗是人类进化中的一项关键演化，这一功能允许在炎热环境中持续的体力活动期间保持体内平衡（包括恒定的大脑温度）。深色皮肤随着体毛的脱落而进化成与人属的原始状态近似的状态。黑色素的着色是适应环境的结果，并通过自然选择得以维持。不过由于其进化的不稳定性，肤色表型不能作为遗传特性的唯一标记。从史前发展到近代，人类学会通过衣物和遮蔽物来保护自己免受环境的伤害，从而缩小了自然选择对人类皮肤的作用范围。

第三节　现代工业文明与皮肤问题

一、皮肤进化过程中面临的环境暴露

（一）环境暴露及皮肤暴露组

“环境暴露”这一术语是2005年由美国癌症流行病学家克里斯托弗·怀尔德（Christopher Wild）提出的，用来描述关系到个人死亡暴露的总称。他强调为了更好地理解环境影响对人体的内在作用，以及人类病理学的后续发展（也被称作“非病理学特征”），一份关于总体的、贯穿人一生环境暴露的综合性知识是非常必要的。因此，环境暴露分析对人类基因组研究是一种很好的补充。自此之后，怀尔德和其他人对环境暴露的定义进行了完善。不过即使到今天，人们也没有对环境暴露作出单一的定义（因为对应的特定组织不同，其结果也完全不同）。现在人们大多赞同将外因和内因以及人体对于它们的响应都归入环境暴露的定义中。值得注意的是，环境暴露的研究目标是理解所有环境暴露是如何影响人类或者处于长期暴露下的特定组织。对于不同因素相互作用后净效应的知识，以及它们相互联合后引起目标组织发生何种变化的知识都极为重要。

2016年3月和5月的两次欧洲环境医学和皮肤生物学领域的科学家会议就此达成了共识。据此对皮肤老化环境暴露给出如下定义：皮肤老化环境暴露由内因和外因以及它们的相互作用组成，它影响人类从受孕到死亡的全部过程，以及人体对这些因素的反应，并导致皮肤老化的生物学和临床迹象（图2-7）。

会上专门提出皮肤老化环境暴露中的环境影响因素分为以下主要的类别：

（1）日光辐射：紫外线辐射，可见光和红外线辐射；

（2）空气污染；

（3）吸烟；

（4）营养；

（5）其他各种没有经过充分研究的因素；

（6）化妆品。

研究已证实，上述这些环境暴露原通过单独或是相互作用来加速整个皮肤老化。暴露于阳光、污染和香烟已有广为人知的分子触发机制，这些机制可解释它们如何破

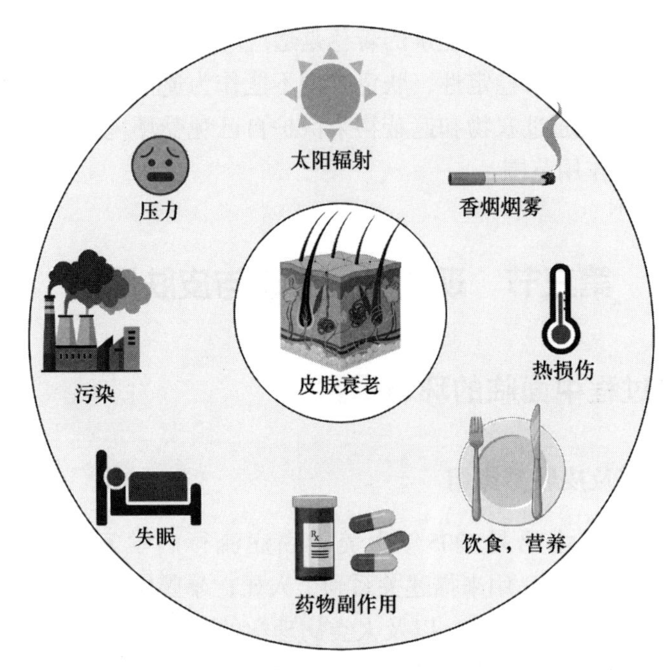

图2-7　人类皮肤老化的主要暴露因素

坏皮肤结构，导致皮肤老化。此外，还有其他一些研究较少的影响因素，也会加速皮肤老化。

（二）工业文明时代的环境暴露与皮肤应答

暴露组包括从受孕到死亡的所有环境（即非遗传）暴露，这些暴露可能在整个生命过程中影响皮肤健康和质量。多种潜在的相互作用因素，包括远距离环境（本地、社区相关）和日常因素（生活方式、职业、社会心理），以及对这些因素的内部生物和生理反应，都会导致暴露。

因此，暴露组成分的表征依赖于分子信号或生物标志物的鉴定，这些分子信号或生物标志物在外部压力下受到干扰。尽管根据定义，暴露组不包括遗传变异，但基因组和其他潜在的修饰因素（如表观遗传学、饮食、社会经济条件）可能会与暴露组相互作用，并对个体对环境暴露的易感性和反应产生影响。

对生活在中国和墨西哥城市女性临床样本的研究显示，暴露组成分的主要代谢途径发生了改变。与来自库埃那瓦卡（Cuernavaca，墨西哥的一个城市）的受试者相比（较少接触污染），墨西哥城（高度污染）的受试者显示出不同的生化指标（如脂质分泌增加）和临床皮肤参数（红斑指数升高）。在上海两个污染水平明显不同的地区进行的研究表明，受试者的几个生化参数存在显著差异，角鲨烯/脂质比率增加，乳酸水平降低，来自污染较少地区的受试者表现为皮肤表面的酸性更低、角质层凝聚力更佳。

在体外暴露于香烟烟雾或柴油机尾气颗粒的人类角质形成细胞中，类似的代谢变化也已重现。长期暴露于香烟烟雾冷凝物（cigarette smoke concentrate，CSC）会导致

146种蛋白质的失调，其中105种过表达，与未暴露的亲代细胞相比，在原代皮肤角质形成细胞中至少增加了两倍。通路富集分析表明，蛋白质对CSC的响应表达差异在很大程度上与氧化应激、皮肤完整性的维持和抗炎反应有关。此外，维生素E治疗可以部分减少CSC暴露在原代皮肤角质形成细胞中的不良影响。同样，采用定量蛋白质组学方法来研究暴露于柴油机尾气颗粒提取物（diesel particulate extract，DPE）或其挥发物对原代皮肤角质形成细胞蛋白表达的影响。DPE和挥发物分别改变了201种和374种蛋白质的表达水平（≥1.5倍），这些蛋白质参与维持皮肤完整性、伤口愈合和细胞分化，这些结果均在三维（three dimension，3D）皮肤模型中得到证实。

在中国保定（曾经污染严重的城市）和大连（清洁城市）进行的一项临床研究表明，长期暴露于严重的室外城市污染会导致面部衰老的一些迹象。几乎所有面部衰老症状都可在保定市的受试老年组（40～45岁）中观察到。特别是，长期暴露于严重城市污染的受试者中，有8种面部症状（5个与皮肤结构有关，3个与色素沉着有关）的临床严重程度显著增加。长期暴露于严重城市污染的女性受试者色素沉着的增加反映了时间和光暴露所致衰老的影响，这表明日常暴露于紫外线和污染具有综合性影响。

完整的环境暴露概念是指构成环境暴露的所有因素的生物学效应总和。然而，这些影响因子一般都是被独立研究的，它们之间的相互作用以及对人体会产生怎样的综合生物学效应却少有研究。在这方面，皮肤老化就是一个典型的例子。现已确认长期暴露在自然光下是皮肤老化的重要原因。虽然在深层理解分子和细胞机制上已经取得了重大进展，但这些研究多是针对特定波长的光，如UVB或UVA，或是可见光、红外线单独对皮肤的影响。鉴于皮肤会同时暴露于所有波长的光，而作为阳光的一部分，每种波长引起的反应之间可能存在相互作用。支持这一理念的席克（Schieke）等人，研究了在人表皮角化细胞中存在UVA和UVB信号传导时的分子串扰。经单独的UVA照射15～30分钟后发现，UVA会导致适度和短暂的细胞外信号调节激酶（ERK1/2）激活，而单独的UVB照射会引起强烈的、持续长达1小时的ERK1/2磷酸化。在UVA和UVB单独照射下均检测到少量p38和Jun N末端激酶（JNK1/2）的激活。有研究采用不同的模式进行相应的观察，如果对角质形成细胞依次暴露，即先是用UVA照射，然后立即用UVB照射，在这种条件下，由UVB引发的ERK1/2显著磷酸化反应就被阻止，而p38和JNK磷酸化却被增强了。更值得注意的是，这种激活模式会因照射顺序的改变而改变，比如角质形成细胞先照射UVB后再用UVA照射。

综合来讲，这些结果强烈表明UVA和UVB照射会引起角质形成细胞中明显的应激反应，激发这两个压力反应会引起第三种反应。但是这跟单独的照射并不同，也不能简单地解释为叠加效应。因此，在UVA和UVB照射下的促分裂原活化的蛋白激酶（mitogenactivated protein kinase，MAPK）信号水平的分子串扰，代表了保守进化的信号通路，可能已经发展为人体皮肤细胞精准的分子防御策略来应对太阳辐射诱导的压力，这种综合效应超出了其单一组分的单一加成效应。事实上，有证据表明，UVB

和近红外线（near infrared ray，NIR）辐射也可能发生信号串扰，虽然这种情况下的应答会因辐照顺序的改变而不同，比如先照射NIR再照射UVB，或先照射UVB再照射NIR。此外，也有证据表明，红外线通过不同于UVA诱导的光老化干扰信号转导通路产生特有的生物学效应。红外线照射会降低衰老相关的β半乳糖苷酶的表达，上调UVA暴露时在人体成纤维细胞中沉默信息调节因子2同源蛋白1的表达，降低基质金属蛋白酶1的表达。

这些例子强调，对每种波长相互之间的生物学效应进行更加详细的分析，因为人类细胞是受自然光的照射并导致了皮肤的衰老。同样，假设分子串扰反应不受特定波长范围的限制也是合理的，但要考虑到其他环境因素对皮肤衰老的影响。例如空气中的颗粒物和太阳辐射可能不仅在皮肤细胞的水平相互作用，也有可能进一步向上游作用，因此，颗粒物暴露在紫外线的辐射下通过光化学反应可能引起皮肤的“粒子老化”。Xia等人的研究揭示了空气污染中的多环芳烃（polycyclic aromatic hydrocarbon，PAH）在UVA辐射下表现为一个单独的代谢激活途径。

因此，未来的研究应该致力于更好地理解不同暴露因素的相互作用以及由此产生的对皮肤老化的净效应。这些信息可用于优化现有的抗皮肤老化策略，并发展新的抗老化方案。

此外，尽管多环境暴露的定义中不包含遗传因素，但是基因/环境的相互作用也是影响皮肤老化的一个组成部分。这一点在近期的基因/环境相互作用中得到了证实，即由空气污染诱发的老年白人女性脸颊上的色素沉着，主要受芳香烃类受体信号遗传变异的影响。准确地了解由环境引发的皮肤衰老因素，包括基因与环境间的相互作用，有助于识别易感子群体，并为化妆品的产品开发策略提供精准对抗皮肤衰老的科学依据。

（三）将理论方法运用于护肤实践

紫外辐射、吸烟和污染已被证明是诱发皮肤老化的三个主要因素。因为需要长期的暴露试验来验证使用防晒剂防止光老化，所以很少有可靠的临床研究结果可以参考。其中一项2013年6月发布的研究报告显示，通过长期跟踪成年志愿者，并评估每天使用防晒霜的影响，在健康受试者中，每天使用防晒霜可以延缓皮肤的老化。这项研究在澳大利亚南纬26°进行，等同于南非的约翰内斯堡，及北半球的得克萨斯州或者摩洛哥。实验对象主要是Ⅰ和Ⅱ型皮肤，实验对象年龄分布在25～55岁。实验对象每日随机使用或不定期自由选择使用防晒霜，使用防晒指数15的广谱防晒霜、含2%的阿伏苯宗来防护UVA。该研究历时4年半，通过硅胶皮肤铸膜显微成像分析显示，与随意选择防晒霜的试验组相比，每日防晒组的实验对象从初始值到实验结束，其皮肤老化减少24%。从这项研究中，可以得出结论，每天使用防晒霜比随意使用能更有效地防止紫外线引起的皮肤老化。在25岁之后开始每日使用防晒霜，证明是有积极影响的，这在上述4年左右的研究中也得到证实。

二、现代生活方式（环境暴露）导致的皮肤问题

根据前面的描述，皮肤和毛发的颜色及形态是人类在长期进化过程中由相对保守的基因型和表型在适应环境变化中形成的相对固定的特征。

当早期的人类逐渐将活动范围扩展到非洲之外时，他们遇到了新的环境及相关的挑战。人类的许多特征反映了通过自然选择对这些不同条件的适应：气候、大气、致病条件以及食物资源的可用性和性质等。随着人类在世界各地迁移，他们遇到了新的环境，需要适应出现的新挑战。今天观察到的人类表型分布是这种持续适应的结果，生物/生理和文化方式，以及社会习俗的改变，均可能导致生物学特征的变化。这些源于文化习惯或个人偏好的变化，可能会对人类健康产生重大影响。尤其是工业文明时代随着技术的快速发展，人类的生活习惯也在快速变化。古代“日出而作，日落而息”的作息方式被人造光源下的“朝九晚五”所替代；食物中的糖分由从新鲜水果中获得变为在餐桌上随手可得的方糖所替代；获取信息的途径也由口口相传，变成在智能屏幕随时查阅。人们的梳妆，也由女性专属的“凝走弄香奁，对镜帖花黄”的简单脂粉，变为琳琅满目的瓶瓶罐罐甚至是专业医学美容的光电设备。面对所有这些快速的变化，从烦琐的步骤到众多的成分如表面活性剂、合成香精、防腐剂，人类的皮肤还能够适应吗？还有足够的耐受能力来抵抗这些暴露组分的侵扰吗？因为每个个体的适应性不同，结果显然也会有所差别。

人类持续暴露于各种环境刺激中，已发展出适应这些外部因素的能力，如昼夜节律、食物摄入量、紫外线和微生物。在这些环境因素中，日常生活方式尤为基本，时时刻刻影响着人类的健康。而皮肤作为人体最外层的器官，最易暴露于环境刺激中，也会受到诸如饮食和昼夜节律紊乱、吸烟、酒精、脂肪酸、膳食纤维、肥胖和紫外线等暴露因素，尤其是快速变化的生活节奏的影响，这应引起人们的关注。当然，这些影响有助于临床医生了解与人类日常生活方式相关的疾病的详细分子机制。因此，生活实践中的种种事实促使我们推测，人类的日常生活方式很可能会影响皮肤的生理、发育、代谢，也可能会带来各种风险。

（一）皮肤微生物群和适应性免疫

微生物群影响皮肤和肠道中适应性免疫细胞的分化。表皮葡萄球菌是一种皮肤共生细菌，可有效诱导T辅助17细胞（T_H17）表达白细胞介素（IL-17A）并诱导T细胞表达抗原CD8。依赖碱性亮氨酸拉链转录因子ATF样3（Batf3）的交叉呈递树突细胞和源自单核细胞的细胞都需要诱导表达IL-17A和CD8的细胞，对皮肤中的表皮葡萄球菌做出反应。在皮肤被病原性原生动物利什曼原虫感染时，局部共生细菌是引发保护性免疫（表现为炎症和坏死）所必需的，与表皮葡萄球菌的单一结合足以促进这种反应。重要的是，皮肤中的T_H17细胞受皮肤微生物群的影响不同于肠道微生物群，这表

明黏膜的T_H17细胞受局部共生细菌以不同的方式调节。皮肤中的T细胞产生IL-17A需要表达IL-1R而不是IL-23R，这与肠道中T_H17细胞的要求相反，并且与T细胞的隔室特异性机制一致。尽管免疫交叉通信发生在黏膜组织（如肠和肺以及鼻咽和子宫）之间，但皮肤中似乎存在特异性免疫调节。这可能是因为皮肤面临着不同于黏膜部位的环境挑战，因此需要不同的途径来控制其局部免疫反应。

一项研究指出，来自中国的个体与西方个体的皮肤微生物组差异很大——在中国参与者的皮肤上水栖菌属（*Enhydrobacter*）很常见，但这种菌在西方人的皮肤上不常见。

另一项研究显示，将南美洲的美洲印第安人与美国纽约和科罗拉多州的人群的前臂进行比较时发现微生物组之间的显著差异。南美洲的美洲印第安人的前臂以丙酸杆菌为主，纽约的美洲印第安人的前臂菌群以葡萄球菌为主，而另一组科罗拉多州的美洲印第安人的前臂菌群与其他两组的菌群丰度明显不同。

行为习惯也会影响皮肤微生物群落。洗手可以去除污垢、有机物质和微生物，不同的方法会产生不同程度的“清洁度”。抗菌肥皂含有特定的杀菌活性成分，可消除致病和有益的微生物。虽然发达国家的人们通常容易获得抗菌产品，并被鼓励通过公共卫生计划和文化规范保持高度个人卫生，但这些抗菌产品在低收入和中等收入国家中并不常见。随着一些中低收入国家的逐渐发展，个人使用抗菌肥皂的机会增加，这些国家的抗生素耐药性也随之增加。抗菌肥皂对人类健康的益处尚不清楚，甚至可能有害。因此，美国食品药品监督管理局（Food and Drug Administration，FDA）最近禁止销售含有某些抗菌成分的肥皂和洗手液便证明了这些担忧。

一些研究强调了抗菌肥皂中可能含有对人类和环境健康有害的成分，但还需要更多的研究来确定抗菌肥皂对各种人群的影响。为了增进对非西方环境中使用抗菌肥皂对人类影响的理解，有研究评估了抗菌肥皂对马达加斯加农村人口皮肤菌群的影响，通过使用抗菌皂的实验组与未使用抗菌皂的对照组之间的比较，验证了以下几种预测：

（1）与未使用抗菌皂的对照组相比，使用抗菌皂的个体在使用一周后，在分类丰富度（α多样性）方面表现出更大的变化。

（2）微生物菌群的α多样性随肥皂用量的增加而下降。

（3）与未使用抗菌皂的个体相比，使用抗菌皂的个体在停止使用两周后在其丰度方面表现出更大的变化。

（4）使用抗菌皂的个体在整个采样周期（β多样性）中皮肤微生物群落的组成表现出更大的变化。

（5）β多样性的变化随抗菌皂用量的变化而变化。

（6）由于微生物群落的组成可能会抑制新微生物的入侵，因此在使用抗菌皂后，微生物群落组成的变化会在停止使用肥皂后至少持续两周。

1. 微生物失调与炎症性皮肤病有关

微生物组的大部分研究焦点都集中在胃肠道炎症上，并且有足够的数据支持胃肠道微生物组是导致人类和动物某些胃肠炎的原因。但评估炎症性皮肤病中皮肤微生物组的研究受到诸多限制，目前尚不清楚微生物失调是人类和动物炎症性皮肤病的原因还是结果。尽管迄今为止发表的研究数量非常有限，但多样化的皮肤微生物组被认为是免疫调节的关键组成部分。皮肤生态失调可被定义为微生物种群组成的不平衡，与人类和动物炎症性皮肤病有关。

现已证明，共生皮肤微生物群能直接影响皮肤免疫。如前所述，表皮葡萄球菌通过诱导特化T细胞移动到表皮，增强先天免疫并限制病原体入侵，这与驻留在皮肤中的树突细胞协同发生。在该实验模型中，皮肤炎症反应与表皮葡萄球菌暴露无关。然而，当皮肤遇到新的共生体时，$IL17A^{+}$ T细胞会增加并诱导细胞因子IL-17A，其机制由皮肤共生的表皮葡萄球菌介导。研究表明，皮肤是一个动态环境，其免疫系统会对共生微生物群的变化做出反应。金黄色葡萄球菌可能参与调节免疫系统。与非携带者相比，金黄色葡萄球菌携带者在发展为菌血症时往往有更好的预后。这表明金黄色葡萄球菌的定植也可能会“启动”携带者的免疫系统。近期的另一项研究表明，新生儿需要接触共生细菌才能建立对这些共生微生物的免疫耐受。小鼠模型实验证明，新生儿生命中表皮葡萄球菌的定植负责激活调节性T细胞，从而形成对共生微生物的耐受性。该研究根据其他已发表的研究结果，揭示某些慢性皮肤病可能是皮肤对共生皮肤微生物群过度反应的结果。此外，鉴于城市化地区自身免疫性疾病人口比例增加，有人提出这是由于城市地区的清洁度提高，减少了与共生微生物的接触，因此导致日常生活中免疫反应增强，进一步加剧超敏反应的发展，并根据这一发现提出了“卫生假说”。

2. 特应性皮炎

特应性皮炎是最常见的慢性炎症性皮肤病，在儿童中尤其常见。数十年来，特应性皮炎的发病率在世界范围内有所增加。特应性皮炎患者具有以皮肤干燥、红斑和瘙痒为特征的间歇性病变。由于丝聚蛋白（filaggrin）基因的突变，一些特应性皮炎患者的皮肤屏障功能发生了改变，因此导致角质层破坏，使外来抗原渗透并发生过敏反应。一项纵向研究表明，特应性皮炎发作期儿童的病变皮肤上具有较低的微生物群多样性，与之相对应的是金黄色葡萄球菌的丰度显著增加。在该研究中，金黄色葡萄球菌的丰度在皮损发展之前出现了相对增加，而在皮损恢复之前微生物群的多样性就已经恢复。在接受定期治疗的儿童中，微生物群的多样性和金黄色葡萄球菌的丰度与未受影响的皮肤保持相似。金黄色葡萄球菌丰度的增加可能与皮肤屏障的改变对金黄色葡萄球菌定植的耐受性有关。这一假设得到了一项研究的支持，该研究描述了在皮肤经胶带剥离和去除浅表皮层处理后，发现其细菌属在较完整角质层中更少，主要是以葡萄球菌和丙酸杆菌为主，而且这些微生物重新定植于更深的角质层。

根据从自然状态和实验研究机构所获得的越来越多的科学证据表明，金黄色葡萄球菌是特应性皮炎皮肤病变发展和严重程度增加的关键因素。研究发现，一种*ADAM17*缺陷小鼠模型会出现湿疹和微生物失调，类似于人类的特应性皮炎。在这项实验研究中，不仅证明金黄色葡萄球菌可导致湿疹形成，而且随后还显示，牛棒状杆菌定植可诱导T辅助2型细胞反应。这项研究结果首次表明微生物菌群失调可能导致湿疹病变，这些证据支持皮肤微生物群能够引起皮肤病变。在有特应性皮炎样病变的特应性皮炎和原发性免疫缺陷病（primary immunodeficiency disease，PID）患者中，真菌群的多样性随着皮肤病变的发展而增加，这与在细菌群中观察到的结果相反。在特应性皮炎患者中观察到，菌群多样性表现为机会性真菌（包括念珠菌属和曲霉属中的真菌）相对增加。另一项研究发现，白色念珠菌、扩散隐球菌、液化隐球菌、芽枝霉菌属（*Cladosporium spp*）和毒性枝孢属是特应性皮炎患者的主要真菌类群。在健康和特应性皮炎个体中，马拉色菌属在皮肤中占主导地位。研究中还观察到，合轴马拉色菌（*M. sympodialis*）的丰度在特应性皮炎个体中比在健康个体中更高。这些发现强调了皮肤微生物组研究的一个共同现象，即人们一致认为马拉色菌会加剧特应性皮炎皮肤损伤。

3. 痤疮

布丽吉特·德雷诺（*B. Dreno*）等在欧洲皮肤病学和性病学会杂志发表的综述中总结了几种主要暴露原对痤疮的影响，这些暴露原包括营养、药物、职业因素、污染物、气候因素以及社会心理和生活方式等，它们可能会影响痤疮的病程、严重程度以及治疗效果。当暴露原作用于皮肤的天然屏障时，会引起角化过度、微生物群的改变、先天免疫的激活，从而导致痤疮恶化。

其中，研究中着重强调了空气污染物通过诱导氧化应激对皮肤产生的有害影响，导致人体皮肤中脂质、脱氧核糖核酸和（或）蛋白质的正常功能发生严重改变。这种现象在痤疮患者中更为明显，因为在这一人群中通过氧化角鲨烯的增加及亚油酸的减少，使角质层表面的皮肤脂质膜发生改变。通过对上海地区（图2-8，图2-9）和墨西哥城的受试者开展的两项临床研究比较发现，长期暴露于环境污染的皮肤质量会发生变化。通过测量维生素E和角鲨烯的水平表明，这两种皮脂由于被暴露原氧化导致其水平均有所降低。UVA和烟雾氧化角鲨烯可使角鲨烯过氧化物（squalene monohydroperoxide，SQOOH）的含量明显升高（图2-10，图2-11）。虽然墨西哥城的研究没有测量痤疮的临床症状，但观察到皮脂水平升高。另一项在中国开展的研究显示，通过8周内对64名痤疮患者的观察发现，暴露于环境污染物与皮脂水平升高、炎症水平升高及非炎症性痤疮病变之间存在一定的关系。

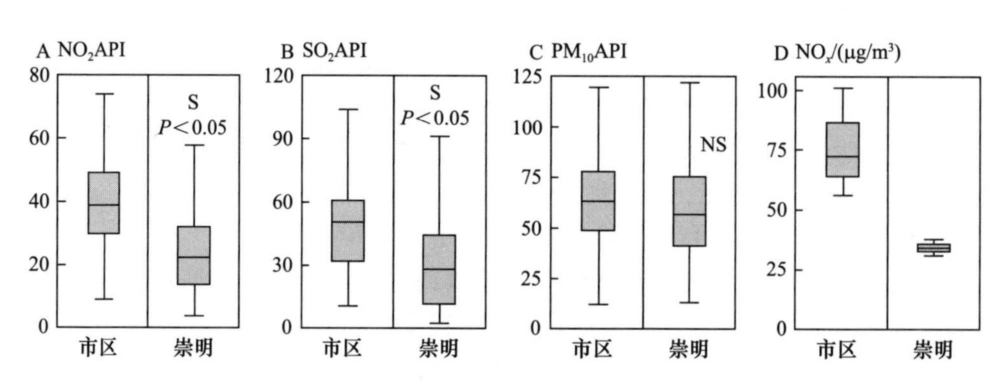

图2-8 上海两个地区的空气质量对比

A～C：2007年1～8月上海市区和崇明区空气污染指数（API）；

D：2008年8月27日和9月2日15～17时采样时间的平均NO_x水平；图由矢量Map 1.5.1软件绘制

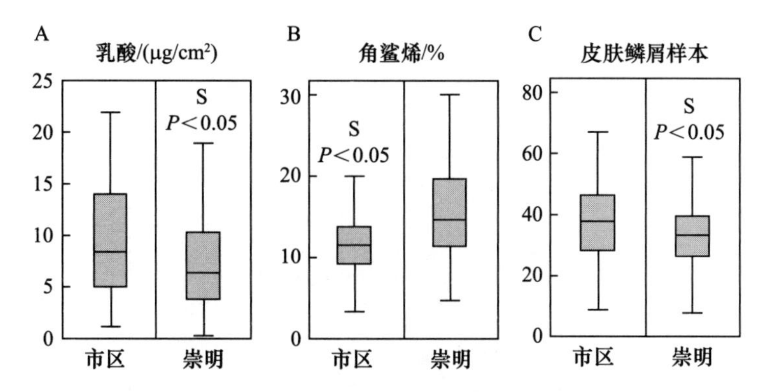

图2-9　上海市区和崇明两个地区的受试者皮肤表面生化参数变化

A：乳酸含量；B：角鲨烯含量；C：皮肤鳞屑（D-Squame）样本参数

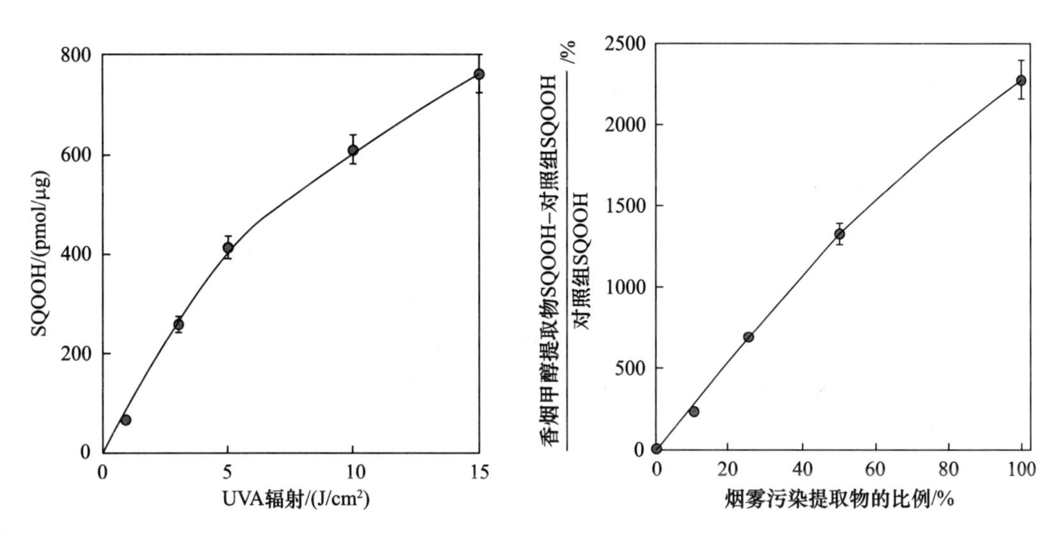

图2-10　UVA剂量与角鲨烯过氧化物的关系

图2-11　与单独的甲醇和UVA对照组相比，香烟甲醇提取物组角鲨烯过氧化物的浓度明显增加

4. 银屑病

研究表明，空气污染物通过促进氧化应激，诱导肿瘤坏死因子-α（tumor necrosis factor-α，TNF-α）产生，TNF-α以自分泌方式激活并诱导合成一氧化氮合酶（nitric oxide synthase，NOS）的树突细胞（Tip-DC）产生IL-23，IL-23进一步激活T_H17产生IL17和IL-22，导致真皮和表皮中的上皮增生和炎症细胞活化（图2-12、彩图2-12）。

大卫·冈恩（D. A. Gunn）和乔安妮·迪克（J. L. Dick）等通过莱顿长寿研究中心招募了337名女性和333名男性，开展了一组队列研究。结果显示，吸烟与皮肤老化特征密切相关，这些特征与阳光照射和社会经济地位等因素的影响有明显区别；吸烟者的皮肤弹性更差，皮肤氧合水平较低且胶原蛋白减少，但胶原酶的产生增加。这项研究还发现，吸烟与荷兰女性和男性面部的目测年龄显著相关。与男性面部形状的变化相比，吸烟与女性皱纹的相关性更强。总之，这项研究以确凿的证据表明，吸烟

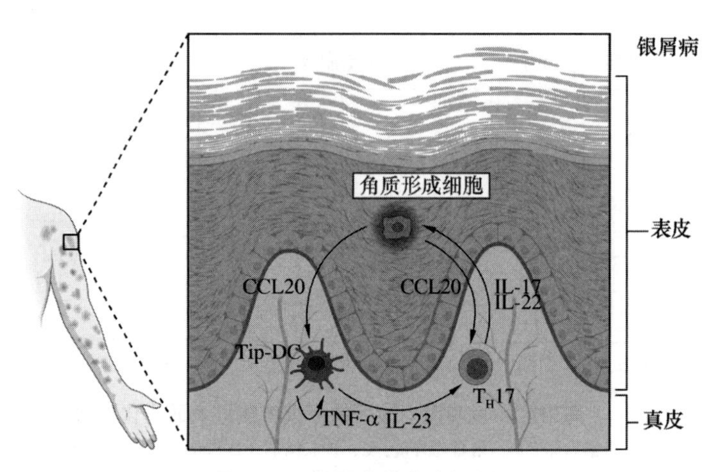

图2-12 银屑病的发病机制

是皮肤老化的驱动因素之一，但进一步的研究也表明，吸烟对不同性别的影响差异不明显。

（二）人造光源的影响

在进化过程中，虽然我们适应了一定剂量的日光辐射，但人造光源的增加，特别是不同智能设备光源的交叉影响，是否会对皮肤产生负面影响？随着近年来对这一领域的研究加深，逐步揭示出人造光源对皮肤存在不良影响，特别是高能量可见光（VIS、VL、HEVL、蓝光）对皮肤的不利影响涉及多种机制（图2-13、彩图2-13）。

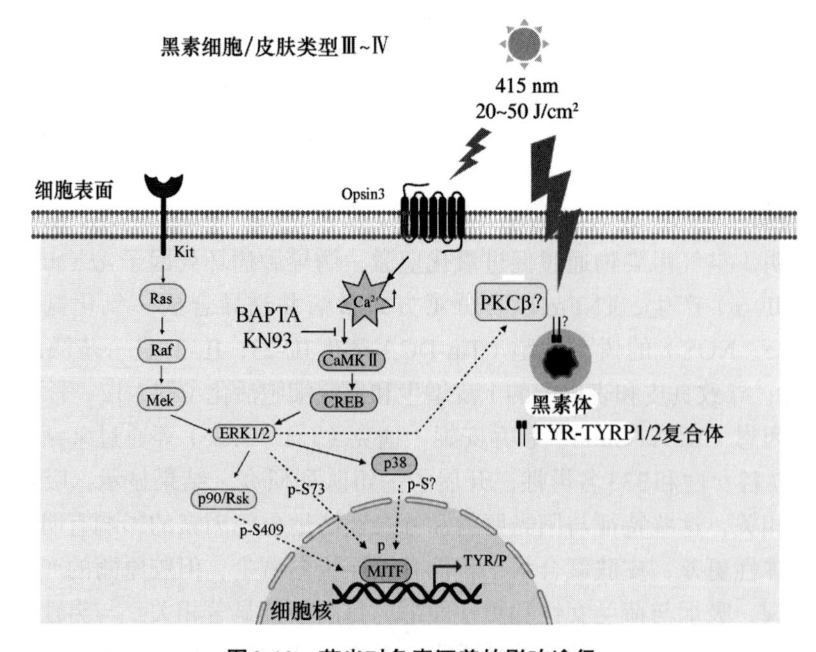

图2-13 蓝光对色素沉着的影响途径

1. 蓝光诱导人角质形成细胞线粒体释放自由基

蓝光在角质形成细胞线粒体中诱导氧化应激，细胞溶质中的谷胱甘肽可抵抗蓝光氧化。阳光中的蓝光成分可破坏人体皮肤中的黄素自动发出的荧光，皮肤经蓝光照射后，黄素自发荧光平均降低约8%，但在部分光照皮肤中观察到的自发荧光降低超过10%。

人体细胞中蓝光对谷胱甘肽的氧化，所需的诱导辐照度显著高于小鼠活皮肤。根据对UVA（44 mW/cm^2）和蓝光（266 mW/cm^2）诱导的氧化功率对比，人类角质形成细胞线粒体中蓝光氧化应激诱导所需的光子功率仅为UVA辐照的25%左右，而在小鼠表皮中所需蓝光的辐照功率为UVA的68%。

2. 正常人表皮角质形成细胞（normal human epidermal keratinocytes，NHEK）对蓝光照射非常敏感

皮肤也受生物节律的调控而具有不同的功能，这些功能经过优化，可在白天提供更多保护，而在黑暗或夜间对皮肤进行修复。每个皮肤细胞都包含节律基因，这些基因控制细胞活动并将其同步到白天或夜间的功能中。

研究者发现，NHEK对蓝光照射非常敏感，从而干扰其核心节律系统。NHEK能够直接感知光的存在与否，即在没有视交叉上核干预的情况下控制自己的节律基因表达。即使非常短暂的暴露时间也会降低NHEK中的*per1*水平，而且暴露停止3小时后，该水平并未恢复至正常值，这就意味着蓝光对昼夜节律存在长期影响（图2-14）。因为光的存在，NHEK会“认为”一直是白天，从而影响皮肤细胞与其夜间的节奏同步，

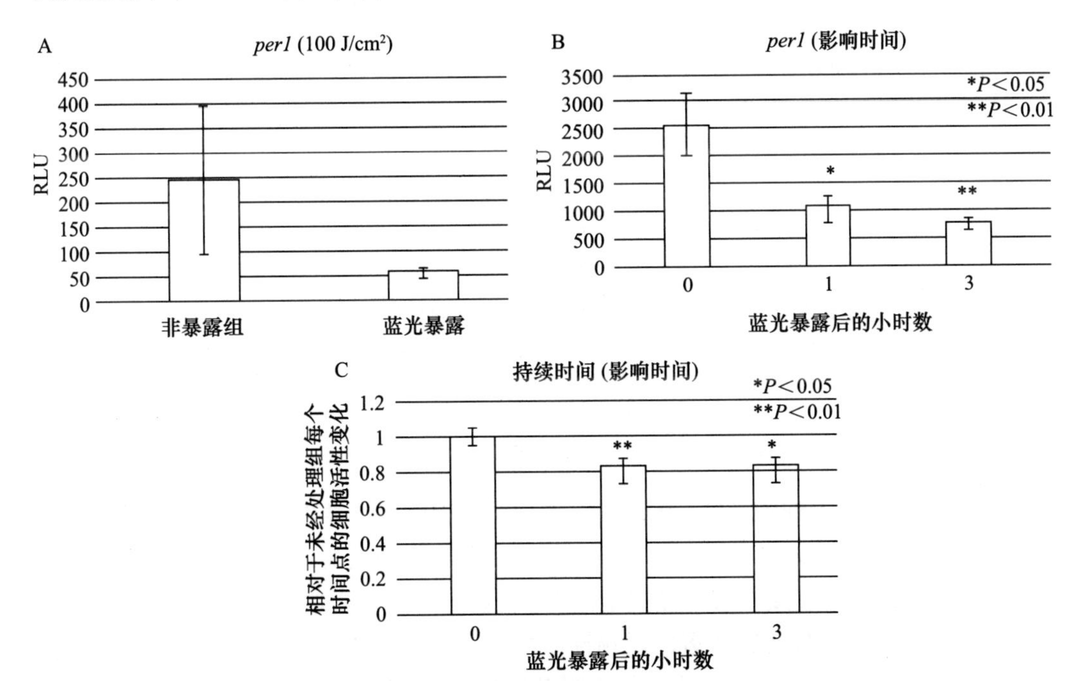

图2-14 用100 J/cm^{2}蓝光照射NHEK细胞降低*per1*水平

A：*per1*的表达在暴露后数小时内持续下降；B：暴露1小时和3小时后*per1*的降低非常显著；C：Bonferroni单向方差分析

并可能影响本应在黑暗中发生的修复/再生细胞功能。在其他方面，就增加细胞损伤而言，NHEK对蓝光照射非常敏感。蓝光暴露导致DNA损伤、活性氧（reactive oxygen species，ROS）和炎症介质增加，在模拟真实的暴露条件下也可获得类似的损伤结果，其中，NHEK中的ROS会随着暴露于蓝光的时间延长而增加（图2-15）。综合分析上述结果表明，皮肤细胞对蓝光敏感，蓝光会影响它们与夜间相关的per1蛋白水平，并加剧细胞损伤，如氧化、DNA损伤和促炎症作用。现已证明*per1*受损与夜间节律的丧失有关，这将影响皮肤功能和生理活动的恢复和修复。

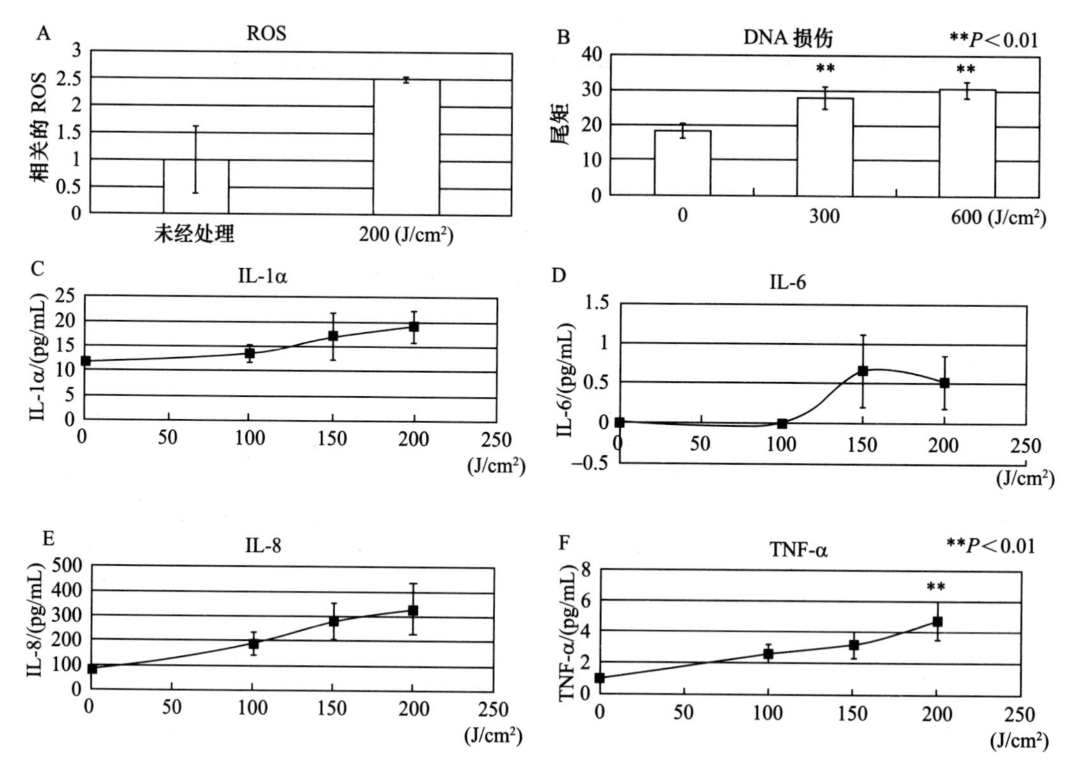

图2-15　蓝光暴露对ROS、DNA、IL-1α、IL-6、IL-8和TNF-α具有多种破坏性影响

图A为暴露66分钟后活性氧增加；图B为暴露99分钟或198分钟后NHEK中的DNA损伤增加；图C为暴露33～66分钟后，黑色素真皮组织中的细胞因子IL-1α增加；图D为暴露33～66分钟后，黑色素真皮组织中的IL-6增加；图E为暴露33～66分钟后，黑色素真皮组织中的IL-8增加；图F为暴露33～66分钟后，黑色素真皮组织中的TNF-α增加；Bonferroni单向方差分析。

3. 蓝光诱导黑素细胞通过OPN3通路增加黑色素合成，并延长黑色素代谢周期

雷加泽蒂（Regazzetti）等证实视蛋白3是黑素细胞中的关键受体，介导较短波长的可见光引起的色素过度沉着。经视蛋白3途径诱导的黑色素增加具有钙依赖性特征，在这条通路中，依次激活钙调蛋白依赖性激酶Ⅱ、环磷腺苷效应元件结合蛋白、细胞外调节蛋白激酶和p38，并进一步促使小眼畸形相关转录因子磷酸化，最终使酪氨酸酶和多巴色素互变异构酶（dopachrome tautomerase，DCT）的表达增加。

此外，蓝光诱导酪氨酸酶和DCT蛋白质复合物（Tyr/DCT）的形成。Tyr/DCT主要在深色皮肤的黑色素细胞中形成，并持续诱导酪氨酸酶的活性，这一机制可以解释持久性色素过度沉着。该现象仅在Ⅲ型及以上皮肤中经蓝光照射后才能够观察到。因此视蛋白3是可见光色素沉着的感应受体，激活状态的视蛋白3和Tyr/DCP复合物是诱导并调节黑色素生成的潜在新靶标，同时还能在生理条件和色素紊乱条件下保护深色皮肤免受蓝光影响。

4. 蓝光影响睡眠周期

褪黑素是调控睡眠周期的关键物质，同时也是内源性的强抗氧化剂。褪黑素一般从晚9点左右进入分泌旺盛期，早7点前后分泌水平下降。蓝光影响垂体分泌褪黑素，因此睡前暴露于蓝光光源如智能设备，会导致褪黑素分泌延迟，从而推迟进入睡眠的时间。早晨由于褪黑素分泌水平降低，睡眠质量也因此受到影响。作为内源性抗氧化剂，如果因长期受蓝光影响导致分泌水平下降，将对周期性的修复作用产生显著影响。

三、通过护肤手段降低环境暴露（包括现代生活方式）对皮肤的不利影响

海特韦尔（S. Hettwer）在其发表的《调控皮肤生物钟的化妆品活性成分如何保护皮肤细胞免受表皮时差影响？》的文章中建议，在阳光下，避免日光直射皮肤是最可行的护肤解决方案。然而在日常生活中，特别是在夏季，这种防护手段并不方便，因此日光中的UVB辐射成为皮肤的最大威胁。显然，良好的SPF防护指数的防晒霜可以防御UVB辐射进入皮肤，从而防止DNA的过度光损伤和细胞S期的复制压力。然而，单纯防御UVB并不会阻止其他光辐射引起的DNA损伤和ROS侵害。这是因为，高能可见光可以诱导产生脂褐素、糖化终末产物，甚至破坏维生素和黄素等皮肤中的成分并生成破坏DNA的ROS。红外光可以通过增加皮肤的炎症状态来诱导ROS。而且，日常使用的部分产品本身有可能增加皮肤内的ROS含量。为了抵消这些暴露产生的危害，可以遵循两个基本原则：首先，可以使用较强的抗氧化剂清除自由基；其次，可以通过诱导核苷酸切除修复途径来增强DNA修复，尤其应降低8-氧代鸟嘌呤糖基化酶的表达，从DNA中去除氧化鸟嘌呤残基，以避免与紫外线相关的DNA氧化。

总之，人类赖以生存的自然选择从未停止过，身体仍然对环境的变化、饮食、细菌、病毒等外部和内部暴露条件进行适应，而且在漫长的进化过程中已经对自然暴露因素形成了适应性，但这种适应并非完美。当人类随着科技进步，制造出越来越多的人为暴露因素时，那么已有的适应性是否被打破，导致适应和暴露因素之间的矛盾越来越突出呢？尤其是近代以来，科技和文化发展的速度及强度已经远远超出了自然选择的速度和强度。虽然当代人所继承的身体、基因和表型在很大程度上仍然适应基本的自然环境，但快速的变化，特别是科技、文化以及饮食的改变造成了相对稳定的进

化状态与快速改变的外部条件之间的矛盾，即进化失配。因此，我们有必要利用现代科学的手段，如组学和人工智能等手段去探寻哪些暴露原与我们已继承的适应相匹配，哪些暴露原给这些适应带来了挑战，并找到精准的方法去解决这些矛盾，避免由于不适应或者快速改变的环境和条件对皮肤带来威胁和干扰。

（马彦云　审校）

参考文献

第三章　精准护肤的组学基础

任传鹏　叶　睿　马彦云　刘　菲　卢云宇　李　雪　潘　毅

本章概要

- ☐ 精准护肤的暴露组学基础
- ☐ 精准护肤的基因组学基础
- ☐ 精准护肤的表观遗传学基础
- ☐ 精准护肤的转录组学基础
- ☐ 精准护肤的蛋白组学基础
- ☐ 精准护肤的代谢组学基础
- ☐ 精准护肤的免疫组学基础
- ☐ 精准护肤的微生物组学基础

第一节　精准护肤的暴露组学基础

一、暴露组学的概念和分类

在工业文明200多年的历史进程中，人类已经创造了巨大的经济增长和社会财富，但同时，因为快速的发展和消耗也造成了自然资源的过度开发，从而导致生物圈面临失衡和环境污染等一系列问题。其中，环境污染是一个全球关注的焦点。据世界卫生组织估计，每年有700多万人死于因环境和室内空气污染所引起的疾病。这些环境暴露包括空气污染、臭氧、水污染、致癌物质和颗粒物的职业暴露，以及重金属、化学品和铅污染土壤等问题。城市的环境污染比农村地区更为严重，城市地区的居民更易暴露于较高的温度、高分贝噪声和更强的光污染环境。

于1990年启动的人类全基因组计划，在2003年已基本完成了对人类基因组的测序和图谱绘制。人们期待这一计划能帮助找到造成慢性病死亡的病因及治疗方法。然而，对于大约2000个全基因组关联研究（genome wide association study，GWAS）的结果，虽然解码人类基因组增加了人们对疾病潜在遗传因素的了解，但是基因组分析只能解释疾病的一部分原因，如遗传因素仅能解释约10%的疾病，其余主要是环境因素的影响。根据相关研究发现，环境暴露和基因暴露相互作用是癌症和一些慢性疾病的主要原因。2005年，癌症流行病学家克里斯托弗·维尔德（Christopher Wild）博士提出了暴露组的概念。暴露组学作为一种新的组学研究，是对GWAS的补充，强调了环境暴露对于人群慢性疾病及公共卫生健康的重要性。全暴露组关联研究（exposome wide association study，EWAS）是对GWAS的补充。

暴露组学，即研究暴露原的学科，包括人类从受孕到死亡整个过程的所有暴露的总和。人类暴露于各种环境中，包括化学、物理和社会环境等，并随着时间而变化。对于暴露原的分类，尤其对非遗传性因素，维尔德博士定义了3个重叠区域，分别为广义暴露组、狭义外源性暴露组及内源性暴露组（图3-1）。随后的研究者，米勒（Miller）和琼斯（Jones）对于暴露组的定义进行了扩展，涵盖人体与周围环境的动态互动关系。他们提出，暴露组为整个生命周期中环境影响和终生相关生物反应的累积量，包括环境、饮食、行为和内源性过程的暴露。

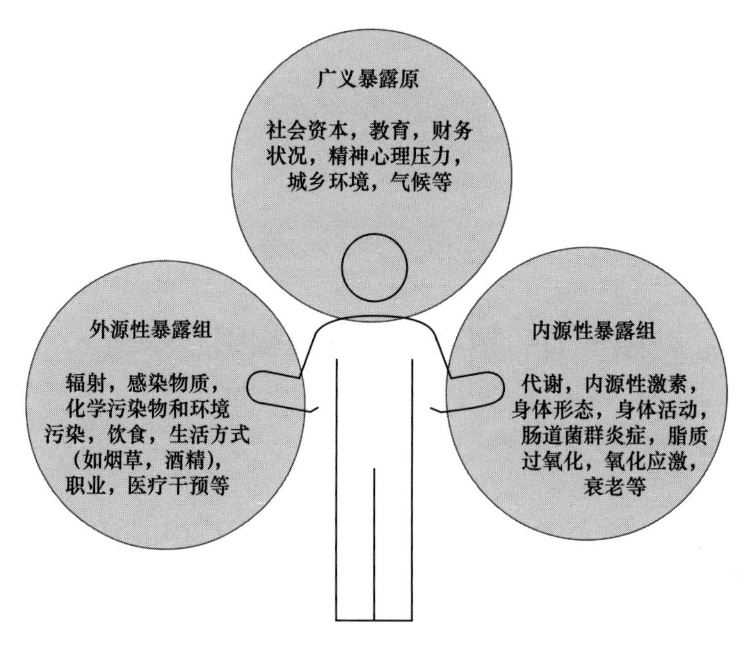

图3-1　非遗传性暴露原的分类

了解来自环境、饮食、生活方式等暴露如何与人类自身的独特特征（如遗传学、生理学和表观遗传学）相互作用，并如何影响人类的健康。通过暴露组学对包括环境暴露（化学物质、饮食、压力和物理因素）、行为和基因变异以及相应的整体生物反应的风险因素分析，对保护后代免受环境中越来越多的化学污染物的影响，将提供非常有意义的信息。

二、暴露组学的研究方法

十几年来，关于暴露组学的研究受到了科研人员越来越多的关注。然而，研究暴露组的方法极其复杂，即便从定义上理解，测量全部的暴露总和（人一生中可接触上百种暴露原），并且分析暴露与健康的关系，也是极大的挑战，而且暴露原在整个生命过程中是不断变化的。暴露原的动态特征是其研究中最具挑战的因素之一。显然，使用一次只能测量一种暴露成分（one-agent-at-a-time）的测量手段对每个个体的暴露进行识别鉴定是不切实际的。更普遍的研究方法是将研究重点具体到一个特定领域，譬如一种慢性炎症性疾病，从而部分揭示已经存在的暴露和未显示出的暴露与疾病或健康之间的关系。

数十年来，科学家对基因组、蛋白质组和代谢组及其对人类慢性疾病影响的认识已经取得了重大进展。然而，环境暴露及其对疾病恶化的影响通常在很大程度上被忽视。描述暴露量的一个关键因素是准确测量暴露量和暴露效果的能力。许多“组学”技术有可能进一步加深人们对疾病起因和发展的理解。新兴的暴露组学旨在揭示环境与生物之间的这一相互作用，其中采用针对其他“组学”测量开发的高级系统生物学工具，可鉴定并关联内外源化学暴露与疾病风险。多组学技术，将帮助识别暴露与疾病之间因果关系的特征或其指征。多组学的研究及科学的大数据分析及统计学方法，也将极大地帮助人们理解暴露原背后的复杂机制与疾病的关系（图3-2）。

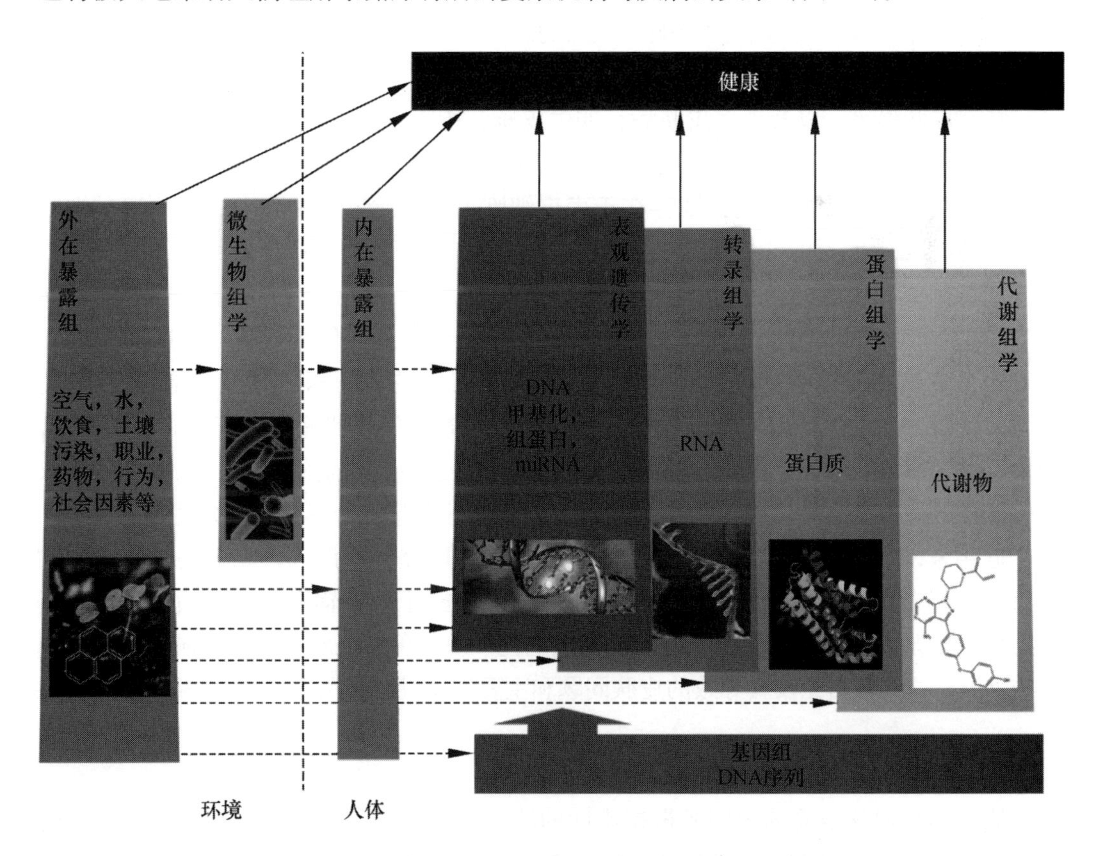

图3-2　通过组学研究的层次和通路揭示暴露原对健康的影响

科学家将环境暴露在生命周期中产生的破坏性影响归纳出八种特征，包括氧化应激和炎症、基因组改变和基因突变、表观遗传学改变、线粒体功能障碍、内分泌紊乱、细胞间通信改变、微生物群落改变，以及神经系统功能受损。这些特征在细胞和器官水平上，将复杂的环境暴露对健康的影响建立了联系，描述了基本的细胞机制和活动中所涉及的细胞和分子过程，并提供了一个新的框架，即在传统的环境暴露所关注的毒理学研究之外，又从细胞和器官水平上去理解暴露原的相互作用及其机制。这些特征能够将环境暴露与癌症等慢性疾病联系起来，也体现了在人体衰老的过程中环境暴露的参与。

三、皮肤暴露组及其对皮肤的影响

皮肤作为人体最大的器官，是身体和环境之间的主要屏障，更是抵御环境暴露的屏障。皮肤的健康不可避免地受到环境的各种威胁。影响皮肤的主要暴露原包括太阳辐射、污染物、激素、营养和生活方式，以及精神因素等，这些暴露原可在多个分子水平上产生生物学效应。虽然暴露原对皮肤的重要性已被普遍认识，但对于暴露原相互作用的复杂性及其对皮肤的影响，人们的理解还远远不够。然而，环境暴露确实会影响皮肤，引起包括皮肤老化、色素沉着、免疫反应、皮肤屏障特性、皮脂腺功能改变，甚至皮肤癌等，以及许多皮肤病，如牛皮癣、特应性皮肤病、痤疮或玫瑰痤疮等。

在大多数情况下，皮肤有多道防线：①作为化学及物理屏障的角质层；②作为免疫屏障的表皮和真皮层细胞；③存在于表皮细胞（如角质形成细胞）和抗原递呈细胞（如朗格汉斯细胞）中的各种异生生物代谢酶；④黑素细胞、角质形成细胞及其在色素沉着和紫外线辐射中的防护作用。在特定环境、职业或消费品中，皮肤暴露于各种异生物质，包括药物及化妆品可经皮吸收和渗透。影响暴露原作为异生物质吸收的因素主要包括它们在载体中的浓度、接触持续时间、暴露的表面积以及分子量和刺激性。同时，免疫介导的皮肤效应和全身效应也是主要因素。皮肤拥有多种有效的防御机制，如果这些屏障功能受到环境危害的严重影响，可能会导致严重的疾病，包括刺激性或过敏性接触性皮炎、特应性皮炎、光敏性皮肤病、荨麻疹、卟啉症和痤疮等。

近年来，针对不同暴露原与皮肤问题的机制性研究不断深入，尤其是对日光照射的研究。光老化、光致癌和色素变化是皮肤长期暴露于日光辐射的公认后果。由空气污染物，如颗粒物和二氧化氮等导致的皮肤老化、皮肤色素沉着和雀斑的研究也取得了一些进展。这些暴露原及其导致的皮肤问题和主要作用机制如图3-3（彩图3-3）所示。

（一）日光暴露

能够到达地球表面的太阳光根据不同的波长可分为：紫外线波长为200～400 nm，其中中波紫外线（UVB）波长为290～320 nm，长波紫外线（UVA）波长为320～400 nm，可见光波长为400～700 nm，红外线波长为700 nm至1 mm。从日光能量分布

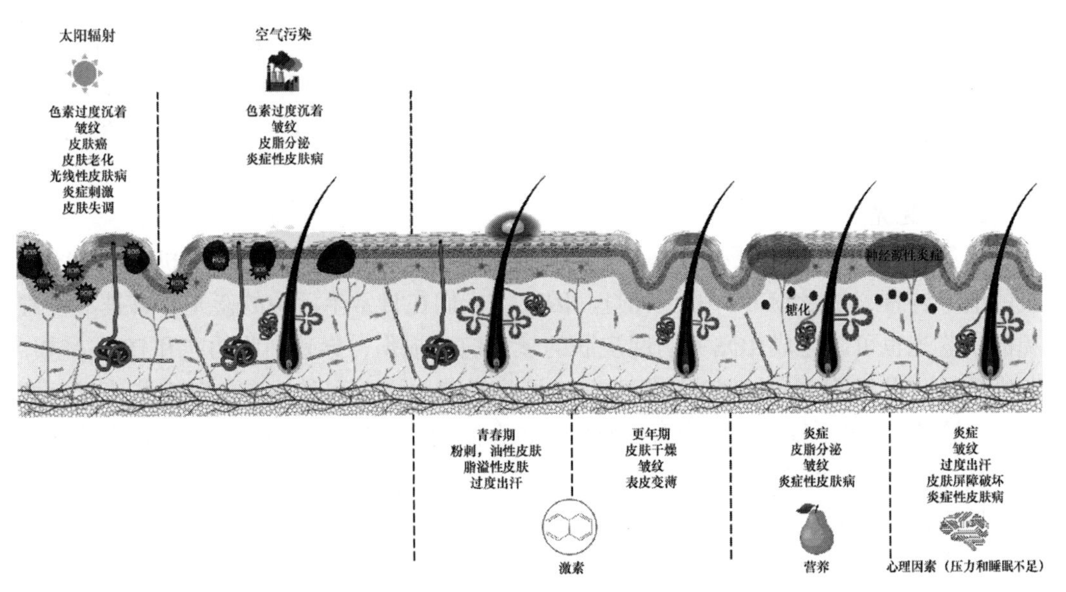

图3-3　皮肤暴露原及产生的皮肤问题

上，仅2%～5%的能量来自于紫外线，45%来自可见光，而50%来自红外线。

暴露在日光下的皮肤（如脸部和颈部皮肤）与非暴露区域（如躯干、大腿或腋下）相比，具有过早衰老的外观，并表现为包括皱纹、暗沉、色素变化、松弛、粗糙和毛细血管扩张等各种临床特征。日光辐射会诱导细胞产生ROS，这是引起皮肤损伤和光老化的主要原因。

1. 紫外线辐射

紫外线辐射是过去数十年来研究最多的皮肤老化的暴露因素。它影响皮肤的三层结构，即表皮、真皮和皮下组织。所有波段的紫外线（UVB，UVA2和UVA1）都会导致皮肤的光老化。每日低剂量的UVA辐射，尤其是长波段的UVA1是光老化的主要原因。暴露在紫外线下的皮肤表皮可产生多种酶，如基质金属蛋白酶（matrix metallopeptidase，MMP）、尿激酶、纤溶酶和肝素酶，这些酶可降解真皮中的胶原纤维和弹性纤维及表皮基底膜的成分，从而导致皮肤过早出现衰老的表征。对紫外线的易感性受人体皮肤内源性防御系统的保护，如皮肤色素沉着、DNA修复、抗氧化防御等。

关于紫外线对皮肤影响的研究已有很久的历史。最初人们认为DNA是吸收UVB辐射主要的发色团，因此UVB辐射会导致DNA损伤。一些证据表明，UVB应激反应在一些核苷酸切除修复能力丧失的细胞中是增强的，而在外源性添加DNA修复酶的细胞中，UVB应激反应减弱。随后于2007年，福瑞兹（Fritsche）等人发现UVB也能激活皮肤表皮细胞中的芳香烃受体（aryl hydrocarbon receptor，AhR）。UVB照射可使表皮角质形成细胞中的色氨酸形成FICZ（formylindolo［3，2-b］carbazole），该物质以配体形式与AhR结合激活下游反应，进而介导UVB应激反应中发生与DNA损伤无关的效应，如表皮生长因子受体（epidermal growth factor receptor，EGFR）的激活。UVB

激活的AhR通路可上调细胞色素P450 1A1（CYP1A1）和激活EGFR相关通路。当EGFR下游的胞外调节蛋白激酶（extracellular regulated protein kinases，ERK1/2）通过磷酸化激活后即可诱导环氧合酶-2（cyclooxygenase-2，COX-2）和基质金属蛋白酶1的高表达，从而诱发皮肤光老化的发生。

2. 可见光

可见光/蓝光的最主要来源是日光，其他的来源包括电子屏幕，如手机、电脑、电视的电子屏幕，以及LED灯和荧光灯。因此，人们在日常生活中的蓝光暴露是不可避免的。蓝光也可以生成ROS并引起皮肤的氧化应激损伤，导致细胞功能和DNA受损。蓝光诱导皮肤细胞中的MMP生成，MMP可降解胶原蛋白和弹性蛋白对皮肤造成负面影响。这些MMP不仅会降解现有的胶原，也会阻止新的胶原蛋白合成，影响皮肤的正常修复，引起皮肤的光老化。

另一研究表明，蓝光照射会刺激黑素细胞并导致色素沉着问题，如黄褐斑和老年斑。有研究提示蓝光和紫外光引起的色素沉着的机制不同，蓝光诱导的黑色素沉着是通过视蛋白（opsin，OPN，一种表皮中的感光蛋白）来实现的。视蛋白可以感知光线辐射并产生色素沉着。视蛋白3（opsin 3，OPN 3）信号会增加诱导皮肤色素沉着的蛋白质复合物的形成。这一机制具有钙依赖性，涉及激酶依赖性的信号级联，引起小眼症相关转录因子（microphthalmia-associated transcription factor，MITF）激活，并进一步增加与黑素生成相关的酪氨酸酶和多巴色素异构酶的表达。这一机制在深色皮肤（Fitzpatrick Ⅲ～Ⅵ型皮肤）的人中反应更为显著。

3. 红外线

红外线按波长又分为近红外线（IR-A）波长为760～1400 nm、短波红外线（IR-B）波长为1400～3000 nm和中长波红外线（IR-C）波长为3000 nm至1 mm。IR-A可穿透皮肤表皮、真皮，到达皮下组织，但不会使皮肤产生热效应。而IR-B、IR-C主要被表皮吸收，可升高皮肤温度，产生热效应。长期暴露于红外线带来的热损伤也是导致皮肤过早老化的环境因素之一。热损伤会促进人体皮肤MMP-1、MMP-3和MMP-12的表达。热量还可以调节许多细胞因子的产生，包括转化生长因子-β（transforming growth factor-β，TGF-β）、白介素（IL-6和IL-12）等，随后这些细胞因子同样会调节人体皮肤中MMP的表达。红外线还通过激活辣椒素受体（transient receptor potential vanilloid 1，TRPV1）促进P物质释放和钙离子内流，促进血管内皮生长因子（vascular endothelial growth factor，VEGF）的表达，并降低血小板反应蛋白（TSP-1、TSP-2）以及抗血管生成因子在表皮和真皮中的表达，使血管扩张，通透性增加，加剧皮肤的炎症反应并导致皮肤光老化（图3-4、彩图3-4）。

（二）空气污染和香烟烟雾

污染是由化学、物理、生物物质引起的室内和室外环境污染的总称。空气污染主要由两类主要污染物组成：颗粒物（particulate matter，PM）或者煤烟颗粒，主要是细

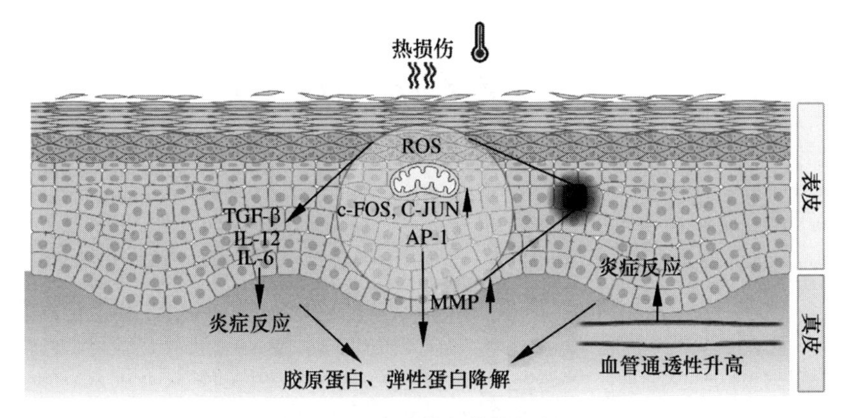

图3-4 皮肤热老化的机制

颗粒物（$PM_{2.5}$）和可吸入颗粒物（PM_{10}）；另一类主要是气体如臭氧、二氧化碳、一氧化碳、二氧化硫、二氧化氮或挥发性有机物等。空气污染和皮肤老化之间的关系，最早由萨利亚（Salia）提出，通过400名高年龄段高加索女性人群的流行病学研究发现，皮肤色素沉着斑点及皱纹增加等皮肤老化特征与PM暴露有关。

PM通过增加抗菌肽（antimicrobial peptide，AMP）和抑制丝聚蛋白（filaggrin）等细胞分化增殖相关的蛋白分子而破坏表皮屏障。PM可以激活Toll样受体（Toll-like receptor，TLR），激活丝裂原活化蛋白激酶（mitogen activation protein kinase，MAPK）通路和核因子-κB（nuclear factor-κB，NF-κB）通路，从而促进下游炎性因子的表达，诱导MMP表达，导致皮肤屏障功能受损、皮肤免疫功能下降以及色素沉着和皮肤衰老的表征。PM也可通过激活AhR/MAPK信号通路和增加角质形成细胞的α促黑激素（α-melanocyte-stimulating hormone，α-MSH）旁分泌水平加剧色素沉着。

多环芳烃（polycyclic aromatic hydrocarbon,PAH）是与PM相关的一类有机污染物，可通过口鼻吸入和皮肤吸收等途径进入人体组织和血液。PAH通过激活AhR诱导外源性和内源性ROS的形成，发生氧化应激激活人体皮肤炎症级联反应。

香烟烟雾中含有超过3800种不同的化学物质，这些物质可促进皮肤皱纹生成，尤其是嘴周、上眼睑和眼睛等部位。香烟烟雾激活的AhR信号和TGF-β信号通路可能是参与胶原降解的主要原因，研究发现，吸烟人群皮肤细胞中*MMP1*基因呈高表达状态。

（三）内分泌激素

各类激素受体广泛存在于人体皮肤细胞中（图3-5、彩图3-5）。人体内分泌系统产生的激素与皮肤细胞上的高亲和力受体结合后，诱发一系列分子事件从而实现对皮肤功能的调控。这些激素主要有生长激素/胰岛素样生长因子1（insulin-like growth factor 1，IGF-1）、神经肽、性类固醇激素、糖皮质激素、类维生素A、维生素D、过氧化物酶体增殖物激活受体（peroxisome proliferator-activated receptor，PPAR）以及褪黑素等。有趣的是，这些激素中大部分都能在特定的环境下由皮肤细胞自己合成。

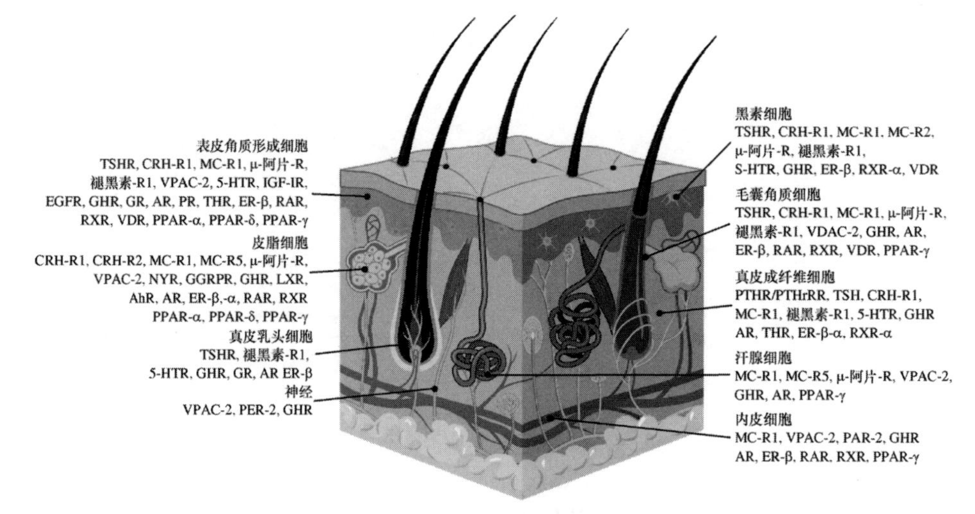

图3-5 在人类皮肤细胞中发现的活跃的激素受体

与激素水平相关的皮肤病非常多，常见的典型疾病为寻常痤疮和玫瑰痤疮。当激素作用于皮脂腺细胞时，可刺激皮脂分泌并产生相关的炎症反应。随着年龄增长而出现的生理激素下降也是皮肤衰老的主要原因。

（四）饮食和营养

饮食结构可能影响诸多生化过程如氧化反应和糖化反应。临床症状包括改变皮肤老化和敏感性，或出现各种皮肤疾病，如痤疮、玫瑰痤疮、特应性皮炎和银屑病等。

研究发现，高糖的饮食模式或是糖化终末产物（advanced glycation end product，AGE）产生的主要因素。在某些条件下人体摄入的糖类物质可能会与蛋白质和脂质发生糖化反应，产生AGE。皮肤中的纤连蛋白、层粘连蛋白、弹性蛋白和胶原蛋白上都可见AGE的蓄积。研究发现，35岁之后糖化反应会在真皮层中加剧，紫外线照射也会增加皮肤的糖化反应。一些研究表明，食物中的AGE可能会被肠道吸收而对皮肤产生影响。一般来说，肉类和脂肪中AGE含量较高，而水果、蔬菜、谷物和牛奶中AGE含量较低。烹调方式对此也有显著的影响，如烘烤、烧烤等干热方法可能会使AGE增加10～100倍。ROS和抗氧化剂的最佳平衡策略是进食水果和蔬菜，其中的营养物质有助于DNA修复，能防止修复过程中细胞辅酶Ⅰ（NAD＋）水平的消耗，从而提高细胞活性。另外，越来越多的证据表明，饮食结构影响胃肠道微生物群，而皮肤状况则与肠道-皮肤轴的调控有关。

（五）压力及精神因素

临床试验证明，压力会影响皮肤的完整性，但尚无证据表明压力会加重皮肤衰老。尽管所有的皮肤异常都会因压力而加重，且大脑和皮肤之间的反馈机制也有促炎症因子和神经性炎症通路的参与调节，但是缺乏直接的证据将生理压力与皮肤衰老联系起来。

大量的临床观察已经发现压力对脱发和白发的影响。研究人员根据十几名不同年龄、种族和性别的人的白发的研究定量绘制出了生活压力使头发变白之间的关系图。这也意味着衰老相关的过程与心理健康密切相关。

睡眠对包括皮肤在内的多种生理系统的影响都很重要。一项针对60名健康白人女性所进行的研究表明，与良好的睡眠（持续时间7～9小时）相比，质量差的慢波睡眠（持续时间≤5小时）与皮肤屏障功能降低、面部衰老迹象增多、吸引力和对外观的满意度较低有关。此外，严重的睡眠不足会影响皮肤的屏障、水分、弹性、毛孔、透明度、亮度和血液循环。尽管实际的睡眠是由中枢神经系统控制，但褪黑素和皮质醇却是决定昼夜节律和睡眠质量的重要激素。褪黑素的分泌依赖于昼夜节律的光，其受体在大多数皮肤细胞中表达，包括角质形成细胞、黑素细胞和成纤维细胞。褪黑素具有广泛的保护作用，包括显著的抗炎、抗氧化活性、线粒体保护、光保护、抗皱/防止皮肤损伤等作用。因此，褪黑素被认为是皮肤健康的有效活性物质之一，可以增强皮肤的防御和保护系统，防止外界的压力。如果褪黑素分泌水平长期处于较低水平，将对细胞周期性的修复作用造成显著影响。

四、皮肤暴露组学在精准护肤上的应用

了解皮肤的暴露原及其在皮肤表型形成中的作用和机制，可为精准护肤提供明确的靶点（图3-6、彩图3-6），并能借助这些靶点定向设计化妆品，实现精准防护。特别是在光防护领域，得益于多年来获得的知识，现在可以根据个体的皮肤类型、生活地点和习惯，以及潜在的皮肤疾病机制，向其建议相应的防护行为及有针对性的防晒产

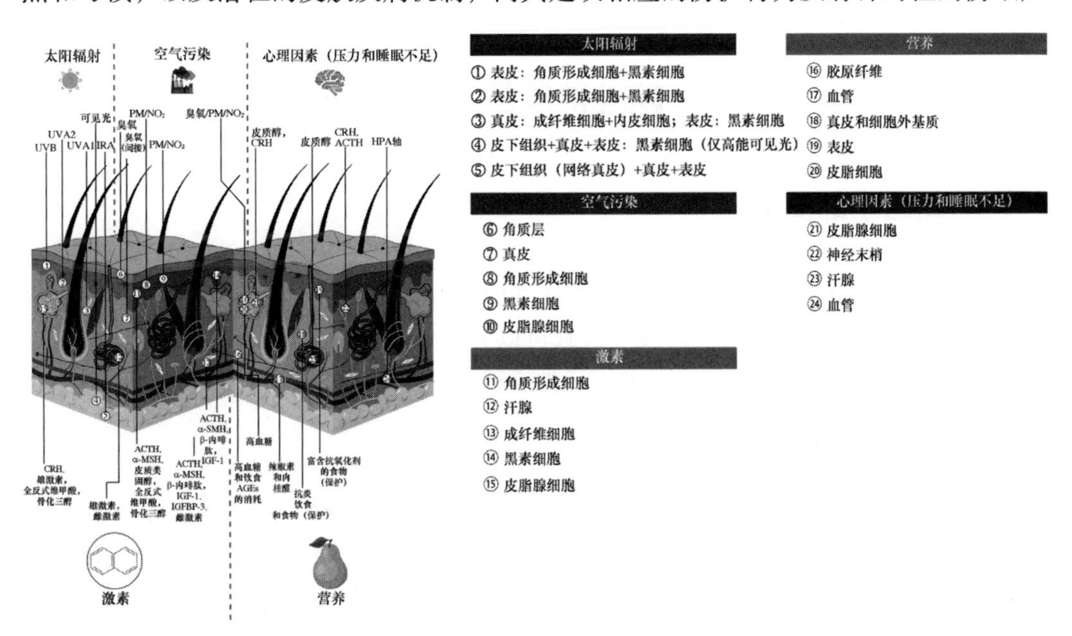

图3-6 皮肤暴露原及生活方式对皮肤的生理作用

品，实现既受益于阳光的积极作用，又免受有害损伤的目标。

在抗污染方面，有研究学者提出了“污染皮肤病”（polludermatoses）的新概念，目的是确定有风险的人群，并将揭示空气污染物对皮肤健康的有害影响，从而找到合适的治疗和预防方案。未来，参考防晒的标准，引入类似防晒系数的防污染系数（pollution protective factor，PPF），将成为一种可行的做法。目前的一些措施包括使用抗氧化物质，如维生素C、维生素E、酚类物质、植物抗氧化剂等，以清除ROS，降低诱导的氧化应激反应及炎症级联反应。使用保护线粒体的成分，如麦角硫因，能提高细胞的天然抗氧化活性。针对PAH激活AhR后引发的皮肤炎症及皮肤色沉的问题，可以通过开发靶向拮抗AhR的活性成分来解决。对于污染物带来的皮肤屏障破坏，需合理使用温和的清洁产品，既洗去皮肤上的污染，又避免过度清洗以防止损害皮肤的天然屏障。抗菌肽（antimicrobial peptide，AMP）具有潜在的应用价值，尤其在解决污染对于痤疮患者的威胁中，能兼顾抑菌和抗氧化。除此之外，定期使用防晒霜可防止日光暴露带来的光化学反应，为防污染起到积极和协同的效果。

人类的皮肤在进化过程中，已经表现出良好的环境适应性，而对于日光照射的适应性更是如此。正常情况下，人类会同时接触不同的环境暴露，由于皮肤接触的暴露物多种多样且异质性非常大，暴露原之间还会通过交叉作用影响皮肤。因此，精准防护环境暴露对皮肤的影响，需要开展深入、系统的环境暴露研究，以便开发有效的解决方案来降低皮肤损伤。多组学研究结合暴露组学开发新的评估方法和设备，了解不同暴露原的相互作用，在充分理解暴露原作用机制的基础上，才能开发出精准的防护策略。

第二节　精准护肤的基因组学基础

一、基因组学的发展

基因组学是以个人的所有基因，包括基因与基因之间、基因和环境之间的关系为研究内容的学科。基因组学的发展大致可以分为三个阶段：①人类基因组计划的完成；②千人基因组计划的完成；③基因元件百科全书计划。

（一）人类基因组计划

人类基因组计划（human genome project）由美国科学家于1985年提出，目标是检测人类30亿个碱基对，发现所有的基因并且确认其在染色体上的位置，从而完成对人类基因编码的破译。1986年诺贝尔获奖者杜尔贝科（Dulbecco）在《科学》（*Science*）杂志上发表文章《癌症研究的转折点：人类基因组测序》（“A turning point in cancer research：sequencing the human genome”），号召全球科学家共同努力破译人类基因组。

1990年美国政府计划投入30亿美元来完成所有染色体的基因测序，随后英国、日本、法国、德国和中国等5个国家陆续加入，共同推动人类基因组的测序工作。其中中国参与了3号染色体短臂的约3000万个碱基对的测序工作。历时11年后，2001年分别在《自然》（*Nature*）和《科学》杂志上公布了人类基因组的初步结果，标志着人类基因组计划初步完成。2003年科林斯（Collins）博士宣布人类基因组计划正式完成，并公布了人类基因组“精确图”，准确度达到99.99%。

整个研究一共完成31亿个碱基对的测序，共标定22 300条功能性基因，大大超过了计划开始前预计的约10 000条基因。人类基因组计划的完成标志着人类进入基因组时代。

（二）千人基因组计划

在完成人类基因组计划后，科学家意识到由于人种或种族的差别，不同人之间的基因存在巨大的差异，如果不了解这些差异就无法将基因组信息在不同的人群中进行应用。因此在2008年科学家启动了千人基因组计划，在全世界不同地区招募上千人进行全基因组测序，从而了解不同种群之间的基因差异。此次计划广泛检测了在全世界不同地区人群的基因，包括非洲、欧洲、北美、南美和亚洲等地的26个人群，最终包括2504人，其中有来自中国3个地区的3个人群。

得益于新的基因检测技术，千人基因组计划在短短7年内基本完成。此研究最终找到了8800万个变异体，其中有8470万个是单核苷酸多态性（single nucleotide polymorphism，SNP），360万个短插入/确认以及6万个结构型变异。此计划第一次大规模测定了不同人种的基因差别，从而破译了人种之间如外貌、疾病等的特征差别。

（三）基因元件百科全书计划

随着人类基因组计划和千人基因组计划的完成，人类对基因的分布和基因之间的区别已经有了很深入的了解，但对基因的功能及其相互作用还没有非常详尽地认识。因此科学家发起了基因元件百科全书计划（encyclopedia of DNA elements）。此计划的目的是探寻除了1.5%的功能性基因之外，其余98.5%的“垃圾基因”的功能。

在这个过程中科学家应用了多种领先的技术手段，包括免疫共沉淀测序（ChIP-seq）、RNA测序（RNA-seq）以及DNA甲基化测序等，以探寻整体基因组的功能。整个计划于2012年基本完成，这些新发现让科学界对人体基因有了崭新的认知。根据之前的推测，功能基因只占基因组的1.5%，而实际上有高达80.4%的基因至少参与了一段RNA或一个染色质相关功能。在物理区域上，基因组中有高达95%以上的区域和基因功能区（DNA-蛋白互作区或生化反应区）非常接近。

基因元件百科全书的完成，意味着对基因组的研究进入了“高清”时代。之前只能了解基因的基本分布和变异等，而在基因元件百科全书计划完成后，科学家对开放染色质、结合组蛋白片段、转录因子、基因表达和DNA甲基化等都有了全新的认识。

二、基因组研究方法

在基因组学中，因为研究的目标为整体基因的集合，因此在研究方法上多采取对DNA进行高通量检测，主流的方法分为基因芯片和二代测序。

（一）基因芯片

基因芯片的原理是根据DNA碱基对的相互配对规则，大规模制备已知序列的探针与未知序列进行杂交，从而应用高通量测序技术在实验中获取基因组的信息。

在制备过程中，首先根据所要测定的基因片段设计高密度探针（可达每平方厘米10万条探针以上），结合光刻技术和固相合成技术，可以按照设计合成探针的单体分子，通过加入不同的探针单体不断进行延长，直到获得所需要的探针芯片。这样的探针芯片就可以作为高通量检测的工具。

在使用阶段，将所要测定的DNA或RNA进行提取、均质，转换为可以和探针进行杂交的形式。制备完成后，将所需测定的物质与探针进行充分混合，同时控制温度、体系和时间等，使其与探针充分杂交，杂交完成后应用荧光扫描显微镜对杂交后的荧光信号进行扫描。由于在杂交过程中只有高度配对的测定片段才能够与探针进行配对杂交，而正确配对的探针所产生的荧光信号要比非配对的荧光信号强很多，因此，通过这种方式就可以区分有哪些探针配对成功。由于探针序列是已知的，因此可以推断出原来待测基因组的信息。

基因芯片根据不同的需求有不同的应用场景，通过与不同技术的结合，可以对SNP、基因突变、表达图谱和DNA甲基化等各个方面进行高通量定量测试。

（二）二代测序

二代测序技术（next generation sequencing，NGS）是相对于传统的桑格测序法的第二代测序技术的统称，并不是某一种特定的技术。主流第二代测序包括454焦磷酸法平台、因美纳（Illumina）的边合成边测序（SBS）平台、赛默飞（Life Tech）的半导体测序平台，以及华大基因改进的DNA纳米球（DNB）测序平台（表3-1）。二代测序因为平台不同，其技术路线差异很大。目前应用最多的是因美纳的SBS测序方法，全球80%以上基因组测试信息由因美纳测序平台进行检测，赛默飞的半导体测序平台以及华大基因改进的DNA纳米球测序平台也有一定的应用。二代测序技术的特点是测序通量大，其已经发展为目前基因组学中最重要的实验手段和平台。

表3-1 不同二代测序平台对比

项目	桑格	罗氏/454	赛默飞世尔科技（SOLiD）	因美纳
仪器	ABI 3730 DNA测序仪	罗氏-GS FLX	赛默飞科技SOLiD 550XL	因美纳HiSeq 2000
模板准备	PCR	PCR	PCR	固相
测序化学	链终止	焦磷酸测序	连接测序	合成测序
典型读取长度/核苷酸碱基	500	200～300	75	35～300
每个核苷酸的平均覆盖率次数	6及以下	10	30	30
每次运行检测的核苷酸碱基数	500 bp	100 Mb	4 Gb	1 Gb
测序运行时间	3小时	8小时	1周	3～5天
每个样品的成本/美元	最初为27亿美元，现为50万～200万	8200	3600	4000
优势	金标准方法	较长的读取长度	每个碱基的成本低	每个碱基的成本低，最合适的方法
弱点	每个碱基的成本较高，且需等待	每个碱基的成本较高	读取长度最短；技术限制在80～100个碱基	读取长度较短
出版物数量（从公司网站获得）	N/A	＞3000	＞200	＞6000

注：PCR，聚合酶链式反应；N/A，无。

三、基因组学在皮肤健康中的应用

很多皮肤病都与先天的基因有很大的关系，因此基因组技术在皮肤病的研究、诊断和药物开发领域都有很广泛的应用。皮肤病的基因组学已经被广泛研究，多种重要疾病都被证明与患者基因组高度相关，其中包括白癜风、特应性皮炎、白化病等。

（一）黑色素瘤的基因组研究

黑色素瘤是最重要的皮肤病之一，也是最严重的一种皮肤癌，是由黑色素细胞发生癌变所致。目前应用基因组技术已经发现了多个导致癌变的基因和位点，包括*BRAF*基因在第600个氨基酸残基发生突变，导致MAPK通路激活，黑色素细胞发生癌变。据统计，超过50%的黑色素瘤患者带有此基因突变。另外，*NRAS*，*PTEN*，*KIT*，*CDKN2A*，*CCND1*等都是黑色素瘤常见突变。针对不同的基因突变，FDA已经批准了不同的靶向药组合，应用于黑色素瘤的精准治疗。

（二）银屑病的基因组研究

银屑病是一种慢性的免疫性皮肤病，较难治愈且容易复发。研究表明，银屑病的遗传因素占比达60%～90%。其中*PSORS1*是最重要的突变区域。在此区域中含有多个免疫基因，包括*HLA-C*，*CCHCR1*及*CDSN*，这些基因的突变会对免疫系统造成影响，从而诱发银屑病。另外，通过全基因组关联分析研究（Genome-Wide Association Study,

GWAS）已经找到超过60个和银屑病相关的风险位点。科学家通过对基因组的研究也已经发现，免疫系统各组分的过度激活是发病的关键，尤其是IL-12和IL-23的分泌。

（三）痤疮的基因组研究

痤疮的主要发生原因是皮肤皮脂的过度分泌造成毛孔堵塞，继而痤疮丙酸杆菌过度繁殖，引发炎症反应从而形成痤疮。因此普通痤疮的形成和基因组关系较小，主要影响因素为年龄（青春期皮脂分泌）、生活习惯和饮食等。但严重型的痤疮和基因组有较高关联。一项纳入2294名痤疮患者的研究发现，基因组中的11p11.2（*rs747650*，*rs1060573*）与严重痤疮相关。此区域包含*DDB2*基因，它是一个新发现的雄激素受体基因，严重性痤疮可能与雄激素引发的皮脂分泌有关。在另一项大样本研究中发现，中国人群的严重痤疮与两个基因组区域11p11.2和1q24.2的SNP相关联，根据推测，这可能与*DDB2*和*SELL*两个基因的功能有关系。另一篇研究发现，严重痤疮与3个基因组区域有关，分别是11q13.1（*rs478304*）、5q11.2（*rs38055*）、1q41（*rs1159268*）。

（四）敏感性皮肤的基因组研究

敏感性皮肤的形成是内外部因素共同作用的结果，目前的研究发现基因组和敏感性皮肤有非常强的关联。根据一项针对中国人的研究报道，基因组位置9q34.3和经皮水分流失高度相关，此位点可能与纤维原素调控有关，该基因和弹性蛋白以及皮肤屏障有关系。另外敏感性皮肤还和皮肤对于刺激性的敏感程度有关。一项日本的研究表明，在辣椒素受体（transient receptor potential vanilloid type 1，TRPV1）中有多种SNP影响对灼烧、刺痛和辣椒素刺激的敏感程度，其中一个位点I585V与辣椒素刺激阈值高度相关。另一项研究表明，TRPV1-variant *rs8065080*（1911A>G）在感觉减退的患者以及普通人中都有重要的影响。而且TRPV1和TRPA1的基因组特征（pattern）在皮肤对于热感的感受中也有一定的影响。

（五）基因组学在肤色表型中的研究

皮肤颜色是人类在迁徙过程中适应不同纬度紫外线变化的一个重要进化表现，因此皮肤颜色与基因组高度相关。肤色主要由黑色素的形成过程中的基因、黑素小体结构等共同作用决定。有研究显示，根据与黑色素形成相关的77个SNP，已经可以实现比较准确的肤色预测（不同肤色的曲线下面积约为0.9）。

目前针对黑色素形成基因相关的SNP，已经进行过深入研究的就有多达数百个。如在*MC1R*基因（melanocortin 1 receptor，MC1R）中发现的9个SNP与严重光老化密切相关，包括V60L、V92M、R151C、R160W、R163Q、R142H、D294H、D84E及I155T。在体外培养的黑色素细胞中，其*MC1R*基因型也和黑色素细胞的表型及分泌黑色素能力高度相关。除了*MC1R*外，还有多种与黑色素形成相关的基因，包括*TYR*、*TRYP1*、*MITF*、*IRF4*、*ASIP*、*OCA2*、*SLC24A5*、*SLC45A2*等。已有详细的综述对不同人种肤色的决定基因进行总结，指出在不同人种中肤色决定基因是有差别的（图3-7）。

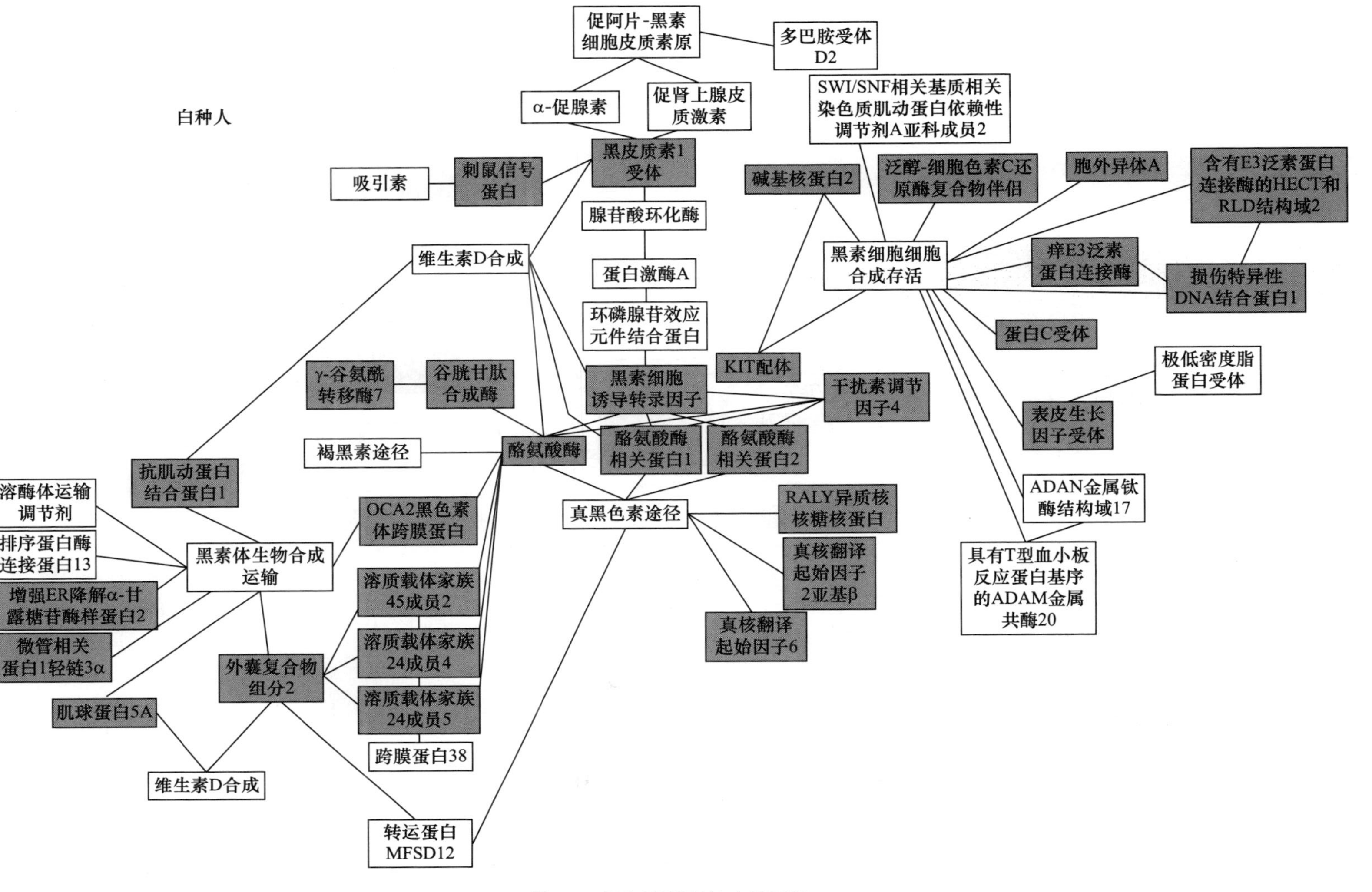

图3-7　黑色素基因的交互网络

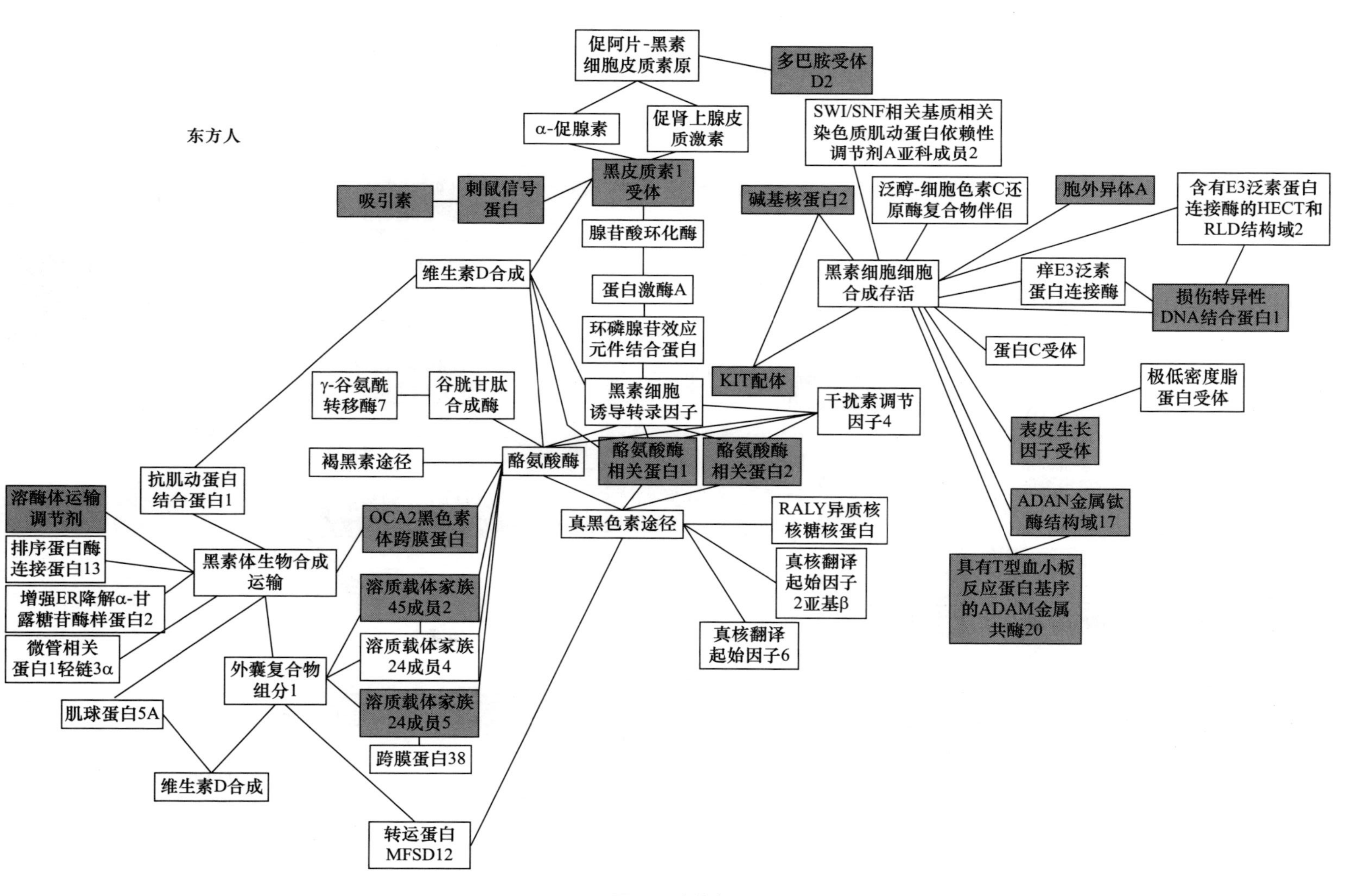
东方人
促阿片-黑素细胞皮质素原
多巴胺受体D2
α-促腺素
促肾上腺皮质激素
SWI/SNF相关基质相关染色质肌动蛋白依赖性调节剂A亚科成员2
黑皮质素1受体
吸引素
刺鼠信号蛋白
碱基核蛋白2
泛醇-细胞色素C还原酶复合物伴侣
胞外异体A
含有E3泛素蛋白连接酶的HECT和RLD结构域2
腺苷酸环化酶
维生素D合成
黑素细胞细胞合成存活
痒E3泛素蛋白连接酶
损伤特异性DNA结合蛋白1
蛋白激酶A
环磷腺苷效应元件结合蛋白
蛋白C受体
KIT配体
极低密度脂蛋白受体
γ-谷氨酰转移酶7
谷胱甘肽合成酶
黑素细胞诱导转录因子
干扰素调节因子4
表皮生长因子受体
褐黑素途径
酪氨酸酶
酪氨酸酶相关蛋白1
酪氨酸酶相关蛋白2
抗肌动蛋白结合蛋白1
溶酶体运输调节剂
OCA2黑色素体跨膜蛋白
真黑色素途径
RALY异质核核糖核蛋白
ADAN金属钛酶结构域17
排序蛋白酶连接蛋白13
黑素体生物合成运输
真核翻译起始因子2亚基β
具有T型血小板反应蛋白基序的ADAM金属共酶20
溶质载体家族45成员2
增强ER降解α-甘露糖苷酶样蛋白2
溶质载体家族24成员4
真核翻译起始因子6
微管相关蛋白1轻链3α
外囊复合物组分1
溶质载体家族24成员5
肌球蛋白5A
跨膜蛋白38
维生素D合成
转运蛋白MFSD12

图 3-7 （续）

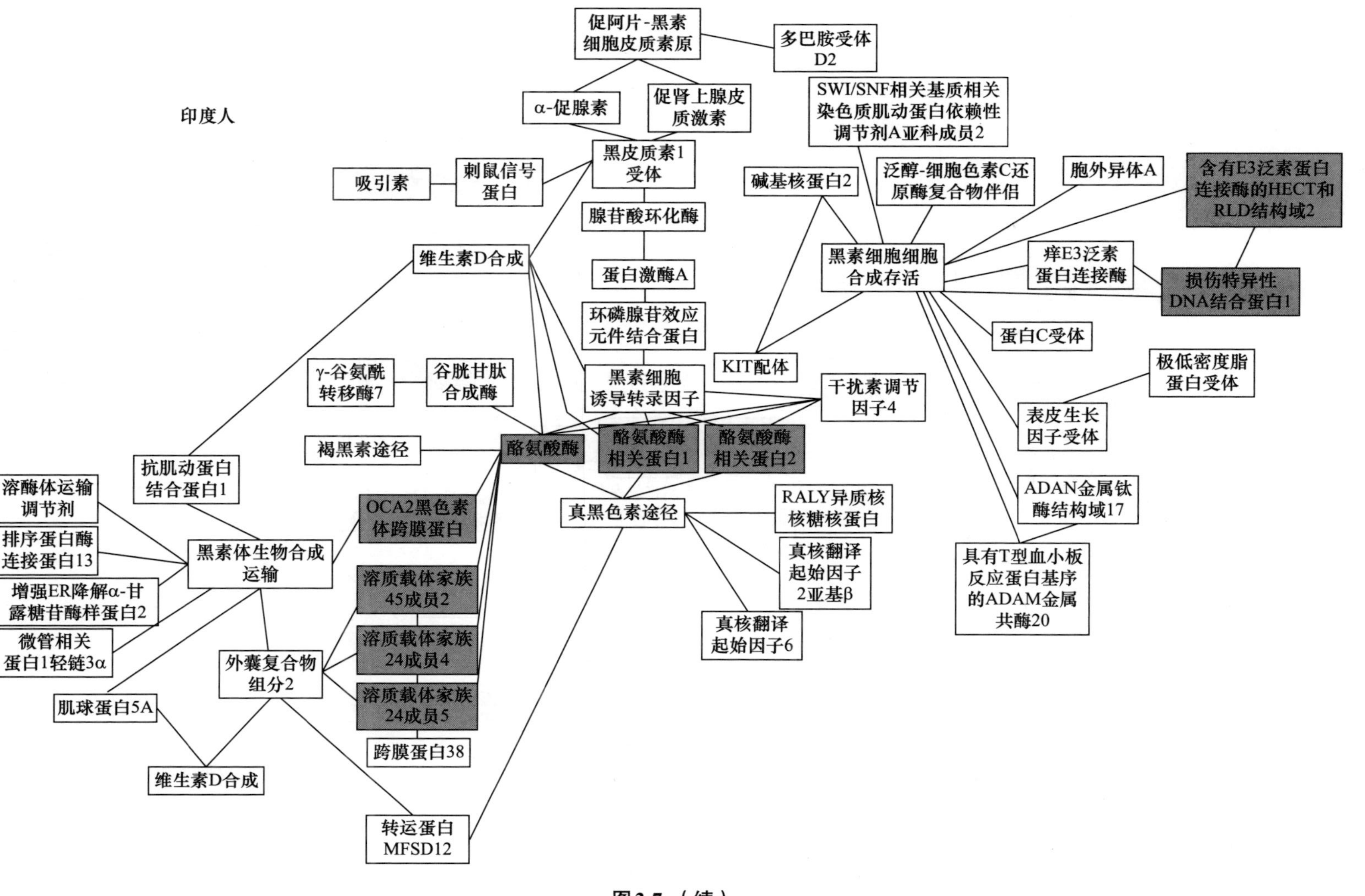
印度人
促阿片-黑素细胞皮质素原
多巴胺受体D2
α-促脂素
促肾上腺皮质激素
SWI/SNF相关基质相关染色质肌动蛋白依赖性调节剂A亚科成员2
吸引素
刺鼠信号蛋白
黑皮质素1受体
碱基核蛋白2
泛醇-细胞色素C还原酶复合物伴侣
胞外异体A
含有E3泛素蛋白连接酶的HECT和RLD结构域2
腺苷酸环化酶
维生素D合成
黑素细胞细胞合成存活
痒E3泛素蛋白连接酶
损伤特异性DNA结合蛋白1
蛋白激酶A
环磷腺苷效应元件结合蛋白
蛋白C受体
KIT配体
γ-谷氨酰转移酶7
谷胱甘肽合成酶
黑素细胞诱导转录因子
干扰素调节因子4
极低密度脂蛋白受体
表皮生长因子受体
褐黑素途径
酪氨酸酶
酪氨酸酶相关蛋白1
酪氨酸酶相关蛋白2
抗肌动蛋白结合蛋白1
溶酶体运输调节剂
OCA2黑色素体跨膜蛋白
真黑色素途径
RALY异质核核糖核蛋白
ADAN金属钛酶结构域17
排序蛋白酶连接蛋白13
黑素体生物合成运输
真核翻译起始因子2亚基β
具有T型血小板反应蛋白基序的ADAM金属共酶20
增强ER降解α-甘露糖苷酶样蛋白2
溶质载体家族45成员2
真核翻译起始因子6
微管相关蛋白1轻链3α
溶质载体家族24成员4
外囊复合物组分2
溶质载体家族24成员5
肌球蛋白5A
跨膜蛋白38
维生素D合成
转运蛋白MFSD12

图3-7（续）

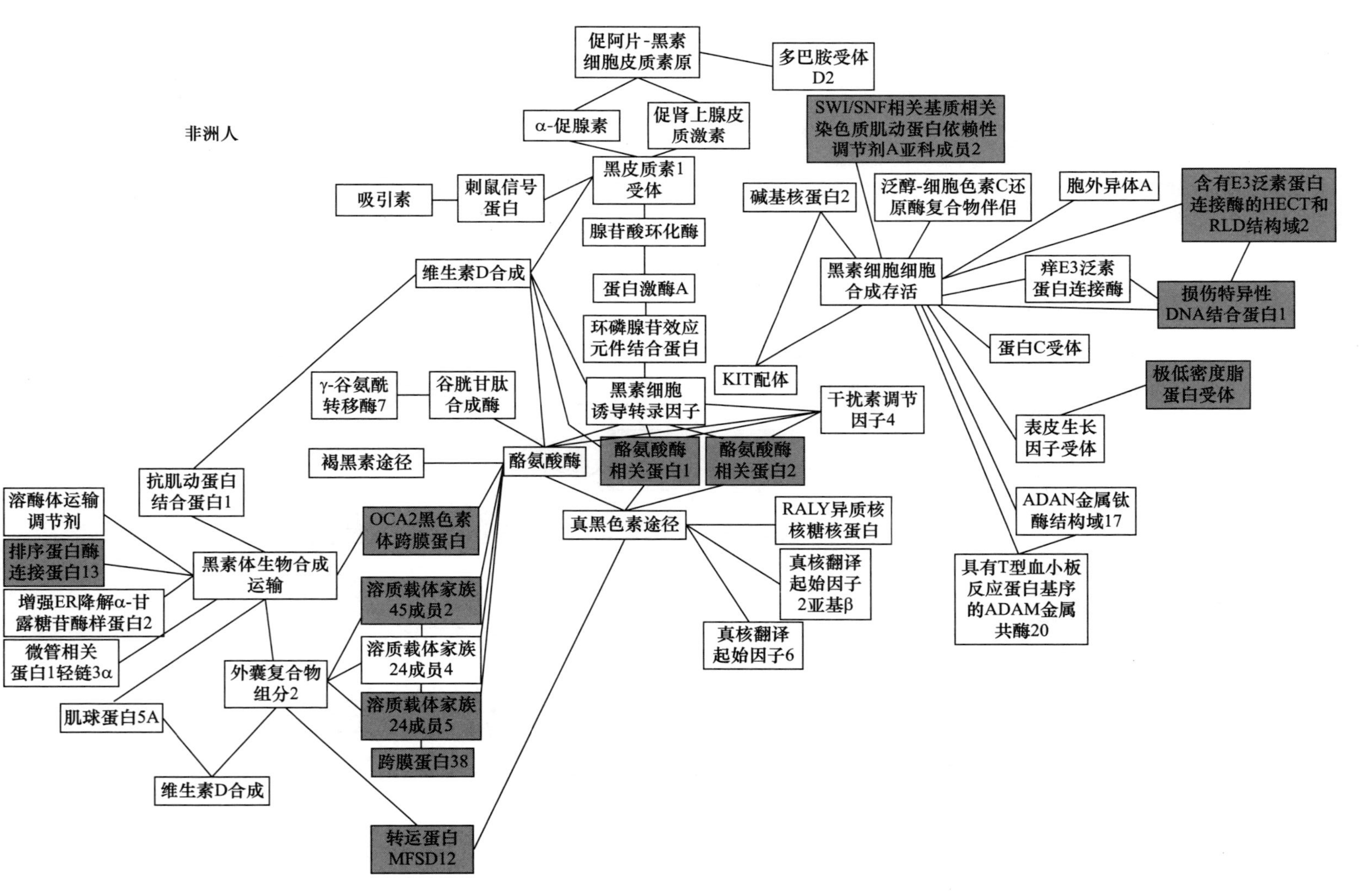
非洲人
促阿片-黑素细胞皮质素原
多巴胺受体D2
α-促腺素
促肾上腺皮质激素
SWI/SNF相关基质相关染色质肌动蛋白依赖性调节剂A亚科成员2
黑皮质素1受体
刺鼠信号蛋白
吸引素
腺苷酸环化酶
蛋白激酶A
环磷腺苷效应元件结合蛋白
黑素细胞诱导转录因子
维生素D合成
γ-谷氨酰转移酶7
谷胱甘肽合成酶
褐黑素途径
酪氨酸酶
酪氨酸酶相关蛋白1
酪氨酸酶相关蛋白2
抗肌动蛋白结合蛋白1
溶酶体运输调节剂
排序蛋白酶连接蛋白13
增强ER降解α-甘露糖苷酶样蛋白2
微管相关蛋白1轻链3α
黑素体生物合成运输
OCA2黑色素体跨膜蛋白
溶质载体家族45成员2
溶质载体家族24成员4
溶质载体家族24成员5
跨膜蛋白38
外囊复合物组分2
肌球蛋白5A
维生素D合成
转运蛋白MFSD12
真黑色素途径
RALY异质核核糖核蛋白
真核翻译起始因子2亚基β
真核翻译起始因子6
碱基核蛋白2
泛醇-细胞色素C还原酶复合物伴侣
胞外异体A
含有E3泛素蛋白连接酶的HECT和RLD结构域2
黑素细胞细胞合成存活
痒E3泛素蛋白连接酶
损伤特异性DNA结合蛋白1
蛋白C受体
KIT配体
干扰素调节因子4
极低密度脂蛋白受体
表皮生长因子受体
ADAN金属钛酶结构域17
具有T型血小板反应蛋白基序的ADAM金属共酶20

图3-7（续）

（六）基因组学在皮肤衰老表型中的研究

衰老是所有皮肤表型中最复杂的一种，也是基因、行为习惯和环境共同作用的综合结果。研究发现，多种不同功能的基因和皮肤衰老表型都有关系。一项关于法国人的研究显示，SNP（*rs322458*）和整体光老化程度相关，经过连锁不平衡分析发现，这可能影响*STXBP5L*及*FBXO40*两个基因的表达。一项针对中国女性皮肤衰老的研究显示，*rs2066853*和*rs11979919*分别与眼尾纹及眼睑下垂有关。另一项关于中国人的研究发现，6个SNP与不同的衰老表型（色沉、皱纹、鼻唇沟）相关。总的来说，由于衰老表型较为复杂，含有和衰老表型相关的SNP基因集中度不高，皮肤衰老和基因组的关系有待继续探索。

第三节　精准护肤的表观遗传学基础

一、表观遗传学基础

表观遗传学（epigenetics）是研究基因表达中可逆的、可遗传的变化，这种变化不涉及潜在的DNA序列改变，即表型变化而基因的核苷酸序列不变。表观遗传学范畴包括DNA甲基化、DNA羟甲基化、mRNA甲基化、染色质重塑、组蛋白修饰和非编码RNA调控等。在基因组的水平上研究表观遗传修饰也称为“表观基因组学”。表观基因组学能够记录生物体DNA和组蛋白的一系列生物化学变化，这些变化可以被传递给该生物体的子代。与之不同的是，组蛋白修饰和非编码RNA调控这类表观遗传可对基因表达进行瞬时调节，但并不能被稳定遗传。表观遗传机制是由DNA本身的化学修饰或与DNA密切相关的蛋白质（如染色质）修饰所介导。研究表明，异染色质和常染色质与独特的DNA甲基化和组蛋白修饰模式相关，这些模式与特定的基因活性状态相关，决定着基因在不同状态下的表达。

DNA甲基化是DNA化学修饰的一种形式，在DNA甲基转移酶（DNA methyltransferase，DNMT）的作用下，以S-腺苷甲硫氨酸（SAM）为唯一甲基供体，将甲基基团添加到胞嘧啶（C）的5号碳位置上使其转变为5-甲基胞嘧啶（5mC）。DNA甲基化是一种最为古老的表观遗传修饰系统，从单细胞原核生物到高等哺乳动物都有该现象的存在。在人类细胞内，大约有1%的DNA碱基发生甲基化。在成熟体细胞组织中，DNA甲基化一般发生于CpG双核苷酸（CpG dinucleotide）部位；而非CpG甲基化在胚胎干细胞中较为常见。DNA甲基化的检测方法较多，主要包括以下几种：①基于芯片的全基因组DNA甲基化检测，目前使用最多的芯片是450K芯片，覆盖整个基因组的多个位置，每个样本覆盖45万个甲基化位点；②焦磷酸测序（pyrosequencing）主要用于特定基因甲基化状态的检测，先用重亚硫酸盐转化，随后进行焦磷酸测序；

③基于高通量测序的全基因组DNA甲基化检测方法，包括利用二代测序技术的全基因组亚硫酸盐测序技术（whole-genome bisulfite sequencing，WGBS），同样是利用亚硫酸盐先处理DNA然后进行二代测序；④利用三代测序技术的甲基化测序技术既包括太平洋生命科学公司（Pacific Bioscience）开发的单分子实时测序技术（single molecule real-time，SMRT），也包括牛津纳米孔技术公司（Oxford Nanopore）开发的纳米孔测序技术（nanopore sequencing）。纳米孔测序技术可直接对DNA/RNA进行测序，不使用重亚硫酸盐就可以测DNA甲基化，其一次反应可检测多种DNA修饰，包括5mC和6mA。DNA羟甲基化修饰主要是指5-甲基胞嘧啶（5-methylcytosine，5mC）在10-11易位（ten-eleven trans-location，TET）蛋白家族的氧化作用下生成5-羟甲基胞嘧啶（5-hydroxymethylcytosine，5hmC）。5hmC是新发现的一种修饰碱基，是DNA主动去甲基化的关键中间步骤，主要通过动态调节DNA甲基化水平来影响基因表达。

RNA甲基化主要是指mRNA在甲基转移酶的催化下，RNA的甲基腺嘌呤选择性地与甲基基团结合的化学修饰现象。最常见的RNA甲基化修饰是6-甲基腺嘌呤（N6-methyladenosine，m6A）和尿苷化修饰（uridylation，U-tail）。m6A甲基化是RNA水平转录后的表观遗传学修饰，由RNA甲基转移酶催化腺嘌呤在其N6位置发生甲基化的过程，m6A甲基化可调控RNA稳定性、定位、运输、剪切和翻译，比如mRNA的翻译和选择性剪接，以及microRNA的成熟等。在RNA甲基化修饰过程中，有三类分子参与其中，三类分子复合物分别是Writers、Erasers和Readers。Writers复合物将甲基化修饰“写入”RNA，即介导RNA的甲基化修饰过程，最常见的分子是METTL3和METTL14，两者可在体外和体内催化mRNA（和其他细胞核RNA）的m6A甲基化，WTAP是这种甲基转移酶复合体中的另一个关键组分。Erasers复合物将RNA甲基化修饰信号“擦除”，即介导RNA的去甲基化修饰过程，FTO和ALKBH5可以去除mRNA（和其他细胞核RNA）上的m6A甲基化。Readers复合物“读取”RNA甲基化修饰的信息，并参与下游RNA的翻译、降解等过程，比如具有YTHDF结构域的蛋白能够识别并结合mRNA中的m6A，而这种结合会促使mRNA降解并缩短其半衰期。

染色质重塑（chromatin remodeling）是染色质表观遗传调控的重要方式。染色质重塑复合物（chromatin remodeling complex）通过ATP提供能量，打破核小体（染色质的基本重复单位）中DNA与组蛋白之间的相互作用，从而改变染色质的组成与结构。染色质重塑可导致核小体位置和结构的变化，引起染色质变化。ATP依赖的染色质重塑因子可重新定位核小体，改变核小体结构，共价修饰组蛋白。重塑包括多种变化，一般指染色质特定区域对核酶稳定性的变化。人们发现体内染色质结构重塑存在于基因启动子中，转录因子以及染色质重塑因子与启动子上特定位点结合，进一步引起特定核小体位置的改变（滑动），或核小体三维结构的改变，或二者同时改变，它们都能改变染色质对核酶的敏感性。

组蛋白修饰（histone modification）是指组蛋白在组蛋白修饰酶作用下发生甲基化、乙酰化、磷酸化、腺苷酸化、泛素化、ADP核糖基化等修饰的过程。在哺乳动物基因组中，组蛋白可以有很多修饰形式。一个核小体由两个H2A、两个H2B、两个H3、两个H4组成的八聚体和外面缠绕147 bp的DNA组成。组成核小体的组蛋白的核心部分状态大致是均一的，游离在外的*N*-端则可以受到各种各样的修饰，包括组蛋白末端的乙酰化、甲基化、磷酸化、泛素化、ADP核糖基化等，这些修饰可能改变染色体结构或与其他蛋白结合的能力，进而促进或抑制基因的转录。

非编码RNA（non-coding RNA，ncRNA）是由DNA转录而来的非编码蛋白质的RNA分子的统称，即除mRNA之外所有类型的RNA分子。可依据所含碱基数量多少分为小非编码RNA（small noncoding RNA，microRNA，miRNA）和长非编码RNA（long noncoding RNA，lncRNA）。miRNA也称为“小分子核糖核酸”，是真核生物中广泛存在的一种有21～23个核苷酸的RNA分子，是从DNA转录而来，但无法进一步翻译成蛋白质的非蛋白质编码的小RNA；截至2018年10月，剑桥MicroRNA数据库（miRBase）已收录了38 589个miRNA条目（The miRBase Sequence Database，Release 22.1，https://www.mirbase.org/）。miRNA的基因在聚合酶Ⅱ的作用下转录成原始miRNA（pri-miRNA），pri-miRNA在Drosha RNase及其复合物的作用下被剪切成长60～100 bp、具有茎环结构的前体miRNA（pre-miRNA）。Pre-miRNA在Ran-GTP依赖的核质/细胞质转运蛋白Exportin5的作用下从细胞核转移到细胞质。在细胞质中，pre-miRNA经过DICER及其复合物的进一步剪切加工得到成熟miRNA5。成熟的miRNA5′端第2～7个核苷酸被称为“种子区”，可以和mRNA的3′端非编码区UTR特异性结合。一般来讲，成熟miRNA与Ago蛋白结合形成RNA诱导沉默复合体，再与mRNA结合，在翻译水平上抑制下游基因的表达。在动物中，一个miRNA通常可以调控数十个基因，多个miRNA也可以对单个基因的mRNA进行调控。miRNA通过与目标mRNA结合，进而抑制转录后的基因表达，在调控基因表达、细胞周期、生物体发育时序等方面起重要作用。与microRNA不同，lncRNA指的是长于200个核苷酸的不编码蛋白质的非编码RNA转录物。lncRNA可在多层面上（表观遗传调控、转录调控以及转录后调控等）调控基因的表达并参与异染色质形成、X染色体失活、基因组印记、细胞凋亡等过程。

二、单细胞表观基因组学

表观遗传调控在发育和疾病发生过程中起着至关重要的作用。由于具有不同表观遗传特征的不同细胞类型总是在组织或器官中混合在一起，因此单细胞分析为剖析其内在复杂性提供了一种通用的解决方案。单细胞表观基因组学能解决表观遗传学中只能通过单一细胞确定表观基因组的关键问题。例如，与表观遗传异质性有关的细胞之间的转录异质性，在细胞改变其命运或功能时，或在转录之前发生变化，或在表观遗传标记后发生变化，而表观遗传状态比转录组能更好地识别出罕见的细胞群和过渡状态。单细胞表观基因组学的研究方法包括用于分析DNA修饰（5mC、5hmC、5fC和

5caC）、染色质可及性、组蛋白修饰、蛋白质-DNA相互作用和三维基因组结构（Hi-C）的单细胞表观基因组测序技术。其中，最近研究已经建立了单细胞分辨率的全基因组DNA甲基化测序方法——单细胞简化甲基化测序（scRRBS），采用限制性内切酶消化和用于富集基因组中CpG密集区域的大小选择策略，对于单个小鼠二倍体细胞，scRRBS测定平均覆盖100万个CpG位点，其中大约70%的基因组CpG岛被捕获。除此之外，scBS-seq、scWGBS、snmC-seq、sci-MET都是DNA甲基化的单细胞测序技术。scAba-seq测定法适用于5mC的氧化衍生物的单细胞测序，它基于一种独特的限制性内切酶AbaSI，可以识别糖基化的5hmC位点，并在5hmC位点下游11～13 bp处产生带有两个核苷酸突出端的双链断裂。另外，基于开放染色质区域片段化的ATAC-seq和DNase-seq可用于分析染色质可及性。单细胞Hi-C能测定整个基因组中的染色质相互作用，该方法结合了染色体构象捕获（3C）技术的空间受限连接方法与下一代测序技术。

2013年，汤富酬课题组首次成功实现了单个细胞DNA甲基化组的测序分析。同年该课题组及合作者利用单细胞转录组测序技术，发现了超过2000个可能参与早期胚胎基因表达调控的全新lncRNA，从此开启了单细胞水平的表观基因组学的研究。哈尔布里特（Halbritter）等利用ATAC-seq技术和Hi-C技术相结合，发现朗格汉斯细胞组织细胞增生症（Langerhans cell histiocytosis，LCH）中关键的骨髓调节基因IRF8，LCH-S12细胞显示出增加的基因表达和染色质可及性的一致增益，而LCH-S11细胞显示肿瘤坏死因子-κB基因*REL*和*RELB*以及免疫调节基因*JUNB*和*ETV3*的表达和染色质可及性增加。Ma等利用小鼠皮肤细胞开发了一种高通量ATAC和RNA表达测序方法SHARE-seq，来识别cis-调控相互作用，并定义与超级增强子显著重叠的调控染色质域和预测细胞命运。

目前，单细胞表观基因组学检测技术主要有：

1. 单细胞5-甲基胞嘧啶测序技术

亚硫酸氢盐测序技术是甲基化测序的金标准，但受限于其苛刻的化学处理条件，投入实验的DNA会产生严重的损伤降解。由于目前还没有可以直接替代的技术，所以迄今报道的单细胞甲基化测序技术都基于亚硫酸氢盐处理。基于不同的文库构建策略和扩增手段，在单细胞水平上可以覆盖到的基因组范围和区域也不尽相同。近期来自俄勒冈健康与科学大学的课题组结合转座酶打断和组合信标技术（combinational barcoding），将单细胞甲基化测序的细胞通量提高到1000以上，并将其应用到哺乳动物神经细胞亚型的鉴定上。

2. 单细胞5-甲基胞嘧啶氧化衍生物测序技术

5-羟甲基胞嘧啶、5-醛基胞嘧啶与5-羧基胞嘧啶是5-甲基胞嘧啶在细胞内的氧化衍生物。虽然其基因组上丰度较低，但同样具有重要的表观遗传学功能。2016年，荷兰布莱希特（Hubrecht）研究所首先报道了5-羟甲基胞嘧啶的单细胞测序技术，该技术避免了使用亚硫酸氢盐处理，而是通过一种可以特异性识别并切割修饰位点的限制性内切酶来鉴定得到单细胞分布谱图。伊成器课题组则首次报道了单细胞水平上5-醛基胞嘧啶的测序技术并探究了哺乳动物早期胚胎过程中该修饰分布的动态变化。

3. 小量样本非亚硫酸氢盐测序技术

近期，来自英国牛津大学的Song课题组报道了可以在最少1 ng的基因组DNA上检测甲基化分布的非亚硫酸氢盐测序技术。该技术结合酶学氧化与硼烷化合物还原反应，将5-甲基胞嘧啶高效转化为二氢尿嘧啶，进而通过测序被鉴定得到。同一时间段，来自宾夕法尼亚大学的课题组利用一种高效的脱氨酶实现了对5-羟甲基胞嘧啶在神经细胞基因组上的准确定位。同样基于非亚硫酸氢盐处理的测序策略，伊成器课题组结合温和的化学氧化与特异性的标记反应，发展出一种可以在小量样本实现5-羟甲基胞嘧啶全基因组精准定位的测序方法。

三、表观遗传学在皮肤科学中的研究

1. 表观遗传学在黑色素调控中的研究

黑色素的生物合成受复杂的调节机制控制。DNA甲基化、组蛋白修饰、染色质重塑以及ncRNA都参与了黑色素生成的调节，且它们之间存在动态的相互作用。DNA甲基化调节酪氨酸酶、酪氨酸酶相关蛋白1、多巴色素互变异构酶及小眼畸形相关转录因子等关键基因以及干细胞因子等旁分泌因子的表达和内皮素-1（endothelin-1，ET-1）均在黑色素生成的通路中起作用。现已发现有DNA甲基化位点存在于黑色素生成相关信号通路（如Wnt、PI3K/Akt/CREB和MAPK等）的基因中。其中，部分黑色素生成相关基因中富含H3K27乙酰化，如MITF的上游激活和下游调控均依赖于组蛋白乙酰转移酶CBP/p300，pH诱导的H3K27乙酰化可能是MITF作用的放大机制；HDAC1和HDAC10催化黑色素生成相关基因启动子的组蛋白去乙酰化。另外，miRNA可以直接靶向大量与黑色素生成相关的基因，而lncRNA和环状RNA（circRNA）则以多种方式调节黑色素生成。黑色素生成的表观遗传机制之间存在相互作用，如甲基CpG结合域蛋白2连接DNA甲基化、组蛋白去乙酰化和组蛋白甲基化。因此，基于表观遗传的疗法为治疗由色素沉着障碍引起的皮肤病提供了新的机会。

2. 表观遗传学在皮肤老化中的研究

皮肤老化的一种核心表观遗传学机制是DNA甲基化。与衰老相关的重要表型效应基因被认为有甲基化模式的衰老依赖性变化，其中包括肿瘤抑制基因*TET2*和编码一氧化氮途径中的重要酶基因*DDAH2*。*TET2*基因表达产物在衰老和长期日晒的过程中经过高度甲基化而被转录沉默，导致成体干细胞的表皮细胞更新率变低，因而表皮变薄。当*DDAH2*由于甲基化下调时，会导致角质形成细胞增殖受损、氧化损伤和快速老化。其他表观遗传调控基因，如*CDKN2B*、*SEC31L2*和胶原蛋白1A1（COL1A1），在老化的皮肤中被高度甲基化。*CDKN2B*基因编码肿瘤抑制蛋白p15Ink4b，在皮肤老化和癌症中起着重要作用。该基因在老年人的成纤维细胞中具有高度甲基化水平，但它在间充质干细胞中是低甲基化的。*SEC31L2*是控制原代人成纤维细胞中胶原蛋白分泌的基因，当通过高度甲基化进行表观遗传沉默时，它会导致与年龄相关的相似表型，而老化皮肤中*COL1A1*基因的高度甲基化与胶原蛋白表达的减少有关。

核心组蛋白的翻译后修饰也与皮肤老化有关。组蛋白修饰通常发生在非结构化的NH2-组蛋白末端并由特定酶进行。在“药妆”开发中，针对组蛋白修饰酶的应用策略尚处于起步阶段，但对其进一步理解无疑将扩展到新的应用场景。例如，在皮肤成纤维细胞的早老症（又称“Hutchinson-Gilford综合征”）中观察到组蛋白H3的异常K27me3甲基化。早老症的表征是高龄状态的表型，包括严重的生长迟缓、皮下脂肪减少、脱发、低骨密度和肌肉发育不良。在分子水平上，早老症细胞的表观遗传现象与正常老年人的细胞基因表达相似，表明这种疾病可能意味着加速衰老。由于K27me3甲基化模式的改变，早老症细胞在核膜结构和DNA修复方面存在缺陷，具体表现为基因表达的变化和早老症细胞增殖率较低。

组蛋白修饰——乙酰化/去乙酰化也与皮肤老化相关。组蛋白去乙酰化酶Sirtuin-1（SIRT1）可能是“药妆”界抗衰的潜在靶标。SIRT1对组蛋白H3K9、组蛋白H4K16以及非组蛋白p53的乙酰化修饰控制皮肤细胞生长分化，维持皮肤屏障的完整性；对FOXO去乙酰化作用提高了FOXO对DNA修复基因、应激耐受基因的活性并降低其对凋亡前基因的活性；通过调控TGF-β/Smads信号通路可调节皮肤细胞外基质纤维化改变；增加AP-1和NF-κB的转录活性可促进炎症介质的释放。因此SIRT1可作为皮肤衰老表观遗传修饰的一个重要调控靶点。但是关于SIRT1和皮肤衰老的直接调控机制研究还不够深入，需要开展进一步的相关研究揭示其内在机制。SIRT1是NAD＋依赖性赖氨酸组蛋白去乙酰化酶的Sirtuin家族的一部分，与基因沉默有关。SIRT1通过抑制导致细胞周期停滞的p53乙酰化来保护皮肤细胞免受氧化和UVB诱导的皮肤损伤。典型的SIRT1激活剂是白藜芦醇局部，其抗衰老作用不仅通过激活SIRT1，还通过刺激细胞外基质蛋白、抑制mTOR、增加AMPK、抗氧化作用，以及抑制炎症和皮肤衰老生物标志物来发挥作用。

四、表观遗传学在精准护肤中的价值

表观遗传学修饰是生物体响应环境变化以适应新环境的有效策略，是维持机体稳态的重要调控机制。皮肤是人体的第一道屏障，也是人体直接暴露在环境中的器官。为了维持机体稳态，皮肤细胞需要对各类不同环境因子的刺激产生相应的应答，其中表观遗传学修饰是最常见也是最重要的形式之一。既往研究已经表明，随着皮肤自然老化的加剧，皮肤细胞的DNA甲基化呈现增加趋势，而在光老化的皮肤中，DNA甲基化则呈现相反的趋势，这表明DNA甲基化在光老化中发挥着关键的作用，而这些异常低甲基化的基因可能是抗老化潜在的靶点。黑色素合成调控中关键基因既有甲基化的调控，也受组蛋白修饰的影响，这些发现为筛选祛斑美白原料提供了精准的分子靶点。随着单细胞技术的发展和研究的深入，各种类型的皮肤细胞在受环境影响后的表观遗传修饰模式和调控机制都将被精确地揭示，而以表观遗传学为理论基础的原料选择、配方设计、功效评价方法开发等相关技术都将进一步提升，为健康皮肤的护理提供真正的精准方案。

虽然单细胞技术现已涵盖了基因组学、转录组学和表观基因组学，但基因组学和表观基因组学在皮肤研究中的应用仍然很少。最近，Liu等利用ATAC-seq技术对系统性硬化（systemic scleredema，SSc）皮肤原代细胞开展的相关研究发现，常驻树突状细胞中的DNA元件表现出SSc相关的SNP富集，并可以根据其SNP富集来预测患者皮肤纤维化的程度。树突状细胞在染色质可及性方面也与疾病程度密切相关。由此可见，单细胞表观基因组学是皮肤学研究的一种新型有效手段，将为揭示皮肤生理、病理功能提供新的视角。

第四节　精准护肤的转录组学基础

一、转录组学基础

转录组的概念首次由韦尔库列斯库（Velculescu）等科学家于1997年提出，主要是指特定物种、特定组织或细胞转录的所有RNA集合，包括能编码蛋白质的信使RNA（messenger RNA，mRNA）和不编码蛋白质的核糖核酸（ribonucleic acid，RNA），如转移核糖核酸（transfer RNA，tRNA）、核糖体核糖核酸（ribosomal RNA，rRNA）、小核糖核酸（microRNA）等。转录组可充分反映出某一时期或者某一特定条件下组织细胞基因表达和生物代谢通路的调节情况，并具有高灵敏、高分辨和易重复的特性。转录组研究能够从整体水平研究基因功能和基因结构，揭示特定生物学过程和疾病发生过程中的分子机制，是表型关联研究的重要方法。

转录组学（transcriptomics）是功能基因组学研究的重要组成部分，是一门在整体水平上研究细胞中基因转录的情况及转录调控规律的学科。它从RNA水平研究基因表达的情况，是细胞表型和功能研究的重要手段。转录组学分析的主要目标是识别、表征和分类特定阶段，特定细胞、组织中表达的所有转录本及基因序列。转录本是一条由基因通过转录形成的一种或多种可供编码蛋白质的成熟mRNA。通过检测这些转录本可以量化在各种条件下细胞中的基因表达量、基因功能、结构、可变剪接情况以及用来发现新的转录本。转录组学研究具有通量大、能相对较快得到结果、容易入手等优势，因此该领域的技术发展十分迅速。

到目前为止，研究转录组的技术方法主要分为两类。一类是基于杂交的方法，即以表达谱基因芯片技术（microarray）为代表；另一类是基于DNA测序技术，包括表达序列标签技术（expression sequence tags technology，EST）/基因表达系列分析（serial analysis of gene expression，SAGE）和RNA测序技术（RNA sequencing，RNA-seq）。

基于杂交方法的基因芯片技术是较早发展起来的方法，目前的使用已经很少。这种技术是在玻璃芯片上将DNA探针固定于特定位置，每个固定有DNA探针的地方称为“Spot”。芯片上按顺序排列有成千上万的Spot。将mRNA反转录成cDNA并用荧光染料标记。这些cDNA与芯片Spot上的探针结合，然后被扫描成荧光图像，再经过一系列的数据处理得到mRNA表达水平等数据，进行下游分析。

而随着第二代测序技术（next-generation sequencing）的迅猛发展，转录组学逐渐发展为基于测序技术的RNA-seq为主流的方法。RNA-Seq技术有着高通量、高重复性、宽检测范围、准定量等优点，而且其应用不局限于已知基因组序列信息的物种，对于未知基因组序列的物种也能够适用，优势十分明显。RNA-seq是采用高通量测序技术对mRNA、small RNA、noncoding RNA等所有转录出来的RNA进行测序分析，从全转录组水平研究差异基因表达和mRNA可变剪接等内容以明确基因功能和结构特征。RNA-seq技术的发展主要得益于二代测序技术的迅速推广，RNA-seq主要经历了三个重要的阶段：第一个阶段是对大量混合细胞进行转录组测序（bulk-seq），该方法获得的是大量细胞的基因平均表达水平，虽然推进了对细胞群体的特性认识，但无法获知群体内特定细胞的基因表达情况；第二个阶段是单细胞转录组测序（scRNA-seq），该技术将对细胞基因表达的认识推进到单细胞的层面，目前已在发现新的细胞类型、细胞亚型以及揭示细胞异质性等方面展现出独特优势。但由于单细胞悬液的获得需要对组织进行酶解，所以导致悬液中的单细胞失去了组织空间位置信息，继而导致有些单细胞在酶解过程中或离开特定微环境后，基因表达谱会发生细微变化。另外，某些特殊形态的细胞如大脑中结构复杂的神经元和神经胶质细胞，难以通过组织酶解获取。因此，第三阶段即空间转录组测序技术应运而生。空间转录组测序技术可以同时获得细胞的空间位置信息和基因表达数据，且不需要制备细胞悬液，这项技术进一步推进了对组织原位细胞真实基因表达的研究，这为组织细胞功能、微环境互作、发育过程谱系追踪、疾病病理学等多个领域提供了重要的研究手段。

单细胞转录组就是某一时刻单个细胞内所有mRNA总表达量，其表达量反映该细胞的总体特征，如Smart-seq、CEL-Seq、Quartz-Seq、Drop-seq、InDrop-seq、Smart-seq2等。单细胞转录组技术的出现使我们可以把研究的精度从组织多细胞层面精确到单个细胞领域，可以单独研究某个细胞或者某群细胞具体的特征，特别是在细胞发育、肿瘤微环境、单细胞图谱绘制方面发挥了关键作用。单细胞转录组的平台很多，常用的有10×Genomics、BD Rhapsody、Fluidigm C1、Bio-Rad等。其中，10×Genomics单细胞转录平台由于其成本优势和通量优势，在市场上处于绝对优势。10×Genomics单细胞转录组平台能够一次高效地捕获100～80 000个细胞（一个芯片），1000个细胞的双细胞率仅为0.9%，是目前最为常用的单细胞捕获平台。

随着技术的发展，如今科学家们可以用多种方法进行单细胞测序。从通量方面，可将现有的单细胞测序技术分为三类：①一次检测单个细胞，如RNA转录5′末端转换机制2（switching mechanism at 5′ end of RNA template 2，SMART-seq2）；②一次检测

100个左右的细胞，如Fludigm C1；③一次检测上万个细胞，如基于分割池连接的转录组测序（split pool ligation-based tranome sequencing，SPLiTseq）、10×Genomics等。

空间转录组是从空间层面上解析RNA-seq数据的技术，能够解析单个组织切片中的所有mRNA，从而定位和区分功能基因在特定组织区域内的活跃表达。由于细胞作为机体的基本单元在特定的空间位置与微环境协同、发挥其特有的生物学功能，所以对于研究和理解细胞生物学、肿瘤生物学、发育生物学等学科中的发生机制、空间位置信息尤为重要。显微成像（包括超分辨率和单分子成像）、多重荧光原位杂交等技术的发展加深了我们对细胞、组织结构和功能的理解；测序技术使得我们能够对未知的细胞或组织中基因的表达情况进行定量和定性分析。空间转录组可以在结合显微成像和测序技术来获得基因表达数据的同时，最大程度地保留样本的空间位置信息，使研究人员能够发现更多有价值的信息。

宏转录组是特定时期、环境样本、组织样本中所有的微生物RNA（转录本）的集合。通过对这些转录本进行大规模高通量测序，可以直接获得环境中可培养和不可培养的微生物转录组信息。宏转录组中不仅包含有微生物的物种信息，还有微生物的基因表达信息。如果说宏基因组能告诉人们微生物群“能做什么”，那么宏转录组则能告诉人们这些微生物“想做什么”。这有助于挖掘微生物功能基因和探索微生物与环境、疾病、动植物等之间关系的机制。

第三代测序技术是指单分子测序技术，它对DNA测序时无须经过PCR扩增，就能实现对每一条DNA分子的单独测序。第三代测序技术也称“从头测序技术”，即单分子实时DNA测序。以PacBio公司的SMRT和Oxford Nanopore Technologies的纳米孔单分子测序技术为标志，称为“第三代测序技术”。与前两代相比，其最主要的特点就是单分子测序，测序过程无须进行PCR扩增，且超长读长，平均达到10～15 kb，是二代测序技术的100倍以上。值得注意的是，在测序过程中这些序列的读长也不再是相等的。以往基于二代短读长技术的转录组研究由于需要拼接这一中间过程，会引入很多系统性的误差，从而造成得到的结果不够准确。而基于第三代测序技术的发展为转录组学的研究带来了质的飞跃。与基于RNA-seq的二代技术相比，三代技术最大的优势在于它能够获得全长或接近全长的转录本，对可变剪切的鉴定、lncRNA的分析和新基因的发现更加精准。

二、转录组学在皮肤健康中的研究与应用

（一）转录组学在炎症性皮肤病方面的应用

炎症性皮肤病是由皮肤屏障、先天免疫、获得性免疫以及皮肤微生物群组成的皮肤宿主防御系统紊乱引起的。这些疾病以反复出现的皮肤病变和强烈的瘙痒为特征，严重影响所有年龄和种族人群的生活质量。为了阐明典型炎症性皮肤病（如银屑病和

特应性皮炎）的分子因素，转录组分析已经被广泛应用。此外，通过单细胞RNA测序（scRNA-seq）和空间转录组分析揭示了多个潜在的翻译靶点，并为改进炎症性皮肤病的诊断和治疗策略提供了指导。高通量转录组学数据在揭示炎症性皮肤病复杂的病理生理学机制上十分强大。在这里，我们将系统性总结转录组学数据的成果，并讨论如何最大限度地利用其来推动炎症性皮肤病诊断生物标志物和治疗靶点的发展。

（二）转录组学与银屑病

银屑病是一种与多基因遗传相关的慢性炎症性皮肤病，其确切病因尚不明确。近年来已有越来越多的研究在转录组水平上探索其病理生理机制，其主要的研究方法包括：表达序列标签技术、基因芯片技术、第二代测序技术等。通过各种研究方法，现已发现miR-21、miR-203、miR-31等非编码RNA在银屑病患者皮损中存在明显差异表达，且与角质形成细胞的分化增殖密切相关，这为银屑病发病机制的研究提供了重要依据。

（三）转录组学在黑素瘤与色素痣中的研究

皮肤生物学是最早受益于微阵列技术的科学领域之一。微阵列技术已被应用于各种皮肤问题的诊断和分析，包括黑色素瘤、皮肤T细胞淋巴瘤、银屑病、红斑狼疮、硬皮病。微阵列技术在检测不同基因表达水平、基因序列差异（包括单核苷酸多态性）以及识别新的基因靶点等方面的应用前景非常有吸引力。微阵列技术被广泛用于确定miRNA表达谱，应用该技术已发现在黑色素瘤淋巴结转移及黑色素瘤细胞系和黑素细胞培养中，某些miRNA的异常表达存在显著差异。此外，研究还发现miR-193b高表达和miR-191低表达与低生存率显著相关。这些研究揭示了黑色素瘤中以前未被识别的分子靶点。转录组技术还被用于分析黑色素瘤与色素痣的差异表达基因，帮助揭示黑色素瘤的发病机制。如赵华团队报道，通过对4例黑色素瘤和3例色素痣患者组织样本的RNA进行Illumina平台高通量测序发现，与色素痣相比，黑色素瘤中表达上调的基因有249个，表达下调的基因有109个。通过差异表达基因功能富集分析的结果显示，黑素瘤中表达上调的基因更多的是与免疫系统及其调节有关的基因。因此，免疫相关基因的改变可能在黑素瘤的发展中起重要作用，这为黑素瘤的免疫学机制研究奠定了基础。

（四）转录组学与皮肤创伤愈合

传统的研究方法不足以从整体上揭示皮肤创伤修复的规律，而转录组学技术的应用可以细致描绘皮肤创伤愈合不同阶段的转录谱，这样就便于从总体基因表达模式的视角理解皮肤创伤修复。应用转录组学技术可发现皮肤创伤愈合机制在不同种属、不同发育阶段、不同部位的愈合速度、愈合质量、愈合类型上可能存在的差异。通过比较转录组学研究可揭示这些差异的分子基础，为深入理解愈合机制、发展干预策略创造条件。

（五）转录组学在敏感性皮肤中的研究

转录组芯片分析显示，敏感皮肤中参与肌肉收缩、碳水化合物和脂质代谢以及离子转运和平衡的基因显著减少。这些基因的改变可能是导致敏感皮肤肌肉异常收缩、ATP减少的原因。此外，与非敏感皮肤相比，敏感皮肤中TRPV1、ASIC3和CGRP等疼痛相关转录物显著上调。基于RNA-seq的转录组学的分析发现了266个新lncRNA在敏感性皮肤中有异常表达，进一步分析还显示共有71个lncRNA转录本和2615个mRNA转录本在敏感性皮肤中存在差异表达。这些基因主要参与细胞粘连、PI3K-Akt信号和癌症相关的通路。基于转录组学的研究表明，LNC_000265可能在敏感性皮肤表皮屏障结构中发挥关键作用。转录组学的研究为揭示敏感性皮肤的发生发展机制提供了新途径，并展现可用于精准护理的潜在靶点。

（六）转录组学在皮肤老化中的研究

面部皮肤是人体皮肤老化最显著的区域。研究人员对不同年龄段健康人的眼睑部位皮肤进行了单细胞RNA测序转录组学研究，通过分析确定了11种典型细胞类型和6种基底层细胞亚群。研究人员进一步分析发现，抑制成纤维细胞中的关键转录因子HES1和角质形成细胞中的KLF6在老化皮肤中出现异常低的表达，而这种变化既会损害细胞增殖，也会增加炎症反应、加速炎症性细胞衰老。有意思的是，*HES1*基因激活或槲皮素药物治疗可缓解真皮成纤维细胞衰老。由此可见，单细胞转录组能够确定人类皮肤老化发生过程中的关键分子和调控网络，为开发抗皮肤老化的活性原料和产品提供精准作用靶点。

（七）转录组学在防脱发相关领域中的研究

目前，应用转录组研究发现皮肤毛囊发育主要与SHH（sonic hedgehog）、Wnt以及骨形成蛋白（bone morphogenetic protein，BMP）等信号通路及相关基因异常有关。这些通路在毛囊生长和形态发生、肿瘤发生、皮脂腺发生方面已获得广泛研究，某些miRNA也参与了毛囊形态发生和周期性调控。

红光目前已被广泛用于防脱发领域且功效显著，但其作用机制尚不清晰。研究人员利用转录组学研究策略对红光干预前后的毛囊细胞完成了RNA-seq分析，结果显示LLLT抑制白细胞迁移和浸润，并可能在保护毛囊中发挥抗炎作用。其中，*CTNNB1*、*RAP1B*、*GNAI1*、*JAM3*、*CLDN5*、*VCAM1*、*CTNND1*、*CLDN18*、*ITGB2*基因在KEGG中被纳入白细胞跨内皮迁移通路。这些基因在血管的内皮细胞或白细胞中表达，通过控制细胞增殖、运动和生存来调节组织结构和动态变化。因此，转录组学研究表明，白细胞跨内皮迁移、代谢、黏附连接和其他生物过程可能参与了650 nm红光对毛囊的促生长作用，这为防脱发的研究提供了新的思路和数据基础。

三、转录组学与精准护肤

转录组学是基因功能研究的基础，是揭示细胞内分子调控网络规律的关键技术，利用它能够从分子水平精确地反映细胞应答环境信号之后基因功能实现的模式和规律。实现精准护肤，需要全面深入解析皮肤细胞受到各类环境因子刺激后所有基因的变化规律及其功能实现的模式。这一过程既可以不断扩展皮肤发生的机制，也能挖掘出更多的干预靶点，为原料的精准开发和使用提供坚实的理论基础。发掘基因功能可从本质上理解皮肤问题产生的原因，既能发现更多的干预策略，也能为功效评价提供可靠的评价方法。例如皮肤细胞中参与炎症调控的关键细胞因子既可以是开发舒缓类功效原料的靶点，也能作为评价舒缓功效的测试靶点。总之，转录组学的研究为精准护肤提供了充分的理论基础，也为护肤实践提供了支撑平台。

第五节　精准护肤的蛋白组学基础

基因是遗传信息的携带者，基因经转录产生mRNA，mRNA经翻译产生蛋白质，蛋白质才是机体功能的真正执行者。对基因组学、转录组学的研究并不能完全代表蛋白质的功能水平。这是因为：①同一个基因在不同条件、不同时期、不同部位的表达差异性较大，可能会起到完全不同的作用；②基因虽然编码了蛋白质的一级结构，但是翻译后的蛋白质需要经过磷酸化、糖基化、甲基化等加工修饰才能具有一定的生物学活性，这个过程不是由基因序列决定的；③研究表明，由于翻译后的修饰，相同基因的mRNA丰度和蛋白质丰度差异性非常大，最多可有高达50倍的差异；④蛋白质功能的发挥还包括蛋白质的迁移、定位、蛋白之间的相互作用、活性变化等方面，这也是单从基因水平无法解释的。因此，对于功能性基因编码和翻译成蛋白质的研究，即蛋白质组学的研究，是生命科学发展的必然结果，也是后基因组时代的核心研究方向之一。

蛋白质组学的概念最早由科学家于1994年提出，是指从整体的角度研究细胞、组织或机体在特定的时间和空间下其基因组所表达的全部蛋白质的科学，它具有定量、动态、整体的特点。蛋白质组学研究利用双向凝胶电泳、质谱、生物信息学等技术手段，对所有蛋白质进行分离、鉴定、图谱化，从而对蛋白质的种类、定位、数量、活性及其之间的相互作用等方面进行研究分析，它对于揭示生命活动的机制、疾病的发生机制、药物的作用靶点等具有重要意义。

2020年，安徽医科大学研究团队利用数据非依赖性采集质谱技术、采用无创手段对20名中国健康年轻人和老年人的前臂内侧表皮层皮肤样本中的蛋白质表达进行比较分析发现，老化皮肤中共有95种差异化表达的蛋白（57个表达上调、38个表达下调）。

基于基因本体数据库（Gene Ontology，GO）、代谢途径数据库（Kyoto Encyclopedia of Genes and Genomes，KEGG）和真核生物蛋白相邻类的聚簇数据库（Clusters of Orthologous Groups for Eukaryotic Complete Genomes，KOG）对这些蛋白的富集分析显示，其与免疫和炎症、氧化应激、生物合成和代谢、蛋白酶、细胞增殖、细胞分化和凋亡相关。他们还发现在老化皮肤样本中表达下调的甘油醛-3-磷酸脱氢酶（glyceraldehyde-3-phosphate dehydrogenase，GAPDH）是蛋白质间互作网络的枢纽。基于皮肤蛋白质组学的研究对于皮肤衰老机制的阐释以及对与年龄相关皮肤问题精准治疗和年轻化的精准策略都具有重要的指导作用。

2020年6月，哥本哈根大学诺和诺德基金会蛋白质研究中心的戴林·安徒生（Dyring-Andersen）等人首次成功绘制了健康人皮肤的蛋白质组学图谱，得到的蛋白质组文库包含序列特异性肽段173 228个，蛋白质10 701个，蛋白序列的中位数覆盖率为39.4%。这是迄今为止从人类皮肤研究中获得的最大的蛋白质组学数据集，为研究人类皮肤的生理学和病理学提供了宝贵的数据资源。

从护肤的角度来说，对蛋白质组学的研究可以明确皮肤问题的机制和信号通路，寻找精准靶点，从而指导精准的产品开发和护理方案的制定，是实现精准护肤不可或缺的研究方式。

一方面，可以利用蛋白质组学研究造成皮肤性状差异的根本原因。不同的种族、年龄、地域、性别、季节、环境、习惯、部位等都会造成皮肤性状的差异。利用蛋白质组学的手段对差异性状进行蛋白质定量、动态、整体的分析，可以发现差异化表达与修饰的蛋白质，探索造成性状差异的根本原因，从而针对性解决不同人群的皮肤问题。以紫外线辐射为例，过量的紫外线辐射会导致角质层和真皮层损伤，引发皮肤炎症、免疫抑制、皮肤癌变及皮肤光老化等问题。陈斌等构建了人皮肤角质形成细胞和成纤维细胞的蛋白质组学研究平台，并对紫外线辐射前后的细胞进行蛋白质组学分析，发现两种细胞在辐射前后均有多个蛋白差异表达，经质谱鉴定，发现这些蛋白与细胞骨架、应激保护、能量代谢、物质合成分解、细胞增殖和凋亡调控相关。其中热休克蛋白70（heat shock protein 70，HSP70）A5和HSP70 9B在UVA辐射后的成纤维细胞中和UVB辐射后的角质形成细胞中表达均增高，烯醇化酶1在UVA辐射后的成纤维细胞中表达下降，角蛋白7（keratin 7，K7）在UVA辐射后的成纤维细胞中表达增高，角蛋白K18和K19在UVB辐射后的角质形成细胞中表达增高，醛缩酶、磷酸甘油酸变位酶、烯醇化酶1在UVB辐射后的角质形成细胞中表达明显下降。HSP70和热休克蛋白60（heat shock protein 60，HSP60）作为分子伴侣主要负责蛋白质的折叠、解折叠和组装，紫外辐射后细胞中HSP70的高表达是细胞减轻紫外损伤的一种自我保护机制。醛缩酶、磷酸甘油酸变位酶、烯醇化酶1都是糖酵解过程中的关键酶，紫外辐射引起这些酶的表达下降，从而导致细胞能量代谢不足，引起细胞损伤。对这些蛋白的鉴定和分析，对于研究紫外线引起的皮肤损伤的作用机制、寻找精准护肤靶点具有指导作用。

另一方面，可以利用蛋白质组学方法验证功能性成分的作用机制。目前允许使用的护肤品成分中有众多已被证明具有某方面的功效。利用蛋白质组学的方法对这些成分的作用机制进行整体研究，找出皮肤中差异化表达的蛋白，全面掌握该成分发挥作用的机制，这有助于发现新的护肤靶点及定向提高该成分的功效并降低其不良反应。例如视黄醇具有公认的抗衰老作用，它在体内转化成视黄酸，能够通过促进细胞增殖和分化使表皮增厚，增加衰老皮肤中真表皮连接层的真皮乳头隆起，促进Ⅰ型、Ⅲ型、Ⅶ型胶原蛋白、丝聚蛋白、转谷氨酰胺酶1（transglutaminase 1，TGM1）和转谷氨酰胺酶3（transglutaminase 3，TGM3）等的表达，抑制基质金属蛋白酶的活性。视黄醇还能增加胞质中视黄酸结合蛋白Ⅱ（cellularretinoicacid-binding protein Ⅱ，CRABP Ⅱ）和视黄醇结合蛋白（cellularretinol-binding protein，CRBP）的表达。CRABP Ⅱ可以特异性结合所有的反式视黄酸，从而调节胞质中视黄酸的转运和角质细胞分化。然而，高浓度的视黄醇具有皮肤刺激性，通过激活辣椒素受体1（transient receptor potential vanilloid type 1，TRPV1）而导致刺痛、炎症、脱屑等症状。别利（Bielli）等构建了CRABP Ⅱ基因敲除突变体小鼠，发现突变体小鼠中角质细胞层数、细胞增殖和分化速度、真皮和皮下组织厚度、毛囊皮脂腺数量、真皮血管数量、板层小体的数量和分泌量均降低，真皮成纤维细胞的增殖减少，转化生长因子-β（transforming growth factor-β，TGF-β）信号相关基因（如Ⅰ型胶原蛋白）的表达减少，基质金属蛋白酶2（matrix metalloproteinase 2，MMP2）的表达增加。研究者由此推断，CRABP Ⅱ表达量的降低会导致衰老的加速，并且CRABP Ⅱ可以作为视黄酸介导的抗衰新靶点。除此之外，视黄醇还会影响皮肤中众多其他蛋白的表达，利用蛋白质组学的方法对这些蛋白进行分离、鉴定和分析，有助于发现新的抗衰靶点，寻找新的、温和的抗衰活性成分。

蛋白质功能水平的发挥体现在多个层面，如蛋白质的数量、结构、修饰、活性及蛋白质之间相互作用等的改变都会影响皮肤的生理活动。

一、蛋白质数量的改变对皮肤的影响

胶原蛋白是哺乳动物体内含量最多的结构性蛋白，广泛分布于皮肤、骨、肌腱及其他结缔组织中，起着支撑、保护的作用。胶原蛋白的一级结构是由甘氨酸（glycine，Gly）、脯氨酸（proline，Pro）、羟脯氨酸（hydroxyproline，Hyp）或其他氨基酸残基组成的三肽重复序列，形成-（Gly-X-Y）$_n$-的排列模式，三级结构是由3条左手螺旋的肽链通过氢键、氧桥等形成的右手超螺旋结构。胶原蛋白种类多样，在分布上具有组织特异性。皮肤中的胶原蛋白含量高达85%以上，以Ⅰ型和Ⅲ型纤维型胶原为主，是真皮层细胞外基质的主要结构物质，起到维持皮肤张力和弹性等重要作用。儿童皮肤中多为Ⅲ型胶原，成年人皮肤中多为Ⅰ型胶原（占胶原总量的80%～90%），而基底膜中多为Ⅳ型胶原，它们起到连接表皮和真皮、维持屏障结构、抵抗机械损伤等作用。研究表明，皮肤在衰老过程尤其是光老化过程中胶原含量显著减少、断裂较多、空间排布散乱，从而导致皮肤松弛、皱纹等现象。衰老过程中，一方面胶原蛋白的合成量减少；另一方面，MMP的表达量增加，从而导致其对细胞外基质的降解增多。这两方面是造成胶原含量减少、稳态失调的主要原因。因此，与胶原合成和降解相关的信号通路中的关键物质或步骤是研究抗衰老机制的重要靶点。

MMP是一类可以降解细胞外基质成分的内切酶，它的含量受内源性基质金属蛋白酶组织抑制剂（tissue Inhibitor of Metalloproteinases，TIMP）调控。研究发现，衰老皮肤中的MMP表达量上升，而TIMP表达量并没有相应上升，TIMP-1的表达量反而有所下降，这就导致MMP含量升高，从而对细胞外基质的降解增多。在人类皮肤中，MMP-1是降解胶原蛋白的主要酶，被MMP-1切断的胶原蛋白会继续被MMP-3和MMP-9降解。

在真皮层成纤维细胞中，TGF-β通过调节胶原蛋白的合成和降解起着维持胶原稳态的作用。TGF-β通过与细胞表面的TGF-β Ⅰ型受体和TGF-β Ⅱ型受体结合，并激活转录因子Smad（drosophila mothers against decapentaplegic protein）复合体，从而启动TGF-β目标基因（多为细胞外基质相关基因）的转录和表达。TGF-β/Smad信号通路可以上调胶原蛋白、纤连蛋白、蛋白聚糖等细胞外基质成分的表达，同时下调MMP的表达，并上调TIMP的表达。因此，当TGF-β信号通路过度上调时，会导致胶原蛋白的过度积累，出现系统性纤维症、皮肤纤维化等症状；当TGF-β信号通路过度下调时，会造成胶原含量的降低、皮肤老化。

紫外照射是引起皮肤老化的主要外界因素。紫外照射会诱导产生过量的活性氧簇（reactive oxygen species，ROS），从而激活丝裂原活化蛋白酶（mitogen-activated protein kinase，MAPK）通路，进而激活多个转录因子，包括激活蛋白-1（activator protein-1，AP-1）和核转录因子-κB（nuclear factor-κB，NF-κB）。AP-1的激活一方面会通过抑制TGF-β信号通路而降低胶原含量；另一方面可以直接上调MMP的表达并下调前胶原的表达。NF-κB的激活会导致炎症因子的释放，这些炎症因子一方面会继续激活AP-1和NF-κB、从而放大紫外照射效应；另一方面导致MMP表达上调，从而增加胶原蛋白的降解。

前文中提到的视黄酸就是通过作用于视黄酸受体（retinoic acid receptor，RAR）和维甲类X受体（retinoid X receptor，RXR），促进Ⅰ型、Ⅲ型、Ⅶ型胶原蛋白的表达、降低MMP的表达，并促进胶原蛋白和弹性蛋白的正常组装及糖胺聚糖在真皮中的沉积，从而达到抗衰老的功效，它被当作临床上用于抗衰老的金标准。

二、蛋白质结构的改变对皮肤的影响

蛋白质是由氨基酸残基首尾相连而成的一条或多条共价多肽链构成的生物大分子。存储于脱氧核糖核酸（deoxyribo nucleic acid，DNA）序列中的遗传信息仅决定了蛋白质的一级结构，天然状态下蛋白质并不是以完全伸展或无规则卷曲的多肽链形式存在的，而是通过α螺旋、β折叠、二硫键、范德华力、氢键、疏水相互作用等形式折叠成紧密的三维构象。完整的天然折叠状态才能保证其发挥正常的生理功能。然而，肽链在一边合成一边折叠的过程中很有可能发生错误的相互作用而形成错误的三维结构，造成功能异常甚至是变性聚集。同时，蛋白质在细胞内的运输过程中必须是呈伸展状态的，这些错误的规避和结构功能的保证是通过分子伴侣类蛋白质来实现的。

分子伴侣是指能够结合和稳定另一种蛋白质的一类非常保守的蛋白质，它能识别非天然构象的蛋白疏水片段，并以腺嘌呤核苷三磷酸（adenosine triphosphate，ATP）依赖的形式与其结合，从而遮蔽这些片段，防止蛋白质的聚集。分子伴侣主要为HSP，其于1962年在果蝇唾液腺中被发现，按照分子量的大小分为HSP100、HSP90、HSP70、HSP60、HSP40和小分子HSP等亚家族，其中HSP70为最保守和最重要的一族，在细胞应激过程中表达量增加最多。除分子伴侣功能外，HSP还在调控细胞周期、细胞凋亡、氧化应激以及协同免疫等方面发挥功能。

分子伴侣不仅能帮助蛋白质在正常环境下的折叠、解折叠、跨膜转运等，还能在细胞受到外界刺激（如高温、低温、缺氧、紫外、物理损伤、微生物感染等）时提高细胞的抵抗力，起到应激保护的作用。例如，在细胞受到热刺激时，细胞内蛋白质肽链伸展，造成分子空间构型发生改变（如原本处于分子内部的疏水片段向外暴露等），丧失原有功能，此时，HSP的合成被快速激活，起到分子伴侣的作用，帮助蛋白质重新展开、折叠，恢复其原有构象和功能。

分子伴侣不仅可以介导蛋白重新折叠，还介导蛋白酶体降解或自噬。如果底物蛋白无法恢复其天然构象，则该底物将被泛素化并被传递到26S蛋白酶体上进行降解，从而起到维持细胞内蛋白质稳态的“细胞管家”作用。

在衰老的过程中，机体对各种刺激的反应能力减退，这与HSP的表达呈下降趋势密切相关。与体内其他器官一样，皮肤表皮和真皮细胞中都有HSP表达，并受高温、低温、毒性物质、氧化压力等外界刺激的诱导。但与体内其他器官不同的是，表皮层角质细胞中特异性表达的HSP为HSP72。村松（Muramatsu）等人在研究衰老对正常人皮肤中HSP表达量的影响时，发现年老组的HSP72诱导水平显著降低，表明随着机体的衰老，皮肤的应激反应能力逐渐降低，而应激反应能力的降低会进一步加速衰老。促进HSP的表达，可以帮助机体抵御各种老化压力，减少应激性衰老的发生。李德全等人在研究人真皮成纤维细胞热损伤变性后HSP90的保护作用时，发现成纤维细胞热变性可引起HSP90的异常高表达，帮助受损蛋白转运、折叠、防止聚集并恢复其正常构象，从而起到细胞保护作用。

三、蛋白质翻译后修饰对皮肤的影响

在蛋白质合成的最后阶段或发挥功能之前，通常要进行一系列的翻译后加工修饰（如磷酸化、烷基化、乙酰化、糖基化、二硫键形成、*N*-端甲基切除等），才能成为具有功能的成熟蛋白，该过程为个别氨基酸残基加上修饰基团或通过蛋白质水解剪去基团而改变蛋白质性质的共价加工过程。蛋白质翻译后修饰在生命体中具有十分重要的作用，是增加蛋白质组多样性的关键机制，它使蛋白质的结构更加复杂、调节更加精细、作用更加专一。

以蛋白磷酸化为例，蛋白激酶和蛋白磷酸酶催化的蛋白磷酸化和去磷酸化是一种常见的翻译后修饰，它是生物体内调控信号转导、细胞周期等的可逆共价调节方式，主要发生在丝氨酸、苏氨酸、酪氨酸等残基上。功能蛋白通过磷酸化和去磷酸化时两种构象互变导致的活性、性质的改变而调节细胞内各项生命过程。在收到信号时蛋白质通过获得一个或数个磷酸基团而被激活，而在信号减弱时能去除这些基团而失去活性。在信号传递过程中，某个信号蛋白磷酸化通常造成下游的蛋白依次发生磷酸化，形成磷酸化级联反应。

MAPK是哺乳动物细胞中广泛表达的丝氨酸/酪氨酸激酶，包含一组三级磷酸化依赖的激酶，即上游激活蛋白→MAPK激酶的激酶（mitogen-activated protein kinase kinase kinase，MAPKKK）→MAPK激酶（mitogen-activated protein kinase kinase，MAPKK）→MAPK，在多条信号转导通路中起重要作用。到目前为止，在哺乳动物细胞中已发现至少有4条MAPK通路：细胞外信号调节蛋白激酶（extracellular regulated protein kinase，ERK）通路、c-Jun氨基末端激酶（c-Jun N-terminal Kinase，JNK）通路、p38 MAPK通路和大丝裂原活化蛋白激酶1（big MAP kinase 1，BMK1）通路。

ERK通路是MAPK经典通路之一，于1986年由斯特吉尔（Sturgill）等人首先报道，它参与细胞增殖与分化、细胞形态维持、细胞骨架构建、细胞凋亡、癌变等多种生物学反应。研究证明，受体酪氨酸激酶、G蛋白偶联受体和部分细胞因子受体都可激活ERK信号转导途径。例如，ERK信号通路可通过调节小眼畸形相关转录因子（microphthalmia associated transcription factor，MITF）的活性来调节黑素细胞的发育和黑色素的合成。MITF主要通过与启动子的M box结合来调节酪氨酸酶、酪氨酸酶相关蛋白-1和酪氨酸酶相关蛋白-2的基因表达。上调MITF活性可以激活黑色素形成相关酶的表达，从而促进黑色素的合成，而下调MITF活性可抑制黑色素的合成。ERK通路对MITF的调控过程中，信号分子首先与细胞膜表面的特异性受体结合，激活鸟嘌呤核苷三磷酸（guanosine triphosphate，GTP）/鸟嘌呤核苷二磷酸（guanosine diphosphate，GDP）结合蛋白大鼠肉瘤（rat sarcoma，Ras），活化的Ras与丝/苏氨酸蛋白激酶Raf的氨基端结合，从而激活Raf激酶，进一步催化ERK1和ERK2的磷酸化，磷酸化后的ERK1和ERK2蛋白会催化MITF第73位的丝氨酸磷酸化，从而导致MITF的泛素化降解。因此，ERK通路通过下调MITF的活性而抑制黑色素的生成。除ERK通路外，MITF的活性还受环磷酸腺苷（cyclic adenosine monophosphate，cAMP）、Wnt（Wingless/Integrated）、p38 MAPK等信号通路的调节。

p38 MAPK通路是科学家于1993年在研究细菌内毒素诱导蛋白质的酪氨酸磷酸化时发现的。p38家族目前已发现四位成员：p38α、p38β、p38γ和p38δ；其中，p38α和p38β在体内广泛分布，而p38γ和p38δ只在特定组织中表达。在生长因子、炎症因子、环境压力等因素的作用下，p38 MAPK可以发生丝氨酸和酪氨酸双位点的磷酸化而被激活，继而从胞质中入核，作用于其下游靶点，包括蛋白激酶、转录因子、炎症因子、细胞周期蛋白、细胞表面受体等，参与炎症反应、细胞应激、凋亡、细胞的生长和分化等各种生理和病理过程，同皮肤敏感、色素沉着、痤疮、衰老等皮肤问题息息相关。例如，Li等人研究发现，在痤疮病变中，毛囊和毛囊周围角质形成细胞中的p38磷酸化水平升高。将体外培养的人角质形成细胞暴露于活的痤疮丙酸杆菌中，会导致MAPK家族多个成员的磷酸化，包括p38、ERK1/2、JNK1/2，而p38α/β抑制剂SB203580可以抑制p38的磷酸化和痤疮丙酸杆菌诱导的炎症因子的分泌，这就说明p38 MAPK通路在痤疮丙酸杆菌诱导的角质形成细胞炎症反应过程中发挥着重要作用。马夫罗戈纳托（Mavrogonatou）等人研究发现，肿瘤坏死因子-α（tumour necrosis factor-α，TNF-α）炎症介质会导致p38 MAPK通路的快速激活，长期暴露于TNF-α中会导致ROS的升高和成纤维细胞的早衰，并显示出p38 MAPK通路的永久磷酸化和炎症及分解代谢表型。使用p38 MAPK抑制剂可以显著逆转这些特征和衰老表型，并可抑制ROS的积累，说明氧化压力和p38 MAPK通路参与了TNF-α诱导的早衰，且两者之间可能也存在一定联系。

深入研究这些通路的上下游信号分子，揭示它们的功能，不仅有助于确定该信号转导途径中的蛋白质组，为生命活动的调控寻找更多的靶点，而且有助于发现可能与之相互作用的新蛋白（新靶点）或新关系。

四、蛋白质活性的调节对皮肤的影响

新陈代谢是生命活动最重要的特征，新陈代谢的大多数过程是在酶的催化下进行的。酶是细胞产生的、受多种因素调节控制的生物大分子催化剂，除了具有催化活性的RNA之外几乎都是蛋白质。为了保证生命活动的有序进行，酶的活性受精确调控，包括酶浓度的调节、反馈抑制调节、激素调节、抑制剂和激活剂调节、别构调控、酶原激活及可逆共价修饰等方式。同机体其他部位类似，酶活性的改变对皮肤的生理活动也有着重要影响。

以酪氨酸酶为例，酪氨酸酶广泛存在于动植物及微生物体内，在黑素细胞中发挥作用，是调节黑色素合成的关键限速酶，负责催化*L*-酪氨酸羟基化为*L*-多巴（单酚酶活性）以及后续的*L*-多巴氧化为*L*-多巴醌（双酚酶活性），*L*-多巴醌再通过一系列非酶催化反应转化为黑色素，包括真黑色素与褐黑色素两种。每个酪氨酸酶分子中含有2个铜离子，每个铜离子会与3个组氨酸上的氮配位结合，2个铜离子通过内源桥基相互联系并与1个酪氨酸分子结合，构成了酪氨酸酶的活性中心。来源不同的酪氨酸酶活性中心的结构存在差异。另外，铜离子还具有结合氧的能力，氧分子的不同结合方式导致了酪氨酸酶的不同形态，从而影响其催化活性。皮肤黑色素含量及分布是决定肤色深浅的主要原因，正常情况下黑色素能减少紫外线对皮肤的伤害，但是黑色素的缺失或过度沉着也会导致相应的疾病或皮肤问题。基于酪氨酸酶活性对黑色素生成的关键作用，通过抑制酪氨酸酶催化活性来减少黑色素生成是防止色素过度沉着、实现美白的重要手段之一，酪氨酸酶活性位点也成为美白、祛斑最常见的精准靶点。

近年来，越来越多的化合物已被证实能够有效抑制酪氨酸酶活性，这些化合物被称为“酪氨酸酶抑制剂”，它们对酪氨酸酶的抑制分为破坏性抑制、竞争性抑制、非竞争性抑制等方式。破坏性抑制剂多为铜离子络合剂，通过与酪氨酸酶活性部位的铜离子结合而使酪氨酸酶失去催化活性，曲酸及其衍生物、维生素C及其衍生物就属于这种抑制剂。竞争性抑制剂通常与酪氨酸酶底物酪氨酸或多巴具有结构相似性，与酪氨酸或多巴竞争性结合酪氨酸酶活性中心，从而抑制其活性，苯乙基间苯二酚、异丁酰胺噻唑间苯二酚、熊果苷、壬二酸、白藜芦醇等物质属于这类抑制剂。非竞争性抑制剂不与酪氨酸酶活性中心结合，而是与其周围的其他位点结合，导致酶的结构发生改变从而降低催化效率，这类抑制剂有乙酰化白藜芦醇、肉桂醛、肉桂酸等物质。这些美白剂中很多都有一定的毒副作用或稳定性问题。例如，氢醌会诱导基因突变，并使皮肤产生灼烧、刺痛、过敏、炎症等不良反应；熊果苷是氢醌的前体，其天然形态不稳定，可释放氢醌；杜鹃醇具有黑素细胞毒性，长期使用可导致白癜风等色素缺失性疾病；曲酸不稳定，长期使用导致甲状腺毒性；维生素C及其衍生物容易被氧化且皮肤吸收性差。因此，寻找新的安全、高效的酪氨酸酶抑制剂对于开发美白淡斑类护肤品、治疗色素过度沉着相关的皮肤疾病具有重要意义。

抑制剂的筛选分为实验室合成、天然来源、虚拟分子结构对接等方式，多是基于酪氨酸酶活性位点的序列、空间结构、体外细胞实验、体外3D皮肤组织实验等。由于人体酪氨酸酶（human Tyrosinase，hTyr）的体外表达产量低，双孢蘑菇酪氨酸酶（mushroom Tyrosinase，mTyr）成为最常用的体外模型。但hTyr和mTyr的活性部位氨基酸序列存在显著差异，整体氨基酸序列同源性为23%，并且mTyr为四聚体的胞质酶，而hTyr为高度糖基化的单体膜结合酶，所以对mTyr有效的抑制剂可能对hTyr抑制作用较差，用mTyr筛选出的酪氨酸酶抑制剂可能在临床使用时并无疗效。因此，在抑制剂的筛选过程中，应选择精准的筛选模型，或者采用体外筛选与临床验证相结合的方式。

以上从蛋白质的数量、结构、修饰、活性等方面举例介绍了蛋白质功能实现的方式，而这些过程中都离不开蛋白质之间的相互作用。例如，在TGF-β调节胶原的合成和降解过程中，会与细胞表面的Ⅰ型受体和Ⅱ型受体结合，进而启动TGF-β目标基因的转录和表达，这就是信号分子与受体的相互作用；分子伴侣与其他蛋白质结合，从而起到维持正确的蛋白结构和蛋白稳态的作用，这也是蛋白质之间相互作用；蛋白质翻译后修饰多是基于蛋白质之间相互作用在特定的氨基酸位点进行官能团的共价连接，并且修饰后会改变蛋白之间的相互作用，从而进一步影响蛋白质的功能；酶与底物的结合很多都是蛋白质之间相互作用。除此之外，蛋白质之间的相互作用还体现在抗原和抗体的相互作用、蛋白质在细胞中的定位和转运等方面。

总体而言，从基因组学、转录组学向蛋白质组学的发展，是人类探索生命科学的必然过程。利用蛋白质组学的研究方法对不同人群、不同部位、不同状态等条件下的皮肤蛋白质组进行研究分析，不仅有助于阐明单一蛋白质的功能和机制，而且有助于确定各种信号传导通路中的蛋白质群、发现新的功能性蛋白和分子靶点，对于探索不同皮肤问题的分子机制和相应的解决方案具有重要意义。

第六节　精准护肤的代谢组学基础

一、代谢组学概述

（一）皮肤代谢组学定义

代谢组学（metabolomics）是继基因组学、转录组学和蛋白质组学之后兴起的系统生物学（systems biology）中“组学”科学（‘omic’ sciences）的一个分支，它以组群指标分析为基础，以高通量检测和数据处理为手段，以信息建模与系统整合为目标，旨在对生物系统内的所有代谢物进行定量分析，并寻找代谢物与生理病理变化的相对关系。其研究对象大都是糖类、脂类、氨基酸及核苷酸等相对分子质量小于1000的小分子物质。血液和尿液是两种经常被采样和分析以获得临床相关信息的生物流体，非常规生物基质（如皮肤排泄物）的代谢组学越来越多地受到科学家的关注。尽管如此，代谢组学在皮肤科学领域的应用还处于探索阶段。

皮肤代谢组学（skin metabolomics）就是利用代谢组学方法，分析皮肤代谢物与皮肤健康之间关系的科学。其研究对象包括人体皮肤细胞的代谢物及皮肤微生物的代谢物。皮肤代谢组学是用于发现生物标志物、精准医学诊断及发展精准护肤策略的新兴转化研究工具。为了增加皮肤代谢组学的临床意义，需要验证皮肤和其他生物组织/基质中代谢物水平之间的相关性。

（二）皮肤代谢物的来源

皮肤代谢物是在皮肤不同成分中发现的低分子量化合物，源自汗液、皮脂和皮肤外层中发生的蛋白质降解以及约占人体皮肤体积分数45%的组织液等。汗液中的代谢物来自小汗腺和大汗腺的分泌物。小汗腺分泌物作为水性液体穿过分泌细胞的腔细胞膜释放，含有电解质、元素、无机离子、氨基酸和其他未知物质。大汗腺分泌物通过夹断大汗腺线圈中的分泌细胞而发生，是一种含有脂质、蛋白质、类固醇和离子的黏稠液体。

皮脂是一种复杂的脂质混合物，由皮脂腺产生和分泌。皮脂分泌物是一种全分泌物，它是由通过腺细胞完全分解进入毛囊皮脂腺单位的毛囊管形成的。人体皮肤上的挥发性有机化合物是由小汗腺、大汗腺和皮脂腺的分泌物以及皮肤微生物群与这些分泌物的相互作用产生的。虽然间质液的成分尚未完全被表征，但一些研究表明，由于存在蛋白质和脂质，它与血浆/血清的成分相似。然而由于存在从血液到间质液的跨毛细血管流动的现象，因此间质液成分的浓度通常低于血液中的浓度。

其他皮肤代谢物还包括存在于皮肤外层的氨基酸、环境压力产生的化合物以及外用药物或消费品来源的代谢物（图3-8、彩图3-8）。例如，角质层中不溶性的原丝聚蛋白（profilaggrin）去磷酸化并降解产生的单体丝聚蛋白（filaggrin），进一步水解可以释放氨基酸及其衍生成分。丝聚蛋白编码基因的突变是皮肤病的遗传风险因素，可导致皮肤屏障功能障碍，如寻常性鱼鳞病和特应性皮炎等。原丝聚蛋白是游离氨基酸

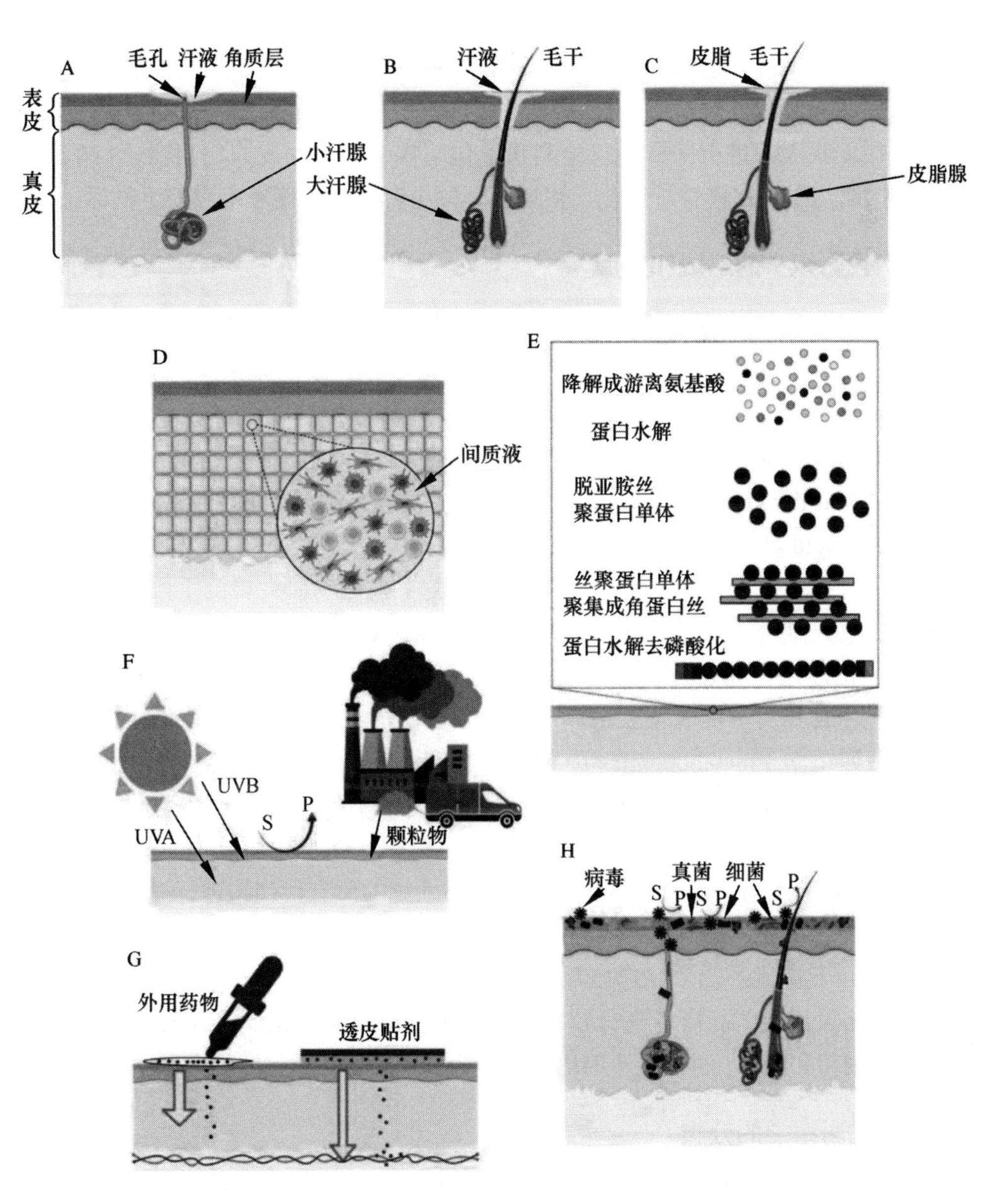

图3-8 皮肤释放代谢物的途径以及皮肤保留成分的来源

及其衍生物的主要来源，主要构成角质层的天然保湿因子（natural moisturizing factor，NMF）。事实上，NMF的主要成分是游离氨基酸（占40%），包括丝氨酸、甘氨酸、尿刊酸、丙氨酸、组氨酸、鸟氨酸、瓜氨酸和精氨酸等。

人体细胞内的许多变化发生在代谢物层面，如细胞信号释放、能量传递、细胞间通信等都受代谢物调控。代谢物也可以反映细胞所处的环境，这与细胞的营养状态、药物和环境污染物的作用及其他外界因素的影响密切相关。皮肤代谢物中的一些化合物具有特定的生理作用，而另一些则是代谢的副产物。皮肤基质的化学成分包含大量有关代谢过程的信息，皮肤代谢物的变化也能表明疾病或其他生理状态。因此，皮肤代谢物具有作为疾病前瞻性生物标志物的潜力，可以反映不同疾病状态的预测、预后和诊断信息，揭示特定疾病的发病、进展、消退和复发的生物特征，可促进新药的研制开发。因此分析这些代谢物与皮肤屏障、敏感皮肤、皮肤问题之间的关系，具有重要的意义。鉴于此，可在皮肤表面进行采样，以检测和量化与疾病相关的皮肤代谢物。目前，已经发现皮肤代谢物中存在囊性纤维化、银屑病、帕金森病和肺癌等疾病的生物标志物。

（三）代谢组学的形成和发展

代谢组学相关研究首次出现在1940年，威廉姆斯（Williams）分析记录了大量酗酒者及精神分裂症患者的体液并检查个体（间）变化以及后来的病理状况。1978年，盖茨（Gates）等人通过分析大量色谱数据与群体特征性代谢的关系，首次提出“代谢谱（metabolic profile）”这一术语，可谓代谢组学的始祖。1983年，荷兰科学家范德格里夫（Van der Greef）等人研究了尿液中的代谢指纹。随后，液-质联用（high performance liquid chromatography-mass spectrometry，HPLC-MS）技术和磁共振技术被广泛应用于相关研究。到1990年代后期，小分子代谢物研究检测手段更加成熟，但此时大多数代谢组学的研究仍然围绕着体内代谢进行。1998年，奥利弗（Oliver）等人创造了“代谢组（metabolome）”这一术语，首次将基因缺失或过度表达等遗传调控功能与代谢物相对浓度变化联系起来。1999年，尼科尔森（Nicholson）等人提出了最初的“代谢组学（metabonomics）”概念，描述了定量测量生物体内病理生理刺激或基因改变引起的动态代谢应答变化，系统性地将机体代谢过程与微生物代谢以及外源环境因子的相互作用因素综合起来。2001年，费恩（Fiehn）提出另一个“代谢组学（Metabolomics）”术语，定义为对所研究的生物系统的所有代谢物进行全面的定性定量分析。2005年，凯尔（Kell）等人用“代谢指纹（metabolic footprint）”来指细胞或组织在受控条件下排泄的物质。2015年，林克（Link）等人进一步提出了“实时代谢组（real-time metabolome）”，指在高分辨质谱仪（high resolution mass spectrometer，HRMS）中直接注射细菌和细胞，并在数小时内以数秒为周期对数百种代谢物进行检测。

（四）代谢组学的分类

多年来，研究者们利用代谢组学方法分析了由于疾病、药物毒性或基因功能异常引起的细胞、组织或生物体液中内源性代谢物水平的变化，从中获得潜在生化信息并用于生物系统的诊断或预后。根据研究对象和目的不同，代谢组学主要分为非靶向代谢组学和靶向代谢组学。非靶向代谢组学（untargeted metabolomics）是指无偏向性地对所有代谢物同时进行检测分析，旨在生成新的代谢活性图谱；靶向代谢组学（targeted metabolomics）是对利用非靶向代谢组学方法筛选出的特定代谢物进行定量分析，进一步验证代谢物在某些特定途径或目标途径网络的作用。

1. 脂质组学和糖组学

广义的代谢组学包括脂质组学（lipidomics）和糖组学（glycomics），但由于糖类和脂类物质结构的复杂性给其结构表征分析带来了巨大的困难，而它们在生命活动中发挥的作用又至关重要，因此这二者通常被单独划分出来。其中与皮肤代谢组学高度相关的是脂质组学，由汉（Han）和格罗斯（Gross）于2003年提出，是指脂质分子种类及其生物学作用的完整表征，涉及脂质代谢、功能蛋白质表达及基因调控等。脂质组学研究领域的内容主要是识别脂质代谢和脂质介导的信号传导过程的改变，这些过程与调节皮肤状态期间的细胞稳态有关。目前脂质组学的研究重点在于识别细胞和体液脂质水平的变化，揭示环境干扰、病理过程或药物治疗的影响。

2. 线粒体代谢组学

目前代谢组学的主要检测对象多为体液及组织，但在某些疾病状态，例如心肌细胞缺氧复氧过程中，能量代谢的变化主要发生在细胞生物能量学中心——线粒体中。线粒体存在于胞质中，相对于更小的细胞器，胞质就相当于一个巨大的蓄水池或仓库，即存在“拉平”效应。此外，相似的代谢过程在胞质和线粒体中会呈现出完全相反的代谢方向。例如，细胞中常见的无氧呼吸代谢中丙酮酸在胞质和线粒体中都可代谢为乳酸。既往研究发现，人星形细胞瘤细胞中线粒体的乳酸可以通过乳酸脱氢酶转换为丙酮酸重新进入三羧酸循环。此外，研究发现大鼠脑缺氧过程中胞质内苹果酸生成而柠檬酸消耗，但在线粒体内苹果酸消耗而柠檬酸生成。苹果酸在心肌细胞缺氧复氧过程中可以通过线粒体膜上的酮戊二酸载体进入线粒体，同时酮戊二酸被运输出线粒体。如果仅仅从细胞角度观察代谢变化，很难观察到这些代谢物的动态变化过程。对于糖尿病肾病来说，尿液代谢组学可以直接了解与肾功能障碍相关的生化途径。研究发现在糖尿病肾病中肾脏有明显的线粒体功能失调。患者尿液中的线粒体DNA显著降低，糖尿病肾切片线粒体蛋白表达减少，可能与其PGC-1a mRNA表达水平降低有关。PGC-1a是能量代谢路径中众多转录因子的共同激活因子，在能量代谢平衡和线粒体生物合成中起到至关重要的作用。PGC-1a可以通过*NRF-1*和*NRF-2*基因的表达来促进线粒体生物合成。因此，分析线粒体中代谢物水平的变化，可以为相关疾病的诊断及治疗提供新的靶点，线粒体代谢组学也将成为细胞代谢组学的一个重要发展方向。

（五）代谢组学与其他组学的联系

皮肤代谢组学与基因组学、转录组学和蛋白质组学等其他组学也有密切关系。代谢组是基因转录和蛋白质翻译过程的下游，记录了发生在生物体内的生物化学反应，部分代谢产物可以反馈调控基因转录和蛋白质合成过程，将基因组、转录组和蛋白质组与表型组联系起来。整合皮肤代谢组学、基因组学、转录组学和蛋白质组学的多组学研究来检测、分析、改善皮肤状态，能够更系统地阐明皮肤状态变化的进程，是未来护肤研究的主要方向。

二、皮肤代谢组学研究方法

皮肤代谢组学作为一种高效的转化研究工具的未来研究手段，取决于其方便可靠的研究流程，此类工作流程主要涉及样品采集与预处理、代谢物鉴定分析、数据采集与分析、代谢物及代谢通路研究等。总的来说，皮肤采样和分析检测方法直接影响代谢组学数据的质量及后续的生物学解释。无论是用于皮肤代谢物分析、生物标志物识别，还是靶向代谢物分析，有意义的数据集都可以提供足够的临床相关分子信息，而这些只有通过有效的采样和分析检测技术才能获得。此外，得益于专用软件工具的可用性和数据处理的自动化，数据分析有可能被简化为标准化方法。

皮肤代谢组学需要解决的问题包括人际变异性、分析物浓度低、随时间推移难以确定绝对浓度，以及生物样本量收集过少等。其中代谢物水平的人际（生物）变异性是皮肤取样中的一个主要问题。皮肤是一个“动态”基质，因此代谢物水平会随时间变化，所观察到的变异性甚至可能是由皮肤表面化学物质的非均匀分布引起的。此外，人类皮肤会暴露于不同的压力源。无论健康还是患病人群，皮肤微生物群和皮肤对压力源的反应因人而异。变异性的另一个来源是分析过程本身，包括采样和检测。

（一）皮肤代谢物的采样方法

皮肤代谢组学的研究依赖于皮肤采样方式和微量样本（如汗液）检测及分析方法。皮肤是人体最大、暴露最多的器官，采样相对容易。现有皮肤代谢物的采样方法主要有侵入性和非侵入性两类。

利用侵入性方式可获得的皮肤层有表皮、真皮或浅层脂肪。皮肤活检和负压吸泡法是临床常用的皮肤取样技术。根据特定的皮肤活检模式，可以从表皮（包括真皮和浅表脂肪）中或表皮下获取标本。抽吸起泡是一种收集皮肤间质液的技术，将保持真空的抽吸室放置在前臂腹侧以诱发起泡，然后使用注射器刺破水泡以收集间质液。与皮肤活检相比，抽吸起泡技术的侵入性较小，可用于收集表皮和间质液。侵入性皮肤取样耗时长、体验感差及存在潜在并发症风险等缺点。非侵入性皮肤取样技术，可以从皮肤排泄物（如汗液、皮脂和皮肤散发的挥发性化合物）和角质层中非侵入性地收集样本。例如汗液取样方法即利用毛果芸香碱和离子电渗疗法诱导出汗，然后用特定的收集装置取样。毛果芸香碱属于胆碱能药物，可以刺激并结合小汗腺的去甲肾上腺素受体，从而增加汗液的产生。离子电渗疗法是指通过施加温和的电流梯度将化学物质或药物引入皮肤的技术。借助此类技术开发的微型探针可以检测选定的随汗液分泌的高丰度代谢物。水凝胶微贴片采样，将包含水凝胶（通常为琼脂糖）的毫米级圆盘状取样介质嵌入聚合物基质中，用于快速收集皮肤表面的皮肤排泄物以进行质谱分析。胶带剥离技术是另一种对皮肤角质层进行取样的微创技术，是指将胶带粘贴在皮肤表面并多次剥离取样。而一些创新型生物传感器则专注于从皮肤中检测替代生物流体，旨在开发非侵入性即时检测设备。

（二）皮肤代谢物的检测方法

目前，代谢组学的主要分析方法包括气相色谱、液相色谱、毛细管电泳、磁共振谱及质谱等。研究者可根据被测代谢物的理化性质结合不同分析技术所具有的独特优势来选择合适的研究方法以对所测代谢物进行分离和检测。对于皮肤代谢组学研究而言，首选磁共振谱和质谱，特别是质谱。

鉴于所涉及的代谢物多种多样，一个分析平台无法涵盖完整的皮肤代谢组，因此分析有时会同时使用多个平台。鉴于质谱可提供丰富的结构信息，因此将之与其他分离技术联用可对代谢物进行全面、灵敏地定性和定量。例如，毛细管电泳-质谱法（capillary electrophoresis-mass spectrometry，CE-MS）可以基于分子量和电荷对诸如小分子、代谢物、药物、肽类和蛋白质等化合物进行定性和定量。此外，气相色谱-质谱法（gas chromatogram-mass spectrometry，GC-MS）、液质色谱-质谱法（liquid chromatograhy-mass spectroscopy，LC-MS）、磁共振联合LC-MS等方法也经常使用。

三、皮肤代谢组学的应用

（一）皮肤代谢物与血液代谢物的关系

皮肤代谢物的无创采样和分析是疾病诊断和健康监测的可行工具。科学家们正在开发用于检测替代生物流体（如汗液和间质液）成分的生物传感器，作为现场检测设备补充或替代标准检测。例如，可穿戴传感器和表皮传感器（用于皮肤的直接化学传感）；可穿戴传感器包括贴在皮肤上的贴片状传感器和附件型传感器，如手表和眼镜；表皮传感器包括临时电化学传感器。同时，微创微针阵列传感器也被开发用于检测皮肤间质液中的代谢物。

在传感器的研制过程中，对汗液或间质液中检测到的目标分析物进行评估，可以确定血液中相同分析物的相关性。例如，葡萄糖对于糖尿病患者来说是一个已确定的生物标志物。据报道，汗液中的葡萄糖和血糖之间存在相关性。这种相关性在开发替代性的测试护理点以监测糖尿病患者的病情中有重要作用，因此通过无创或微创传感器检测的汗液葡萄糖和皮肤间质液葡萄糖，可与血糖测量值进行比较。血液被认为是监测生理反馈的标准生物流体，鉴于大多数人类代谢组数据都是通过血液检测发现的，进一步验证皮肤代谢物和血液代谢物的相关性，可以推动无创和微创皮肤代谢物分析在临床中的实际应用。

（二）皮肤代谢组学在疾病诊断中的应用

疾病的发生会直接引起机体产生相应的代谢变化，大多数生物标志物的发现与血液、组织和尿液代谢组有关，临床相关的代谢物生物标志物主要是血液生物标志物（即来自血清或血浆）。同时，皮肤基质的化学成分中也包含大量有关代谢过程的信息，而皮肤代谢物的变化可以指示疾病或其他生理状态。此外，皮肤代谢物显示出相当大的空间异质性。利用皮肤代谢组学分析方法，能够帮助人们更好地理解病变过程及机体内物质的代谢途径，找出相关代谢标志物并建立科学的诊断模型，这对于疾病诊断与分型有重要的意义。皮肤上的汗液、皮脂等局部无创性样品的代谢组学应用研究具有很好的患者依从性，可以直观地反映皮肤问题发展过程及皮肤局部变化。

越来越多的研究揭示了皮肤代谢物作为多种全身性疾病生物标志物来源的潜力。例如，汗液分析已被常规用于诊断囊肿性纤维化（cystic fibrosis，CF）——一种严重的常染色体隐性多系统疾病。这种疾病是由编码囊肿性纤维化跨膜电导调节剂（cystic fibrosis transmembrane conductance regulator，CFTR）的基因突变引起的。此类突变会导致汗腺中CFTR蛋白功能失调，使得上皮分泌细胞中钠和氯的转运发生改变，并形成黏液，从而堵塞肺部气道。大多数患者患有涉及肺、肝和胃肠道以及身体其他器官的多系统疾病。CF患者的汗液中电解质浓度很高。具体而言，汗液氯化物水平由于CFTR功能障碍而受到干扰。因此，汗液氯化物是用于诊断CF的生物标志物。在重度尿毒症患者中，外分泌汗腺分泌高水平的尿素作为汗液的组成部分，这可能是终末期肾病的生物标志物。还有研究发现，帕金森病患者独特的气味表明皮肤微生物群和皮肤生理机能发生了改变。对从帕金森病患者身上收集的皮脂进行的综合分析显示，与他们的气味相关的明显挥发物，例如紫苏醛、马尿酸、二十烷和十八醛，可作为帕金森病无创筛查的潜在生物标志物。此外，抗精神病药初治精神分裂症患者和健康对照的皮肤脂质代谢研究证明，鞘脂是该疾病的潜在生物标志物。皮肤散发的挥发性有机化合物的变化也体现在传染病中，因为宿主的气味可能会被引起疾病的病原体改变。最近对疟疾发病率高的人群进行的皮肤挥发物采样研究，揭示了疟疾的有症状和无症状感染的5个预测因子（4-羟基-4-甲基戊烷-2-酮、壬醛、甲苯和两个不明化合物）。

皮肤代谢组学在诊断方面的优势在于它的研究处于生物信息流的中游，介于基因、蛋白质和细胞、组织之间，在生物信息的传递中起着承上启下的作用，小分子物质的产生和代谢是基因表达的下游产物，代谢产物分析能够更直接、更准确地反映生物体的病理生理状态；代谢物的种类少，远小于基因和蛋白质的数据，而且其分子结构更加简单，便于分析；皮肤代谢组学的代谢物信息库简单，没有全基因组测序及大量表达序列标签的数据库那么复杂；基因和蛋白质表达的有效微小变化会在代谢物上得到放大，从而使检测更加容易；代谢产物在各个生物体系中都类似，所以皮肤代谢组学研究中采用的技术在各个领域中更通用，也更容易被人接受。总之，皮肤代谢信号可以提供反映不同疾病状态的预测性、预后性、诊断性和替代性标志物，预测获得的风险，或揭示特定疾病的发病、进展、消退、复发和预后，以及促进药物开发。

（三）皮肤代谢组学在毒理学研究中的应用

毒理学是研究毒物与机体交互作用的一门学科，它一方面探讨毒物对机体各种组织细胞、分子及生物大分子作用和损害的机制，阐明毒物分子结构与其致毒作用之间的关系；另一方面也研究毒物的体内过程（吸收、分布、代谢转化、排泄），以及机体防御体系对毒物作用的影响。近年来，代谢组学在毒理学中的运用正逐渐成为研究的热点。代谢组学可以帮助人们更好地了解生物系统对环境和遗传因素变化做出的反应。其基本原理是：毒物破坏皮肤等组织的正常细胞结构功能，改变细胞代谢途径中内源性代谢物的稳态，从而通过直接或间接效应改变流经靶组织的血浆成分。皮肤细胞内某种分子或皮肤代谢物的动态变化可以作为皮肤毒性损伤的标志物。此外，血浆或尿液代谢物谱的“整体模式”或“指纹”比单一靶标具有更好的一致性和预见性。利用分析技术可以测量皮肤汗液等生物体液所获得图谱中的生物标志物信息，而这些信息则反映了包括皮肤在内的机体不同代谢途径对化学物毒性的生物学效应。近年来，利用代谢组学方法对大量药物或环境污染物进行毒理学机制的研究已取得了显著进展。这些研究的共同特点是通过模式识别等计算方法对不同生物样本的分析信号进行变换处理而获取毒理相关信息，这些计算方法的应用是代谢组学区别于传统代谢物研究的显著特征。根据这些研究建立起的毒性筛选模型正在尝试用于皮肤用药等新药开发过程中，新药毒性筛选在代谢组学应用中极具产业意义。新的毒性标志物或毒物代谢模式的发现，特别是毒性早期征兆代谢组的发现，有可能产生新的毒性筛选方法，这对于降低新药研发成本有重要的意义，极具市场价值。

四、皮肤代谢组学与精准护肤

（一）皮肤代谢组学与皮肤问题

皮肤代谢组学方法已被用于鉴定多种皮肤问题的特征性生物标志物，包括黑色素瘤、基底细胞癌、慢性皮炎等，其中在慢性皮炎诊断中的应用最为广泛。慢性炎症性皮肤问题多是由急性皮炎或者亚急性皮炎经久不愈、反复发作后迁延而来，也有一些本身就是慢性炎症，如神经性皮炎、瘙痒症等。这类皮肤问题多表现为局部皮肤的增厚、皮肤弹性差、皮肤粗糙，伴有色素沉着等。血清、血浆及尿液中的代谢产物可反映慢性炎症性皮肤问题发生后机体系统的变化，将之作为标志物对此类问题进行诊断、鉴别以及临床分型，有助于加强临床对慢性皮肤性问题的管理。

特应性皮炎（atopic dermatitis，AD）是皮肤科常见的慢性炎症性皮肤问题，基本特征为皮肤干燥、瘙痒、易复发。研究发现，汗液中相关代谢物异常可能与AD的发病有关。AD患者汗液中葡萄糖及蛋白质含量显著升高，且其中葡萄糖浓度与炎症程度呈正相关，表明AD患者在葡萄糖利用方面存在障碍。通过小鼠模型的进一步研究证实，葡萄糖会延缓受损皮肤屏障的恢复。

银屑病俗称"牛皮癣"，也是一种慢性炎症性皮肤疾病。通过比较健康个体和银屑病患者之间代谢产物的差异，研究发现银屑病患者皮损中的谷氨酸含量增加，这可能是由于在细胞增生、蛋白质快速合成和细胞因子产生过程中对谷氨酰胺的需求增加引起的。胆碱是细胞生长和分裂所需要的基本物质，银屑病病变皮损中胆碱的含量也明显升高。谷氨酸及胆碱水平与银屑病皮损严重程度呈正相关，这可能是由于细胞增殖和炎性反应增加所致。精氨酸酶在银屑病表皮角质形成细胞的代谢重编程中具有非常重要的作用，精氨酸酶-1是鸟氨酸循环代谢的关键酶，也是银屑病皮损的标志物。这一发现为开发靶向治疗表皮角质形成细胞异常代谢所致银屑病的药物提供了新的方法。此外，关节病型银屑病患者和类风湿因子血清学阴性的类风湿关节炎患者在临床上难以区分，而最新研究发现代谢组学可协助二者鉴别，利用年龄、性别、丙氨酸、琥珀酸、肌酸磷酸盐的浓度以及脂质比率等建立的多变量诊断模型，可以将71%的患者正确分类。

（二）皮肤代谢组学与护肤品的开发

皮肤衰老分为年龄增长造成的内源性衰老和日晒、环境污染、吸烟、生活方式等因素所致的外源性衰老。皮肤代谢组学以生物体内源性物质为研究对象，可以真实、全面地反映皮肤状态的实时变化，并且灵敏度高、特异性好，为开发相关护肤产品提供了新思路。

皮肤衰老体现为皮肤完整性和功能性的下降，这些衰老表型包括皱纹、头发变白和脱落、色素沉着不均以及伤口愈合缓慢等，其关键特征是线粒体功能障碍的直接后果。在分子水平上，衰老皮肤的特征是真皮层和表皮层中同时存在的膜电位丧失、活性氧簇（reactive oxygen species，ROS）水平升高、线粒体受损、导致细胞核和mtDNA突变的DNA损伤、由于酶改变引起的呼吸链缺陷、细胞调节改变和疾病进展等。以日晒为例，长期暴露于紫外线下会改变皮肤的线粒体能量代谢途径，导致皮肤中的葡萄糖、乳酸及其他与能量代谢相关的代谢物水平显著升高；紫外线辐射还可导致皮肤色素沉着、皮肤癌、光老化等一系列皮肤损害。因而可借此筛选、评价和发现具有抗紫外线的活性护肤成分。此外，对皮肤问题的研究从基于代谢产物到基于代谢通路数据分析的转变，有助于发现新的研究思路，实现更精准的护肤策略。例如，丙氨酸是衰老皮肤与健康皮肤中的差异代谢物，丙氨酸本身无抗氧化作用，但其在生物体内可合成肌肽，肌肽对二苯基苦基苯肼（2，2-diphenyl-1-picrylhydrazyl，DPPH）自由基有显著的清除作用，具有很好的抗皮肤衰老效果。

此外，外界环境不仅影响细胞内的调控作用，同样会影响细胞的代谢机制，因此对细胞代谢产生的脂类、氨基酸、蛋白质等物质进行计算可以评估细胞的活力状态。皮肤可以利用各种代谢酶来代谢护肤品中相关有效成分，进而促进有效成分的转化、降解或激活，影响其渗透、吸收或消除。因此，利用皮肤代谢组学方法分析在皮肤上检测到的相关成分，可以更好地了解皮肤代谢情况，有助于护肤品的安全评估。而皮肤代谢物分析结果可用于皮肤代谢组学研究中的生物学解释和验证，接下来还需要结合蛋白质组学和基因组学技术等，进一步探究皮肤衰老的内在机制，为护肤品开发提供新的理论依据。

第七节 精准护肤的免疫组学基础

皮肤是人体与外部环境的物理屏障，同时皮肤中的免疫细胞相互作用，保护机体免受病原微生物感染，并及时清除老化坏死细胞，维持皮肤稳态。皮肤的免疫系统包括免疫细胞和免疫分子两个部分，并与人体其他免疫器官和免疫细胞相互作用，共同维持皮肤微环境的稳定。

一、皮肤中的免疫细胞

（一）表皮中的免疫细胞

皮肤由多层结构组成，最外层为表皮层。表皮层又分为五层，由外向内依次是角质层、透明层、颗粒层、棘层和基底层。表皮层中存在两种与免疫相关的细胞：角质形成细胞和朗格汉斯细胞（图3-9、彩图3-9）。

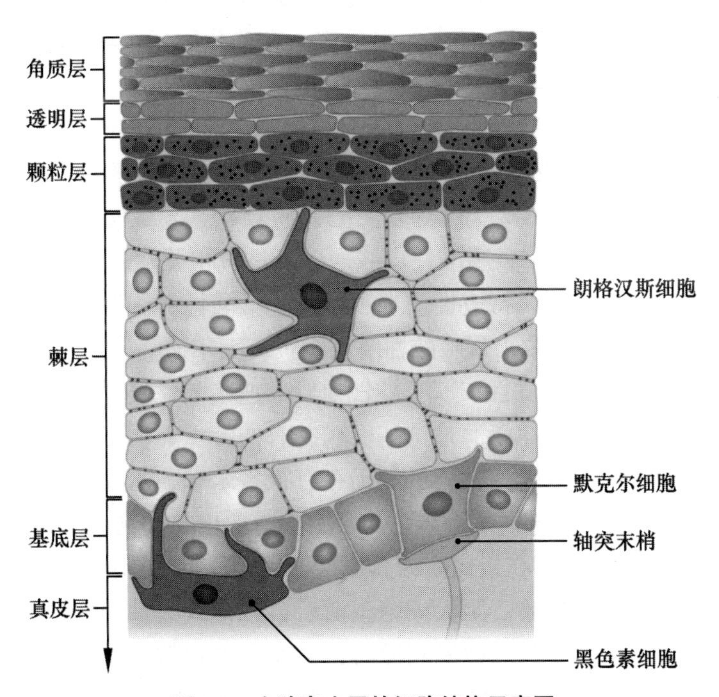

图3-9 皮肤表皮层的细胞结构示意图

角质形成细胞起源于外胚层，是表皮中的主要细胞，也是先天免疫（innate immunity）的第一道防线。角质形成细胞表达Toll样受体（Toll like receptor，TLR），帮助机体监测并识别病原体，诱发炎症反应。此外，角质形成细胞还可以通过表达炎性因子（inflammatory cytokine）如白介素1（interleukin-1，IL-1）和趋化因子配体2[chemokine（C-C motif）ligand 2，CCL2]，诱导单核细胞、树突状细胞和T细胞等免疫细胞聚集到表皮，进一步加剧免疫反应。

朗格汉斯细胞（Langerhans cell）存在于棘层中，是一种存在于皮肤组织中的特定免疫细胞，占表皮细胞的3%～5%。朗格汉斯细胞在胚胎时期就已经通过血液循环迁移到皮肤中，并通过表达一系列特定的转录因子，形成了皮肤组织特定的先天性免疫细胞。作为唯一具有迁移到淋巴结能力的组织特异性巨噬细胞，朗格汉斯细胞终身保持自我更新的能力。它在皮肤表皮中联结形成细胞网络，作为“免疫卫兵”在皮肤屏障中发挥免疫监视的作用。这类细胞还可以通过诱导免疫耐受和介导炎症，对皮肤的病理过程产生影响。

（二）真皮中的免疫细胞

真皮中有丰富的毛细血管和淋巴管。在真皮浅层微血管丛周围存在多种免疫细胞，如中性粒细胞（neutrophil）、嗜酸性粒细胞（eosinophil）、树突状细胞（dendritic cell）、肥大细胞、T细胞、B细胞及其亚型等。这些免疫细胞相互作用，通过循环系统与全身免疫系统建立密切联系，调节免疫微环境，有助于维护皮肤免疫系统的平衡。

中性粒细胞是先天免疫细胞的重要组成部分，具有很强的趋化作用。一旦发生皮肤组织感染，中性粒细胞对感染最先作出反应，在趋化因子（chemokine）的诱导下，最先到达感染位点，利用吞噬作用和分泌溶酶颗粒清除病原体。

寄生虫感染、节肢动物叮咬可诱导嗜酸性粒细胞（eosinophil）浸润到皮肤，释放胞质细胞毒颗粒杀死寄生虫（先天免疫反应），并促进Th2细胞极化（获得性免疫反应）。此外，嗜酸性粒细胞在皮肤病变处浸润并脱颗粒，导致嗜酸性皮肤病，常伴有血嗜酸性粒细胞增多症。大多数嗜酸性皮肤病属于过敏相关性疾病，包括过敏性药疹、荨麻疹、过敏性接触性皮炎、特应性皮炎和湿疹。嗜酸性粒细胞浸润还会影响皮肤的特定组织层或附件结构，导致出现嗜酸性蜂窝织炎（韦尔斯综合症）、嗜酸性脓疱性毛囊炎（又称“Ofuji病”）、复发性皮肤嗜酸性血管炎或嗜酸性筋膜炎（舒尔曼综合征）。尽管嗜酸性粒细胞不同程度的浸润是这些疾病共有的特点，但临床和病理特性却有显著差异。嗜酸性皮肤病的病因和发病机制仍存有很多未知，需要更多的临床研究，找到明确的致病因子，制定精准医疗方案，从根本上治愈皮肤问题。

肥大细胞（mast cell）存在于皮肤的真皮层，因为靠近周围神经末梢，被认为是连接神经系统和免疫系统的桥梁。肥大细胞激活后，可释放大量炎性介质如组胺，并募集免疫细胞。当肥大细胞受到过敏原刺激时，会发生脱颗粒作用。皮肤型肥大细胞增生症（cutaneous mastocytosis，CM）是指肥大细胞在皮肤中病理性累积的疾病，常发生在儿童中。肥大细胞在皮肤多个区域形成孤立的肿块或小的红棕色斑点（色素性荨麻疹）。但在成人中，肥大细胞增多症常累积多个器官，如皮肤损伤、内脏器官疼痛、骨痛等，形成系统性肥大细胞增多症（systemic mastocytosis，SM）。

树突状细胞是抗原递呈细胞，是连接先天免疫和获得性免疫的桥梁。树突状细胞接触抗原后，细胞表面分子趋化因子受体7表达增多，诱导树突状细胞迁移到淋巴结，将抗原呈递给在淋巴结中的初始T细胞（naïve T cell），并引发对病原体、肿瘤和自身抗原的免疫反应。树突状细胞活化后还分泌IL-1、TNF-α等多种细胞因子，引发针对抗原的局部免疫反应，为免疫应答提供有利的微环境。此外，树突状细胞还可以通过激活、诱导形成记忆T细胞（memory T cell），帮助机体建立获得性免疫。有证据表明，树突状细胞可直接与皮肤组织特异性的记忆T细胞（resident memory T cell）相互作用，控制细胞迁移，抑制迟发性超敏反应，有效保护机体避免系统性感染。

人类皮肤中分布着数十亿的T细胞，并通过淋巴管循环吸收。T细胞不能直接识别入侵皮肤的病原体。病原体必须通过巨噬细胞或树突状细胞处理，并通过其细胞表面主要组织相容复合物（major histocompatibility complex，MHC）分子递呈给初始T细胞，诱导其分化成为效应T细胞。T细胞一般分为细胞毒性$CD8^+$ T细胞和$CD4^+$ T辅助细胞。$CD8^+$ T细胞表面受体只能识别并结合MHC-Ⅰ分子。当结合特定的抗原后，$CD8^+$ T细胞会诱导感染的细胞凋亡。$CD4^+$ Th细胞表面受体只能识别并结合MHC-Ⅱ分子，形成效应T细胞和记忆T细胞。当机体再次接触相同抗原时，记忆T细胞可以迅速激活和分裂扩张，有效清除病原体。$CD4^+$ Th细胞包括Th1、Th2、Th17、Th22等亚型。朗格汉斯细胞等先天免疫细胞可以调节和控制T细胞来影响获得性免疫。

Treg细胞属于$CD4^+$ T细胞的一个亚群，在维持皮肤组织稳态和免疫耐受及损伤修复等方面起着不可或缺的作用。在正常皮肤中，Treg细胞位于毛囊中，通过Notch配体家族成员Jagged 1 CXCL5-IL-17信号通路促进毛囊干细胞的增殖和分化。皮肤中的Treg细胞也受细胞转录因子如GATA3和RORα的精准调控。缺乏这些转录因子的小鼠会发生皮肤炎症。皮肤常驻Treg细胞的表型特征类似于记忆T细胞，它们表达低水平的CD25，表达高水平的CTLA4、CD127。此外Treg细胞还表达趋化因子受体，包括CCR2、CCR6、CXC亚家族受体（CXCR4和CXCR6）等，参与皮肤内细胞迁移，调节皮肤炎症反应。在银屑病患者的皮肤中可观察到Treg细胞积累，介导炎症消退。如果Treg数目减少，则会明显加剧皮肤炎症。白癜风是由于自身免疫疾病导致黑色素细胞丢失，有研究在患者皮肤中发现Treg细胞数目大幅减少，这表明活化的自身反应性T细胞没有得到Treg细胞的充分抑制。但在系统性硬化症（diffuse systemic sclerosis）的患者中观察到，皮肤中的Treg细胞会产生如IL-13和IL-4等促进纤维化的Th2细胞因子。这些证据表明功能失调的Treg细胞可通过转化成致病性效应T细胞，促进病程加剧。

在真皮层中的B细胞属于获得性免疫系统，是体液免疫的重要组成部分。研究发现，皮肤中的B细胞在宿主防御、微生物群落调节和伤口愈合方面可能具有稳态功能。

B细胞通过其受体结合特定的抗原后活化增值。大部分的B细胞转化成浆细胞，产生相应的抗体（免疫球蛋白）。一小部分B细胞则经过抗原激活后成为记忆B细胞。记忆B细胞在皮肤内长期处于休眠状态，当相同的抗原再次入侵皮肤后，记忆B细胞可以立即激活并分化增殖、分泌抗体。记忆B细胞可以加强对皮肤感染的防御，并使皮肤对病原体具有持久的免疫力。

除上述免疫细胞外，皮肤中的结缔组织、成纤维细胞等也会参与皮肤免疫反应。如内皮细胞虽然不属于免疫细胞，但是在皮肤中是参与免疫反应的重要组成部分。当皮肤受到损伤或者感染时，内皮细胞会在IL-1等炎性因子的作用下改变形态，增加细胞间的通透性。同时，内皮细胞还可以增加细胞黏附分子的表达，这些变化都有利于免疫细胞在皮肤中迁移到感染位点。

皮肤中存在的免疫细胞是免疫系统的重要组成部分。随着研究不断深入，人们开始了解不同的免疫细胞，尤其是获得性免疫细胞在调节皮肤免疫能力中具有不同的功能，同时也可能是致病机制之一。因此，进一步阐述皮肤中免疫细胞亚群的功能，为研发调节皮肤稳态、抗感染、抗过敏和抗衰老中皮肤免疫反应的新方法提供了新思路。

二、皮肤中的免疫分子

皮肤免疫分子主要包括炎性细胞因子（inflammatory cytokine）、趋化因子（cytokine）、抗体（antibody）、抗菌肽（antimicrobial peptide）等。

（一）炎性细胞因子

当皮肤暴露于病原体或刺激物时，可诱发炎症。炎症由许多细胞外介质和调节剂控制。细胞间信号传导过程复杂，涉及多种细胞类型的相互作用，并随时间不断地调节变化。炎性细胞因子分为促炎细胞因子（pro-inflammatory cytokine）和抗炎细胞因子（anti-inflammatory cytokine）。促炎细胞因子主要由成纤维细胞、内皮细胞和免疫细胞，如巨噬细胞、树突状细胞及CD4$^+$ Th1细胞分泌。最主要的促炎细胞因子是IL-1、IL-6和TNF-α。它们参与免疫细胞活化、募集和调控细胞因子表达，诱导细胞凋亡并清除受感染的细胞。抗炎细胞因子可以调节和控制炎症反应水平，抑制过度的免疫反应，避免造成对机体的过度损伤。常见的抗炎细胞因子是IL-10、IL-37和IL-38，它们通过与抑制性受体结合调控T细胞的活化和增殖。

（二）趋化因子

趋化因子可由角质细胞或其他多种皮肤细胞等产生，主要是为了将更多的免疫细胞募集到感染或损伤部位。目前已在人类基因组中鉴定出了40多种趋化因子（如CCL2，CXCL10等）和23种趋化因子受体（如CCR2、CXCR4等）。特定的趋化因子可帮助免疫细胞选择性迁移。由于细胞中趋化因子受体的表达存在异质性，因此趋化可以在不同的炎症环境中与不同的受体结合，在免疫反应中发挥促进炎症或者抑制炎症的作用。除趋化性外，趋化因子还可以帮助T细胞成熟分化和诱导血管新生。

（三）抗体

在细胞因子和Th细胞的刺激下，B细胞成熟分化成浆细胞并分泌抗体。抗体可以结合特定的抗原，起到中和效应，清除感染细胞的病原体。同时，抗体也可以吸附包裹到抗原表面，随后被吞噬细胞摄取处理。抗体根据其重链恒定区的不同而分为5种类型，分别是IgA、IgD、IgE、IgG和IgM。不同类型的抗体在产生的时间和发挥的功能上各有不同。如IgM主要存在于B细胞介导免疫的早期阶段，极高的亲和力可有效清除病原，因此常被作为感染的指标之一。IgG是血清含量中最多的免疫球蛋白，约占血清抗体总量的80%。高亲和力的IgG抗体可直接通过结合抗原中和病原微生物。

（四）抗菌肽

皮肤经常暴露在复杂的微生物环境中，但很少受到感染，这是因为皮肤中存在多种抗菌肽。抗菌肽是在机体中发现的少于100个氨基酸的多肽，具有强大的广谱抗菌能力，可保护机体免受微生物入侵。皮肤中的细胞，包括角质细胞、皮脂腺细胞和肥大细胞都可产生抗菌肽。免疫细胞如中性粒细胞、自然杀伤细胞也可产生抗菌肽。在皮肤中两个主要的抗菌肽家族是防御素（defensins）和导管素（cathelicidins）。抗菌肽在皮炎、银屑病、红斑狼疮和其他皮肤损伤感染中的作用仍需要进一步研究。

三、免疫细胞维持皮肤稳态

皮肤中的免疫细胞相互作用，保护机体免受病原微生物感染，并及时清除老化坏死细胞，维持皮肤稳态。朗格汉斯细胞作为皮肤特异性免疫细胞，其关键作用是维持免疫稳态。在皮肤稳定状态下，朗格汉斯细胞将其树突状触角伸入表皮层的角质细胞之间，通过两种细胞之间的连接形成致密的网络屏障。它通过伸展和回缩树突，不断扫描周围的环境，时刻监测任何可能突破皮肤屏障的病原微生物，发挥保护和免疫监视的功能。在无病原体入侵的情况下，朗格汉斯细胞发挥清道夫功能，快速清除皮肤新陈代谢产生的细胞碎片。其细胞表面表达TAM（TYRO3/AXL/MER）家族受体酪氨酸激酶，通过与相应的配体GAS6（grow arrest specific 6）和S蛋白（protein S）结合，提高对凋亡细胞的识别和摄取能力、抑制炎症，是对自身抗原产生局部免疫耐受性的重要机制。同时，自身抗原的高效清除机制，可以消除自身反应性T细胞，避免迟发性超敏反应（如接触型超敏反应），增强皮肤对自身抗原的耐受性。朗格汉斯细胞和树突状细胞都具有提呈抗原的能力。当树突接触到病原体，朗格汉斯细胞或树突状细胞将其吞噬处理，并将抗原表达在细胞表面，迁移到皮肤淋巴结，将抗原递呈给T细胞，通过与T细胞表面受体结合激活T细胞，从而启动获得性免疫反应，对抗入侵的皮肤病原体。

先天免疫细胞也可通过调控获得性免疫细胞的活化和分化，维持皮肤的免疫稳态。体外研究发现，先天免疫细胞可以产生Th17极化细胞因子，但如何诱导表皮中的Th17细胞分化、激活Th17的功能，尚未得到直接的证据。朗格汉斯细胞是$CD4^+$滤泡辅助细胞（$CD4^+$ T follicular helper cell）激活的关键参与者，增加机体产生的抗体亲和力，促进成熟抗体的产生，提高皮肤的免疫力。组织巨噬细胞与皮肤中$CD4^+$ Treg细胞的直接或间接相互作用，在抑制局部获得性免疫中发挥关键作用。在狼疮性皮炎的小鼠模型中，缺失朗格汉斯细胞会导致机体缺乏免疫耐受、皮肤炎症增强，这进一步说明朗格汉斯细胞可以调节Treg细胞建立皮肤的免疫耐受，避免过度炎症反应带来皮肤问题。此外，皮肤中的免疫细胞还在创伤和各种皮肤病中发挥关键作用。因此，对不同免疫细胞功能的研究也是精准护肤理念中不可忽视的环节。

皮肤的免疫稳态需要免疫细胞间的精准调节和调控。因此，免疫细胞在皮肤炎症和感染中的作用受到皮肤病学领域的特别关注。虽然科学方法的进步帮助我们更好地理解了各种免疫细胞在皮肤免疫中的作用，但精确发现先天免疫细胞和T细胞等获得性免疫细胞或其他皮肤细胞之间的相互作用位点，仍需要更深入的研究。

四、免疫细胞在皮肤伤口愈合中的功能

皮肤损伤后的再生过程在免疫学角度可以细分为：炎症发生、新生组织的形成、炎症消退和屏障重塑。每个阶段都有特定的细胞因子和细胞反应。当皮肤受伤后，病原会突破皮肤表皮，朗格汉斯细胞表面表达的病原识别受体（pathogen recognition receptor，PRR）会立即识别病原微生物，内吞抗原并分泌促炎细胞因子如IL-1、粒细胞-巨噬细胞集落刺激因子（granulocyte-macrophage colony stimu-lating factor，GM-CSF）和TNF-α等，导致伤口发生炎症。同时，受到应激的角质细胞会分泌自然杀伤因子2D（natural killer group 2D），诱导朗格汉斯细胞迁出表皮、迁移到淋巴结与T细胞共同抵御病原体入侵，调控皮肤愈合过程。在伤口愈合的最后阶段，朗格汉斯细胞会重新迁移回皮肤损伤区域，在角质细胞分泌的IL-34的帮助下分化成熟，完成组织重塑。通过临床观察发现，如果糖尿病患者的溃疡中存在更多的朗格汉斯细胞，则会产生较好的皮肤愈合效果，这表明朗格汉斯细胞在皮肤修复性炎症中发挥有益的作用。

皮肤中的伤口愈合涉及多个步骤以确保表皮免疫屏障功能的恢复。但迄今为止，尚不清楚哪些细胞因子可以直接改变表皮中朗格汉斯细胞的活化、增殖和迁移。朗格汉斯细胞在介导皮肤伤口再生不同阶段的作用仍然不明确。靶向朗格汉斯细胞、精准调控伤口引起的急性或慢性炎症，是目前皮肤病学研究领域的热点之一。精准护肤的理念是发现并确定皮肤愈合不同阶段的关键因子，并利用现代科学技术精准调控细胞因子或者多肽的表达，突破皮肤恢复阶段的限制，从而实现有效的皮肤愈合，快速重塑皮肤稳定的免疫屏障。

五、免疫细胞在过敏性皮肤中的功能

免疫细胞在皮肤过敏中的作用已被广泛研究。迟发性超敏反应指的是皮肤接触过敏原（如化学有机分子、金属或抗生素等）后所引发的接触性皮炎。这些致敏原因其体积小而渗透到皮肤的角质层，与表皮蛋白共价结合形成“新抗原”（neo-antigens）。表皮层的朗格汉斯细胞作为抗原提呈细胞，识别并吞噬新抗原，诱导特异性$CD4^+$ T细胞活化，引起炎症反应和组织损伤。为了避免过度炎症反应带来皮肤损伤，朗格汉斯细胞同时还会刺激Treg细胞增殖，诱导Treg细胞抑制炎症，并消除过敏原特异性$CD8^+$ T细胞，建立对轻度接触过敏原的免疫耐受。实验表明，通过转基因提高角质细胞中核因子κB受体活化因子配体的表达，可以增强朗格汉斯细胞对Treg细胞的介导能力，减弱皮肤的过敏反应。在皮肤接触到过敏原后，朗格汉斯细胞既要激活特异性T细胞、有效清除过敏原，又要抑制炎症反应、精准调控免疫反应，以建立皮肤对过敏原的耐受，维持皮肤状态的稳定。但目前尚不清楚患者皮肤的耐受性被破坏引发过敏反应的原因，以及朗格汉斯细胞如何参与此过程。

湿疹或者特应性皮炎是被视为皮肤屏障功能改变、免疫反应异常和环境因素综合作用的结果。患者通常伴有过敏或者哮喘等其他特应性疾病。经研究证实，胸腺基质淋巴细胞生成素（thymic stromal lymphopoietin，TSLP）诱导$CD4^+$ T细胞向Th2细胞分化，是诱发皮炎的重要因素。朗格汉斯细胞对特应性皮炎症状的发展和维持都起着关键作用。在TSLP的刺激下，朗格汉斯细胞表达胸腺和活化调节趋化因子（thymus and activation-regulated chemokine，TRAC），并通过抗原特异性方式刺激$CD8^+$ T细胞，分泌Th2细胞因子IL-13，进一步促进皮肤炎症。在小鼠皮炎模型中可观察到朗格汉斯细胞表现出激活的表型，刺激和协同刺激分子（如CD40、CCR7和CD86）的表达增加，且其表达水平与皮炎严重程度相关。表皮增高表达TSLP的小鼠模型在没有朗格汉斯细胞的情况下不会发生特应性皮炎。在特应性皮炎的皮肤活检中，发现朗格汉斯细胞数目增多，且CD80和CD86表达升高，这表明在皮炎区域的朗格汉斯细胞处于激活状态。表皮屏障功能缺陷的皮肤，如编码角质形成细胞主要结构蛋白的丝聚蛋白（filaggrin）基因突变，更易患特应性皮炎。因为丝聚蛋白表达减少，随之作为其分解产物的皮肤中天然保湿因子降低，也减少了成熟表型的朗格汉斯细胞。研究发现，特应性皮炎患者皮肤的微生物组存在显著差异，因此需要根据不同皮肤微环境研究和开发针对相应细胞受体或炎性因子的疗法，以调节皮肤微环境，使损伤的皮肤得到显著改善。目前已有针对皮肤共生细菌的新型药物，通过结合TLR5和肿瘤坏死因子受体（tumor necrosis factor receptor，TNFR）激活皮肤组织修复和抗炎活性，改善上皮屏障功能。

螨虫可导致皮肤过敏。实验证实，螨虫提取物含有蛋白水解活性酶和内毒素，可激活皮肤中的角质细胞和免疫细胞。活化的角质细胞产生致敏细胞因子，如TSLP、IL-33、IL-1和GM-CSF，可协助朗格汉斯细胞促进T细胞分化成为促敏Th2细胞，诱发轻度炎症。内毒素也可以诱导机体细胞表达Toll样受体4，分泌促炎因子并诱导T细胞分化为Th2细胞。与迟发性超敏反应相似，皮肤中的免疫细胞在该过程也起着建立免疫耐受的作用，发挥免疫调节功能。在对小鼠模型的研究中显示，缺乏朗格汉斯细胞会导致Th2型细胞因子的过度表达，加剧过敏反应。这些相互矛盾的发现表明，多种因素决定了免疫细胞是否以及如何导致皮肤过敏。同时，这也给精准护肤一个启发：不仅要研究细胞及其表达的细胞因子对皮肤稳态的影响，而且还要研究在不同病程中细胞功能所发生的动态变化，真正体现精准的精髓。

六、紫外线照射对皮肤免疫功能的影响

研究已证实，阳光中的紫外线会抑制皮肤对接触过敏原、病原体的免疫反应，从而破坏皮肤的免疫屏障，导致衰老甚至诱发皮肤癌。当皮肤直接暴露于阳光时，阳光中的紫外线可造成皮肤细胞DNA损伤断裂。DNA损伤积累会导致朗格汉斯细胞基因表达改变，如活性氧簇的产生增加，并激活DNA损伤的NF-κB信号通路，诱导细胞凋亡，进一步加剧皮肤炎症。

法国一个科研团队选择用UVA照射来模拟皮肤在夏季的日常生活暴露。研究表明，单次紫外线照射会诱发皮肤的角质细胞、成纤维细胞或内皮细胞释放大量的炎症因子，引起皮肤损伤和炎症。与大多数骨髓细胞不同，皮肤中的朗格汉斯细胞具有抗辐射能力，不会被放射线完全清除，但紫外线照射仍然对朗格汉斯细胞产生损伤。免疫荧光显微镜下显示，当皮肤在UVA照射后，细胞中产生的ROS通过对线粒体膜的损伤引发朗格汉斯细胞形态发生变化，激活细胞凋亡通路并最终导致细胞数目减少（图3-10、彩图3-10）。此外，UVA还会导致朗格汉斯细胞表面人白细胞DR抗原的表达降低，并产生神经肽和多种细胞因子，导致其抗原提呈功能受损。细胞水平的变化破坏了皮肤的免疫稳态，最终导致红肿发炎等皮肤问题，增加患皮肤癌风险。皮肤具有

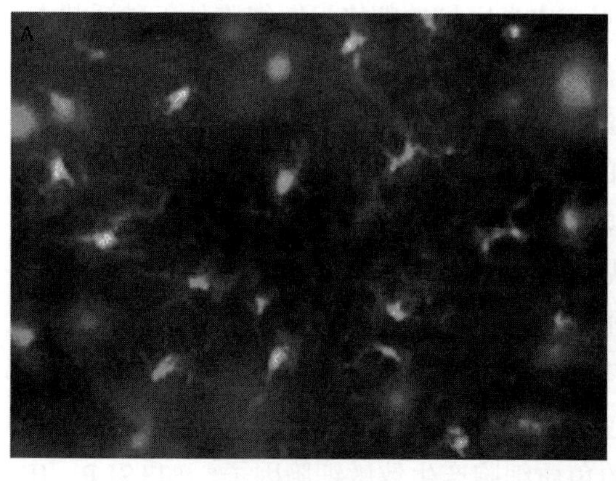

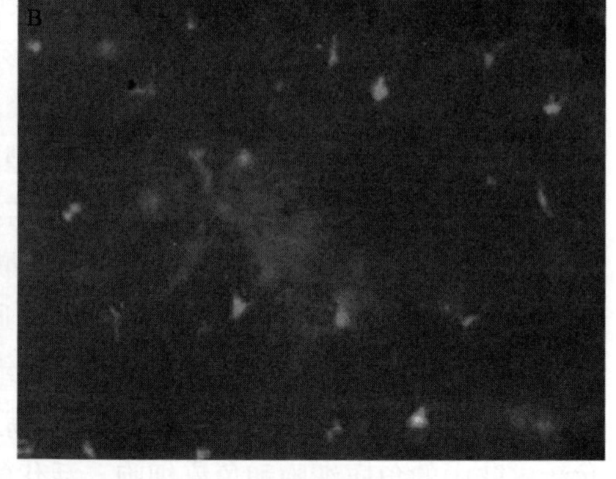

图3-10　急性UVA暴露导致皮肤朗格汉斯细胞密度和形态的变化

A：未暴露的皮肤；B：暴露于UVA的皮肤（照射强度：50 J/cm^2，显微镜160倍放大）

自我修复的能力，应避免紫外线对皮肤的持续性损害。在稳定状态下，朗格汉斯细胞通过缓慢的分裂增殖来维持自身更新；紫外线照射后，会有新的免疫细胞迁移到皮肤受损区域，重建完整的皮肤屏障。

总而言之，被紫外线损伤后的人体皮肤产生动态变化，先天性免疫细胞经历了凋亡、迁移以及炎症等一系列复杂的细胞反应，重塑皮肤的免疫网络屏障，维持皮肤的稳定状态。目前，在细胞模型或者体外研究的结果对揭示免疫细胞迁移和分化的具体机制仍存在一定的局限性，但在体内研究这种动态变化又面临技术和伦理方面等的巨大挑战。此外，还需进一步研究，特别是对于趋化因子受体表达和转化生长因子，以更精确地表征皮肤免疫细胞，了解它们在修复皮肤损伤中的功能作用。精准护肤的目标之一，就是快速有效帮助表皮免疫细胞稳态恢复、降低紫外线对皮肤的伤害。

七、免疫细胞与皮肤衰老

细胞衰老是一种以细胞周期停滞为特征的细胞状态。在人类皮肤中，随着年龄的增长，衰老的角质形成细胞和成纤维细胞中的代谢产物不断累积，发生促炎因子增加、表观遗传改变、端粒磨损、蛋白质稳态丧失等。在特定情况下，某些皮肤疾病导致的炎症也可加剧皮肤衰老进程。端粒（telomeres）是位于细胞染色体末端的一小段DNA-蛋白复合体，保护染色体末端免于降解和异常重组。端粒逐渐变短、丧失对染色体结构的保护功能，被认为是衰老的主要标志。端粒磨损（telomere attrition）与炎症密切相关。在老年小鼠中观察到，巨噬细胞中端粒缩短会诱导炎症小体（nod-like receptor protein 3 inflammasome，NLRP3 inflammasome）过度激活，逐渐形成皮肤慢性炎症环境，导致皮肤损伤，甚至促进皮肤疾病的发展。

大量研究已表明，免疫细胞在皮肤衰老的过程中发挥重要的作用。位于真皮层中的巨噬细胞参与组织修复和死亡细胞碎片的清除。衰老的细胞会通过损伤相关分子模式（damage-associated molecular pattern，DAMP）激活朗格汉斯细胞，诱导产生促衰老相关分泌表型（senescence-associated secretory phenotype，SASP），损害皮肤更新功能，进一步加剧衰老过程。这种非病原体诱导的炎症称为“炎性衰老”（inflammaging），主要发生在老年群体中。这种慢性炎症导致朗格汉斯细胞持续激活，最终会破坏皮肤的防御系统。相反，衰老也会影响皮肤免疫细胞的功能。在老年受试者的皮肤中，朗格汉斯细胞的代谢发生改变，其吞噬清除能力和免疫监视能力都会下降，迁移到淋巴结和激活T细胞的能力也有所降低。在衰老的朗格汉斯细胞中，功能失调的线粒体会产生过量的ROS，对细胞结构造成损害，导致细胞凋亡、细胞数目减少。此外，朗格汉斯细胞作为先天性免疫细胞，是维持蛋白质水平稳态的重要调控者，维持皮肤中的弹性蛋白和胶原蛋白水平，对皮肤的健康起着至关重要的作用。朗格汉斯细胞可以合成多种基质金属蛋白酶（metalloelastase），消除皮肤中因紫外线照射产生的非功能型弹性蛋白聚体。老年皮肤代谢速度放缓，影响皮肤免疫细胞的吞噬功能，导致错误折叠的蛋白质不断积累，进一步激活炎症小体，破坏皮肤免疫屏障。衰老的皮肤中，其他组织细胞和朗格汉斯细胞相互影响，导致皮肤免疫防御功能受损，是皮肤衰老的另一个方面。

最近的研究显示，肥大细胞通过改变趋化因子，可以募集巨噬细胞到衰老皮肤中。但细胞间联系如何根据年龄变化发生改变，其通路是否可以成为靶点治疗皮肤炎症、减缓衰老，仍需要进一步的研究。

八、免疫组学与精准护肤

皮肤作为人体最大的免疫器官，是天然的物理屏障，阻碍人类生活环境中绝大部分微生物的入侵。人体的免疫系统，包括免疫器官和免疫分子，需要复杂且精准的调控以维持机体的免疫平衡。当免疫调控出现失衡，会导致许多免疫系统疾病。在皮肤科疾病谱中，大多是免疫系统异常相关的皮肤疾病，包括过敏性皮肤病、自身免疫性疾病，很多难以控制病程且容易复发。关于免疫细胞及免疫分子在皮肤稳态中的生理病理致病机制尚不十分清楚。如何针对不同的病因进行精准治疗、长期有效控制症状以减少对皮肤等器官的损害、提高患者生活质量，是免疫治疗的最终目标。随着免疫学技术和分子生物学技术的发展，必将对皮肤免疫系统有更深入的了解。近期生物学技术的蓬勃发展可以更深入地探索并发现细胞的功能及其相关的信号通路。通过单细胞mRNA测序（single-cell mRNA sequencing）和CyTOF（cytometry by time-of-flight）揭示了朗格汉斯细胞在内的树突状细胞的复杂性，并发现了多种具有不同功能的前体细胞的存在，这为研究朗格汉斯细胞和其他免疫提供了更多的数据支持。基因特异性敲除小鼠模型的建立，可以在不影响系统性免疫的前提下精准研究不同免疫细胞，从而更好地了解其在皮肤因创伤或接触引起免疫屏障受损中的作用。皮肤每天接受紫外线照射，表面与数以万计的微生物和有机体接触，如何靶向疾病相关的信号通路和关键因子、预防皮肤感染、建立皮肤组织稳态以减缓衰老的过程，是精准护肤面临的挑战和机遇。

第八节　精准护肤的微生物组学基础

一、微生物组学概述

（一）微生物相关概念

微生物（microbe/microorganism）：并非生物分类学上的专门名词，而是指大量的、极其多样的、肉眼难以或无法观察到的微小生物类群的总称。

微生物群（microbiota）：通常被定义为存在于特定环境中的活的微生物的集合。

微生物组（microbiome）：一个特定环境或者生态系统中全部微生物及其遗传信息，包括其细胞群体以及全部遗传物质。微生物主要分为以下几类：原核微生物、真核微生物、非细胞生物。原核微生物包括细菌（bacteria）、古核生物（archaea）。真核微生物包括真菌（fungi）、原生动物（protozoan）、藻类（algae）。非细胞生物包括病毒（virus）、类病毒（virusoid）、拟病毒（viroid）、朊病毒（prion）。细菌、古核生物、真菌、藻类和小型原生生物应被视为微生物组的成员。而噬菌体、病毒、质粒、朊病毒、类病毒、游离DNA等可移动遗传元件的整合是微生物组定义中最具争议的观点之一。

微生物组学（microbiomics）：是以微生物组为对象，研究其结构与功能、内部群体间的相互关系和作用机制，及其与环境或者宿主间的相互关系，并最终通过调控微生物群体生长、代谢等，为人类健康和社会可持续发展服务。

皮肤微生物群（skin microbiota）：是由每平方厘米皮肤上的一百多万个微生物群栖居而形成的生态系统。表皮中皮肤微生物群的大部分细菌是共生菌，它们依靠与宿主共生的方式生存以及繁殖。宿主的免疫系统和微生物群之间的相互作用对皮肤细菌组成的控制产生了影响，还会影响宿主的适应性免疫系统的培养。微生物群失衡可能会导致皮肤功能失调（如干性皮肤、油性皮肤、皮屑等），甚至会引发皮肤疾病（如银屑病、特应性皮炎、痤疮等）（图3-11、彩图3-11）。

（二）微生物的特点

微生物广泛存在于土壤、水、空气及人体中。其体小面大、分布广泛、生长繁殖快、变异度高，这些特点使其具备诸多生物学意义。

体积小，面积大。一个体积恒定的物体，被切割得越小，数量越多，其相对表面积越大。微生物体积通常很小，如一个典型的球菌，其体积约为1 mm^3，可是其相对表面积却很大。正因为有了较高的相对表面积做基础，微生物才有了一些独有的特征，比如能够快速代谢。

吸收多，转化快。微生物通常具有极其高效的生物化学转化能力。据研究，乳糖菌在1小时之内能够分解其自身重量1000～10 000倍的乳糖，产朊假丝酵母菌的蛋白合成能力是大豆蛋白合成能力的100倍。

生长旺，繁殖快。相比于大型动物，微生物具有极高的生长繁殖速度，微生物理论上能以指数级增长。大肠杆菌能够在12.5～20.0分钟内繁殖1次。不妨计算一下，1个大肠杆菌假设20分钟分裂1次，1小时3次，1昼夜24小时分裂24×3＝72次，大概可产生4 722 366 500万亿个个体（2^{72}），这是非常庞大的数字。但事实上，由于各种条件的限制，如营养缺失、竞争加剧、生存环境恶化等原因，微生物无法完全达到这种指数级增长。在液体培养中，细菌细胞的浓度一般仅有10^8～10^9个/mL。已知大多数微生物生长的最佳pH为7.0（6.6～7.5）附近，仅部分低于4.0。微生物的这一特性使其在工业上有广泛的应用，如发酵、单细胞蛋白等。

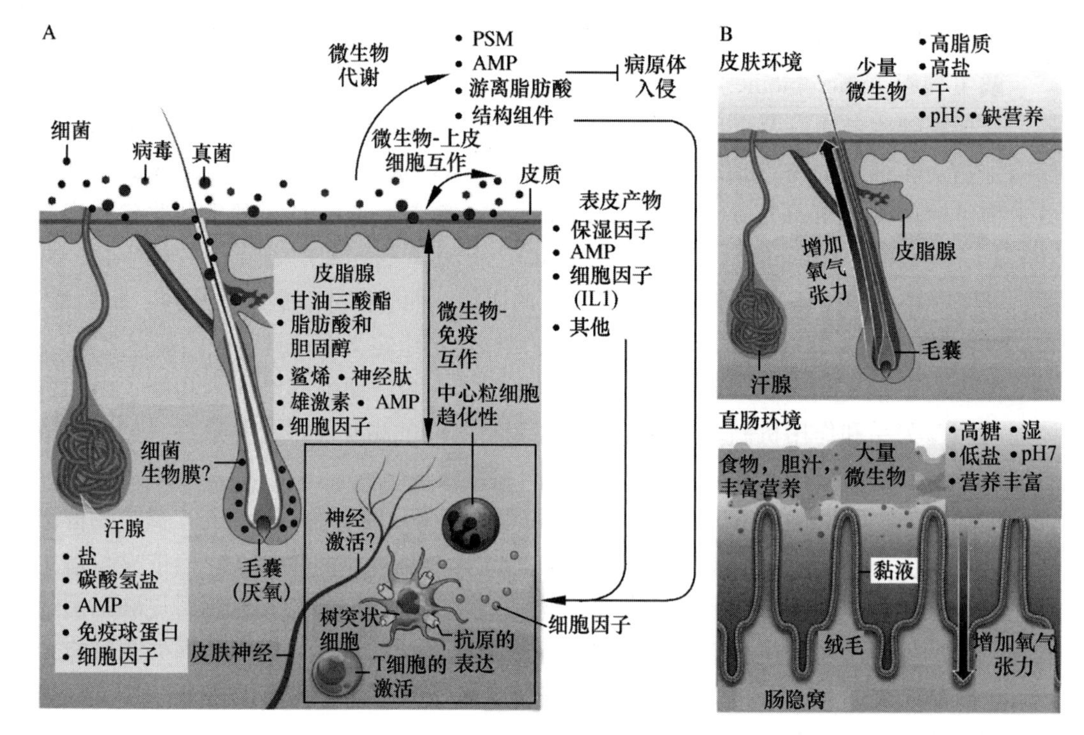

图 3-11　皮肤微生物群

多种微生物（病毒，真菌和细菌）覆盖了皮肤表面和相关结构（毛囊，皮脂腺和汗腺），可能在某些部位形成生物膜。A：这些微生物代谢宿主蛋白和脂质并产生生物活性分子，如游离脂肪酸、AMP、细胞壁成分和抗生素。这些产物作用于其他微生物以抑制病原体侵袭，在宿主上皮上刺激角质形成细胞衍生的免疫介质，如补体和IL-1，以及表皮和真皮的免疫细胞；反过来，宿主产物和免疫细胞活性会影响皮肤上的微生物组成。B：皮肤与肠道的物理和化学特性。皮肤是一种干燥、酸性、富含脂质的高盐环境，没有外源营养，因此具有低微生物生物量。相比之下，肠道是湿润的，具有丰富的营养和厚厚的黏膜，使其能够支持更大的微生物生物量。虽然毛囊变得越来越深入卵泡，但隐窝变得更接近上皮。此外，由于蠕动而与肠腔中的物质定期交换，而毛囊的开口狭窄，充满了皮脂和角质形成细胞碎片，使其更加孤立。

适应强，易变异。由于其相对表面积大的特点，微生物具有非常灵活的适应性或代谢调节机制。微生物对各种环境条件，尤其是高温、高盐、高辐射、强酸、低温等十分恶劣的环境条件也能适应。微生物个体一般是单细胞、非细胞或者简单多细胞，加之繁殖快、数量多等特点，即使变异频率十分低，也能在短时间内产生大量遗传变异的后代。有益的变异能为人类社会创造巨大经济和社会效益，而有害变异则是人类的大敌。

分布广，种类多。由于微生物体积小、重量轻、数量多等，地球上除了火山中心区域等少数地方外，其他地方几乎都有它们的踪迹。微生物种类多主要体现在以下五个方面：物种多样性、生理代谢类型多样性、代谢产物多样性、遗传基因多样性、生态类型多样性。

（三）微生物的作用

微生物群落是生活在人、植物、土壤、海洋、湖泊、岩石和大气中的微生物群落。

最近的发现使人们对生物世界产生了新的看法，认识到植物和动物实际上是包含一种或多种微生物物种的元生物。

微生物与人类的生产、生活和生存息息相关，对人类健康也产生重要影响。有学者认为，人体微生物的数量约为人体细胞数量的10倍，约10^{14}个，其在人体健康中发挥着不可替代的作用。人体微生物存在于口腔、支气管、肠道、生殖道、皮肤及其他内脏器官。不平衡的微生物组与肥胖、糖尿病和哮喘等人类慢性疾病有关。

（四）全球重大微生物组计划

美国国立卫生研究院（National Institues of Health，NIH）于2007年启动了人类微生物组计划（Human Microbiome Project，HMP），旨在提高对涉及人类健康和疾病的微生物群的了解。第一阶段（HMP1）专注于识别和表征人类微生物群；2008年，欧盟委员会在第七个框架计划（Framework Programme，FP）下资助人类肠道宏基因组计划（Metagenomics of the Human Intestinal Tract，Meta HIT）。

2010年地球微生物计划（Earth Microbiome Project，EMP），由珍妮·杰克逊（Janet Jansson）、杰克吉·尔伯特（Jack Gilbert）和罗伯·奈特（Rob Knight）发起，得到了约翰邓普顿基金会（Convergent Evolution of the Vertebrate Microbiome，Grant ID 44000）、凯克基金会（WM Keck Foundation，DT061413）、阿贡国家实验室（美国能源部合同DE-AC02-06CH11357）、澳大利亚研究委员会、图拉基金会和塞缪尔劳伦斯基金会的资助。

2012年，该项目汇聚了来自8个国家学术界和工业界的共13个合作伙伴，其主要目标是确立人类肠道微生物群基因与人类的健康和疾病之间的关联。

2014年综合人体微生物组计划（The Integrative Human Microbiome Project，iHMP）即人类微生物组计划的第二阶段，旨在产生资源来表征微生物组并阐明微生物在健康和疾病状态中的作用。

2016年美国国家微生物组计划（National Microbiome Initiative，NMI），由美国白宫科技政策办公室与联邦机构和私营基金管理机构共同启动。NMI旨在促进对微生物组的了解，以帮助开发在医疗保健、食品生产和环境恢复等领域的应用。

2016年中国微生物组计划（China Microbiome Initiatives，CMI）由中科院牵头成立，执行期为两年。该项目分为五个子课题，分别是基于微生物组学策略干预代谢性疾病及并发症的机制、家养动物肠道微生物组功能解析与调控、活性污泥微生物组功能网络解析与调节机制、微生物组功能解析技术与计算方法学、中国微生物组数据库与资源库建设。

（五）皮肤微生物群的特点及分类

组学技术的出现（包括下一代测序和高通量、高灵敏度质谱）为全球更好地了解皮肤微生物群创造了条件。在过去，对皮肤微生物群的了解仅限于依赖培养的试验，而能培养的微生物种类据估计不到1%。

皮肤是一个复杂和多层结构的器官，为微生物提供非常多样化的生态条件，从潮湿、干燥到油性，温度在33～37℃，局部氧气浓度在3%～20%，微生物在每个环境中都会被反向选择。这个生态系统（1.8 m^2）是人体最大的生态系统，寄宿着多样性的“居民”，包括细菌、真菌、酵母菌、古核生物、病毒，甚至螨虫。人类从出生开始，个体的皮肤微生物群通过分娩后经阴道菌群转移，或通过剖宫产分娩时的环境菌群形成。这一皮肤微生物群逐步进化，并根据年龄、性别、遗传因素、物理化学因素（如湿度、pH值、温度）、抗菌肽和脂质的组成、环境、生活方式（包括使用化妆品）和免疫状态而变化。它还会根据所处的位置（如面部、腋窝、背部）和微环境而差异化地发展。

皮肤微生物群通常分为暂住菌和共生菌。暂住菌包括条件致病菌，而共生菌大多被认为是有益的，尽管它们在内源性或外源性因素的作用下也可以获得显著的毒力。皮肤共生菌对病原体有关键的防御功能，它既是生物化学屏障和物理屏障，也是皮肤先天（通过抗菌肽合成）和适应性免疫系统的调节剂。皮肤微生物群的组成对免疫稳态至关重要。这种平衡的破坏可导致诸如特应性皮炎、银屑病、痤疮、即发性或迟发性过敏等疾病。例如，金黄色葡萄球菌的增加与特应性皮炎的发生有关，但情况并非如此简单，特应性皮炎还与微生物多样性的大幅减少有关，这也揭示了大多数皮肤病的多因素起源。

细菌是皮肤微生物群的主要组成部分。研究发现，皮肤中主要的细菌门为放线菌门（51.8%）、厚壁菌门（24.4%）、变形菌门（16.5%）和拟杆菌门（6.3%），其他所有细菌门所占比例均小于1%；鉴定出的主要菌属有棒状杆菌（22.8%，放线菌门）、皮肤杆菌（原丙酸杆菌门）（23.0%，放线菌门）和葡萄球菌（16.8%，厚壁菌门）。该细菌群落分布图平均，但也可以识别出一些罕见的细菌如蓝藻（2.5%），这可能是与环境相互作用的结果。每个类群的丰度很大程度上依赖于适当生态位的特征。例如，亲脂物种痤疮丙酸杆菌主要存在于皮脂腺部位，而葡萄球菌主要存在于潮湿部位。

皮肤上的菌群的组成受皮肤微环境的调节，如氧气、pH值、温度和皮肤部位等因素。例如，随着局部氧分压的变化，在毛囊深处可以发现厌氧菌，而需氧菌则位于角质层外层。皮肤的pH值一般接近5.5，皮肤上的细菌多为温和的嗜酸细菌，是良好的有机酸生产者（如乙酸、丙酸、丁酸）。因此，皮肤表面pH值与皮肤表面菌群之间存在着密切的相互关系。皮肤表面定期更新，对微生物来说不是一个有利的环境，每个角质细胞表面平均携带30个细菌。皮肤细菌倾向于在皮肤表面下生长，特别是在皮肤附属器中，如毛囊、汗腺和皮脂腺。生长在皮肤表面下的菌群约占其总量的25%。

目前对皮肤上酵母菌和真菌的研究较为有限，但已确定的是马拉色菌是身体和手臂上的主要微生物。其他微生物，包括曲霉菌、隐球菌、红球菌和外球菌能在足弓上发现。在人类皮肤上共鉴定出17种马拉色菌，但以限制小孢子菌、球形小孢子菌和会聚小孢子菌为主。

古核生物作为人类皮肤菌群的一员长期被忽视，直到2013年首次报道皮肤上的古核生物研究，发现在人类躯干等特定区域古核生物可占菌群的4.2%。已鉴定出的物种包括土壤类古核生物、产甲烷菌和嗜盐菌。但目前，它们在皮肤中的作用尚不清楚。

皮肤上的病毒平均数量估计为10^6个/cm^2。皮肤病毒群可分为两组。第一组由噬菌体组成，其分布遵循宿主细菌的分布；第二组由真核病毒组成，包括多瘤病毒、乳头瘤病毒和圆环病毒，即使在没有临床感染症状的情况下也能发现。

（六）皮肤微生物群的作用

正常菌群具有较强的自身稳定性，能阻止外来菌定植。在正常情况下，微生物之间、微生物与宿主之间保持动态的微生态平衡。

1. 屏障作用

正常微生物菌群是皮肤抵御外来病原感染的因素之一，也属于皮肤屏障功能的一部分。按照层次并且有序定植在皮肤上的微生物群，犹如一层生物膜，不仅对机体裸露的表皮起占位保护作用，而且直接影响定植抗力的建立，使外来致病菌无法立足于机体表面。皮肤的常驻菌，作为微生态中的优势种群可形成和谐的微生态社会（微群落和微生态系），彼此相互依赖、相互制约形成一个相互稳定、彼此和谐的生物屏障，保护机体的健康。

2. 代谢作用

皮脂腺分泌脂质，皮肤菌群中的常驻菌丙酸杆菌和共生菌表皮葡萄球菌等参与皮肤代谢、分解皮脂形成的游离脂肪酸，使皮肤表面处于偏酸性状态并形成酸性乳化脂膜。这种酸性乳化脂膜可以拮抗许多外来菌群的定植、生长和繁殖，如金黄色葡萄球菌、链球菌等。越来越多的研究显示细菌代谢产物是菌群发挥生物学作用的重要成分，如某些细菌的色氨酸代谢产物吲哚-3-甲醛在特应性皮炎患者表面的含量会升高，吲哚-3-甲醛可激活芳香烃受体对朗格汉斯细胞产生负向调节作用，参与调节皮肤炎症。细菌还可产生许多维生素，如维生素A、维生素B_1、维生素B_2、维生素B_5、维生素B_6、维生素B_7、维生素B_9、维生素B_{12}、维生素E和维生素K、乙酸、丁酸和丙酸的化合物，神经递质如血清素等。

3. 营养作用

皮肤具有强大的自我更新能力，皮屑就是表皮细胞由具有活性的饱满角质形成细胞逐渐转化为无活性的扁平细胞的一种状态，其细胞器消失，逐渐角质化。同时皮屑会降解为磷脂、氨基酸等，可供细菌生长也可供细胞吸收。此外，降解形成的大分子成分无法被皮肤吸收，往往需要在皮肤微生物的作用下降解变成小分子物质以营养皮肤。皮肤细胞及间质含水量占人体总含水量的1/4，为1250～1300 mL，内含糖和电解质（如钾、钠、钙等），这些物质也是皮肤菌群良好的培养基，可促进其生长。而皮肤微生物分解磷脂、固醇类、角质蛋白，也可使皮肤细胞吸收并促进细胞生长、延缓老化和减少皱纹产生。

4. 免疫作用

人体皮肤作为抵御外来病原体侵害的第一道防线，通过多种机制主动或被动地保护宿主皮肤。这种自我保护中的一个重要机制就是表皮分泌的固有抗菌肽。抗菌肽是细胞或微生物体内诱导而产生的一类具有广谱抗菌活性的碱性多肽物质，作为免疫防御的主要因子，各个器官的多种细胞均可产生抗菌肽。人体皮肤中可分泌抗菌肽的细胞主要是角质形成细胞、肥大细胞、中性粒细胞和皮脂腺细胞。

皮肤共生菌可通过调节抗菌肽的生成，调控皮肤受损后的炎症反应并参与局部免疫防御。抗菌肽对病原体有直接的抑制功能，同时还可以刺激炎症细胞聚集和细胞因子释放。在生理条件下，正常人体皮肤中的角质形成细胞维持抗菌肽的基础分泌，发挥持续抑菌作用；炎症触发时则由白细胞发挥主要的抗菌功能。近期的研究表明，在共生菌存在的区域，皮脂腺腺体也可以生成抗菌肽，从而调控皮肤受损后的炎症反应并参与局部免疫防御。

皮肤的正常共生菌还可以通过直接分泌或诱导机体自身生成抗菌肽，抑制病原微生物的繁殖。表皮葡萄球菌是健康人群皮肤表面正常共生菌群的主要组成部分，不但抵御潜在的致病微生物，还可以抑制已存在的条件致病菌过度繁殖。有研究表明，表皮葡萄球菌的抗菌肽对宿主有益，且与角质形成细胞之间存在互惠关系。皮肤受伤后，可刺激角质形成细胞释放炎症因子诱导炎症反应，而表皮葡萄球菌释放的一种脂磷壁酸小分子，不但可以抑制角质形成细胞释放炎症因子，还能抑制角质形成细胞触发的炎症反应。因此，表皮葡萄球菌通过分泌外源性抗菌肽能够直接或间接增强宿主固有的抗菌肽作用，加强皮肤固有的免疫防御功能。

皮肤固有免疫系统联合皮肤微生物群是人体抵御致病微生物和机会致病菌的屏障。因此需要注意，单纯地使用抑菌剂、杀菌剂来治疗痤疮、特应性皮炎等疾病，可能会影响由有益菌构成的体内稳态；杀菌剂虽然可以短期改善皮肤疾病的侵害，但长期来看会增加有害菌的致病风险。因此恢复和维护正常的微生物群对保持皮肤健康和治疗菌群失调相关皮肤问题具有重要意义。

（七）皮肤微生物群失衡与皮肤疾病

皮肤微生物群每天都暴露在各种各样不同的应激环境因素中，比如不利的温度、湿度、阳光、空气污染、纺织品游离物质、药物、消毒剂、化妆品等；这些因素会导致皮肤微生物群失衡，又称“菌群失调”，从而进一步引起一系列皮肤疾病，如痤疮、敏感性皮肤、特应性皮炎、脂溢性皮炎、银屑病、光老化和皮肤老化、影响伤口愈合等。

二、微生物组学研究方法

（一）微生物研究方法变迁

微生物的研究方法历经多次变迁：从致病菌到机会致病菌，再到有益菌（益生菌）；从单菌到菌群（结构和功能），从单个菌的有无、丰度到某个菌群结构对人体健康的影响；从分离培养到聚合酶链式反应基因鉴定，再到高通量测序；从菌种定性、到菌群定量及功能鉴定；从蛋白、调控通路的微观化，到宏观化、群体感应。不同的菌可能代谢同样的物质，具备同样的功能，而同样的菌可能由于群体感应，发挥不同的作用。

微生物研究可操作性强，可采样的部位多，技术成熟。例如，肠道：粪便，已有专门收集保存液；口腔：唾液、牙菌斑；生殖道：拭子、宫颈刮片、冲洗液；皮肤：拭子、刮取、胶带粘取；呼吸道：灌洗液等；器官组织：术中获得等常用的操作方法。

微生物研究的病种较为丰富，如中医学，将菌群作为研究中间变量。

微生物研究的动物模型成熟，如无菌小鼠、抗生素去菌小鼠、粪菌移植模型等。

微生物研究的临床意义重大，具体体现在以下几方面：

（1）发现生物标志物。通过菌群的疾病预测模型，或通过物种、基因等水平探讨发病机制，可早期筛查、风险评估，在一定程度上为临床医生提供了辅助诊断的依据。

（2）可以通过菌株水平深入研究致病性物种。只有在菌株水平探明致病性机制，才能从复杂的因素中得到确切的对应关系。这包含用单个菌株来研究与疾病的关系或进行致病性分析。

（3）通过多组学研究，全面解析微生物群落的功能。微生物多样性、宏基因组、宏转录组三者结合可以在群落、DNA、mRNA的水平上同时进行研究，实现多重角度互相验证，全面解析微生物环境群落。

（4）通过全微生物组关联分析（microbiome wide association study，MWAS），发掘微生物与表型性状的关联性。MWAS类似于全基因组关联分析（genome wide association study，GWAS），用多元统计学方法可以对肠道菌群种类组成、功能基因组成和宿主代谢表型的变化进行关联分析，目的是鉴定与疾病、表型相关的微生物物种、基因或代谢物质等，该方法可以预测微生物组和疾病状态的关系。

（二）物种分析

物种分析解决的问题：该菌群中包含哪些微生物？其丰度如何？

目前可用到的技术手段：

培养法：物种存在的鉴定金标准，但此法培养时间长、成本高，而且存在很多无法培养的菌，菌种的纯化困难。PCR：反应快速、准确；但未知菌的引物无法设计，引物特异性存在挑战问题。高通量测序：理论上能识别所有细菌种类，并计算出相对丰度。可选择的其他方法：16S扩增子测序，宏基因组测序。

1. 16S扩增子测序的原理

16S核糖体RNA（16S ribosomal RNA），简称“16S rRNA”，是原核生物的核糖体中30S亚基的组成部分。卡尔·乌斯和乔治·福克斯是率先在系统发育中使用16S rRNA基因的两个先驱者。研究发现物种间16S rRNA序列既有高变区（V区，物种之间有差异）也有保守区（物种之间高度相似），呈交替排列，原核16S rRNA序列包含9个高变区，其中，V4～V5区其特异性好，数据库信息全，是细菌多样性分析注释的最佳选择。保守序列区域反映了生物物种间的亲缘关系，而可变序列区域则能体现物种间的差异，因此，16S rDNA也被称为细菌系统分类研究中最有用的方法。

微生物多样性测序是基于二代高通量技术对16S rRNA基因序列进行测序，能同时对样品中的优势物种、稀有物种以及一些未知的物种进行检测，获得样品中的微生物群落组成以及它们之间的相对丰度。探讨微生物多样性对于研究微生物与环境的关系、环境治理和微生物资源的利用有着重要的理论和现实意义。

2. 18S rDNA/内部转录间隔区（internal transcribed spacer，ITS）基因测序

18S rDNA为编码真核生物核糖体小亚基rRNA的DNA序列。在结构上分为保守区和高变区，保守区反映生物物种间的亲缘关系，高变区反映物种间的差异。

微生物ITS基因是对真菌进行系统发育和分类研究时最常用的分子标志物，广泛应用于微生物生态学研究中。近年来随着高通量测序技术及数据分析方法的不断进步，大量基于ITS基因的研究使得真菌群落生态学得到了迅速发展。

相比18S rRNA基因而言，真菌的ITS基因整体的变异性更强，因而物种间的序列差异会更大，分类信息会更加详尽一些，所以被广泛应用于真菌系统发育和分类的分子标记。18S rDNA/ITS测序是常见的真菌鉴定技术，是对指定环境中真菌的高变区的扩增产物进行高通量测序，反映不同样本的物种间差异，分析该环境下微生物群落的多样性，包括物种的分类信息和丰度信息等。

3. 宏基因测序

宏基因组学（metagenomics）又称“微生物环境基因组学”“元基因组学”。它通过直接从环境样品中提取全部微生物的DNA（包括线粒体等）来构建宏基因组文库，并利用基因组学的研究策略研究环境样品所包含的全部微生物的遗传组成及其菌落功能。

相比于16S扩增子测序，宏基因测序价格昂贵。但它对所有DNA片段测序，不再是基于16S片段，易于功能基因的注释。宏基因测序可以准确注释到具体物种，功能基因的预测也更加准确，其实验要求的DNA浓度和纯度模板质量更高。

基因功能注释最常用的功能数据库主要包括KEGG、EggNOG、GO、COG、CAZy等。16S扩增子测序虽然也能进行基因功能分析，但只是基于预测。

（三）基因功能分析

基因功能分析是指利用生物信息学和不同表达系统对基因的功能进行的预测、鉴定和验证。基因功能研究的方法有基因的生物信息学分析。基因的时空表达谱分析，包括mRNA水平的表达谱分析和蛋白质水平的表达谱分析。基因的功能预测主要是利用生物信息学进行功能学上的预测，并从结构学方面预测基因的功能。基因功能的实验学鉴定和验证包括基因敲除和敲入技术、人工染色体的转导、反义技术、基因诱捕技术和未阵列分析等。

宏转录组学是一门在整体水平上研究某一特定环境、特定时期群体生物全基因组转录情况以及转录调控规律的学科。宏转录组测序可原位研究特定生境、特定时空下微生物群落中活跃菌种的组成以及活性基因的表达情况。结合理化因素的检测，宏转录组可研究多样本间由于理化等指标的差异，时空上不同的微生物群落间活跃成分组成的差异。送测序样本：总mRNA。送样要求：均比16S扩增子测序要高。一般要求RNA浓度≥65 ng/μL，RNA质量>6 μg。三种测序方法比较见表3-2。不同公司要求可能不一。

表3-2　三种测序方法比较

项目	16S扩增子测序	宏基因组测序	宏转录组测序
主要关注问题	有什么物种	有什么功能	怎样行驶功能
主要分析手段	物种组成分析 α、β多样性	基因功能注释 代谢通路研究	差异表达基因、 代谢通路研究
研究对象	16S rDNA	全部DNA（包括线粒体）	全部mRNA
资金成本	较低	较高	较高
缺点	PCR有偏好	无法得到基因表达信息	RNA不稳定，建库难度大
优点	适合大样本研究	DNA信息完整	最贴近表观特征

（四）代谢组分析

微生物除了参与碳循环、硫循环外，还可进行硫酸盐还原、硝酸盐还原等。不同的代谢产物，可能对疾病健康产生不同的影响，如短链脂肪酸代谢等。

代谢组学（metabonomics/metabolomics）是效仿基因组学和蛋白质组学的研究思想，对生物体内所有代谢物进行定量分析，并寻找代谢物与生理病理变化的相对关系的研究方式，是系统生物学的组成部分。

常用的分析方法：气相色谱、高效液相色谱、磁共振、质谱、液相色谱质谱联用、气相色谱质谱联用等。

（五）微生物多样性的参数

1. α多样性

α多样性（α diversity），也称为“生境内多样性”（within-habitat diversity），是对单个样品中物种多样性的分析，包括物种组成的丰富度（species richness）和均匀度（species evenness）两个因素，通常计算的参数包括Observed species指数（观测到的物种数）、Chao1指数、Shannon指数、ACE指数、Simpson指数以及PD whole tree等。其中Observed species指数、Chao1指数、ACE指数反映样品中群落的丰富度，即单纯考虑群落中物种的数量，而非群落中每个物种的丰度情况。这两个指数对应的稀释曲线还可以反映样品测序量是否足够。如果曲线趋于平缓或者达到平台期时，也就可以认为测序深度已经基本覆盖到样品中所有的物种；反之，则表示样品中物种多样性较高，还存在较多未被测序检测到的物种。

2. β多样性

β多样性（β diversity），又称“生境间多样性”（between-habitat diversity），是指生境群落之间物种组成的相异性或物种沿环境梯度更替的速率，其主要比较不同样品在物种多样性方面存在的相似程度。β多样性分析主要采用binary jaccard、bray curtis、weighted unifrac、unweighted unifrac等4种算法计算样品间的距离从而获得样本间的β值。两个样品之间有β值，一个组之间所有样品间有平均β值，但是一个样品没有具体β值。

3. γ多样性

γ多样性（γ diversity）是指一个区域内总的多样性，由于其在微生物组研究中极少使用，此处不作介绍。物种多样性主要从三个层面进行衡量，分别是α多样性、β多样性和γ多样性。每个衡量尺度所呈现的多样性角度不同。

三、皮肤微生物群与精准护肤

近年来，伴随各科研院所、美妆巨头、原料厂商的研究成果加速转化，微生态护肤已经完成了从理论积淀、基础研究、成果转化、临床验证到市场教育的各个发展阶段。据行业研究机构的预测，2025年皮肤微生态市场规模将达到105亿元。微生态护肤产业的关键环节在于功效原料成分的研究和开发，其中包括益生菌、益生元、益生素及合生元等各种成分。而坚实的基础理论支撑和可靠的数据佐证，是相关企业成功开发并推出这类创新产品的关键。

在化妆品领域的局部应用中，益生元通过调节宿主菌群的结构和功能而赋予营养作用。

化妆品益生元的作用是通过限制或减少病原体的生长来改善皮肤菌群组成，维持皮肤菌群的稳定，同时保留或刺激共生菌的生长。含有“益生菌”或“益生菌”成分的化妆品通常含有无活力的细菌、细菌发酵产物或细胞裂解产物，这些产品不需要改变防腐体系。然而，含有微生物（如益生菌）的化妆品需要注意安全生产。目前，化妆品中严格的益生菌定义尚未建立，这些产品只能遵循欧洲化妆品法规（1223/2009）。益生素（后生元）是益生菌微生物释放的细菌代谢产物和细胞壁成分。靶向特定菌群的成分，尤其是靶向表皮葡萄球菌和痤疮丙酸杆菌的活性成分，其主要应用包括：①促进共生代谢和（或）细菌多样性，以表皮葡萄球菌和痤疮丙酸杆菌定植率限制病原菌入侵；②减少病原菌生长、降低其毒力和维持生物膜；③调节皮肤微环境和免疫反应。

近年来，益生菌和益生元的医疗用途也迅速增加，同时也证实了它们出色的安全性。作为免疫调节剂，益生菌和益生元已被用于炎症性皮肤病，如特应性皮炎。益生菌和益生元能有效降低婴儿特应性皮炎的发病率，但它们在特应性皮炎治疗中的作用仍存在争议。他们在痤疮、伤口愈合和光保护方面的作用也非常有前景，但在提出最终建议之前还需要进行更大规模的试验。

（一）益生元（prebiotics）

益生元是一些不易被消化的碳水化合物，包括多元醇、寡糖和多糖、抗性淀粉和纤维素等。益生元因其能够滋养胃肠道中存在的肠道微生物并显著改善其代谢活性、增强营养物质的消化吸收能力和调节免疫作用，同时抑制病原微生物的生长而闻名。这些显著的改善作用表明益生元对人类的健康有积极影响。益生元能够在酸性环境中维持不变并抵抗小肠中不同的消化酶，促进有益肠道的微生物生长，这些微生物也能使益生元发酵，产生短链脂肪酸、维生素和其他碎片化分子。

益生元通常来源于不同的食物，如菊苣、奇亚籽、蒲公英、亚麻籽、洋葱、大蒜、杏仁、朝鲜蓟、燕麦、大麦和许多其他植物，同时，益生元也可由食物来源的成分通过复杂多糖的酶解生成。市场上有一些常见的益生元，如低聚果糖、瓜尔胶、低聚半乳糖和菊粉，而水解木聚糖益生元类产品，如低聚木糖仍处于开发阶段。由于益生元对健康有益，多家制药企业对其应用也有浓厚的兴趣。如今，酶合成工艺主要用于合成高质量的益生元。然而，对益生元的利用因微生物而异，这是因为不同的微生物往往有不同的营养需求。

近年来，已有研究报道益生元在化妆品中的应用及其作用。其中在一项对含有益生元的化妆品精华液开展的随机、双盲、安慰剂对照的临床试验（$n=60$）中，研究者发现益生元可以通过调节有害和有益菌的生长来重新平衡皮肤菌群。他们通过测量各种皮肤参数来评估含有低聚半乳糖（galacto-oligosaccharides，GOS）的化妆品精华液对平衡皮肤菌群的影响。在使用精华液8周后，相较于对照组，实验组皮肤保水能力显示出显著差异（$P<0.05$）；实验组经表皮失水量及红斑指数变化有显著差异（$P<0.05$）；实验组皱纹深度变浅、金黄色葡萄球菌菌株数量减少（$P<0.05$）；实验组平均形态因子、Shannon指数和片球菌数量显著增加（$P<0.05$）；同时还发现对照组中保水能力与脱水菌呈正相关，而实验组中的肠杆菌与经表皮失水量呈负相关。这些结果表明，GOS可抑制皮肤有害菌的生长，并增加有益菌的数量。

也有研究发现，含有1%燕麦胶乳能促进表皮葡萄球菌的代谢，并促进表皮葡萄球菌对金黄色葡萄球菌的抑制。燕麦胶乳还具有增加两种菌株上清液中的乳酸浓度，降低了pH值的作用。局部使用含1%胶体燕麦的乳液6周后，可使干燥皮肤上的乳酸显著增加，并改变了表皮葡萄球菌的基因表达谱。胶体燕麦作为皮肤益生元的一种新机制，可能有助于改善皮肤和各种皮肤状况中微生物群落的多样性，也有助于改善皮肤的干燥/瘙痒和特应性皮炎的症状。

迄今为止，对益生元的研究规模还比较小，对益生元作用的专门研究还比较有限。使用益生菌和益生元与皮肤屏障功能之间的相关性仍需更多的人体研究予以证明。

（二）益生菌（probiotic）

益生菌的定义是：活的微生物，当给予足够的剂量时，对宿主的健康有益。

希波克拉底曾说，“所有疾病都始于肠道”。1900年，路易·巴斯特（Louis Pasteur）首先发现了负责发酵的微生物。在保加利亚农村，如果居民食用发酵食品，如酸奶及其所含的细菌，他们的身体就会更健康且更长寿。路易·巴斯特认为：“乳酸杆菌可能会抵消导致疾病和衰老的胃肠道代谢的腐败作用。”

一些基础科学和临床研究表明，肠道微生物可通过肠-皮肤轴的复杂机制影响到皮肤。益生元、益生菌和共生菌的使用在预防和治疗不同的炎症性皮肤疾病中显示出很有前景的效果，如痤疮和特应性皮炎。

在过去的十年中，人们对于口服或局部外用益生菌进行皮肤护理和皮肤病治疗的兴趣不断增加。Lee等人研究表明，益生菌在治疗痤疮和特应性皮炎的一些有限的试验中显示出一定的疗效。

FDA根据不同的产品，将益生菌分为膳食补充剂、食品、食品添加剂和药品等不同类别。然而，目前还缺少针对外用益生菌的法规，也没有经FDA批准的外用益生菌产品。

（三）益生素（后生元，postbiotics）

益生素（后生元）是益生菌经加工处理后益生菌代谢产物的总称，其中包括菌体与代谢物。益生菌裂解物或代谢物是具有多种低分子量的活性成分，它们具有与周围环境组织相互作用及控制相关组织细胞的各种基因表达、生物化学和生理功能的能力，可以用来维持宿主的内环境稳定。益生素主要包括：细菌素等抗菌分子、短链脂肪酸、长链脂肪酸、多糖、肽聚糖、磷壁酸、脂蛋白、糖蛋白、维生素、抗氧化剂、核酸、蛋白质、活性肽、氨基酸、生长因子和凝血因子、防御素样分子或其诱导物、信号分子、缩醛磷脂及各种辅因子等。目前，对这些低分子量活性成分的研究尚处于起步阶段。

一种海洋浮游微生物发酵后产生的胞外多糖溶液，作为一种益生素，可以重新平衡表皮葡萄球菌和痤疮丙酸杆菌的比例，并减少细菌应激引起的炎症。使用另一种富含低分子量多糖的杜氏梭菌提取物，对30名敏感性皮肤志愿者进行了评估，28天后，该活性成分增加了受试者的细菌多样性和表皮葡萄球菌水平。

（四）合生元（synbiotic）

含有益生菌和益生元两类成分的制剂被称为“合生元”（synbiotics），二者混合能形成一套互补的益菌环境。目前对合生元的研究还处于起步阶段。

（五）微生态化妆品功效验证

随着《化妆品功效宣称评价规范》《皮肤微生态与皮肤健康中国专家共识》的发布，对微生态化妆品宣称的各种功效进行评价势在必行，而目前微生态护肤品功效评价方法尚未成熟。

根据微生态化妆品宣称的功效，如保湿、修护、滋润、舒缓、美白、抗衰、提高皮肤屏障等，可以利用各类皮肤测试仪对水分含量、皮脂含量、pH值、水分流失、弹性、紧致度、颜色、光泽度、皱纹、角质等皮肤屏障功能相关参数进行测量。

调节皮肤微生态平衡，可以从皮肤微生物菌群变化、皮肤抗菌肽的表达、有害菌抑制效果、代谢物生成、皮肤免疫功能变化等来评估微生态化妆品的功效。

（卢云宇　叶　睿　康思宁　潘　毅　王银娟　审校）

参考文献

个 论 篇

第四章　祛斑美白与精准护肤

许　阳

本章概要

□　生物学基础

□　皮肤色素相关的主要表现

□　影响皮肤色素沉着的主要靶点和通路

第一节　生物学基础

人体中共有3种黑色素存在：真黑素（eumelanin）、褐黑素（pheornelanin）和神经黑素（neuromelanin），神经黑色素主要存在于神经组织，前两种黑色素主要存在于皮肤、毛发和眼组织。

皮肤黑色素的形成过程包括黑色素细胞的迁移、分裂成熟、黑素小体（melanosome）的形成和转运等。皮肤中合成色素的细胞为黑素细胞（melanocyte，MC），其位于表皮基底层，具有树突状突起，细胞中含有形成黑色素的膜性细胞器黑素小体。基底层中黑素细胞与角质形成细胞比例约为1∶10，黑素细胞通过树突状突起，与周边30～40个角质形成细胞构成一个表皮黑素单位。黑素小体是黑素细胞中含有褐色和黑色的色素结构，为单层膜结构组成的特殊细胞器。黑素小体形成后通过树状突起的管状通道转运至角质形成细胞，经胞吞或胞膜融合等形式将黑色素颗粒传递至角质形成细胞。

黑素小体的发生成熟分为4个时期：Ⅰ期，黑素小体为球形，尚无黑色素形成；Ⅱ期，黑素小体为卵圆形，内含大量微丝蛋白，交织成片，酪氨酸酶活性很强，极少数黑色素形成；Ⅲ期，黑素小体仍为卵圆形，酪氨酸酶活性较强，已有部分黑色素合成；Ⅳ期，黑素小体呈卵圆形，内已充满了黑素，酪氨酸酶活性极低。

1948年锐普（Raper）和梅森（Mason）首次阐明黑色素的生物合成途径，因此称为“Raper-Mason通路”。近年来，库克西（Cooksey）和桑绿秋（Schallreuter）对其通路进行了进一步完善。黑色素合成发生在黑色素细胞中的黑素体中，可分为两个阶段。第一阶段：酪氨酸在酪氨酸酶的催化作用下生成左旋多巴（levodopa，*L*-DOPA），并在酪氨酸酶作用下进一步生成多巴醌（dopaquinone，DQ）。第二阶段：有半胱氨酸或谷胱甘肽（cysteine/glutathione，Cys/GSH）存在时，DQ与其反应生成半胱氨酰多巴或谷胱甘肽多巴，进而被氧化聚合生成褐黑素，为呈红棕色至黄色的可溶性聚合物；当无Cys/GSH时，在酪氨酸酶或酪氨酸酶相关蛋白1（tyrosinase-related protein 1，TRP1）等氧化酶的作用下，形成5,6-二羟基吲哚（dihydroxy Indol，DHI）和5,6-二羟基吲哚-2-羧酸（5,6-dihydroxyindole-2-carboxylic acid，DHICA）黑色素。这两种吲哚黑色素部分可溶，对酸、碱具有一定耐受性，聚合后形成呈棕色至黑色的真黑素。黑色素合成过程中涉及的酶主要包括酪氨酸酶、酪氨酸相关蛋白1（tyrosinase-related protein 1，TRP-1）即DHICA氧化酶、酪氨酸酶相关蛋白2（tyrosinase-related protein 2，TRP-2）即多巴色素异构酶；而其中酪氨酸酶控制色素合成过程起始阶段酪氨酸的羟基化过程，并且参与催化后续的多个生物合成步骤如二羟基吲哚的氧化，是色素合成的限速酶（图4-1）。而小眼畸形相关转录因子（microphthalmia-associated transcription factor，MITF）也称“黑色素诱导转录因子”（melanocyte inducing transcription factor，MITF）是黑色素合成过程中重要调节因子，参与调节3个重要的酶：酪氨酸酶、TRP-1和TRP-2的活性。

第二节　皮肤色素相关的主要表现

总体而言，皮肤色素异常分为两类，即色素增加和色素减少，可表现为一些皮肤疾病和损美相关的皮肤状态。

一、色素增加

多种因素包括遗传、环境影响，或炎症、肿瘤等病理状态均可导致皮肤中的色素增加，临床可表现为点状、斑片状、网状、线状等不同形态分布的色素问题，依据特征性临床表现、结合病史和相应实验室检查可考虑相应诊断（图4-2）。

日常生活中常将色素增加皮肤问题称为“肤色暗沉”和“色斑”，前者泛指皮肤弥漫色素增加，后者为皮肤局限性色素增多的一种表现。色斑本身可包括多种与损美相关的皮肤疾病与皮肤状态，如雀斑、咖啡斑、日光性黑子、太田痣、颧部褐青色痣、黄褐斑、炎症后色素沉着等。不同类型色斑的组织学表现包括表皮、真皮中的色素细胞和色素的变化不一，表现为表皮色素细胞增多和（或）色素合成增多，以及真皮内色素细胞增多和（或）色素合成增多，以及表真皮不同表现的组合（图4-3）。

二、色素减少

多种因素包括遗传、炎症、肿瘤等均可导致皮肤中的色素减少，其原因亦可分两类：①色素细胞的减少；②黑色素细胞功能的减弱，包括黑色素的合成和转运。其中，遗传相关皮肤色素减退性皮肤病包括眼皮肤白化病、斑驳病、瓦尔登堡综合征

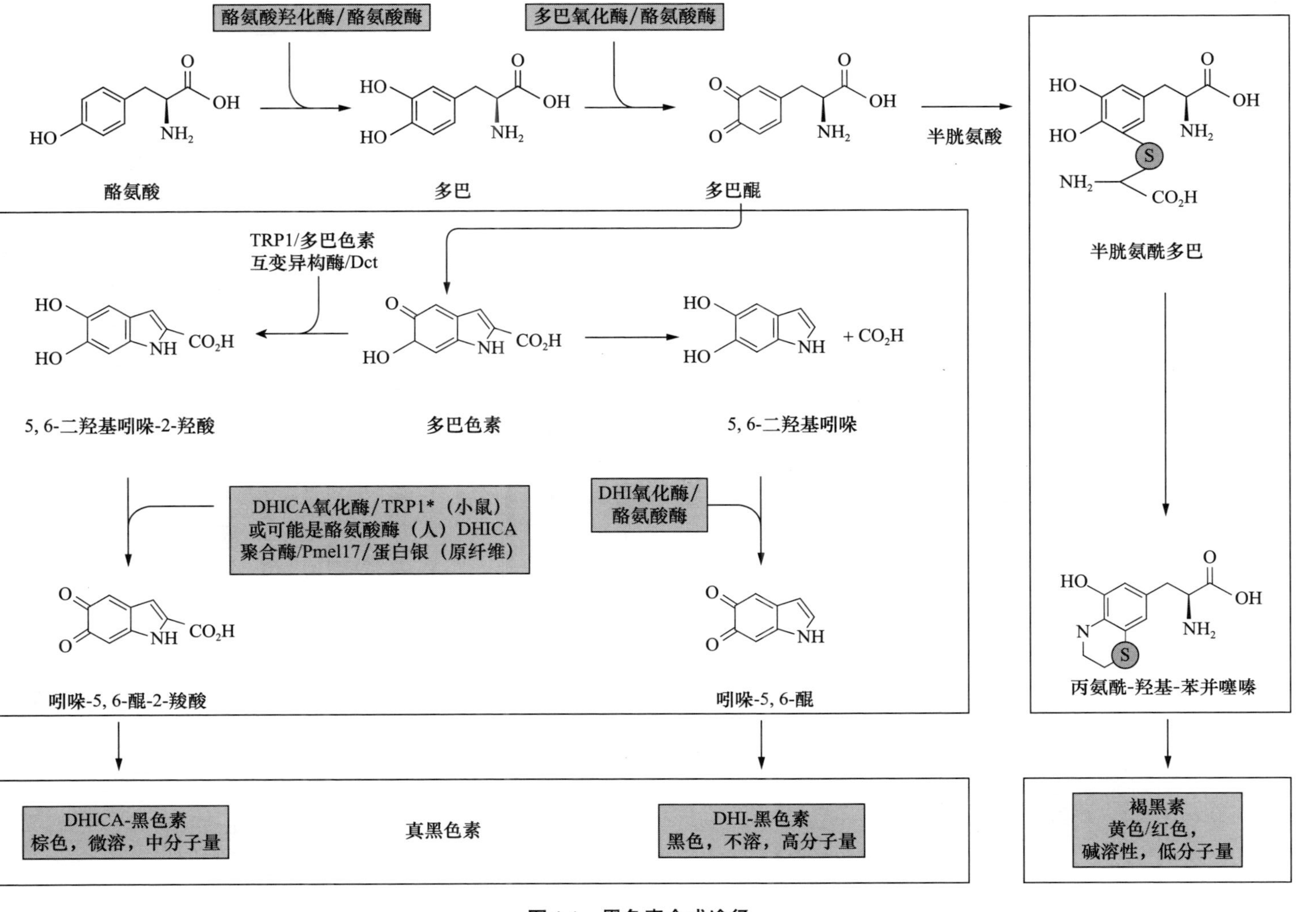
酪氨酸羟化酶/酪氨酸酶
多巴氧化酶/酪氨酸酶
酪氨酸
多巴
多巴醌
半胱氨酸
半胱氨酰多巴
丙氨酰-羟基-苯并噻嗪
TRP1/多巴色素
互变异构酶/Dct
5, 6-二羟基吲哚-2-羟酸
多巴色素
5, 6-二羟基吲哚
DHICA氧化酶/TRP1*（小鼠）
或可能是酪氨酸酶（人）DHICA
聚合酶/Pmel17/蛋白银（原纤维）
DHI氧化酶/
酪氨酸酶
吲哚-5, 6-醌-2-羧酸
吲哚-5, 6-醌
DHICA-黑色素
棕色，微溶，中分子量
真黑色素
DHI-黑色素
黑色，不溶，高分子量
褐黑素
黄色/红色，
碱溶性，低分子量

图4-1　黑色素合成途径

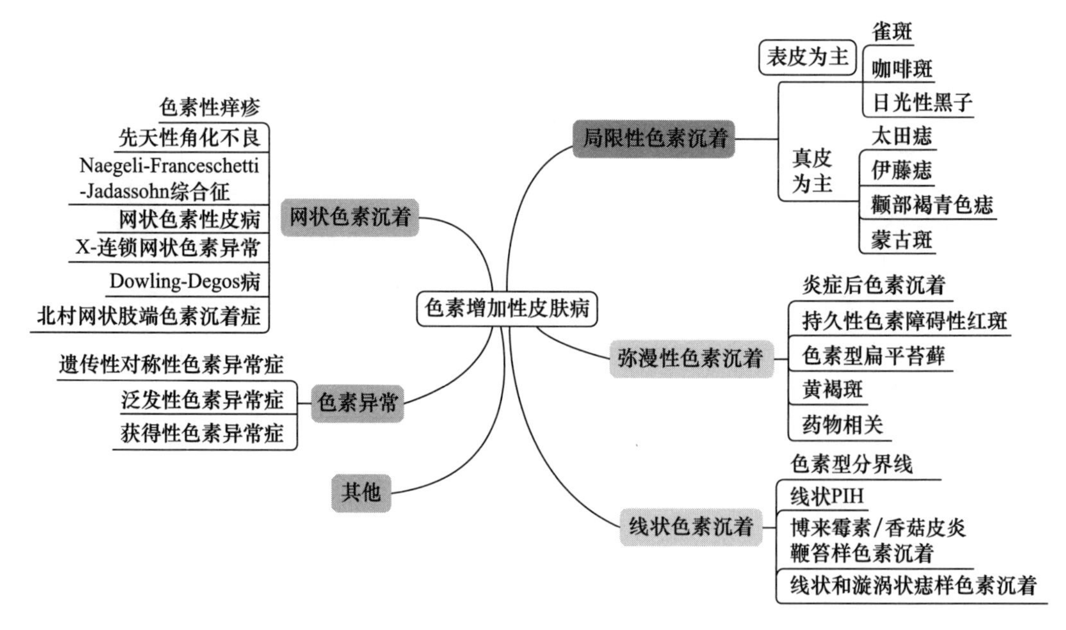

图 4-2　不同临床表现特征的色素增加性皮肤病

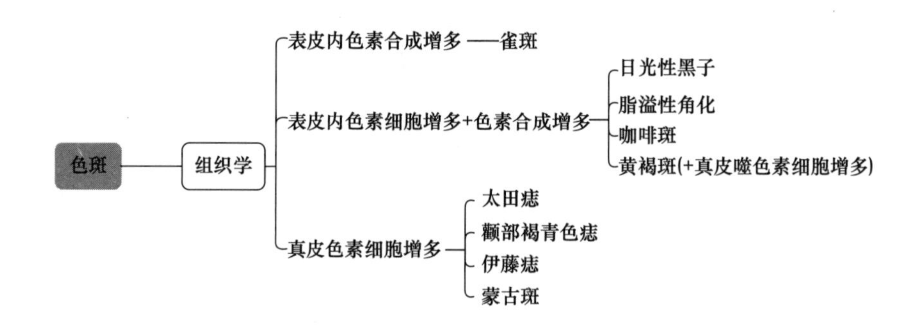

图 4-3　不同色斑的组织学表现

（Wardenburg syndrome），与免疫、炎症相关的疾病包括白癜风、炎症后色素减退；真菌感染也可引起色素减退如花斑癣；肿瘤相关色素减退疾病包括晕痣及黑色素瘤相关色素减退；营养、化学和药物、物理因素也可导致皮肤色素减退。

第三节　影响皮肤色素沉着的主要靶点和通路

一、影响色素合成的因素

总体而言，影响皮肤色素合成的因素包括遗传、炎症、肿瘤以及其他如药物等。

与日常生活中肤色、色斑密切相关的常见因素包括含紫外线（ultraviolet，UV）在内的日光照射、空气污染、激素水平变化、痤疮等皮肤炎症以及皮肤老化状态等。

（一）日光照射

UV诱导的皮肤色素沉着经由多条通路调控，其本质是黑色素细胞提高黑色素合成强化对周边角质形成细胞的保护反应。UV 照射可引起角质形成细胞DNA损伤从而激活p53介导的促阿片-黑素细胞皮质素原（pro-opiomelanocortin，POMC）基因表达和翻译，POMC蛋白经酶解后分泌α-黑色素细胞刺激素（α -melanocyte stimulating hormone，α-MSH），通过与黑色素细胞表面的黑皮质素受体Ⅰ（melanocortin 1 receptor，MC1R）结合后诱发黑色素合成反应。UV照射后，黑色素细胞中MC1R的激活诱导MITF表达，继而引起MITF调节蛋白如前黑素小体蛋白17（pre-melanosomal protein17，PMEL17）和TRP1的合成，导致黑色素合成增多。E-钙黏着蛋白（cadherin）参与人体皮肤中UV介导的黑素小体转运，以及丝状伪足的形成和黑色素转运。UV照射也可诱导角质形成细胞分泌内皮素-1（endothelin 1，EDN1）、白介素-1（interleukin-1，IL-1）、粒细胞-巨噬细胞集落刺激因子（granulocyte-macrophage colony-stimulating factor，GM-CSF），其中IL-1可促进促肾上腺皮质激素（adrenocorticotropin，ACTH）、α-MSH、EDN1和碱性成纤维细胞生长因子（basic fibroblast growth factor，bFGF）的分泌，此外，GM-CSF也可直接促进黑素细胞增殖以及色素合成。UV可诱导黑素细胞前列腺素E2（prostaglandin E2，PGE2）释放，经G蛋白偶联受体前列腺素E受体（prostaglandin E receptor，EP）中EP3和EP4，调节环磷酸腺苷（cAMP）/蛋白激酶A信号通路而调节黑色素合成。另外，UV可经由光敏感受体视蛋白3（OPN3）介导光传导信号通路的激活而活化黑色素合成。UV还可诱导真皮成纤维细胞分泌肝细胞生长因子（hepatocyte growth factor，HGF）、bFGF和干细胞因子（stem cell factor，SCF），与黑色素细胞表面不同受体结合后促进色素沉着。

高能量蓝光（$\lambda_{max}=415$ nm）可通过激活OPN3诱发胞质内钙流，导致钙调素依赖性蛋白激酶Ⅱ（calcium/calmodulin-dependent protein kinase Ⅱ，CAMK Ⅱ）、cAMP反应元件结合蛋白（CRE-binding protein，CREB）、细胞外信号调节激酶1/2（extracellular signal-regulated kinase1/2，ERK1/2）和MITF发生磷酸化，从而提高黑色素相关基因的转录，加速黑色素合成。高能量蓝光照射也可导致磷酸化的酪氨酸与TRP1/2在黑素小体膜上形成稳定复合物，持续维持真黑色素的合成。

（二）空气污染

工业化产生的气体污染物和香烟烟雾也会影响皮肤色素沉着。二噁英和多环芳香烃（polycyclic aromatic hydrocarbons，PAH）可与黑色素细胞内的芳香烃受体（aryl hydrocarbon receptor，AhR）结合，从而激活黑色素合成的信号通路。有研究证实，2,3,7,8-四氯代二苯-并-对二噁英（2,3,7,8-tetrachlorodibenzop-dioxin，TCDD）可激活

AhR信号通路，AhR依赖性激活酪氨酸酶活性促进人黑色素细胞的黑色素合成。另有研究证实，转录因子核因子-E2相关因子2（nuclear factor E2-related factor 2，NRF2）能够抵御皮肤接触有毒化学物质和紫外线诱导的氧化应激，可抑制正常人表皮黑色素细胞的黑色素生成。

（三）激素水平变化

表皮中色素合成还受周边环境激素水平的影响。除α-MSH外，多种激素参与影响色素合成，如与黄褐斑有关的相关因素，包括皮肤类型和种族、日光暴露强度、遗传因素以及激素水平变化（妊娠期、激素替代治疗、口服避孕药等）。但人黑色素细胞缺乏经典雌激素受体（estrogen receptor，ER）和孕酮受体（progesterone receptor，PR）。雌激素和孕酮经非经典膜结合受体发挥作用，雌激素通过G蛋白偶联受体促进黑色素合成，而孕酮经孕激素和脂联素受体7（progestin and adipoQ receptor 7，PAQR7）减少色素合成。

（四）炎症反应

炎症性皮肤疾病如痤疮等缓解后可诱发炎症后色素沉着（post-inflammatory hyperpigmentation，PIH），在深肤色人群中更易发生。在PIH的发生过程中，皮肤色素合成增多，向周边角质形成细胞的转运增强且真皮上部出现噬黑色素细胞的聚集。炎症过程中的一些细胞因子、趋化因子、花生四烯酸衍生物［包括白三烯（leukotrienes，LT）中的LTC4和LTD4、前列腺素（prostaglandin，PG）中PGE2和PGD2、血栓素-2］以及活性氧可刺激黑素细胞的黑色素合成，其中PGE2起主要作用。

二、影响色素合成的靶点和通路

调节色素合成是一个相对较为复杂的过程，超过150个基因参与其中，与色素合成相关的靶点主要包括酪氨酸酶、TRP-1、TRP-2和MITF，而其中最为重要的靶点是限速酶酪氨酸酶。

与这些靶点功能密切相关信号通路的受体分两大类：①G蛋白偶联受体（G protein-coupled receptor，GPCR）类，包括黑色素皮质素受体（melanocortin receptor）、内皮素受体B（endothelin receptor type B，EDNRB）和卷曲受体（frizzled receptor，FZD受体）；②酪氨酸激酶受体（tyrosine kinase receptor）类，如SCF/KIT信号通路、bFGF-2受体和HGF受体。其中，经不同受体激活的信号通路包括cAMP/蛋白激酶A（protein kinase A，PKA）通路、丝裂原活化蛋白激酶（mitogen-activated proteinkinase，MAPK）通路、三磷酸肌醇/甘油二酯（inositol trisphosphate/diacylglycerol，IP3/DAG）通路、无翅型蛋白（wingless-type protein，WNT）通路和蛋白激酶C（protein kinase C，PKC）通路等。此外，其他通路还包括肾上腺素能（adrenergic）、谷氨酸能（glutamatergic）和神经调节素（neuregulin）信号通路。

（一）G蛋白偶联受体相关的通路

1. 促肾上腺皮质激素释放因子（corticotropin-releasing factor，CRF）相关通路

CRF主要由脑垂体分泌，参与调节人类下丘脑-垂体-肾上腺（hypothalamic-pituitary-adrenal axis，HPA）轴功能，CRF在垂体前叶与CRF1型受体（type 1 receptor，CRF1R）结合，调控脑垂体分泌阿片黑素促皮质激素原（pro-opiomelanocortin，POMC）。POMC随后被加工成ACTH、β-黑素细胞刺激素（β-melanocyte-stimulating hormone，β-MSH）和β-促脂解素（β-lipotropin，β-LPH），ACTH进一步被加工成α-MSH，β-LPH被进一步加工为β-内啡肽（β-endorphin，β-END）。CRF也可由皮肤中角质形成细胞、黑色素细胞、成纤维细胞、皮脂腺细胞和肥大细胞合成并分泌，皮肤中也表达相应的G蛋白偶联受体CRF1R和CRF2R，参与色素合成。角质形成细胞、黑色素细胞和朗格汉斯细胞也分泌POMC及下游黑色素皮质素如ACTH 、α-MSH等。其中与色素合成密切相关的肽包括α-MSH、ACTH、β-MSH和β-内啡肽。

α-MSH与一种G蛋白偶联受体黑素皮质素-1受体（melanocortin-1 receptor，MC1R）结合后，通过cAMP/PKA信号通路调节色素合成。α-MSH与MC1R结合后激活腺苷酸环化酶（adenylate cyclase，AC），增加了细胞内次级信使环磷酸腺苷（cyclic adenosine monophosphate，cAMP）浓度，进而cAMP激活PKA，PKA磷酸化CREB后促进了MITF表达，导致色素合成增加。ACTH也是MC1R的一个配体，在艾迪生（Addison）病患者中，由于原发性肾上腺功能不足，下丘脑-垂体负反馈被打断，因此，ACTH持续释放而使皮肤出现色素沉着。表皮中角质形成细胞和黑色素细胞所合成分泌的β-MSH可与黑皮质素-4受体（melanocortin receptor type 4，MC4R）结合后，经cAMP/PKA信号通路调控MITF转录而影响色素合成。β-内啡肽与皮肤黑色素细胞的μ型受体结合，可经由PKC信号通路参与调节黑色素合成、黑色素细胞增殖和树突形成。

2. 内皮素相关通路

人角质形成细胞可合成并分泌EDN1，EDN1与另一种G蛋白偶联受体EDNRB结合后可激活磷脂酶Cγ（phospholipase Cγ，PLCγ）并促进磷脂酰肌醇二磷酸（phosphatidylinositol 4,5-bisphosphate，PIP2）水解，产生第二信使IP3和DAG。IP3可增加细胞内钙离子浓度，活化PKC，即经IP3/DAG信号通路产生后续级联反应，而其中MAPK级联反应中一系列信号分子的磷酸化，最终使得CREB磷酸化，促进MITF转录和诱导色素合成。UVB照射诱导色素沉着的机制之一就是促进皮肤合成EDN1，进而诱发上述生化反应。

3. WNT通路

无翅型小鼠乳腺肿瘤病毒（mouse mammary tumor virus，MMTV）整合位点家族成员（wingless-type MMTV integration site family member，WNT）是一个富含半胱氨酸的脂糖蛋白家族，与FZD受体结合后可激活细胞内级联反应，其过程中可包括（以经典信号传导形式）或不包括（非经典信号传导形式）转录调控因子β-连环蛋白（β-catenin）。有研究发现，在小鼠Melan-α细胞的经典信号传导途径中，WNT与FZD和共受体低密度脂蛋白受体的结合导致了糖原合酶激酶3β（glycogen synthase kinase，GSK3β）的抑制，使得β-连环蛋白在细胞质中积累，进而参与调控MITF转录而调节色素合成。

（二）肾上腺素能信号通路

肾上腺素和去甲肾上腺素是由L-DOPA合成的儿茶酚胺（catecholamines）。L-DOPA也是黑色素的前体，由人表皮角质形成细胞分泌，肾上腺素和去甲肾上腺素可与邻近黑色素细胞的肾上腺素能受体结合。人黑色素细胞表达α1-肾上腺素能受体（α1-adrenergic receptor，α1-AR），激活后与磷脂酶C（phospholipase C，PLC）偶联，经IP3/DAG信号通路产生促进包括酪氨酸酶在内与色素合成密切相关酶的活性。儿茶酚胺可经由cAMP/PKA通路促进黑色素合成，也可经上述α1和β2-肾上腺素能受体通过PKC-β通路调节黑素合成。

SCF、GM-CSF和HGF可分别激活c-KIT、GM-CSF受体以及HGF受体介导的信号通路，促进磷酸化及MAPK活化，进而使MITF磷酸化并上调色素合成相关酶的表达。

（三）谷氨酸能信号通路

角质形成细胞可分泌*L*-谷氨酸，参与调节临近黑色素细胞的谷氨酸通路。培养中的人黑色素细胞表达多种离子性谷氨酸受体，包括代谢型谷氨酸受体1a（metabotropic glutamate receptor 1a，mGluR1a）、谷氨酸受体2（glutamate receptor 2，GluR2）、谷氨酸受体4（glutamate receptor 4，GluR4）、代谢型谷氨酸受体6（metabotropic glutamate receptor 6，mGluR6）和*N*-甲基-*D*-天冬氨酸受体（*N*-methyl-*D*-aspartic acid receptor，NMDAR）2A和2C，谷氨酸能信号传导可调控MITF的转录。mGluR6可激活瞬时受体电位阳离子通道亚家族M成员1（transient receptor potential cation channel subfamily M member 1，TRPM1）钙通道，从而促进人黑色素细胞黑色素合成。

（四）视蛋白在黑色素合成调节中的作用

近年研究提示，蓝光在Ⅲ～Ⅳ型皮肤人群中可引起皮肤色素沉着。415 nm的蓝光可激活黑色素细胞G蛋白偶联受体OPN3，细胞内钙增高，激活钙调蛋白激酶Ⅱ（calmodulin kinase Ⅱ，CAMK Ⅱ）、CREB、ERK1/2和p38后，进而活化MITF，使得酪氨酸酶活性增高，最终导致色素沉着。角质形成细胞和黑色素细胞可表达的不同视蛋白（OPN1-SW、OPN2、OPN3、OPN4和OPN5），提示视蛋白在参与调节可见光与皮肤相互作用中具有重要作用。

三、酪氨酸激酶活性受体的相关通路

（一）SCF/KIT信号通路

角质形成细胞和成纤维细胞可分泌SCF，其受体是酪氨酸激酶受体蛋白Kit，SCF

与Kit胞外区域结合后可诱导受体二聚及其自磷酸化，导致其活化，进一步激活Ras-Raf-MAPK通路，进而磷酸化MITF，并调控色素合成相关蛋白TRP-1和TRP-2的表达。

（二）bFGF信号通路

角质形成细胞可分泌bFGF，影响黑色素细胞增殖以及黑色素合成。UV照射后，角质形成细胞分泌bFGF，与黑色素细胞上受体FGFR结合后激活MAPK通路，促进转录激活蛋白3（signal transducer and activator of transcription 3，STAT3）磷酸化，进而促进MITF表达以调节色素合成。

（三）HGF信号通路

HGF可由人角质形成细胞合成并释放，与其黑色素细胞上受体c-Met结合后激活MAPK信号通路，进而促进黑色素细胞增殖。

（四）神经调节素（neuregulin，NRG）通路

深肤色人群（Ⅵ型皮肤）成纤维细胞可分泌NRG1，细胞学实验及重建皮肤模型研究证实，NRG1可促进色素合成。NRG1与其受体ERBB3和ERBB4结合后可活化磷脂酰肌醇-3-激酶，激活MAPK通路，最终调节人黑色素细胞MITF转录。

（五）骨形态发生蛋白（bone morphogenetic protein，BMP）通路

BMP6可通过p38MAPK通路或BMP/Smad通路上调酪氨酸酶表达和增强活性，并可促进黑素小体从黑色素细胞向角质形成细胞的转运，而BMP4的作用则相反，经MAPK/ERK通路下调黑色素合成。

综上所述，较多内源性和外源性因素可影响皮肤色素合成，其机制各有不同，经不同类型受体激活多条信号通路最终影响色素合成，其中涉及的重要靶点包括MITF、TRY1、TRY2和酪氨酸酶。因此，可调控重要靶点和通路的方法或物质即为潜在的临床减少皮肤色素形成的重要途径。

（陈雨童　审校）

参考文献

第五章　皮肤衰老与精准护肤

叶　睿　杜　乐

本章概要

- □　皮肤衰老的生物学基础
- □　皮肤衰老的表型变化
- □　皮肤衰老的靶点和通路

第一节　皮肤衰老的生物学基础

一、表皮衰老的结构变化

表皮的整体层数会随着年龄的增长而增多，但厚度会随着年龄的增长而降低，平均每10年表皮厚度降低6.4%。表皮整体屏障功能降低，对于刺激物的敏感性提高（图5-1、彩图5-1）。同时，在衰老的表皮中，钙离子的浓度梯度也会减小。年轻皮肤的钙离子浓度梯度在表皮层较高，越往下越低，但在衰老皮肤表皮层中此浓度梯度减小，导致角质形成细胞分化、皮脂分泌和屏障功能减弱。

真表皮连接处（dermal-epidermal junction，DEJ）由表皮基底层的角化细胞和连接处的真皮部分所组成，主要功能包括连接表皮和真皮、对表皮层进行机械力的支持以及形成表皮和真皮相关的屏障。在年轻皮肤中，DEJ的表皮和真皮层相互交联，形成众多的表皮嵴（epidermal rete ridges）。随着皮肤的衰老，脊状的DEJ会变得扁平，真皮单位面积的皮突（dermal papillae）数量急剧减少（年轻皮肤中皮突密度约40个/mm^2，65岁后下降至14个/mm^2）（图5-2、彩图5-2），导致表皮和真皮间机械连接力减弱；同时营养传递、细胞信号交流也会减少，其中相关的蛋白主要包括Ⅳ型胶原蛋白、Ⅶ型胶原蛋白、ⅩⅦ型胶原蛋白、β4整合素和层粘连蛋白-332（laminin-332）都显著减少。人类皮肤的DEJ厚度为50～400 μm，60岁时该厚度缩减约35%。

二、表皮细胞的衰老

（一）角质形成细胞

随着年龄增长，角质形成细胞的数量增加，但有丝分裂率降低，表皮细胞的更新

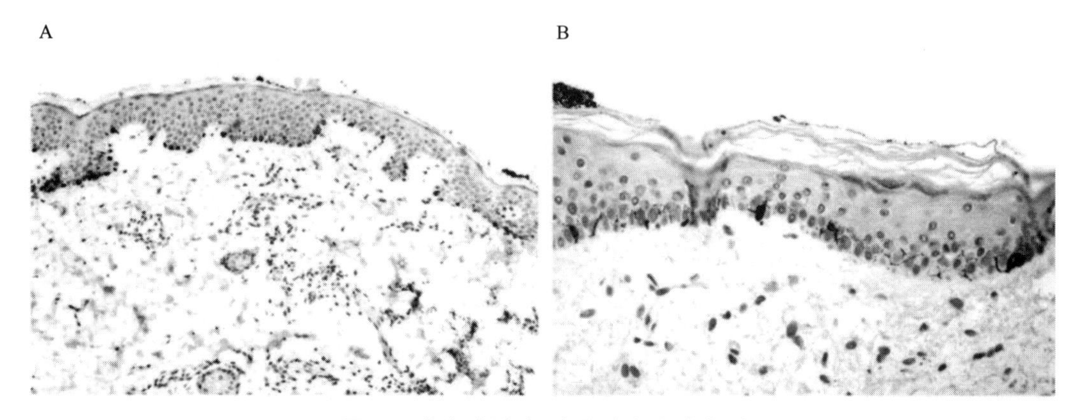

图5-1　年轻皮肤（A）和衰老皮肤（B）

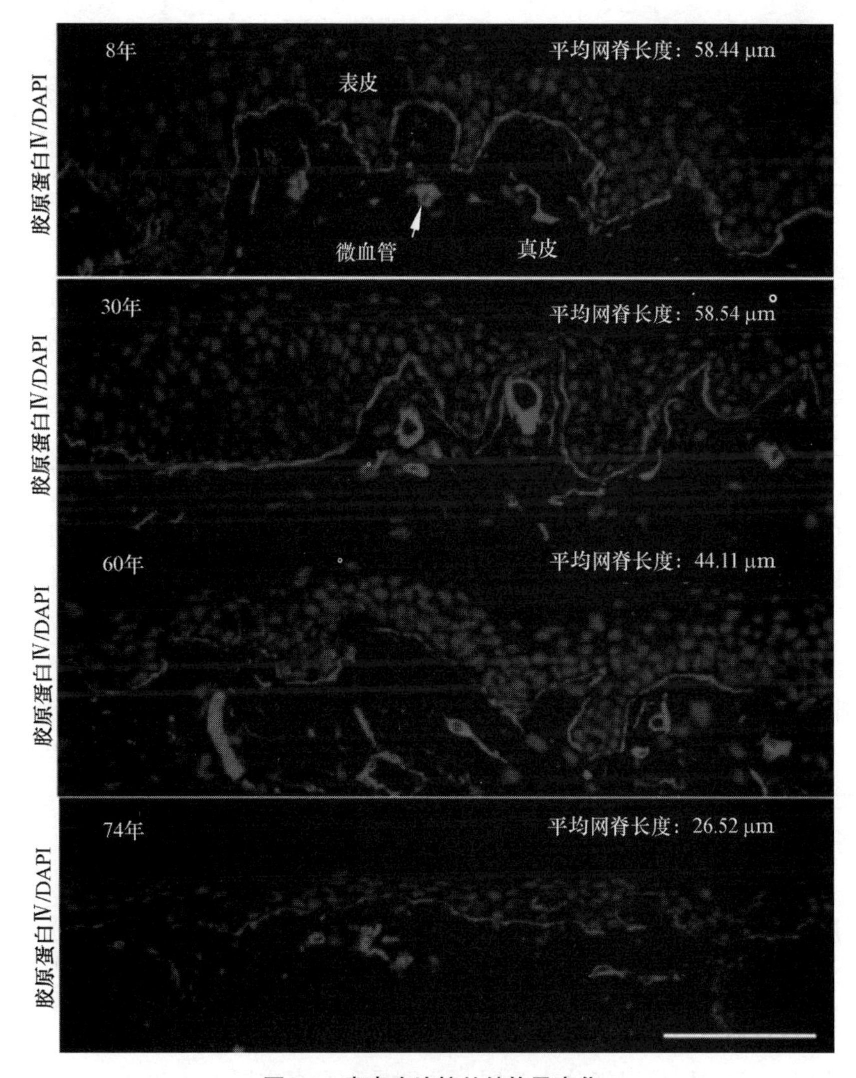

图5-2　真表皮连接处结构及变化

周期延长，表皮嵴（epidermal rete ridges）消失。在角质形成细胞中，透明角质颗粒更小、分布更分散。表皮基底层细胞大小不均，体积增大。黑色素细胞的数量以每10年8%～20%的速度减少，黑素小体的合成减少，而且黑色素细胞在基底层的分布变得不均匀。同时，其中重要的免疫细胞——朗格汉斯细胞数目也急剧减少（图5-3、彩图5-3）。

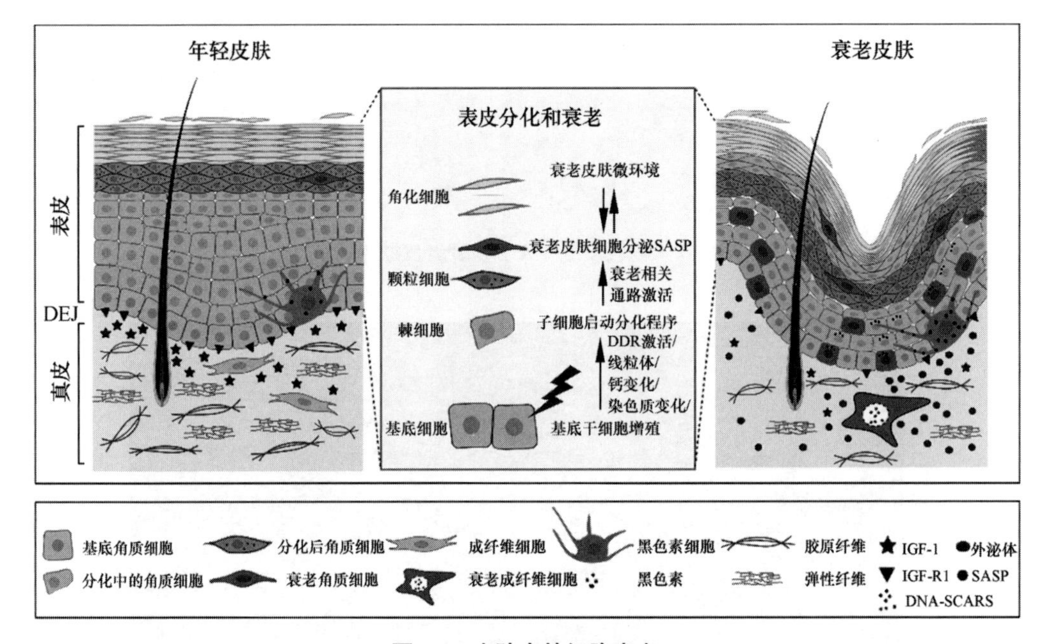

图5-3　皮肤中的细胞衰老

（二）黑色素细胞

在衰老过程中，黑色素细胞在表皮中的分布变得不均匀且大小不一，生成黑色素的能力也减弱。UV暴露会影响黑色素细胞的结构和功能。受阳光暴露的皮肤中含有多巴的黑色素细胞要比非暴露的皮肤多几乎1倍，同时黑色素细胞的密度每10年下降6%～8%。有研究表明，光照会减少黑色素细胞及其细胞核体积，同时其细胞核变得弯曲且周长变长，更呈椭圆状。

在细胞衰老层面，整体皮肤衰老的过程中黑色素细胞也随之衰老，在所有的表皮细胞中，只有黑色素细胞是细胞衰老标记物p16的高表达细胞。同时衰老的黑色素细胞端粒功能减弱，而且还会影响周围细胞的增殖和分化，包括角质形成细胞的分化，这可能是整体表皮衰老的重要诱因。

三、真皮层的衰老

（一）细胞外基质（extracellular matrix，ECM）

在结构上，真皮层可以细分为两层，分别是乳突真皮层（pipillary dermis）以及网状真皮层（reticular dermis）（图2-1）。乳突真皮层细胞密度更高，包含较小的胶原蛋白纤维。网状真皮层则由较大的纤维束构成的ECM组成，其中最重要的是纤维蛋白（包括胶原蛋白、弹性蛋白）、糖蛋白（纤维连接蛋白和层粘连蛋白）、蛋白聚糖以及基质金属蛋白酶（matrix metalloproteinase，MMP）等，对皮肤的整体结构起支撑作用。

胶原蛋白整体半衰期大约为15年，除受伤外几乎不更新。在此过程中对于胶原蛋白结构的更新主要依靠MMP以及其调控蛋白组织金属蛋白酶抑制物（tissue inhibitor of metalloproteinase，TIMP）。弹性纤维的半衰期甚至比胶原蛋白更长，在衰老的过程中其形成的因素也是类似的。在年轻的皮肤中，弹性纤维从下层网状真皮通过乳头状真皮延伸到表皮。在老年皮肤中，弹性纤维没有附着在表皮上的末端，这被认为是造成内在老化细纹形成的原因。而且在衰老过程中弹性纤维也会变得碎片化，导致其功能下降（图5-4、彩图5-4）。

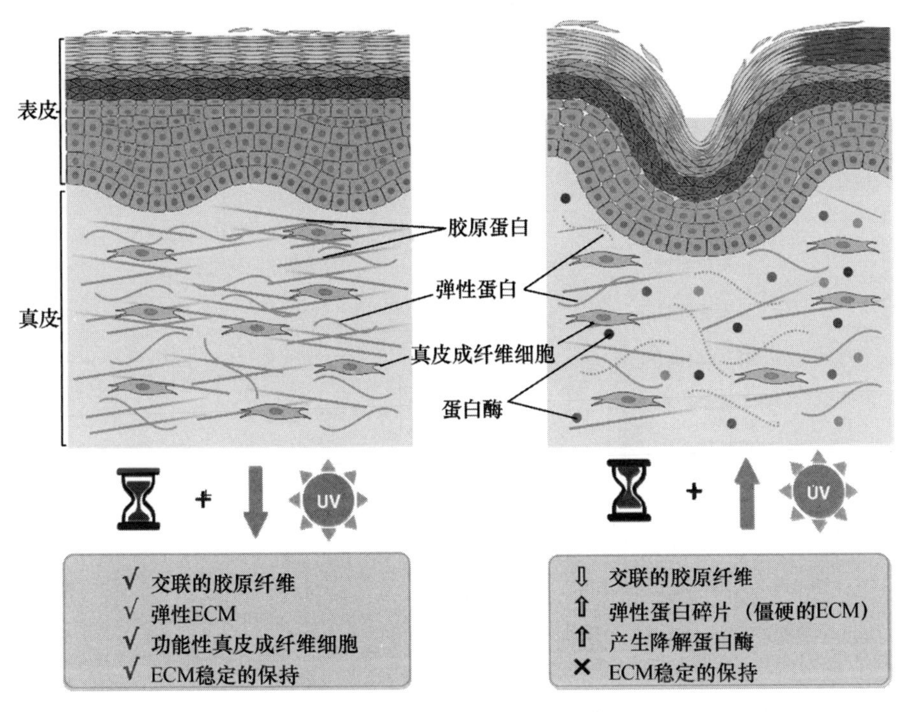

图5-4　ECM结构蛋白的改变

在衰老的过程中，蛋白聚糖减少，ECM完整性受到破坏。然而，自然老化和光老化的机制不同点在于：自然老化的皮肤弹性纤维和交联酶会减少；光老化弹性纤维相关蛋白会增加，且相关的炎症蛋白酶含量也会增加。

糖胺聚糖（glycosaminoglycan，GAG）是由特定二糖单元组成的长线性多糖链。而蛋白聚糖（proteoglycan，PAG）则是以蛋白为核心，共价连接一条或多条糖胺聚糖。GAG含有许多负电荷，因此可以维持皮肤的水合作用，比如透明质酸形成后会和细胞蛋白或表面受体（如CD44）结合，从而维持皮肤稳定。在衰老的过程中，皮肤中多种

GAG和PAG的含量会降低，包括透明质酸合酶2（HA synthase-2）、CD44、CD44变异型-3（CD44v3）和黏结蛋白聚糖1（syndecan-1）等。

（二）成纤维细胞

成纤维细胞是皮肤衰老过程中最重要的细胞。在皮肤衰老的过程中，成纤维细胞的数量减少，而且进行细胞外间质合成的基因表达也减少。和其他衰老细胞类似，成纤维细胞在衰老过程中也会出现DNA损伤、染色体和表观遗传学改变、端粒缩短以及DNA修复能力下降。同时，成纤维细胞也会因为转录后蛋白形成的功能失常而导致蛋白结构紊乱，从而导致整体的成纤维细胞的细胞周期失常，成纤维细胞整体进入衰老状态。最近的研究也发现，成纤维细胞会发生向脂肪细胞类似的分化，使成纤维细胞形成“身份丧失”。皮肤成纤维细胞的衰老有多种生物学标志（表5-1）。

表5-1　成纤维细胞衰老的生物学标志

标志	细胞衰老	皮肤老化
基因组不稳定性	是	不清楚
端粒磨损	是	一些功能
端粒DNA损伤	是	是
端粒缩短	是	否
表观遗传改变	是	是
蛋白质稳态丧失	一些功能	一些功能
伴侣蛋白功能障碍	未知	未知
蛋白酶体活性下降	是	否
自噬减少	未知	未知
增加蛋白酶分泌和细胞外基质重塑	是	是
营养感应失调（氧化还原失衡）	未知	一些功能
烟酰胺腺嘌呤二核苷酸水平降低	未知	未知
去乙酰化酶活性降低	未知	未知
活性氧水平升高	未知	是
抗氧化活性降低	未知	是
昼夜节律紊乱	未知	未知
线粒体功能障碍	是	不清楚
氧化磷酸化解偶联	是	是
细胞呼吸率改变	是	是/否
线粒体DNA诱变	是	是
有丝分裂发生改变	是	未知

续表

标志	细胞衰老	皮肤老化
聚变/裂变平衡改变	未知	未知
细胞衰老	是	一些功能
慢性DNA损伤信号	是	是
异染色质	是	是
蛋白质分泌增加	是	未知
干细胞衰竭	不适用	否
细胞间通信改变	是	未知
表皮生长因子不敏感	是	未知
芳香烃受体输入增加	是	未知
胰岛素/胰岛素样生长因子信号改变	是	未知

第二节　皮肤衰老的表型变化

皮肤器官分为皮肤及其附属器，在衰老的过程中，皮肤及其附属器无论在表型，还是具体的结构及其生理学参数上都有很大变化。

一、皱纹形成

皱纹是皮肤下陷导致表面出现相关的纹路，这是皮肤衰老最重要的表型特征之一。有研究将皮肤的皱纹分为萎缩型、日照弹性变性型、表情型以及重力型四种类型（图5-5、彩图5-5）。不同类型的皱纹形成的机制和特点不尽相同。

（1）Ⅰ型皱纹较细，几乎相互平行，主要是由网状真皮和真皮下结缔组织胶原蛋白束的萎缩形成。

（2）Ⅱ型皱纹主要出现在脸颊、上唇和颈部，主要是由阳光照射后造成的胶原蛋白减少，形成典型的十字交叉和菱形图案。

（3）Ⅲ型皱纹出现在肌肉收缩导致

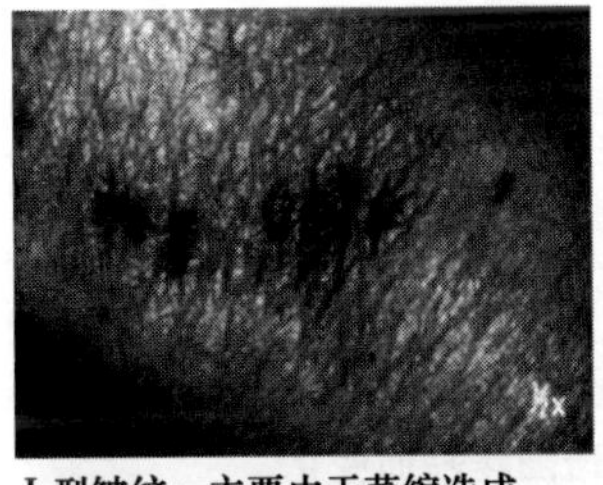

Ⅰ型皱纹：主要由于萎缩造成

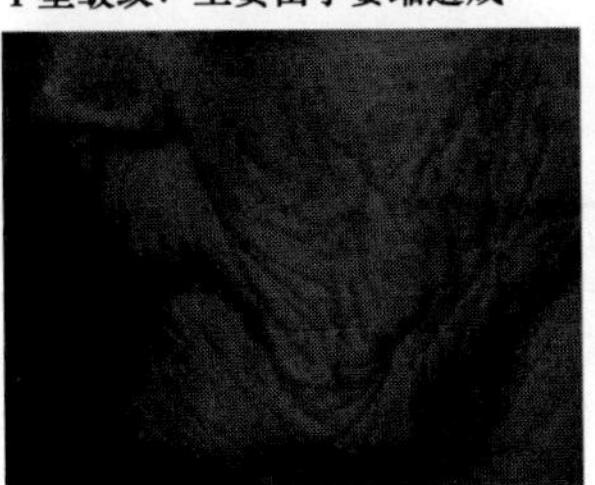

Ⅱ型皱纹：主要由于日光弹性纤维变性造成

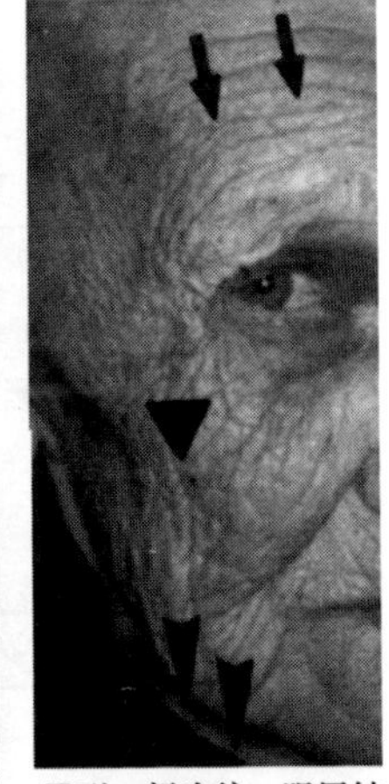

Ⅲ型：额头纹、眼尾皱纹，主要由于表情造成；Ⅳ型：主要由于重力造成

图5-5　皱纹的分类

注：图片来自皮拉德（Pierard）等

的皮肤折叠处，和表情高度相关，包括额头纹、眼尾皱纹等。

（4）Ⅳ型皱纹主要是由重力导致皮肤真皮层的纤维网络失去强度，从而导致皮肤下垂形成的皱纹。

二、色斑

色斑的形成是皮肤衰老的另外一个非常重要的表型变化，也被认为是重要的皮肤衰老特征之一。对于感知衰老的因素，色斑是排在皱纹后的第二高表型。而且在不同人种中，其重要性不一致，在亚洲人中，色斑在皮肤衰老中的重要性要远远高于欧美女性（40岁的亚洲女性中超过40%的人会出现色斑）。研究表明，在女性中色斑的比例会随着年龄增长而增加。

皮肤色斑形成的原因多种多样，一般可以分为以下几种：黄褐斑（melasma）、晒斑（solar lentigo）、雀斑（freckles）、脂溢性角化（seborrhoeic keratosis）以及炎症后色素沉着（post-inflammatory hyperpigmentation）。其中，与皮肤衰老高度相关的是黄褐斑、晒斑和脂溢性角化病。

（一）晒斑

晒斑是在阳光暴露的皮肤范围内呈现的深棕色斑点，一般被认为是年老皮肤的特征之一。晒斑通常是平坦的、界限分明的斑块，也可以是圆形、椭圆形或不规则的形状，颜色从肤色、棕褐色到黑色不等。形成黑色的外观与黑色素过度沉着及黑色素细胞过度活跃有关。一组在上海开展的研究数据表明，随着年龄的增加，晒斑的比例不断上升，50岁以上被调研人群中都有晒斑出现（图5-6，表5-2，图5-7，彩图5-7）。

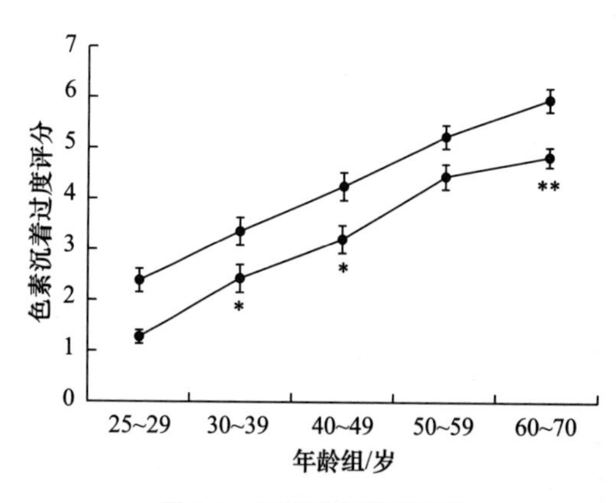

图5-6 晒斑随年龄而变化

表5-2 晒斑随年龄而变化

年龄分组/岁	人数/人	晒斑发生率/%
20～29	22	76
30～39	19	32
40～49	43	68
50～59	22	91
总计	106	100

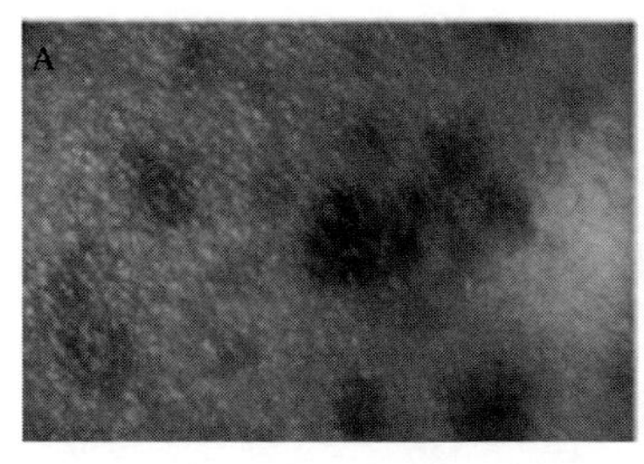

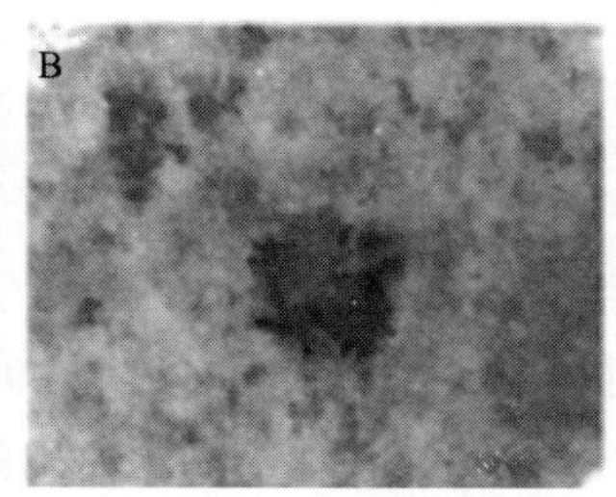

图5-7 皮肤典型的晒斑示例

A：雀斑样痣；B：43岁女性的晒斑；C：日光灼伤后的日晒雀斑

（二）黄褐斑

不同国家和种族的人都会出现黄褐斑，但在东亚（日本、韩国、中国）以及印度、巴基斯坦、中东和地中海-非洲地区的发生率较高。黄褐斑的发生与皮肤衰老高度相关，但并非呈线性关系。在中国，年轻人群中（0～30岁）黄褐斑的发生率低于1%，在30～50岁的人群中发生率快速上升，达到10%以上，但在60岁后的人群中又趋于下降（表5-3）。在印度人群的研究中，也发现一定比例的年轻人群会出现黄褐斑，45～59岁之间达到高峰，随着年龄的增长而下降（图5-8）。

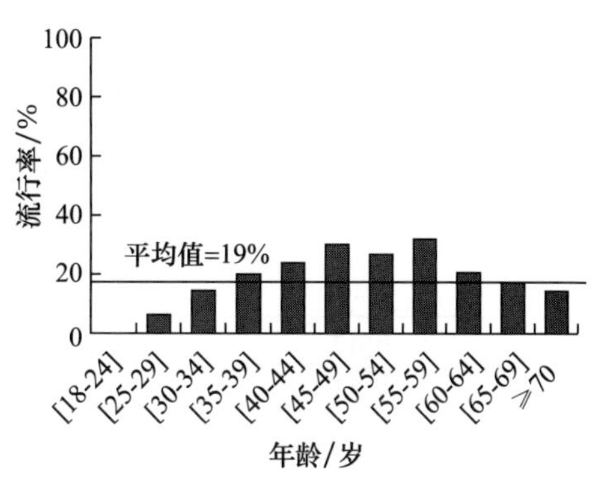

图5-8 黄褐斑在不同年龄的分布

表5-3 黄褐斑患者相关因素分析

特征		人数/人	黄褐斑人数/人	患病率/%	χ^2值	P值
性别	男	1891	5	0.3	121.423	0.000
	女	1705	119	7.0		
年龄/岁	0～9	48	0	0.0	243.878	0.000
	10～19	673	2	0.3		
	20～29	825	7	0.8		
	30～39	374	50	13.4		
	40～49	295	34	11.5		
	50～59	372	25	6.7		
	60～69	560	5	0.9		
	≥70	449	1	0.2		

三、脂溢性角化病

脂溢性角化病又名“老年疣”“基底细胞乳头瘤”，是角质形成细胞成熟迟缓所致的一种较常见的良性表皮内肿瘤。一项研究报道，0～9岁之间的发病者9例，10～29岁12例，30～39岁21例，40～49岁34例，50～59岁38例，60～69岁53例，70～79岁24例，80岁以上13例；平均发病年龄为52.43岁。另一项研究显示，发生脂溢性角化病的最高年龄段为40～70岁，女性平均发病年龄为47.6岁，男性的平均发病年龄为60.3岁。从以上研究可以发现，脂溢性角化病是典型的老年性特征之一。

四、毛孔

毛孔是皮肤上皮脂腺或汗腺的开口，主要功能是作为液体（皮脂、汗液）以及气体的交换的通道。在皮肤上，一般肉眼可见的毛孔为皮脂腺毛孔。一项多种族的研究表明，毛孔会随着年龄的增长而不断变大（图5-9），不同种族的人群（中国人、印度人、日本人和高加索人）在18～49岁期间，毛孔大小不断增加，在50岁及之后趋于稳定，但高加索人的毛孔大小在59岁后有变小的趋势。另一篇专门针对皮肤毛孔的研究表明，随着年龄的增加，毛孔密度没有改变，但毛孔的平均大小经历了快速变大（0.08～0.098 mm）到略微缩小（0.091 mm）的变化。总体来说，在女性18～50岁皮肤衰老过程中，毛孔变大是一个重要的表型变化（表5-4）。

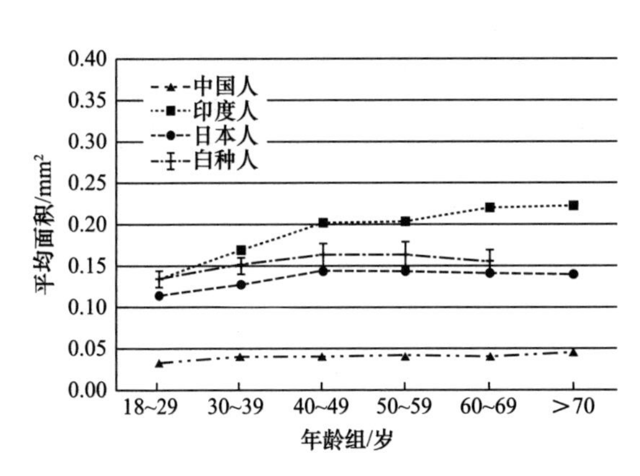

图5-9　毛孔大小随年龄的变化

表5-4　三个年龄组皮肤毛孔密度和大小

组别/岁	毛孔密度/（个/cm²）	毛孔大小/mm²
18～25	37.6（19.8～51.5）	0.080（0.02～0.45）
30～50	36.7（27.7～50.7）	0.098（0.02～0.54）
50～70	37.9（23.2～60.0）	0.091（0.02～0.48）

五、皮脂

不同人体的皮脂分泌差别很大，在开发皮肤健康产品时可以作为重要的参考。一项对超过2000名中国人的研究表明，额头的皮脂腺密度大概为面部密度的2倍，而无论是额头还是面部，在18～40岁期间的皮脂分泌量变化不大，在40～60岁皮脂分泌量则急剧下降（图5-10）。

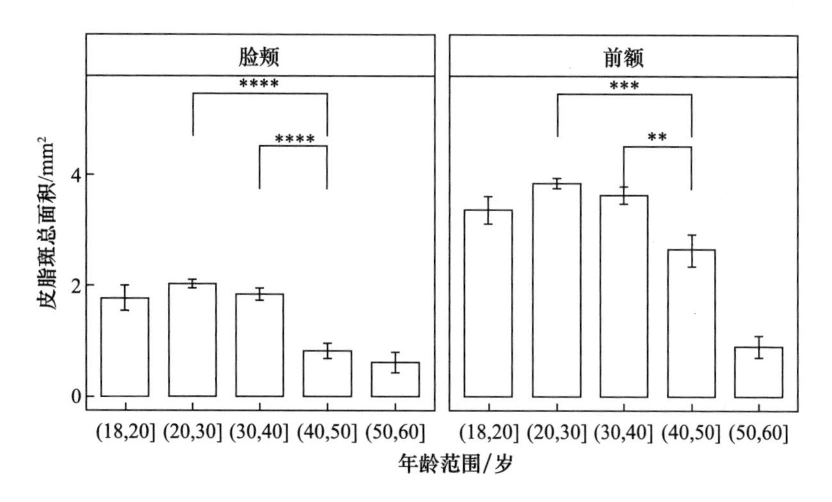

图5-10　不同部位皮脂分泌量随年龄的变化

六、皮肤衰老的生理变化

1. 含水量

含水量即角质层内的水分含量，正常的含水量能够帮助皮肤保持湿润，减少水分蒸发带来的皮肤损害。一项研究表明，面部的皮肤含水量大于手臂、小腿皮肤的含水量，而这些部位的皮肤含水量逐年略有下降。另一项关于中国人的研究表明，无论是男性还是女性，皮肤含水量在0～50岁之间变化不大，但在50～90岁期间急剧下降（图5-11、彩图5-11）。

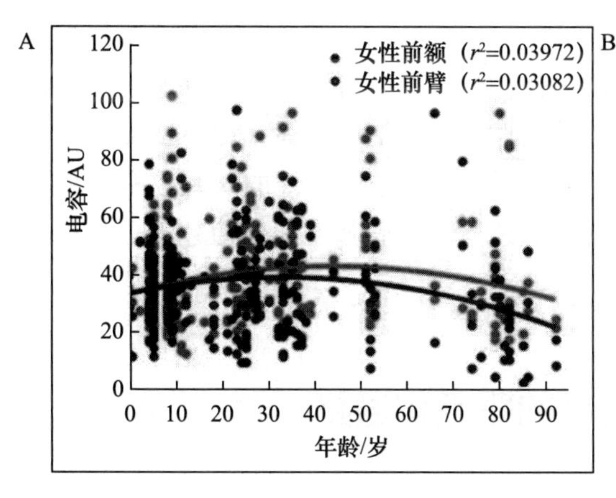

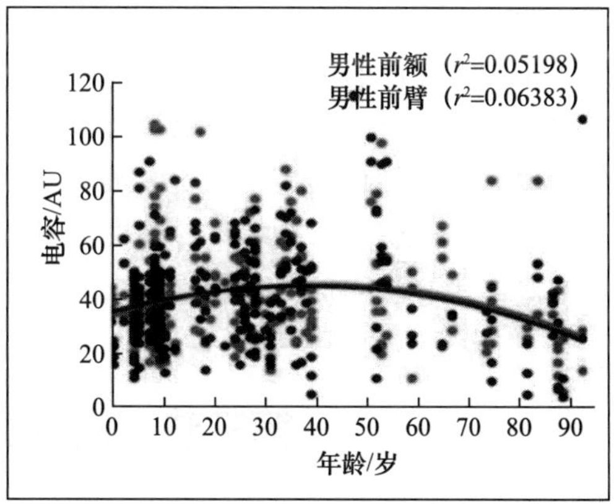

图5-11　皮肤角质层水分含量变化

女性（A）和男性（B）分别在前臂和前额随年龄变化的角质层水合作用变化

2. pH值

皮肤表面的pH值由角质层的汗液、水溶性油脂和排出的二氧化碳共同决定，pH值一般在4～7之间的弱酸性，从而保持皮肤本身的屏障和微生物健康。多项研究表明，皮肤的pH值随着年龄增大而升高。一项纳入713名受试者的研究表明，年老组（70岁以上）比年轻组的pH值更高，另一个纳入300名受试者的研究表明，60岁以上年龄组皮肤表面的pH值明显高于其他年轻组（图5-12）。

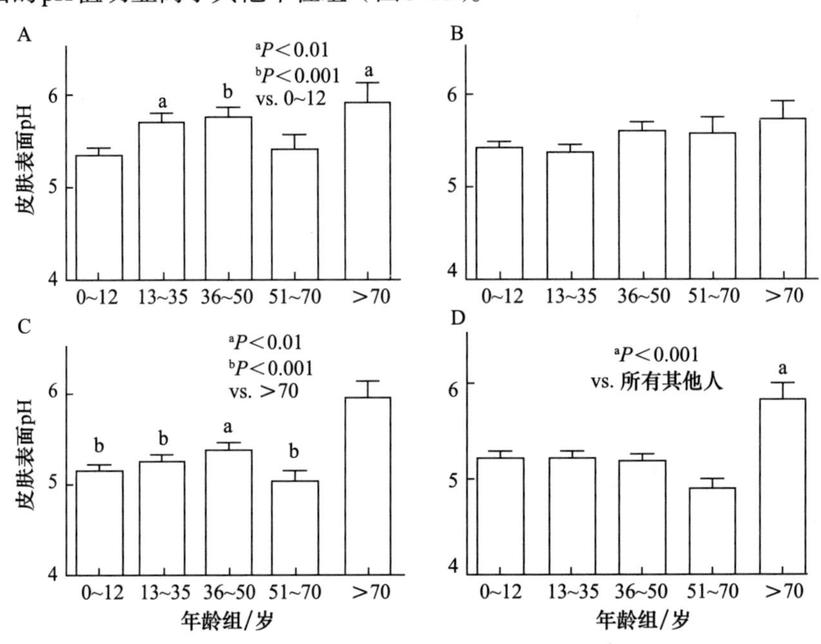

图5-12 皮肤pH值在不同年龄段的变化

A：女性额头的皮肤表面pH值；B：女性前臂的皮肤表面pH值；C：男性额头的皮肤表面pH值；D：男性前臂的皮肤表面pH值

3. 皮肤弹性

多项研究表明，皮肤弹性会随年龄的增长而下降，这主要是由于皮肤内胶原纤维和弹性纤维随年龄增长而变得不规则并失去功能。一项纳入669名中国汉族人的研究发现，非暴露部位的皮肤弹性较面部暴露部位的弹性高；暴露部位中，颈部及眼角部位的皮肤弹性下降最明显，在30岁以后下降加快。眼角、鼻唇沟、颈前区、前臂屈侧部位的皮肤随年龄增长表现得更易疲劳。另一项纳入231名中国女性的研究也有类似结论，皮肤各部位的弹性随年龄增长而降低；年龄越大，皮肤弹性参数值越低，皮肤弹性越差，其中眼角部表现最明显。

第三节 皮肤衰老的靶点和通路

衰老包括皮肤衰老是典型的多种因素造成的结果。卡洛斯·洛佩兹-奥特恩（Carlos

Lo´ pez-Otı´n）对衰老的特征进行了总结，这些特征主要包括9个方面：基因组不稳定性、端粒缩短、表观遗传学改变、蛋白稳定性丧失、营养感应失调、线粒体功能失常、细胞衰老、干细胞减少、细胞间交流变化等（图5-13）。

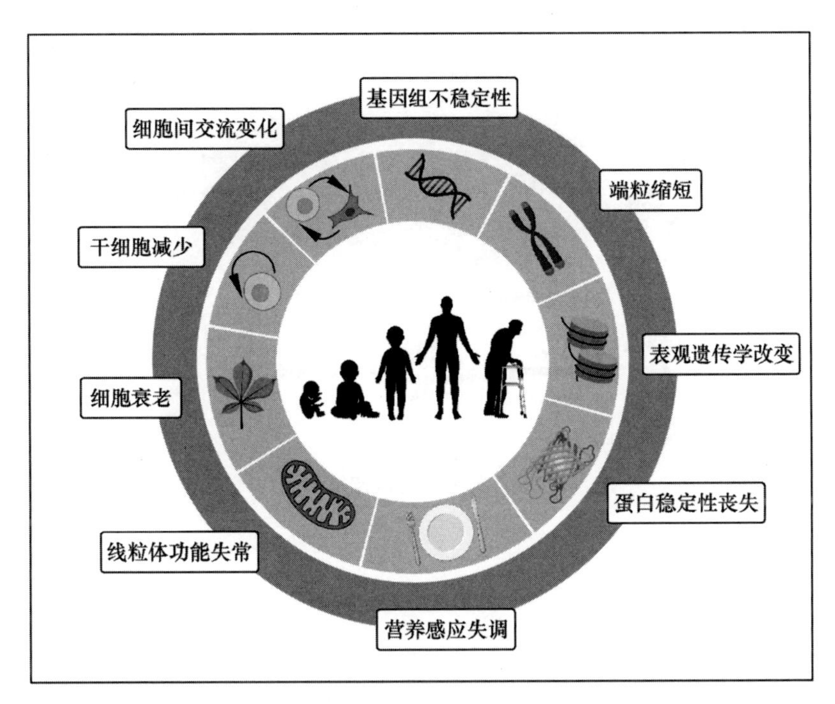

图5-13　衰老的特征

同样，导致皮肤衰老的路径也是一个多因素、相互影响的网络，各种不同因素都会导致皮肤的衰老，其通路通常相互重叠、相互影响。线粒体在内源性衰老中发挥重要作用。线粒体DNA突变导致氧化磷酸化降低及抗氧化酶系统失常，从而引起活性氧增加，继而加速线粒体功能丧失，导致细胞和皮肤衰老。而在光老化理论中，UV照射后，皮肤细胞可产生活性氧簇（reactive oxygen species，ROS），或局部皮肤出现炎症反应，诱导白细胞形成过氧化氢，引起线粒体损伤导致衰老。不同因素之间可能互为因果，不同理论常从不同的出发点进行解释。因此在本节中，将从四个最重要的方面阐述皮肤的衰老通路，即光老化、ROS、炎症性衰老和内分泌系统对皮肤衰老的影响机制。

一、光老化

阳光中的UVB会影响DNA结构，造成基因组的不稳定并且加速细胞衰老。UVA直接影响真皮层，引起ROS的增加和累积，反过来又通过激活某些白介素的表达、诱导免疫抑制或诱导金属蛋白酶的过度表达，加速皮肤衰老（图5-14、彩图5-14）。

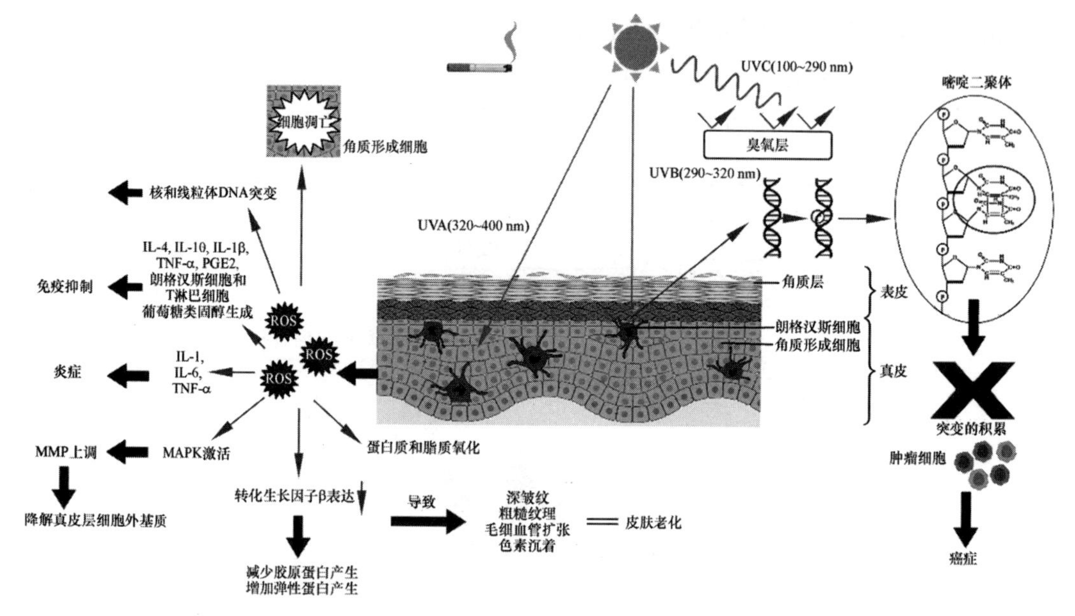

图5-14 光老化造成皮肤衰老

二、ROS引起的皮肤衰老

在生物进化过程中，需氧生物在有氧代谢中可通过1 mol糖获得38 mol的ATP，而那些使用厌氧代谢（即发酵）的生物1 mol葡萄糖仅产生2 mol的ATP。有氧代谢的其中一个副产物是ROS自由基，生物在应对氧自由基的进化过程中形成了相应的防御系统。

ROS对生物体有广泛的影响。在DNA层面，ROS诱导DNA中的鸟嘌呤转化为8-羟基脱氧鸟苷（8-OH-dG），如果修复不及时可能会造成DNA的突变，诱发皮肤病变。同时ROS也可使DNA形成嘧啶二聚体，从而造成DNA突变和断裂。ROS还可以通过不同机制引起蛋白损伤，包括氧化氨基酸残基，形成蛋白加成产物（protein-adduct）。ROS会氧化皮肤细胞中的不饱和脂肪形成脂质过氧化，引起细胞膜损伤、炎症反应等，促使皮肤衰老（图5-15）。以上各因素都会破坏皮肤稳态，导致细胞损伤，影响细胞正常分化和增殖，从而造成细胞衰老。

在皮肤中，ROS的来源多种多样。内源性ROS主要来自于体内的多种生化反应，包括线粒体电子传递链过程，以及还原型辅酶Ⅱ氧化酶、黄嘌呤氧化还原酶、多种过氧化物酶体氧化酶、细胞色素P450家族的酶、环氧合酶和脂氧合酶等参与的反应。

线粒体传递链通过四种复合体不断传递，在传递结束前可能有不少于1%的氧气消耗而形成超氧化物自由基。在细胞质中，过氧化物酶体内含一至多种依赖黄素的氧化酶和过氧化氢酶，它们的主要功能是催化脂肪酸的β-氧化，将极长链脂肪酸分解为短

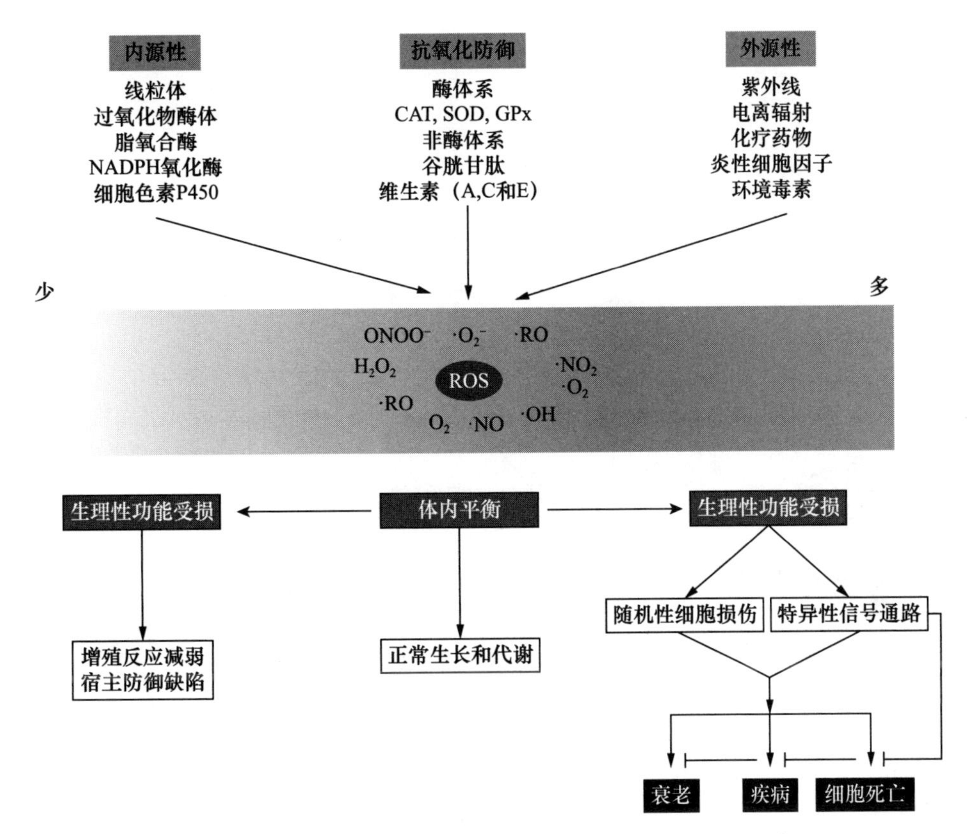

图5-15　ROS引起衰老的机制

链脂肪酸。过氧化物酶体是一种具有异质性的细胞器，共同特点是内含一至多种依赖黄素的氧化酶和过氧化氢酶（标志酶），已发现40多种氧化酶，如*L*-氨基酸氧化酶，*D*-氨基酸氧化酶等。氧化酶可作用于不同的底物，其共同特征是氧化底物的同时，将氧还原成过氧化氢。过氧化物酶体的标志酶是过氧化氢酶，它的作用主要是将过氧化氢（H_2O_2，hydrogen peroxide）水解。H_2O_2是氧化酶催化的氧化还原反应中产生的细胞毒性物质。在内质网中，ROS 主要由细胞色素P450族成员产生。P450族成员主要负责通过增加异生物质或亲脂性化合物的水溶性进行解毒，电子通过细胞色素P450还原酶从NADPH转移到细胞色素P450，最终使异生物质羟基化。在这个过程中，电子的泄漏转移也会产生氧自由基。

外界因素也会促进ROS的增加，如紫外线可以通过影响过氧化氢酶和上调一氧化氮合酶（NOS）诱导 ROS。紫外线也会诱导蛋白激酶C表达减少，从而促进 ROS 产生。外界污染物也是ROS形成的重要来源，比如污染物中的超细颗粒（$<0.1\ \mu m$）容易穿透组织并定位于线粒体，一旦这些超细颗粒被吸收，就能够诱导氧化应激和线粒体损伤（图5-16、彩图5-16）。

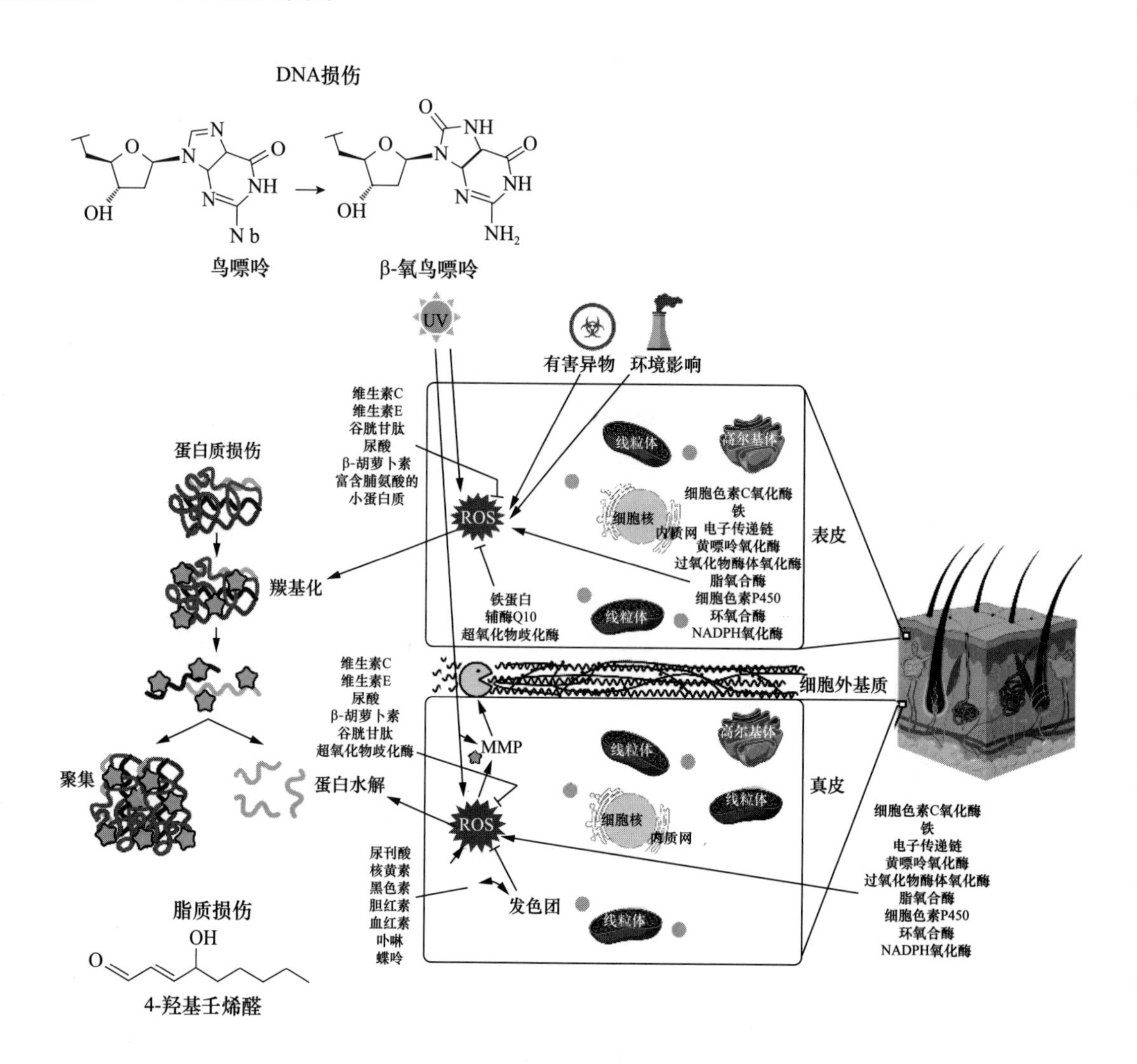

图5-16 皮肤氧化应激来源及影响

三、炎症性衰老

炎症性衰老指由各类慢性、低度炎症的反复发作导致的衰老及相关慢性病。在疾病领域对炎症性衰老有非常深入的研究，大多数与年龄相关疾病的发生机制都涉及炎症，同时炎症也是影响发病率和死亡率的一个非常重要的风险因素。在皮肤研究领域，炎症性衰老也逐步引起业界的关注。

研究表明，先天免疫的变化是影响炎症性衰老的重要因素，其中补体系统和巨噬细胞发挥了非常重要的作用。研究发现，在光老化严重的部位与非光老化的部位相比，其中的肥大细胞、巨噬细胞和T细胞等显著增加。不同细胞都会分泌补体因子，UV刺激可能会促进其分泌，从而造成单核细胞分化成巨噬细胞，引起MMP升高及真皮

ECM降解，从而加速衰老进程。同时这些巨噬细胞也能形成大量ROS并加速皮肤衰老。在衰老进程中有多种免疫因素参与，详见表5-5。

表5-5 参与皮肤衰老的免疫因素

（促）炎症因子	通路和潜在的皮肤损伤
ROS	造成皮肤细胞损伤；氧化脂质；在真皮成纤维细胞中诱导MMP表达
TNF-α、IL-1（主要促炎细胞因子）	引发皮肤炎症反应；诱导其他促炎因子的合成和释放
IL-6、IL-8等（其他促炎细胞因子）	募集中性粒细胞和巨噬细胞；激活真皮成纤维细胞以分泌MMP
中性粒细胞	释放可降解ECM的弹性蛋白酶和MMP
MMP	降解ECM，从而导致真皮结缔组织损伤和皮肤老化
补体系统	由紫外线和真皮-表皮交界处的沉积物引起，激活巨噬细胞
巨噬细胞	紫外线照射后渗入皮肤；生成可降解ECM的活性氧和MMP

在皮肤衰老的过程中，角质形成细胞、成纤维细胞等多种皮肤细胞也发生衰老，并且衰老细胞在皮肤中不断累积。衰老细胞不但会增加促炎因子分泌，其功能变化还会导致皮肤衰老的进程加快，如衰老成纤维细胞对真皮层ECM整体的调节失衡，使皮肤丧失弹性并形成皱纹。同时，相关的免疫细胞数量有所增加，但朗格汉斯细胞的数量减少。衰老皮肤对微生物的先天免疫反应增强，但获得性免疫反应（如抗体形成）变弱，这种现象也可能是皮肤衰老的一种适应机制。

四、内分泌系统对皮肤衰老的影响

内分泌系统对皮肤的整体衰老有很大的影响，最直接的表现是在女性绝经期间，皮肤的整体特性会发生非常大的变化，包括含水量降低、胶原蛋白减少、皮肤弹性和强度下降等。而且绝经后皮肤损伤再修复的能力也显著降低。如果给绝经后女性补充雌激素，可以使其皮肤变厚，水分增加，胶原蛋白和弹性蛋白增加。角质形成细胞和成纤维细胞都有雌激素受体ER-α和ER-β，这也证明皮肤细胞受雌激素的调控。研究证明，激活ER-β能够增加真皮层厚度，防止UV诱导的损伤和MMP的升高，其他雌激素受体的激活剂也表现出类似的效果（图5-17、彩图5-17）。

与雌激素相反，雄激素对皮肤衰老主要表现为负面影响。皮脂腺细胞、角质形成细胞、成纤维细胞和汗腺细胞等多种皮肤细胞都有雄激素受体。睾酮能够通过5α还原酶转化为更高效的雄激素、5α-脱氢睾酮（5α-DHT），睾酮和5α-DHT共同作用于细胞，引起皮肤的水分、胶原蛋白和弹性蛋白减少，MMP表达增加，从而使皮肤的细胞活性和修复能力都下降（图5-18）。

皮肤是一个屏障器官，受时间和环境的影响，其结构和功能会被削弱。皮肤的屏障功能、弹性和阻力特性及其血管反应性涉及表皮、真皮和血管。皮肤衰老时表面会出现一系列明显的特征，如皱纹、斑点、皮肤干燥、失去弹性或小血管扩张。

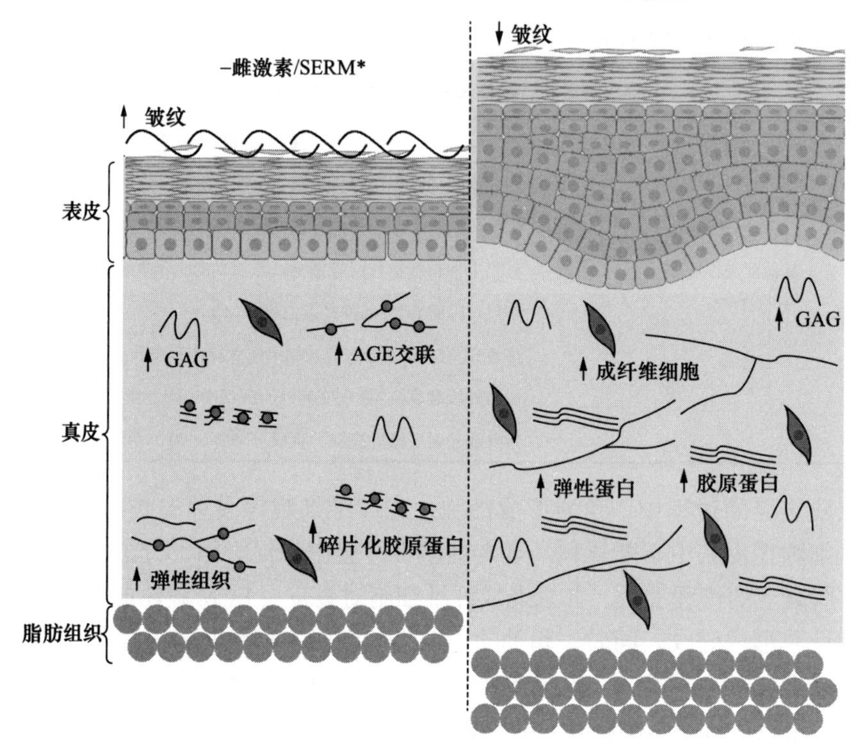

图 5-17　雌激素对皮肤衰老的影响

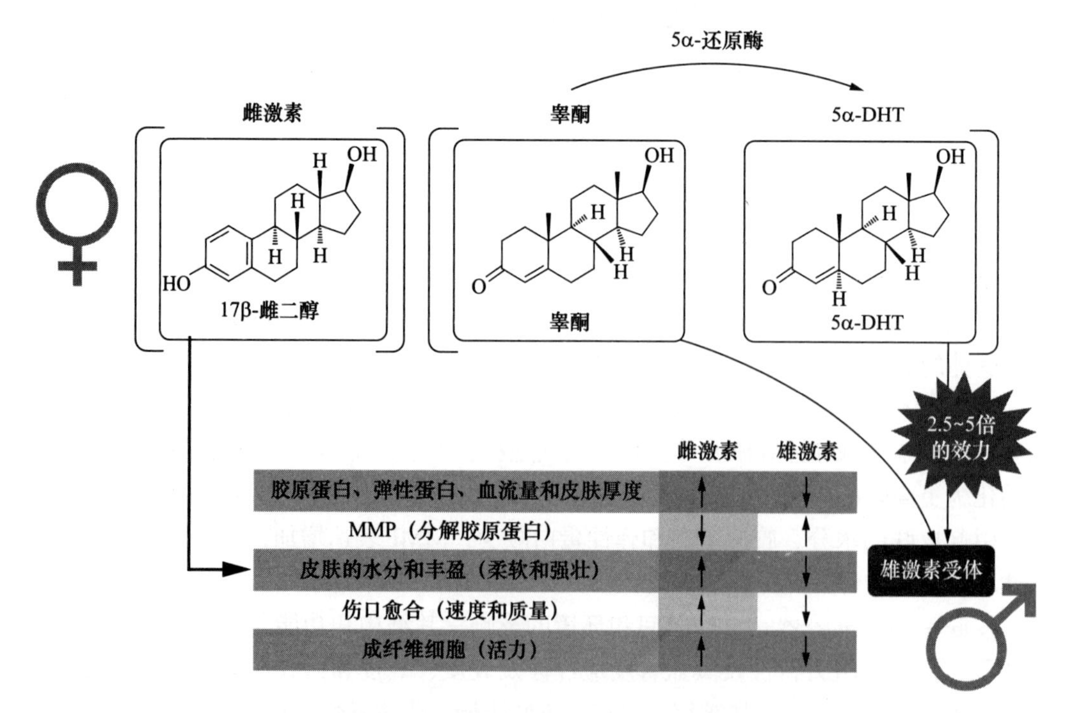

图 5-18　雌激素和雄激素对皮肤衰老的影响

随着人类寿命的延长，对抗衰老已成为一个主要的社会问题。其中，控制皮肤衰老显然是一项重大的科学和经济挑战。既往研究已经积累了丰富的有关细胞衰老和皮肤衰老的科学知识。但是，皮肤是一个复杂的多功能器官，由许多相互作用的结构和细胞类型组成。若能更精准地了解这些相互作用及通路之间的关系，对于探索积极合理的干预手段和皮肤年轻化方案，以及在衰老过程中保持皮肤的健康和功能完整性，不仅在科学研究上是必要的，同时也具有积极的社会价值。

（刘　菲　审校）

参考文献

第六章　敏感性皮肤与精准护肤

王银娟

本章概要

- ☐ 敏感性皮肤的定义及流行病学调查研究
- ☐ 敏感性皮肤的临床表现
- ☐ 敏感性皮肤的诱发因素
- ☐ 敏感性皮肤的发生机制
- ☐ 敏感性皮肤的检测方法
- ☐ 敏感性皮肤的护理

近几年，敏感性皮肤的发生率日渐增高。敏感性皮肤的概念始于20世纪70年代，当时一些患者反馈其使用特定防晒霜时有刺痛感，但相关安全性评估未发现该防晒霜具有毒性的证据。国际瘙痒研究论坛（International Forum for the Study of Itch，IFSI）将敏感性皮肤定义为：皮肤对外界刺激产生的一种不愉悦的感觉（刺痛、灼烧感、疼痛、瘙痒、刺麻等）。在正常情况下，外界刺激不会导致皮肤出现此类症状，且该症状不能完全用其他皮肤病的皮损解释；敏感区域皮肤外观可正常，也可伴有红斑；敏感性皮肤可遍及全身皮肤，但面部尤为常见。在我国，2017年由何黎教授、郑捷教授等中国皮肤科专家发表的《中国敏感性皮肤诊治专家共识》，首次在国内对敏感性皮肤提出了明确的定义。敏感性皮肤（sensitive skin）特指皮肤在生理或病理条件下发生的一种高反应状态，主要发生于面部，临床表现为皮肤受到物理、化学、精神等因素刺激时易出现灼热、刺痛、瘙痒及紧绷感等主观症状，伴或不伴红斑、鳞屑、毛细血管扩张等客观体征。

一、流行病学

2009年对中国城市地区的9154名受试者进行的调查结果发现，有39.5%的受访者报告了某种程度的皮肤敏感。其中，参与调查的女性中，有15.9%的人将自己的皮肤归为“中度”或“非常”敏感状态。2019年发布的一项调查发现，中国正常青年面部敏感性皮肤的发生率、症状和触发因素存在性别差异。此调查针对中国广州非皮肤疾病的敏感性皮肤学生进行问卷调查，475名女性和429名男性被纳入分析。在本次调查中，女性面部敏感皮肤发生率明显高于男性，且女性经历症状较男性多，但男性症状较女性更严重。护肤品为男女面部敏感的主要影响因素。此外，女性对低湿度和日晒等环境因素更加敏感，而男性对情绪因素更加敏感。这些结果表明，敏感性皮肤的特征与性别有关，而潜在的机制仍有待探索。在欧洲，针对4000名受试者（包含8个国家，平均每个国家500名）进行的问卷调查，发现基因在极其相似的人群之间存在巨大差异。例如，在葡萄牙、意大利和西班牙，80%～90%的受访者认为自己发生过皮肤过敏现象。相比之下，在德国、比利时和瑞士的比例为50%～60%。作者认为这种差异可能与特定欧洲国家受时尚和美容广告文化影响所致。在巴西，31%的敏感皮肤受访者患有皮肤病。在美国，超过80%的受试者对气候很敏感。而在中国，情绪刺激是“整容潮”的主要诱因，产品是刺痛的主要原因。在俄罗斯，超过50%皮肤敏感的受试者对风、寒冷条件或温度变化都很敏感。

二、临床表现

敏感性皮肤的主观症状通常是受物理、化学、精神等刺激后，皮肤出现不同程度的灼热、刺痛、瘙痒及紧绷感等症状，持续数分钟甚至数小时，常常不能耐受普通护肤品。在客观体征上，敏感性皮肤外观大都基本正常，少数人面部皮肤可出现片状或弥漫性潮红、红斑、毛细血管扩张，可伴干燥、细小鳞屑。

三、诱发因素

（一）环境因素

气候环境对皮肤影响巨大，如过度暴晒，季节、温度变化及环境污染等。80%以上的敏感性皮肤与低温寒冷天气有关，而炎热潮湿的气候也可加重皮肤敏感，且女性多于男性。大气污染给皮肤带来的损伤已有很多相关报道，如屏障损伤、诱发特应性皮炎、皮肤老化，甚至引发皮肤癌症等。

（二）物理、化学刺激

化妆品、药物及现代医学美容技术的不正当使用，也是当今敏感性皮肤最常见的影响因素。60%的敏感皮肤与化妆品及外部药物有关。肥皂与防晒剂也是诱发敏感性皮肤的因素之一。4%的女性和9%的男性敏感性皮肤的诱因与衣物等摩擦有关，50%与清洁剂有关，20%～30%与使用香精和纸巾有关。

（三）自身因素及生活方式

皮肤类型是影响皮肤敏感的重要因素之一，菲茨帕特里克（Fitzpatrick）Ⅰ～Ⅲ型皮肤相对于其他型皮肤敏感发生率更高。内分泌及精神因素也是影响敏感皮肤的重要因素之一，40%的男性与66%的女性敏感性皮肤与精神刺激有关，58%的敏感性皮肤有家族史。此外，不健康的生活方式也会引起皮肤损伤，如睡眠不足、饮食缺乏营养、过度疲劳等。针对敏感皮肤的影响因素，某些皮肤病如特应性皮炎、银屑病、玫瑰痤疮等都是诱发敏感的关键因素。儿童时期有特应性皮炎病史者日后发生敏感性皮肤较无病史者高70%。有60%的敏感性皮肤者在儿童时期有湿疹、哮喘病史。

四、发生机制

研究认为，敏感性皮肤的发生是一种累及皮肤屏障、神经血管、免疫炎症的复杂过程。在内在和外在因素的相互作用下，皮肤屏障功能受损，引起感觉神经传入信号增加，导致皮肤对外界刺激的反应性增强，引发皮肤免疫炎症反应。近几年，皮肤微生态与敏感性皮肤的相关性研究也有进展。

（一）皮肤角质屏障功能损伤

敏感性皮肤角质层结构不完整，部分具有更薄的角质层，伴有角质细胞减少，导致屏障功能发生障碍。敏感性皮肤经表皮失水率（trans epidermal water loss，TEWL）增加，角质层含水量降低，无法完好地保护神经末梢，皮肤渗透性改变，使诱发物质易于进入皮肤内部从而引起炎症。皮肤屏障的完整性高度依赖于脂质成分，脂质比例紊乱是屏障损伤的重要原因。国外学者比较了敏感组与非敏感组之间不同身体部位角质层神经酰胺的平均含量，研究显示，敏感组除面部以外部位的神经酰胺含量平均值低于非敏感组，但差异无统计学意义；与非敏感组相比，敏感组面部神经酰胺含量平均值的下降具有统计学限制性差异，揭示面部皮肤角质层的神经酰胺含量与皮肤敏感具有相关性。因此，细胞间脂质紊乱是由于相关的屏障被破坏。皮肤表面温度过低或过高（低于34℃或高于42℃）都会延迟皮肤屏障修复，故环境温度可以引发或加重敏感性皮肤症状。

（二）皮肤微生态与皮肤敏感

人类皮肤表面的细菌、真菌、病毒或螨虫等微生物通过分泌抗菌肽或游离脂肪酸为皮肤提供保护，抵抗疾病，防止病原体在皮肤上定居，从而确保上皮健康。为了确定皮肤微生物与敏感性皮肤是否有相关性，2012年开展的一项基于中国女性皮肤微生态的研究表明，常见皮肤微生物的分布与生物标志物及皮肤的生理参数相互关联。皮肤微生物分布与皮肤屏障功能、皮脂、含水量等显著相关。2019年，国内学者对敏感皮肤微生态及其生理参数之间关联性进行研究，皮肤表面三大常驻菌在三个部位（敏感性皮肤面部、胸部，非敏感性皮肤面部）的微生物含量在“门”的水平稍有差异，但无统计学意义；组间具有显著性差异的“属”主要为一些含量较低的稀有菌属，敏感性皮肤的微生物多样性低于正常皮肤。敏感性皮肤的其他常见人群，如特应性皮炎突出的特征为皮损区微生态屏障紊乱，表现为有大量的金黄色葡萄球菌定植，而在正常人群中，90%以上没有金黄色葡萄球菌定植。皮肤微生物定植感染经确认是诱发和加重特应性皮炎的重要因素。痤疮丙酸杆菌（*Propionibacterium acnes*）被认为是寻常痤疮重要的致病因子，现代免疫荧光显微技术发现寻常型痤疮患者面部毛囊皮脂腺中有相对高丰度的痤疮丙酸杆菌定植，其形成的生物膜有抵抗抗生素的能力。玫瑰痤疮患者面部皮损区有高密度的毛囊蠕形螨定植。

（三）皮肤神经功能失调及免疫炎症

敏感性皮肤较多发生于面部，皮肤神经末梢的保护能力减弱、神经纤维密度增加及感觉神经的反应性增高，三者相互作用，引起皮肤感觉神经功能失调。皮肤感觉活跃度异常增高，包括痛觉、触觉、温觉、痒觉等。当皮肤受到刺激时，皮肤细胞及伤害性感受器释放多种神经介质，通过旁分泌、近分泌和内分泌的途径作用于靶细胞，诱发外周神经元和末梢的快速、局限性神经递质释放，如图6-1、彩图6-1。

1. 痛感、灼烧感

痛觉是一种被称为痛觉感受器的周围神经纤维亚群接收高温、机械或化学刺激的过程。痛觉感受器的细胞体位于躯体的背根神经节和面部的三叉神经节中，由一个外周轴突分支和一个中枢轴突分支组成，分别支配其靶器官和脊髓。痛觉感受器只有在刺激强度达到有害范围时才会兴奋，这表明它们具有生物物理特性和分子特性，能够选择性地接收和响应潜在的有害刺激。

人体有两大类痛觉感受器。第一种是中等直径、有髓鞘的传入神经纤维（Aδ），介导急性、定位准确的“第一类”疼痛或快速疼痛。这些有髓传入纤维与直径较大且传导迅速的Aβ纤维有很大不同，后者对无害的机械刺激（即轻触）进行响应。第二类痛觉感受器是直径较小、无髓鞘的“C”纤维，这些纤维传递定位不良的“第二类”疼痛或慢性疼痛。

电生理学研究将Aδ痛觉感受器进一步细分为两大类：Ⅰ型［高阈值机械痛觉感受器（high threshold mechanoreceptor，HTM）］对机械和化学刺激都有反应，但温度阈值相对较高（>50℃）。然而，如果热刺激持续存在，这些传入纤维将在较低温度下也能响应。最重要的是，在组织损伤的情况下，它们会致敏（即响应的温度阈值或机械阈值会下降）。Ⅱ型Aδ痛觉感受器的温度阈值较低，但机械阈值很高。这种传入神经的活动几乎一定会介导对有害温度的“第一类”急性疼痛反应。事实上，对（Ⅱ型）有髓周围神经纤维的（机械性）压迫阻滞可以消除“第一类”疼痛，但不能消除“第二类”疼痛。相比之下，Ⅰ型纤维则可能会介导针刺和其他强烈机械刺激引起的“第一类”疼痛。

无髓C纤维也具有不同种类：与有髓传入纤维一样，大多数C纤维也是多模态的痛觉感受器，它们是既对温度敏感又对机械刺激敏感的群体。尤其是对温度敏感而对机械刺激不敏感的无髓传入纤维（即所谓的沉默型痛觉感受器），只在损伤环境下产生机械

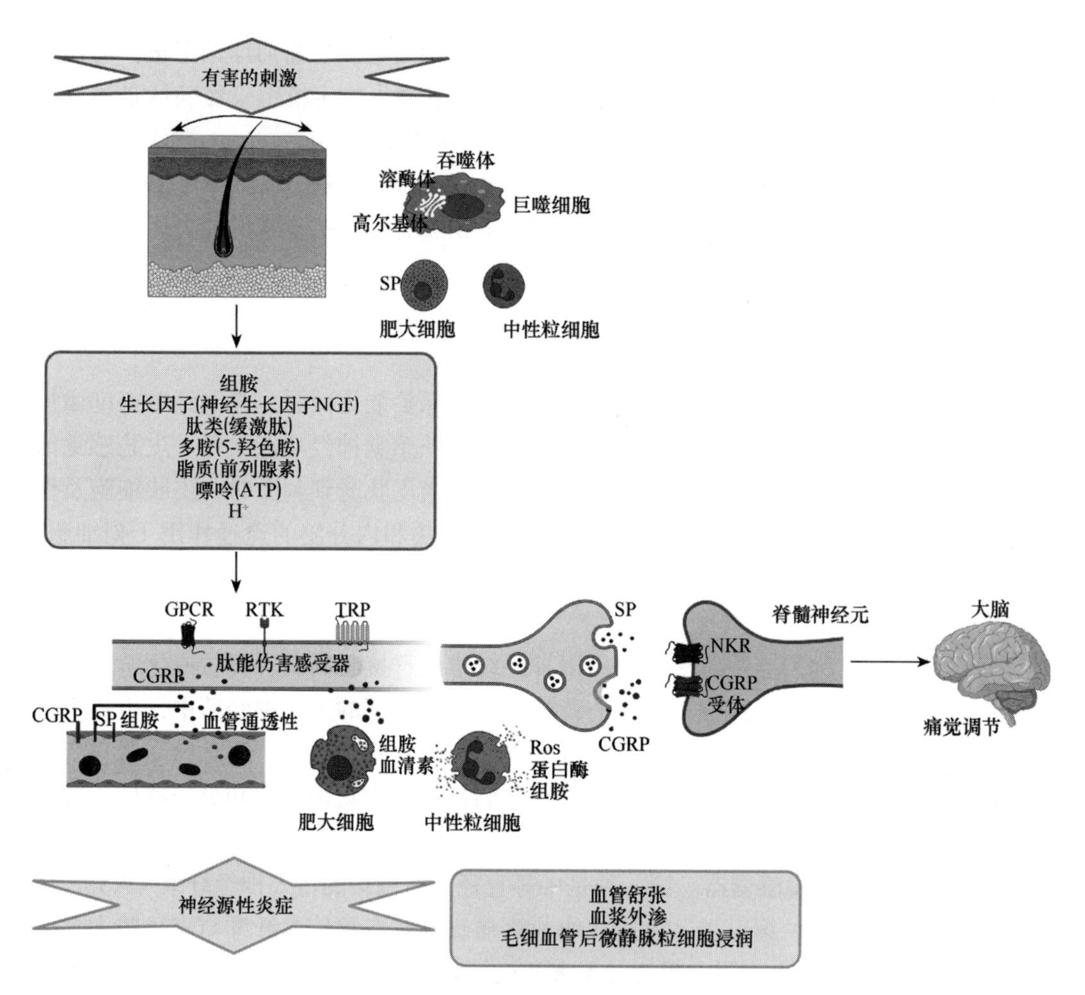

图6-1　神经源性炎症概况

敏感性。与机械刺激相比，这些传入纤维对化学刺激（辣椒素或组胺）更敏感，并且可能在炎症的化学环境下改变其属性而产生痛觉介导作用。这些传入纤维的亚群也对各种产生瘙痒的瘙痒原有反应。值得注意的是，不是所有的C纤维都是痛觉感受器。一些C纤维会对降温响应，还有一种无髓传入纤维会对皮肤毛发的无害抚摸响应，但对温度或化学刺激没有反应。后一种纤维似乎还能介导令人愉悦的触感。

痛觉感受器的神经解剖学和分子特征进一步证明了它们的异质性，尤其是C纤维。例如，所谓的“肽能”C痛觉感受器亚群会释放神经肽、P物质和降钙素基因相关肽（calcitonin generelated peptide，CGRP），同时它们还表达对神经生长因子（nerve growth factor，NGF）响应的TrkA神经营养素受体。非肽能C痛觉感受器亚群表达c-Ret神经营养因子受体，这种受体是胶质细胞源性神经营养因子（glial cell derived neurotrophic factor，GDNF）以及神经生长因子神经秩蛋白（neurturin）和青蒿琥酯（artemin，也称“神经鞘胚素”）的靶向受体。c-Ret阳性亚群中的很大一部分也与IB4隔离素（isolectin）

结合，表达Mrg家族的G蛋白偶联受体以及特定的嘌呤受体亚型，尤其是P2X3。痛觉感受器也可以根据通道表达差异性来区分，这些通道分别可以介导痛觉感受器的热敏感［瞬时受体电位香草酸亚家族成员1（transient receptor potential vanilloid 1，TRPV1）］、冷敏感［瞬时受体电位M亚家族成员8（transient receptor potential melastatin member 8，TRPM8）］、对酸性环境［酸敏感离子通道蛋白（acid sensitive ion channel protein，ASIC）］敏感和对大量化学刺激物［瞬时受体电位A亚家族成员1（transient receptor potential A subfamily member 1，TRPA1）］敏感。

人类心理物理学研究表明，人体对无害性温度和伤害性温度的感知之间有一个清晰且可重复的界限，这使我们能够识别并避免可能导致组织损伤的温度。这种痛阈通常在43℃左右，与前面描述的C型和Ⅱ型Aδ痛觉感受器的热敏感阈值相似。事实上，背根神经节分离培养的神经元表现出类似的热敏感性。大多数神经元的阈值为43℃，少数神经元被更强的热量激活（阈值＞50℃）。辣椒素是“致辣的”辣椒中主要的刺激性成分，对辣椒素受体的克隆和功能表征研究明确了对热感觉处理过程的分子认识。辣椒素和相关香草醛化合物通过激活辣椒素（或香草醛）受体TRPV1（大瞬时受体电位/TRP离子通道家族约30个成员之一），使C和Aδ痛觉感受器的特定亚群去极化，从而产生灼痛感。

TRPV1可被生理或亚生理温度（低于TRPV1 正常激活温度）激活，表现为温度变化导致的敏感性皮肤烧灼、刺痛及瘙痒症状。因TRPV1易被辣椒素激活，故常被称为“辣椒素受体”。针对敏感性皮肤，TRPV1和TRPM8受关注较多。哺乳动物的瞬时受体电位（tranisent receptorpotential，TRP）通道为一类阳离子通道超家族，具有电压非依赖性，是Na^+、Ca^{2+}、Mg^{2+}及H^+等阳离子的非选择性通道。TRPV1通道具有钙离子与钠离子约10 ∶ 1的选择性（渗透性），热激活TRPV1通道具有4 ∶ 1的选择性。除钙离子内流外，钙离子从内部储存亚细胞器如高尔基体、内质网或肌细胞的肌质网中释放，也影响细胞内钙离子浓度的变化。TRPV1是重要的温度、化学和其他感官刺激的分子接收器和传感器，表达于角质形成细胞、成纤维细胞、肥大细胞、内皮细胞、感觉C纤维和Aδ纤维。TRPV1是敏感皮肤中表现刺痛、灼烧的关键，也参与瘙痒过程。TRPV1可被低pH值（＜ 5.9）、热度（＞ 42℃）、视黄酸、苯氧乙醇、大麻素/内源性大麻素、花生四烯酸代谢物如白细胞三烯B_4、前列腺素、神经生长因子、缓激肽、辣椒素、胡椒碱（红–黑胡椒）、大蒜素（大蒜）、丁香油酚、乙醇、樟脑、聚胺、尼古丁等激活。

2. 瘙痒感

瘙痒曾被认为是疼痛的次形态，但现已认识到瘙痒实际上是一种独立的感觉。瘙痒仅限于皮肤、黏膜和角膜。实验证明，去除表皮可以消除瘙痒感，但不能消除疼痛感。瘙痒感来自位于表皮以及真皮-表皮交界处的瘙痒特异性神经纤维的活动。瘙痒没有单一的原因，而是由致痒原和皮肤角质形成细胞、皮肤神经纤维及外周神经和中枢神经系统之间的复杂反应引起的。

表皮的主体细胞角质形成细胞可释放致痒物质（如阿片类、蛋白酶、P物质、神经生长因子、神经营养素4、内源性大麻素），并表达与瘙痒感觉有关的各种受体，包括但不限于蛋白酶激活受体2、香草酸、TRPV离子通道、TrkA、TrkB、大麻素受体1、IL-31受体，μ和κ阿片受体。此外，角质形成细胞具有电压门控ATP通道和腺苷受体。角质形成细胞也会分泌神经递质乙酰胆碱，乙酰胆碱既可直接激活感觉神经，也可通过降低对其他刺激的激活阈值间接激活感觉神经。

瘙痒感涉及两个受体家族：GPCR和TRP通道。GPCR超家族包括PAR、Mas相关G蛋白偶联受体（Mrgpr）、毒蕈碱-3乙酰胆碱受体（M3）、大麻素受体（CB1/2）和组胺受体（H1/H4）。配体由许多效应细胞分泌，包括淋巴细胞（T细胞）、肥大细胞、嗜酸性粒细胞、中性粒细胞和角质形成细胞等。瘙痒感可通过直接激活GPCR或TRP通道诱发。此外，GPCR可通过连接的激酶和（或）磷脂酶系统间接激活TRP通道，导致其致敏。致敏可通过物理、机械、内源性和外源性化学刺激物激活TRPA1和TRPV1的阈值降低。TRP通道同前文描述的疼痛通道。

组织发生炎症或被过敏原刺激时，免疫细胞会释放组胺。组胺直接应用于人体皮肤会引起瘙痒和随后的轴突反射性（逆向）血管舒张。组胺受体共有4种，均属于GPCR。其中有两种H1受体（H1R）和H4受体（H4R）已被确定为瘙痒的潜在受体。先前的研究表明，H1R在DRG中表达，H1R抑制剂可以完全抑制组胺引起的人体皮肤瘙痒。因此，H1R被认为是组胺诱导的瘙痒反应的重要介质。然而，H1R在特应性瘙痒中的作用有限。

肥大细胞表达各种神经肽和神经激素受体，一旦被激活，肥大细胞就会产生和分泌许多额外的分子，包括细胞因子、P物质和蛋白酶。这些肥大细胞衍生的分泌因子会驱动神经源性炎症，从而刺激周围的皮肤神经纤维，引起瘙痒。研究发现，敏感皮肤亚组肥大细胞密度高于不敏感组。这一过程可以通过正反馈循环，导致自我持续和自我放大，主要涉及通过GPCR和TRP通道对钙离子内流的调节。非特异性炎症反应与IL-1、IL-8、前列腺素E2（prostaglandin E2，PGE2）、肿瘤坏死因子（tumor necrosis factor，TNF）等相关。P物质可引起肥大细胞释放组胺，引起瘙痒。毛细血管渗透性增加和血管外水肿导致皮肤感觉神经功能失调，皮肤神经末梢的保护能力减弱、神经纤维密度增加及感觉神经的反应性增高。

3. 血管反应性增高

TRPV1 表达于肥大细胞和角质形成细胞，内皮素（endothelin，ET）由内皮细胞和肥大细胞分泌并诱导肥大细胞脱颗粒导致神经源性的炎症。ET-1可诱导TNF-α和IL-6的分泌，并促进血管内皮生长因子（vascular endothelial growth factor，VEGF）的产生，使血管反应性增高，引发血管扩张。

4. 转录组学

2017年，何黎教授带领团队对敏感性皮肤受试者的长链非编码RNA（lncRNA）和信使RNA（mRNA）进行全基因组鉴定，首次明确了lncRNA参与敏感性皮肤发生。lncRNA是一类长度超过200 nt的RNA序列，尽管本身不具有蛋白质编码潜力，但参与调节翻译过程。大量研究表明，lncRNA参与调控人类发育和部分疾病的进展，对基因组印记、剂量补偿和多能性调节至关重要。在皮肤发育过程中，这些RNA序列在皮肤稳态和相关皮肤病中起重要作用，参与正常人角质细胞和表皮组织的分化和维持，也与皮肤疾病发生有一定关联，如银屑病、特应性皮炎等。此研究中选用3名敏感性皮肤受试者和3名正常皮肤受试者组织构建RNA-seq文库，通过定量实时PCR（qRT-PCR）和RNA-seq分析验证，与正常皮肤组织相比，在敏感性皮肤组中识别出266个新lncRNA和6750个已注解lncRNA。共有71个lncRNA转录本（33个上调和38个下调）和2515个mRNA转录本（950个上调，1565个下调）差异表达（$P<0.05$）。热图中敏感性皮肤样本的热信号与正常皮肤样本有明显区别，大多数基因是参与病灶黏附、磷酸肌醇-3激酶（PI3 K）/蛋白激酶B（Akt）信号传导和癌症相关途径的相关基因。选择5个转录本进行qRT-PCR分析，与RNA-seq一致。另外，结果显示LNC00026与CLDN5高度相关，而CLDN5编码的Claudin5蛋白在紧密连接的表皮屏障结构中起重要作用，表明LNC00026与敏感性皮肤表皮屏障结构形成有关。这些数据均揭示了可能参与敏感性皮肤发病机制的新基因和途径，强调了可用于个体化治疗应用的潜在靶点。另一项研究对敏感性皮肤患者和对照组进行了微阵列转录组谱比较，结果显示两组间的基因表达具有显著性差异。敏感性皮肤组CDH1基因表达上调，而CDH1基因编码的E-钙黏素是一种参与细胞间粘连的跨膜蛋白，在维持表皮完整性和角质形成细胞分化上起重要作用。随后有研究显示，E-钙黏素参与PI3K/Akt信号通路，表明它可能通过该通路参与敏感性皮肤的发病。除此之外，该研究还发现疼痛相关转录本如TRPV1、ASIC3和CGRP与对照组相比均明显上调。以上研究从基因转录水平探究敏感性皮肤的发病机制，提示敏感性皮肤患者可能存在基因水平的改变。

五、检测方法

目前有多种方法识别皮肤敏感的个体，其中包括识别个体特殊感觉反应的测试，如刺痛或灼烧和传统的刺激测试，通过增强的手段检测高反应状态，但每种测试都有很大限制。例如，一个敏感个体的皮肤可能对一种引起刺痛的化学物质（如乳酸）有反应，但对其他刺激诱导无反应。因此，对于敏感性皮肤需要多角度综合评估，包括临床评估、自我调查问卷评估、测试等（图6-2）。在调查问卷中，以迈阿密大学鲍曼医生设计的一套以其名字命名的皮肤分型问卷（The Skin Type Solution，Leslie Baumann）应用较多，不过王学民教授等认为此问卷在中国使用具有局限性，因此我国华西医院学者针对中国人皮肤特点及生活习惯设计了“华西问卷”。

六、敏感性皮肤的护理

敏感性皮肤表现形式具有多样性，个体差异大且易反复发作。其护理的总体原则

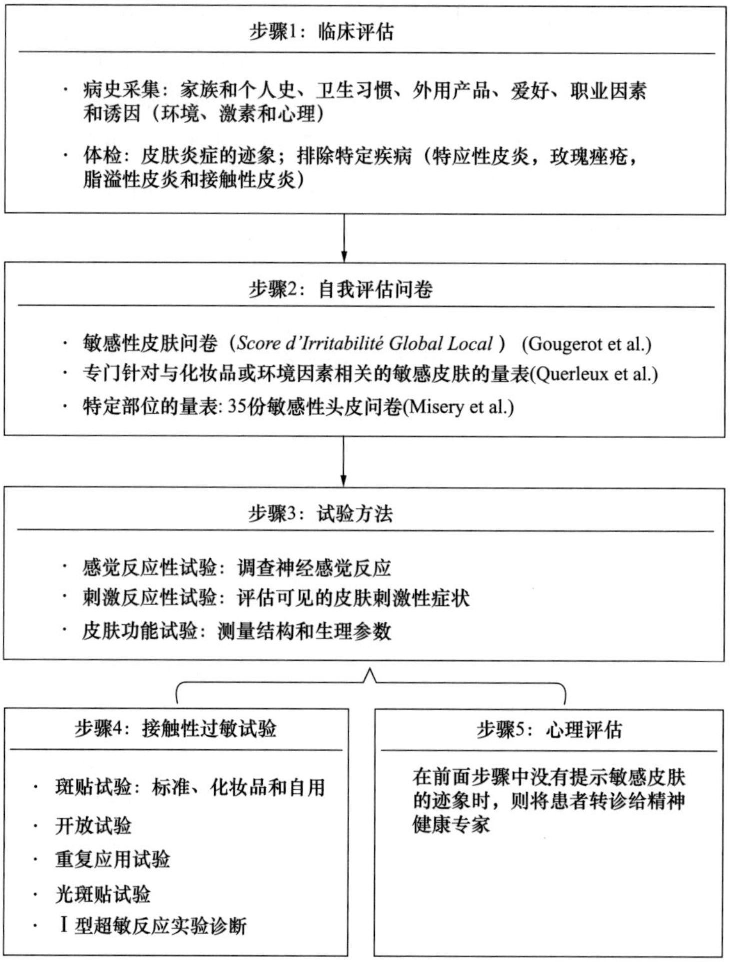

图6-2　敏感性皮肤的检测步骤

为强化健康教育、促进皮肤屏障修复、降低神经血管高反应性和控制炎症反应等，以提高皮肤的耐受性为目的。

（一）心理疏导及健康教育

由于敏感性皮肤反复发作的特性，且大多表现于面部，对患者日常生活造成极大影响。因此，及时帮助患者建立信心极为重要，提倡健康饮食，避免进食过敏及辛辣食物、避免饮酒。同时，还要保持规律的日常作息，尽可能避免各种触发因素，如日晒、密闭极冷极热环境，保持心情舒畅，避免情绪波动，使皮肤保持在稳定且良好的状态。另外，不正确使用化妆品或过度医美也是现在极为常见的外源性影响因素。针对此类人群，首先应建议其从正规渠道购买化妆品，关注化妆品成分，或购买前在耳后进行预涂抹来观察皮肤对产品的耐受性，或在皮肤科医生的指导下选择护肤品；对于医美的选择更需谨慎，应在正规渠道及正规机构选择正规医生治疗。

（二）平衡微生态屏障

目前围绕皮肤微生态的护肤方式主要有三类：益生元、益生菌、益生素（后生元）。益生元如α、β-葡聚糖、菊粉等有益于皮肤表面益生菌生存，刺激皮肤角质形成细胞产生抗菌肽，是较为常见的微生态护肤手段。益生菌为近几年新兴护肤手段，盛行于欧美，将皮肤益生菌直接添入化妆品配方，如乳酸杆菌、表皮葡萄球菌、透明颤菌、酵母菌和双歧杆菌等。目前在我国最为有效的方式为添加灭活益生菌，如一种定植于人体消化系统的植物乳酸杆菌HEAL19，经过温和的热处理灭活，保留完整的细胞壁结构，其功效主要包括：上调抗菌肽表达、限制金黄色葡萄球菌所致IL-8的过度增加以及上调丝聚蛋白的生成，将该灭活菌体应用在化妆品中，能够增强皮肤屏障，恢复免疫功能，具有一定的保湿舒缓效果。临床测试使用该灭活菌体28天，结果显示，可有效改善中国人群敏感性皮肤的保湿性和修复屏障，并减少泛红、瘙痒、刺痛等现象，且经验证使用14天对于特应性皮炎有辅助治疗作用，可加速皮疹修复。益生素为益生菌代谢产物，包括益生菌的细胞壁碎片成分，如乳胞外多糖、肽聚糖等，也包括益生菌细胞分泌的代谢产物，如乳酸、乙酸、短链脂肪酸、细菌素（双歧杆菌素、嗜酸菌素等），以及各类多肽分子。植物乳酸杆菌发酵滤液可上调表皮丝聚蛋白表达，增强屏障达到补水作用，并在4小时内明显改善皮肤纹理。乳酸杆菌/豆浆发酵滤液、二裂酵母发酵溶胞物在微生态产品中发挥着平衡皮肤微生态、修复皮肤屏障作用。

（三）修复皮肤屏障

合理护肤、修复受损的皮肤屏障是治疗敏感性皮肤的重要措施。屏障修复主要分为三类。

（1）优化三种关键生理脂质的比例，使用神经酰胺、胆固醇、游离脂肪酸的比例为1∶1∶1。在生理性比例的前提下，特应性皮炎以神经酰胺为主，研究表明，以神经酰胺为主的三种生理脂质混合物治疗儿童中重度特应性皮炎的效果可与阳性对照氯替卡松媲美。对于新生儿皮肤（包括尿布疹）以游离脂肪酸为主。老化型皮肤脂质总量减少，以胆固醇合成不足为主，因此对于老年性敏感皮肤补充生理性脂质应以胆固醇为主的三种组合。

（2）补充非生理性脂质，这类物质无法渗透到角质层以下，但可深入角质细胞间，包括矿脂、羊毛脂、蜂蜡、角鲨烯及其他碳水化合物，主要起到减少水分散失、物理性暂缓敏感症状的作用。非矿脂优点为在不同皮损类型中发挥作用相同，在配方中可与生理性脂质搭配使用。

（3）应用透皮类活性物内源性调控屏障相关蛋白表达，如丝聚蛋白、兜甲蛋白等，加强屏障修复。市面上此类活性物种类众多，包括益生菌灭活菌体、发酵滤液、植物提取物、多糖类和肽类等。

（四）舒缓皮肤，减轻不适感

对灼热、刺痛、瘙痒及紧绷感显著者，可选择抗炎、抗组胺类药物治疗，轻者也可在护肤方面考虑类似作用的功效性护肤品。

1. 针对炎症因子

洋甘菊、甘草、紫松果菊、马齿苋、黄芩、积雪草提取物等可有效抑制炎症因子释放。现在也有活性物复配达到协同增效作用，如红没药醇和姜根提取物。临床试验证明在人体皮肤红斑模型中，复配比单独使用可达到更好的抑制红斑的效果。

2. 缓解瘙痒

羟苯基丙酰胺苯甲酸最早在燕麦中发现，通过竞争性与肥大细胞表面的NL-1受体结合，阻断组胺释放以缓解由组胺引起的瘙痒。斑贴试验验证其可有效减少40%的泛红及瘙痒，并且对于皮肤干燥引起的瘙痒也具有缓解作用，现在，该成分已被广泛应用于针对于敏感性皮肤、湿疹、特应性皮炎的产品中。此外，其具备一定抗氧化作用。

燕麦中还存在一组酚类生物碱——燕麦酰胺，其具有内在抗炎和止痒作用。蒽酰胺类物质被认为是燕麦疗法中发挥止痒作用的药物。燕麦提取物可降低花生四烯酸、胞质磷脂酶A2和TNF-α含量，所有这些都是已知的炎症介质。在角质形成细胞中，燕麦提取物抑制NF-κB的活性，这是一种负责先天性和适应性免疫反应的转录因子。此外，胶体燕麦抑制角质形成细胞释放促炎细胞因子（如IL-8）和组胺。一种内源性脂肪酸酰胺pCB12，具有类似内源性大麻素的特性。pCB12对大麻素受体几乎没有亲和力。它通过抑制强效内源性大麻素阿南达胺（anandamide）的分解来发挥其活性，从而增加阿南达胺的浓度和活性。最近，有研究显示，将pCB12加入外用乳膏中可降低特应性瘙痒的严重程度。

3. 缓解刺痛、灼烧

4-叔丁基环己醇是TRPV-1拮抗剂。它通过与TRPV-1拮抗作用调节表皮细胞内Ca^{2+}流稳定性，有效阻断由辣椒素及十二烷基硫酸钠（sodium dodecyl sulfate，SDS）引起的皮肤刺激。4-叔丁基环己醇在相关护理产品应用中不但可护理敏感皮肤，还可缓解配方体系中苯氧乙醇的刺激。经研究发现，pCB12也是TRPV1、TRPV3和TRPV4的拮抗剂。

（五）物理治疗

1. 冷喷、冷膜及冷超

对热刺激敏感的患者，可通过低温物理作用收缩扩张的毛细血管，以达到减轻炎症的目的。

2. 红光和黄光

红光具有抗炎和促进皮肤屏障修复的作用，黄光可促进细胞新陈代谢、降低末梢神经纤维兴奋性，它们对于敏感性皮肤的各种症状起到缓解和治疗作用。

3. 强脉冲光及射频强脉冲光

强脉冲光及射频强脉冲光可通过热凝固作用封闭扩张的毛细血管，并对表皮细胞起到光调作用以促进皮肤屏障功能修复，缓解皮肤敏感症状。射频可刺激真皮Ⅰ、Ⅲ型胶原增生，提高皮肤的耐受性。

（六）药物治疗

症状严重者可酌情配合药物治疗，对于伴有焦虑、抑郁状态者可酌情使用抗焦虑和抑郁类药物。

总体上，应遵循温和清洁、舒缓保湿、严格防晒的原则。选用经过试验和临床验证、安全性好的医学护肤品。根据专业皮肤科医生的建议进行物理治疗及药物治疗。

（潘　毅　审校）

参考文献

第七章 痤疮与精准护肤

陈雨童

本章概要

- □ 痤疮的生物学基础
- □ 痤疮的主要表现和分型
- □ 影响痤疮的主要外部因素

寻常痤疮是青少年中最常见的慢性炎症性皮肤病，影响多达80%的青少年，被称为“全球第八大流行疾病”。近年来，痤疮的病理生理机制研究和治疗方法取得了重大进展，本章将回顾痤疮发病机制的新证据和潜在疗法，并概述寻常痤疮的健康护理策略。

第一节 痤疮的生物学基础

痤疮是一种毛囊皮脂腺单位的慢性炎症性疾病，由雄激素诱导的皮脂生成增加、毛囊皮脂腺的异常角化、炎症和痤疮丙酸杆菌的定植引起。

一、皮脂

皮脂腺是一种全分泌腺，它的分泌物是由腺细胞完全解体形成的。皮脂腺的主要功能是分泌皮脂，皮脂分泌增加常与痤疮病变平行并发。

皮脂是一种脂质混合物，主要由甘油三酯（triglyceride）、蜡酯（wax ester）、角鲨烯、游离脂肪酸（free fatty acid）、少量胆固醇、胆固醇酯（cholesterol ester）和甘油二酯组成。痤疮患者除了皮脂分泌量增多，分泌的皮脂中游离脂肪酸相对减少，而且角鲨烯的含量明显高于不长痤疮的人。

皮脂的产生由皮脂腺表达的不同受体诱导，包括雄激素激活的二氢睾酮（dihydrotestosterone，DHT）受体、组胺激活的组胺受体，由压力激活的P物质和促肾上腺皮质激素释放激素（corticotropin-releasing hormone，CRH）受体的神经调节剂受体等（图7-1）。

心理情绪压力可诱发毛囊皮脂腺单位（pilosebaceous unit）临床炎症的发展，痤疮患者的面部皮肤与正常皮肤相比，其特征在于含P物质的神经和肥大细胞数量增加，

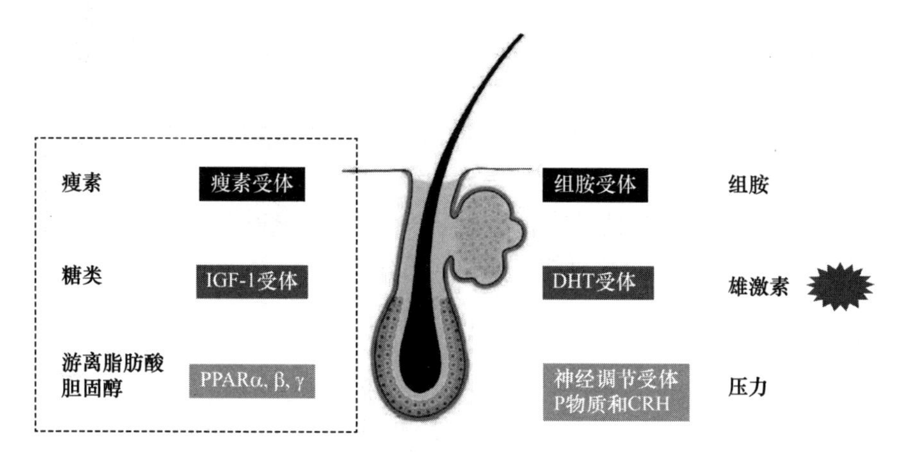

图7-1　控制皮脂产生的受体

以及皮脂腺中脑啡肽酶（neutral endopeptidase）的强表达。皮脂腺通过表达β-内啡肽、促肾上腺皮质激素释放因子、神经肽等受体，与配体结合后，神经递质受体调节皮脂细胞中炎性细胞因子的产生、增殖、分化、脂肪生成和雄激素代谢。通过它们的自分泌、旁分泌和内分泌作用，这些神经内分泌因子介导了对皮脂腺的中枢和局部诱导的压力，最终导致痤疮的发生。研究发现，CRH可抑制SZ95皮脂细胞增殖并诱导中性脂质合成，而且CRH可增强体外人皮脂细胞中Δ5-3β-羟基类固醇脱氢酶的mRNA表达，该酶通过将脱氢表雄酮转化为睾酮来激活雄激素。阿黑皮素原（proopiomelanocortin，POMC）系统也起着重要作用，作为控制皮脂腺的神经介质系统。α-黑素细胞刺激素（α-melanocyte stimulating hormone，α-MSH）可以刺激皮脂细胞分化和脂肪生成，是痤疮炎症和免疫反应的调节剂。

除了由雄激素激活的DHT受体和主要由压力激活的神经调节剂受体外，最近的分子研究还发现并确定了由皮脂细胞表达并控制皮脂产生的其他3种受体。这些新发现的受体都能被膳食物质激活。过氧化物酶体增殖物激活受体（peroxisome proliferator-activated receptor，PPAR）受游离脂肪酸和胆固醇刺激，胰岛素样生长因子（insulin-like growth factor，IGF-1）受体受糖刺激，瘦素受体受脂肪刺激。

瘦素是脂肪细胞分泌的一种激素，可调节体质量，并且已知其将脂质代谢与各种细胞类型的炎症联系起来。在皮脂腺细胞中，它负责在细胞内产生脂滴，最近还被证明能诱导促炎酶和细胞因子（IL-6和IL-8）的分泌。这一结果表明瘦素是诱导炎症和改变皮脂细胞脂质分布的新成员，并且可能是饮食与炎症性痤疮发展之间的介质。

二、毛囊皮脂腺导管的异常角化

痤疮病变发作最关键的一步是毛囊漏斗和皮脂管中的过度角化，导致微粉刺。毛囊角化过度的发病机制尚不清楚。据报道，IL-1α在体外和体内诱导毛囊漏斗部角化过度。此外，漏斗部角化异常与漏斗部角质形成细胞终末分化障碍有关，后者与丝聚蛋白表达增加有关。5-α-DHT升高可能作用于漏斗部角质形成细胞，导致异常的过度角化。皮脂中亚油酸和过氧化物的相对缺乏也可能会引发毛囊角化。闭合和开放粉刺形成的发病机制仍然不明确。对黑头粉刺的研究表明，毛囊漏斗部终末分化的障碍可能在闭合粉刺形成中起作用，并且也涉及成纤维细胞生长因子受体2（fibroblast growth factor receptor 2，FGFR2）的信号传导。痤疮中的囊肿形成通常发生在闭合性粉刺发展之后，丝聚蛋白表达的终末分化可能与囊肿形成有关。

三、痤疮丙酸杆菌

痤疮丙酸杆菌（*Propionibacterium acnes*）是一种生长相对缓慢的典型革兰阳性菌，杆状，兼性厌氧。这种细菌在很大程度上是偏利共生的，存在于大多数健康成年人的皮肤上，是皮肤正常菌群的一部分。

尽管痤疮患者皮肤的痤疮丙酸杆菌与对照组相比没有数量上的差异，但痤疮丙酸杆菌系统发育群表现出明显的遗传和表型特征，痤疮丙酸杆菌生物膜在痤疮中更为常见，不同的系统发育型可能诱导痤疮中不同的免疫反应。

痤疮丙酸杆菌能够形成由细胞外多糖组成的生物膜，后者被定义为嵌入细胞外基质中的微生物聚集体，可保护细胞免受环境中有害条件的影响，并有助于逃离宿主监视机制。生物膜增加了痤疮丙酸杆菌对毛囊壁的黏附，有利于整合素的调节。此外，它调节细菌的生长和代谢，诱导痤疮丙酸杆菌集落的发育，并赋予对抗菌剂和宿主炎症细胞的抗性。因此，使用不会引起抗性的局部抗菌化合物，如过氧化苯甲酰或植物药，可能是限制皮肤痤疮丙酸杆菌生物膜的优先选择。

由于痤疮丙酸杆菌能够调节角质形成细胞的分化并增加局部炎症，因此它被认为是导致痤疮早期阶段的微粉刺（肉眼不可见的结构）和炎症性痤疮病变的病原体。

痤疮丙酸杆菌参与痤疮的发生，通过分泌脂肪酶、趋化因子、基质金属蛋白酶（matrix metalloproteinase，MMP）和卟啉，产生自由基，通过引起角质形成细胞损伤，导致皮肤炎症反应，并与固有免疫标志物相互作用，如Toll样受体（Toll-like receptor，TLR）、抗菌肽（antimicrobial peptide，AMP）、蛋白酶激活受体、炎性蛋白酶激活受体（protease activated receptor，PAR）和MMP。TLR是固有免疫系统的跨膜受体，可检测外源性病原体的入侵，是对微生物和其他入侵者的先天免疫反应的关键成员。TLR主要表达于免疫细胞，如单核细胞、巨噬细胞、树突状细胞和粒细胞。TLR刺激模拟IL-1α的作用并促进促炎细胞因子、前列腺素、白三烯（leukotriene，LT）和趋化因子的产生。痤疮患者中，TLR-2和TLR-4在表皮表层过度表达。在TLR、PAR和AMP的整个激活过程中，痤疮丙酸杆菌通过人角质形成细胞、皮脂细胞或巨噬细胞上调皮肤中的促炎细胞因子（IL-1α、IL-1β、IL-6、IL-8、IL-12、TNF-α）或粒细胞巨噬细胞集落刺激因子，并激活人外周中性粒细胞的炎性小体。AMP是皮肤固有免疫的主要贡献者，其中，人β-防御素2（human β defensin 2，hBD-2）炎症期间在角质形成细胞中上调，然后在皮肤中积累。由于它们具有直接的抗菌作用，这些肽的分泌可以防御痤疮丙酸杆菌等微生物。基于这些因素，将AMP整合到当前针对炎症的治疗（如外用维A酸）中，这被认为可能是痤疮管理的未来。

通过局部使用视黄醇、葡萄糖酸锌可调节由角质形成细胞或单核细胞表达的TLR，烟酰胺可通过NF-κB和促分裂原活化的蛋白激酶（mitogenactivated protein kinase，MAPK）途径调节TLR，诱导IL-8的减少。此外，过氧化苯甲酰（benzoyl peroxide，BPO）和阿达帕林在下调TLR2方面可发挥协同作用。

四、痤疮病理生理学的新进展

（一）内源性大麻素系统

内源性大麻素系统（endocannabinoid system，ECS）代表一类内源性脂质介质，它们参与各种生物过程，包括中枢和外周。最近的研究表明，皮肤中存在功能性ECS，与各种生物过程有关，如皮肤和附属物（包括毛囊和皮脂腺）的各种细胞类型的增殖、生长、分化、细胞凋亡和细胞因子、介质或激素的产生。皮肤ECS的主要生理功能包括控制皮肤细胞的适当和平衡地增殖、分化和存活，以及免疫能力和（或）耐受性。这种微妙平衡的破坏可能会促进多种病理状况和皮肤疾病的发展。2014年进行的一项体外研究发现，大麻二酚具有抑制脂肪、抗增殖和抗炎作用，这可能成为治疗寻常痤疮的有希望的疗法。

（二）皮肤微生物组

皮肤微生物组是常驻微生物（病毒、细菌、真菌和寄生虫）的集体基因组，也称为“微生物群”，存在于皮肤及其附属物上，是一种独特的微生物指纹。它可以控制微生物群和暂驻微生物定植的平衡，并有助于宿主的先天免疫，可能受外部因素（机械因素、致粉刺化妆品、腐蚀性清洁剂、药物、饮食）和内部因素（激素或遗传因素）的影响。即使是共生菌，一些正常菌群也与皮肤炎性疾病有关，如痤疮丙酸杆菌（痤疮）、糠秕马拉色菌（脂溢性皮炎）和蠕形螨（酒渣鼻）。

在健康皮肤的微生物组中，表皮葡萄球菌可能会限制痤疮丙酸杆菌菌株的过度定植，并减少痤疮丙酸杆菌诱导的角质形成细胞产生IL-6和TNF-α。另一方面，痤疮丙酸杆菌可能会抑制金黄色葡萄球菌和化脓性链球菌的增殖，并维持毛囊皮脂腺保持酸性pH值。

对天然微生物组组成的任何改变都可能导致皮肤屏障受到干扰，这种效应称为“生态失调”，并触发先天免疫的激活，导致炎症。重新恢复微生物群的自然平衡，修复天然皮肤屏障，是当今治疗痤疮的主要目标之一。

（三）外周雄激素过多

雄激素通过刺激皮脂腺的生长和分泌功能导致皮脂分泌增加，从而促进痤疮的发展。大多数血液循环中的雄激素是由肾上腺和性腺产生的。雄激素作用也发生在皮脂腺中，它通过几种酶的作用将肾上腺雄激素前体硫酸脱氢表雄酮（dehydroepiandrosterone sulfate，DHEAS）转化为睾酮，后者随后通过皮脂腺中Ⅰ型5-α还原酶的作用转化为5-α-DHT。雄激素的作用是通过雄激素受体介导的，结合DHT和睾酮的雄激素受体存在于皮脂腺和毛囊上皮的外根鞘角质形成细胞中。与睾酮相比，DHT对雄激素受体的亲和力更大。患有高雄激素血症的女性通常会出现经前症状、血清脱氢表雄酮（dehydroepiandrosterone，DHEA）水平轻度升高和抗米勒管激素水平升高，但血液激素水平正常，上唇、眼周和颧骨区域有毳毛。虽然大多数痤疮患者的雄激素水平正常，但由于多囊卵巢综合征、先天性肾上腺增生、肾上腺或卵巢肿瘤等疾病引起的雄激素过多会导致痤疮。

第二节　痤疮的主要表现和分型

目前临床上将0～18岁青少年划分为0～11岁和12～18岁两个年龄组，前者称为“儿童痤疮”，后者称为“青春期痤疮”。儿童痤疮再进一步细分为4个亚群，即新生儿痤疮、婴儿痤疮、儿童中期痤疮、青春期前痤疮。

痤疮的严重程度分类标准有多种，有基于临床症状的Leed分类、基于总体评价的全球联盟标准和欧洲指南，以及社会心理学和生活质量评价等。总体上，临床应用倾向于采用更加简便可靠的评价方法。国内有用皮尔斯伯里（Pillsbury）国际改良Ⅰ～Ⅳ级分类法，常用于临床药物研究，观察疗效，而3度Ⅳ级法是目前临床医生常用的方法，按皮损性质有无脓疱、结节、囊肿分级，而不考虑损害的数目，轻度（Ⅰ级）：仅有粉刺；中度（Ⅱ级）：有粉刺及炎症性丘疹；中度（Ⅲ级）：粉刺、炎症性丘疹、脓疱；重度（Ⅳ级）：除上述外，还有结节、囊肿、聚合性损害或溃疡。

按是否有炎症，痤疮又可分为：①非炎症性痤疮，以粉刺为特征；②炎症性痤疮，以丘疹、脓疱、结节和囊肿为特征。

一、寻常痤疮的典型表现

（1）闭合性粉刺：非炎症，<5 mm，圆顶形，光滑，白色或灰色丘疹。

（2）开放性粉刺：非炎症性，<5 mm丘疹，中央扩张的毛孔含有灰色、棕色或黑色的角化物质。

（3）丘疹脓疱性痤疮：发炎、相对浅表的丘疹和脓疱，直径通常<5 mm。

（4）结节性痤疮：深部、发炎、经常触痛的大丘疹（≥0.5 mm）或结节（≥1 cm）。

二、特殊类型痤疮

（1）聚合性痤疮：聚合性痤疮是一种罕见、严重的炎症性痤疮，其特征是存在寻常痤疮的表现，如粉刺、丘疹和脓疱，经常形成皮肤或皮下的脓肿和囊肿，可能穿孔并形成窦道，愈合非常缓慢，通常会留下瘢痕疙瘩。

（2）暴发性痤疮：暴发性痤疮的特征是急性发疹，有大的炎性结节，伴有糜烂、溃疡和血痂。暴发性痤疮可能与全身症状（如发热、不适、骨痛、关节痛）、结节性红斑以及实验室和影像学异常相关。潜在的实验室异常包括白细胞增多、贫血和红细胞沉降率或C反应蛋白升高。X线片可能显示骨骼的溶骨性病变，特别是在胸骨、锁骨、骶髂关节或髋部。

（3）婴儿痤疮：婴儿痤疮通常在3～6个月开始，是由女孩未成熟的肾上腺、男孩未成熟的肾上腺和睾丸产生的雄激素水平升高所致。雄激素水平在1～2岁时下降，并且伴随着痤疮的改善。

（4）女性青春期后痤疮：女性青春期后痤疮有两种亚型：持续性痤疮是青春期疾病的延续，而迟发性痤疮在成年后首次出现。成年女性痤疮的形态特征往往与青春期痤疮不同。在成人中，炎症性病变（尤其是丘疹、脓疱和结节）通常在下巴和颈部更为突出，粉刺更常见为闭合性粉刺（微囊肿）。虽然成年女性痤疮和青春期痤疮的发病机制没有明显差异，但成年女性痤疮由三个主要病理生理因素主导：痤疮丙酸杆菌的耐药菌株可能导致先天免疫系统的慢性刺激，引发和加剧炎症病变；DHEAS水平在正常范围的上限，刺激IL-2产生并增强Th1免疫功能；超过1/2的患者具有遗传倾向（母亲、父亲或兄弟姐妹患有痤疮）。

（5）机械性痤疮：机械性痤疮是指个体对皮肤进行摩、挤、压、拉、搓或咬等刺激引起的痤疮样皮损，常表现为炎性丘疹和脓疱，可发展为结节和囊肿。当皮肤反复暴露于摩擦或压力时，如使用医疗设备（如石膏或手术胶带）、穿着某些衣服（如运动装备或有领的衬衫）、长时间处于某种姿势（如卡车司机或长期卧床休息）时，就会出现机械性痤疮，消除摩擦因素后常可自行消退。

三、寻常痤疮的后遗症

（1）炎症后色素沉着（post-inflammatory hyperpigmentation，PIH）：个别痤疮病变的消退可能会在皮肤上留下短暂或永久的变化。痤疮炎症后色素沉着表现为棕褐色、棕色、深棕色，甚至是蓝灰色斑块和斑点，在Fitzpatrick皮肤光型量表上为Ⅳ～Ⅵ的个体中尤为常见。一些医疗或美容操作也可能导致PIH。炎症后色素沉着过度通常会自发消退，但个别色素沉着斑可能持续数月或更长时间。外用对苯二酚或壬二酸等美白剂、维A酸及其衍生物成分等有助于减少炎症后色素沉着。

（2）炎症后红斑（post-inflammatory erythema，PIE）：痤疮病变消退后留下的浅红色、粉红色或紫色斑点，主要是由位于皮下毛细血管的小血管扩张、炎症或损伤引起的。PIE常发生在肤色较浅的人身上，例如Fitzpatrick 皮肤光型量表上的Ⅰ、Ⅱ和Ⅲ型皮肤。PIE会在6个月内自行消退，外用维生素C、烟酰胺等成分对其消退有一定的帮助。

（3）瘢痕：痤疮瘢痕是一些患者发生寻常痤疮的常见后果。炎症性痤疮被认为比非炎症性痤疮更可能导致瘢痕。寻常痤疮可导致各种类型的瘢痕，包括萎缩性瘢痕（冰渣瘢痕、箱式瘢痕和车轮瘢痕）、肥厚性瘢痕和瘢痕疙瘩。

第三节　影响痤疮的主要外部因素

一、饮食

痤疮是由激素和生长因子，特别是IGF-1驱动的。IGF-1已被证明可降低叉头框蛋白O1（FoxO1）的核水平，从而导致哺乳动物雷帕霉素靶蛋白复合物1（mechanistic target of rapamycin complex 1，mTORC1）激活。在痤疮中，mTORC1介导皮脂腺过度增殖、脂质合成和角质形成细胞增生（图7-2）。亮氨酸是肉类和乳制品蛋白质中的一种常见氨基酸，也能激活mTORC1。IGF-1也会增加雄激素水平，从而增加内源性IGF-1水平，形成由皮脂增加产生的正反馈回路。高胰岛素血症增加IGF-1和胰岛素生长因子结合蛋白3的循环水平，直接影响角质形成细胞增生和细胞凋亡。IGF-1也会增加甾醇反应元件结合蛋白1的表达，从而刺激皮脂细胞中的皮脂合成。

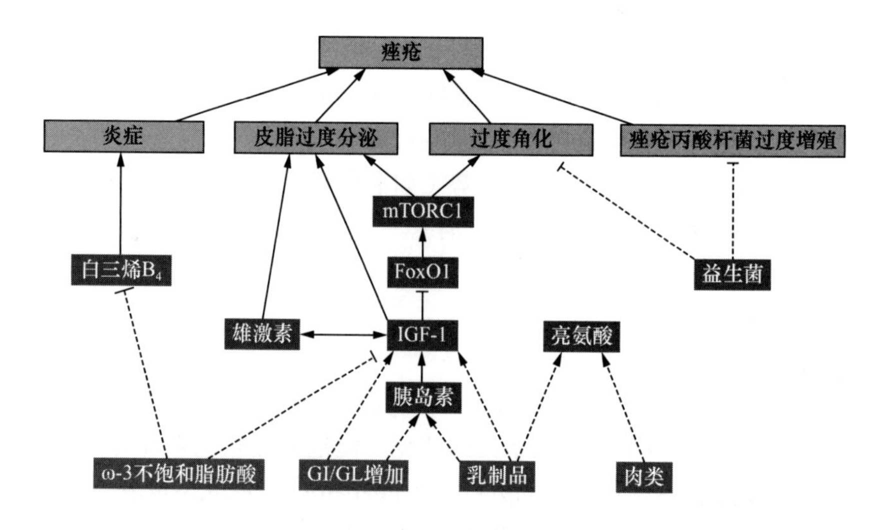

图7-2　饮食对痤疮的影响

多项研究评估了痤疮患者各种食物的血糖指数和血糖负荷的重要性，发现与高血糖负荷饮食的个体相比，低血糖负荷饮食减少了痤疮患者的痤疮病变。青少年时期的IGF-1水平与痤疮活动密切相关，并且可能与类固醇激素协同作用。

乳制品也是饮食对痤疮影响的研究重点。乳制品含有DHT等其他类固醇前体，可驱动皮脂腺功能。乳制品还含有大约60种其他生长因子和微量营养素，牛奶会导致血糖和血清胰岛素水平不成比例地升高，从而导致IGF-1直接升高。

维生素A是正常毛囊皮脂腺功能所必需的，并且在青少年中经常发生维生素A缺乏。膳食脂肪酸会影响炎症，一些是促炎的，一些是抗炎的，因此需要仔细选择饮食以实现最佳控制。痤疮患者受益于鱼和健康油组成的饮食，增加ω-3和ω-6脂肪酸的摄入量对治疗痤疮有益。碘虽然不会导致粉刺，但可能会增强炎症。

益生菌对痤疮有理论上的作用。在一项针对20名痤疮成人患者的随机、安慰剂对照、双盲试验中，在12周内比较了含有鼠李糖乳杆菌GG的液体补充剂与安慰剂的效果，接受鼠李糖乳杆菌GG的患者显示痤疮显著改善，皮肤活检显示益生菌组IGF-1水平降低，*FoxO1*基因表达水平升高。虽然规模很小，但这项研究表明益生菌可能是痤疮患者的有益且耐受良好的膳食补充剂。未来有必要对益生菌在痤疮患者中的使用进行更多研究，以支持这些早期发现。

痤疮可以通过控制激素和炎症来改善，激素和炎症都受饮食的影响，所以完全控制粉刺需要控制饮食。在标准抗痤疮治疗的同时，应停止所有乳制品和所有高糖食物至少6个月，以评估效果。补充维生素A可能有助于减少维生素A缺乏症患者的毛孔堵塞。含有ω-3必需脂肪酸的食物和必需脂肪酸补充剂可能有助于控制炎症。

二、化妆品

克里格曼（Kligman）和米尔斯（Mills）于1972首次提出“化妆品痤疮”这一概念，化妆品痤疮的特点是面部散在发生的小粉刺，只有很少的炎症性病变，如丘疹、脓疱。化妆品中可引发痤疮的因素包括致粉刺成分、精油、油腻的粉底和粉状化妆品、强效皮肤清洁剂以及pH为8.0的肥皂。不当的护肤方法会改变皮肤屏障功能和皮肤皮脂区域，尤其是使微生物组失衡，激活先天免疫从而引发炎症。据报道，一些护发产品，会导致前额和太阳穴出现粉刺和囊肿。

三、机械因素

机械因素包括摩擦、搓洗、使用家用或医疗美容设备（如声波刷、皮辊或微针系统）。机械因素导致两种主要的炎症性皮肤病变：一种是机械性毛囊炎，表现为炎性丘疹、开放性粉刺或无粉刺病变；另一种对应于易患该病的区域的痤疮发作。

目前，机械损伤引起的炎症性皮肤病变的病理生理学仍有待阐明。可能涉及两种不同的机制：第一种机制是导致表皮增厚，使角化过度，角质层发生改变，含水量减少，引起刺激，最后破坏皮肤屏障；第二种机制是影响微生物组和先天免疫。反复的压力和摩擦可能会导致角质细胞表面的脂质膜和皮肤微生物组发生改变。

四、药物因素

药物性痤疮（drug-induced acne，DIA）可由多种药物引起，其皮损特点表现为突然出现的单形性炎性丘疹或丘疱疹，皮损可位于非脂溢部位，如有粉刺多为继发损害。

可导致DIA的药物包括以下三类：第一类，与痤疮发生有明确因果关系的药物，常见药物包括皮质类固醇、合成代谢类固醇、睾酮、卤素（碘、氯、溴化物）、异烟肼、锂制剂和一些抗肿瘤药物（包括表皮生长因子受体抑制剂、鼠类肉瘤滤过性毒菌致癌同源体B1抑制剂和丝裂原活化的细胞外信号调节激酶抑制剂），其中相关机制包括：皮质类固醇诱导TLR2表达和痤疮丙酸杆菌的增殖过度，合成代谢类类固醇诱导的皮脂分泌增多，皮脂中胆固醇和游离脂肪酸增多以及痤疮丙酸杆菌增殖增多、卤族元素激活皮肤芳香烃受体继而激活细胞色素酶P450 1A1诱发粉刺形成等；第二类，与痤疮发生相关但证据尚不充足的药物，包括环孢素A、他克莫司、西罗莫司、维生素B_{12}、维生素D_2、苯巴比妥、硫唑嘌呤、三环类抗抑郁药等；第三类，曾有报道可能与痤疮发生相关的药物，包括维生素B_6、维生素B_1、丙硫氧嘧啶、补骨脂素、一些抗肿瘤药（抗血管内皮生长因子靶向药物）等。

五、污染物

空气污染物通过增加氧化应激直接通路，导致人体皮肤中脂质、DNA和（或）蛋白质的正常功能发生严重改变，从而对皮肤产生有害影响。这种现象在痤疮患者中更为明显，因为在这一人群中，角质层表面的皮肤脂质膜通过氧化角鲨烯的增加和亚油酸的减少而改变。

空气污染的另一条通路是颗粒物激活芳烃受体，通过细胞色素P450酶这一途径间接诱导氧化应激，引起痤疮发作。氯痤疮是典型的多环芳烃受体通路诱导的痤疮，也被称为“职业性痤疮”，它是一种特殊类型的痤疮，由在生产劳动中接触矿物油或某些卤代烃引起。

六、气候情况

气候条件和季节变化导致热量、湿度和强烈紫外线辐射的组合可能引发炎症性痤疮，这被称为“热带痤疮”“大痤疮”。UVB和UVA都会导致皮脂腺增生、角质层增厚、皮脂分泌增加和粉刺数量增加。UVR触发抗微生物肽的产生和释放，激活先天免疫系统并最终抑制适应性细胞免疫反应。皮肤微生物群可能因此发生改变，并且痤疮丙酸杆菌可能会在皮肤上过度定植，导致痤疮暴发。

七、社会心理和生活方式因素

压力、负面情绪、睡眠剥夺和现代生活方式等社会心理和生活方式因素对炎症性皮肤病均有影响。促肾上腺皮质激素释放激素和神经肽存在于皮脂腺中，可能会激活免疫和炎症通路，从而导致痤疮的发作，并进一步受压力和神经刺激诱发而恶化。据报道，智能手机和平板电脑发出的短波长可见光会增加金黄色葡萄球菌的增殖，使皮肤微生物群失衡，从而发生痤疮。因此，现代生活方式中一些被定义为压力的状况，包括城市噪声、社会经济压力和光照，都可能会导致痤疮的发生。

（许　阳　审校）

参考文献

第八章　光防护与精准护肤

冰　寒

本章概要

- □　光生物学、光化学基础
- □　光辐射与不同皮肤表征的关系

作为人体最大的，同时也是暴露于日光面积最大的器官，皮肤及其附属器时刻能够感受到光信号并作出反应。毫无疑问，光对于皮肤的生物学作用是广泛、深刻而复杂的。人类皮肤也由此进化出了一整套的策略以适应光的影响。当然，这种适应与调节能力是有限度的，当光的影响超出限度时，就会对皮肤造成损伤。

本章将简述日光的基本知识、光对皮肤的主要影响及作用机制、光相关主要的皮肤问题与特征。

第一节　光生物学、光化学基础

一、日光辐射

太阳内部的核聚变产生巨大的能量，以电磁波的方式（光也属于广义上的电磁波）向空间辐射，部分到达地球。地球大气圈中电离层、臭氧层将部分短波（高能）射线过滤，从而避免了地球生物遭受伤害。到达地球表面的日光辐射（地表日光辐射）主要包括紫外线（包括中波紫外线UVB和长波紫外线UVA）、可见光和红外线。其中紫外线的波长为290～400 nm，可见光的波长为400～760 nm，红外线的波长为760 nm以上（图8-1、彩图8-1）。以能量计，紫外线辐射约占6.8%（其中5%为UVB，其余为UVA）、可见光约占38.9%，余下54.3%为红外线。

这些日光成分在微观上均是携带不同能量的光子，由于光的真空传播速度恒定，因此光的波长越短、频率就越高，携带的能量就越大，反之亦然。

光子的能量越大，生物学效应就越强烈，越容易造成伤害，这就是为什么最短波的UVC可使蛋白质和DNA破坏，引起急性损伤，也可用作灭菌光源；UVB容易使DNA损伤、导致皮肤晒伤和晒红；UVA的作用更为慢性，不易令人察觉。但由于UVA是日光紫外辐射的主要成分，故长期慢性的UVA辐射也可以造成很大的损伤。“光波长

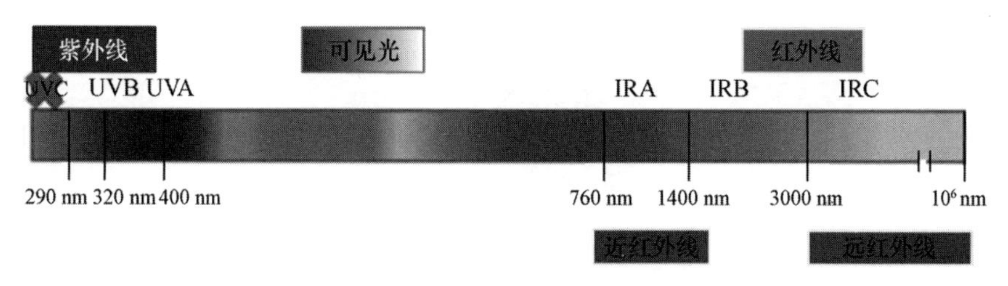

图 8-1　地表日光光谱

越短，光子的能量越大，生物学效应就越强烈”这一客观事实也可以解释为什么当我们在谈及日光辐射防护时，重点通常都放在“紫外线防护”上，因为紫外线在地表日光光谱中波长最短。

二、日光辐射对皮肤的主要效应

日光中不同波长的光线对皮肤有多方面的效应，既存在有利的，如UVB是皮肤合成维生素D所必需的，又如红外线对皮肤可有光调作用；也存在有害的，如皮肤晒伤、老化和黑化。同时，波长越短的光，透入皮肤的深度越浅，反之越深（图8-2、彩图8-2），这也使不同波长的光对于皮肤不同深度的结构成分和细胞产生不同的效应。

（1）UVB：UVB的波长为290～320 nm，可穿透角质层进入表皮层，基本不能到达真皮。UVB对皮肤的伤害作用包括诱导产生自由基，引起表皮角质形成细胞（epidermal keratinocyte）DNA损伤等。前者可引起抗氧化剂的耗竭，从而进一步导致细胞膜结构的损伤，特别是线粒体膜损伤，从而使细胞活力受损。

UVB对DNA的损伤关键机制之一是使其中的一些核苷酸——胸腺嘧啶和（或）胞嘧啶形成异常的二聚体环丁基嘧啶二聚体（cyclobutane pyrimidine dimer，CPD）结构。如果这些异常结构能被光裂合酶或T4核酸内切酶等修复（图8-3、彩图8-3），则细胞可以恢复正常；如果不能被修复，则细胞会发生核萎缩并死亡，形成“晒伤细胞”（图8-4、彩图8-4）。大面积晒伤细胞的产生，可以使表皮成片脱落，期间伴随着发红、水肿、水疱以至疼痛等炎症表现。晒伤在本质上属于紫外线的光毒性作用。

UVB会诱导角质形成细胞释放多种细胞因子或激素，包括α-黑素细胞刺激素（α-melanocyte stimulating hormone，α-MSH）和IL-1α、内皮素（endothelin，ET）、转化生长因子（transforming growth factor，TGF）-β1、血管内皮生长因子（vascular endothelial growth factor，VEGF）和IL-21等。其中，α-MSH、ET是强烈的黑素细胞丝裂原和促黑素合成因子。虽然UVB很少能直接照射到黑素细胞，但仍然可以通过这些间接途径刺激黑素细胞合成黑素。黑素的合成是一种防御行为。黑素合成后，会通过黑素细胞的枝状微管输送至与之毗邻的角质形成细胞中，并且定向聚集在后者细胞核的顶部，形成一种帽状结构，称为“核上帽”（图8-5、彩图8-5）。这种帽状结构的主要功能就是吸收紫外线，防止其直接照射到细胞核而损伤其内的DNA。

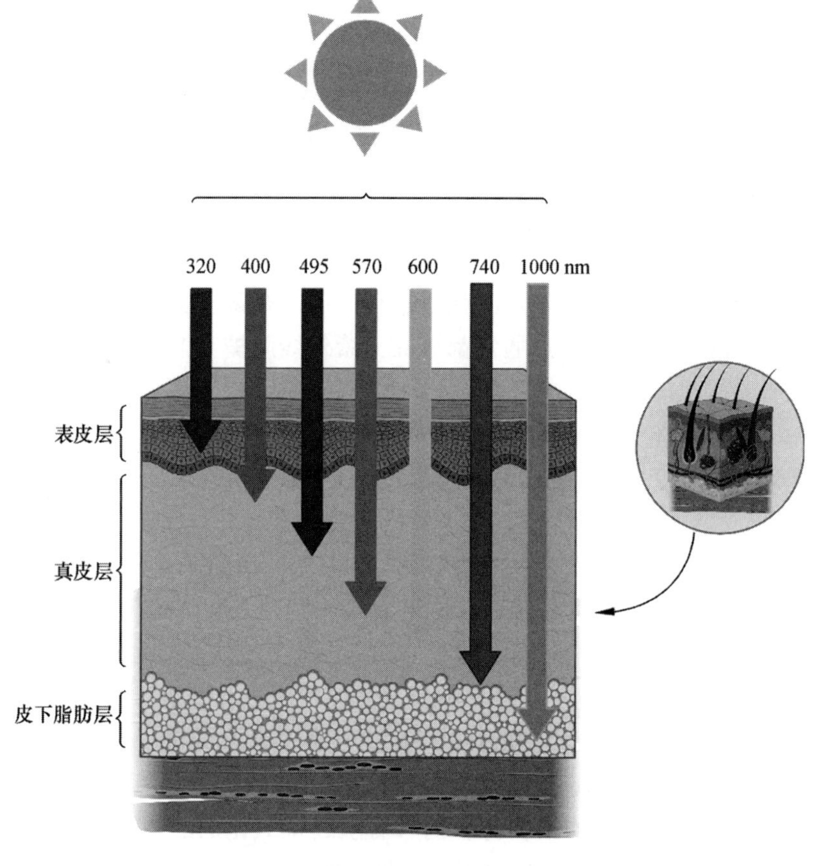

图8-2　不同波长的光透入皮肤的深度

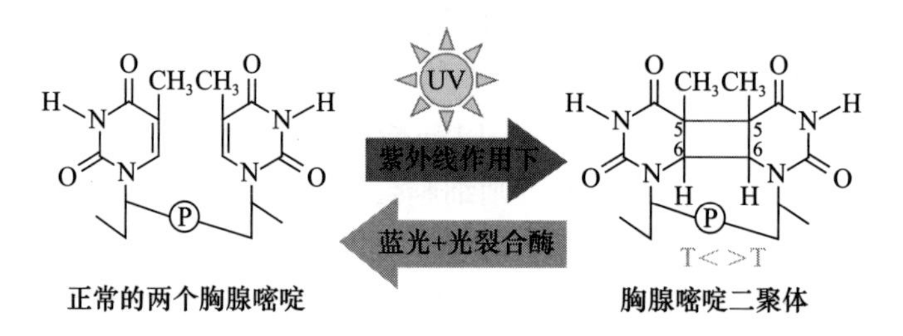

图8-3　UVB对DNA的损伤作用原理示意图

暴露于UVB会使表皮异常增厚。经光学相干断层成像（optical coherence tomography，OCT）显微镜测量，在这种使表皮异常增厚的作用效应上，UVB比UVA高一倍多。表皮异常增厚很可能是一种防御性行为，用于抵御光损伤，但同时也会引起一系列的后果，包括：皮肤看起来粗糙、柔软度下降，刚度上升而弹性降低；位于最外层的角质层离真皮的距离加大，因此从真皮获取水分更困难，皮肤表面会变得干燥，容易引起脱屑，透明度下降，并且容易发黄、变脆。因此，长期接受日晒的皮肤会有一种“饱经风霜”的感觉。

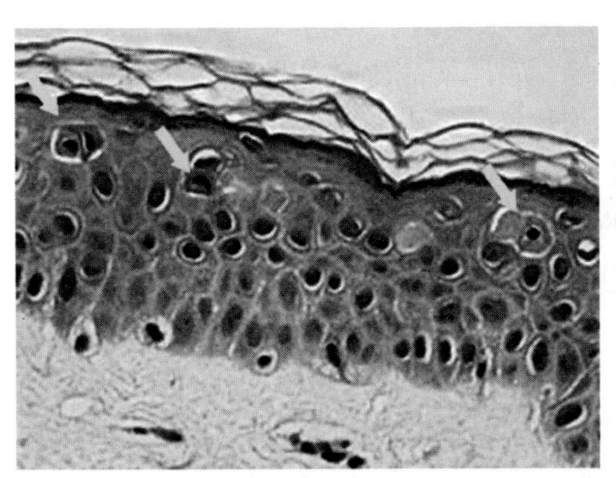

图8-4　表皮中的晒伤细胞（黄色箭头）
引自：dermatologyadvisor.com

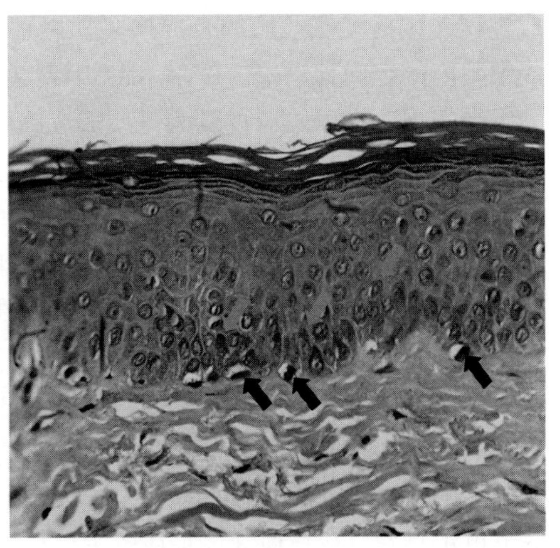

图8-5　表皮中角质形成细胞中的核上帽结构（绿色箭头）和黑素细胞（黑色箭头）
引自：冰寒. 问题肌肤护理全书［M］. 青岛：青岛出版社，2020：105.

UVB对皮肤的有益影响主要是促进维生素D的合成。在人体皮肤中，维生素D_3前体（pre-vitamin D_3）由胆固醇前体7-脱氢胆固醇（7-dehydrocholesterol）在经紫外线照射后的光化学过程中合成，由7-脱氢胆固醇合成前维生素D_3的最大作用光谱为305 nm。由于维生素D在钙的吸收、利用、代谢中起到重要作用，缺乏日光照射（因而缺乏维生素D）的儿童容易发生佝偻病或软骨病。由于维生素D有许多重要的功能，因此其缺乏也会引起多种健康后果。此外，UVB可以诱导一氧化氮（nitric oxide，NO）的产生，NO作为一种血管扩张剂，对于情绪和心血管健康非常重要，因此长期缺乏日光照射，可能导致心血管问题及情绪低沉。拉尔斯·阿尔弗雷德森（Lars Alfredsson）等甚至呼吁：日晒不足已经成为一个真正的公共健康问题，因为流行病学调查发现乳腺癌、结直肠癌、高血压、心血管疾病、代谢综合征、多发性硬化症、阿尔茨海默病、自闭症、哮喘、1型糖尿病和近视均与之有关。

此处需要强调的是，全身皮肤都可以合成维生素D和产生NO，在户外活动时，可以把美容最重要的部位——脸保护好，不一定非要让脸部去接受日光照射，这些生理功能完全可以由身体其他部位的皮肤完成。

（2）UVA：UVA的波长为320～400 nm。由于波长较长，故UVA可以透过表皮层，大部分到达真皮乳头层，少量可到达网状层。

UVA的能级较UVB低，因而更多的是造成慢性损伤，而不会像UVB那样在较短时间内让皮肤晒红。UVA对皮肤的损伤效应主要体现在黑化、真皮损伤、光免疫抑制作用等。

表皮黑素细胞可以表达多种视蛋白，包括视蛋白1～5，视蛋白可以感受光信号，并且能引起黑素细胞的一系列下游活动。与美容皮肤相关的活动主要是促进黑素的合成过程，包括酪氨酸酶的合成增多、黑素小体的着色和转移，以及黑素小体在角质形成细胞内的定向移动等。UVA和UVB对色素沉着的促进效应可以直接通过黑素细胞的光感受实现，也可以通过刺激角质形成细胞释放一系列因子（包括α-MSH、ET等）间接实现，甚至还可以通过更长的作用途径实现。如UVA能使毛囊内的痤疮丙酸杆菌分泌的卟啉类释放出单线态氧，导致皮脂中的角鲨烯过氧化，过氧化角鲨烯又诱导角质形成细胞释放前列腺素E2，接着前列腺素E2诱导黑素细胞合成更多黑素。因此，日光暴露，特别是UVA暴露，是导致皮肤黑化的主要因素。

UVA可以直接诱导真皮成纤维细胞产生更多自由基、基质金属蛋白酶类（matrix-metalloproteinase，MMP），特别是MMP-1。前者对真皮细胞外基质（extracellular matrix，ECM）造成损伤，诱导黑素的合成，促进真皮胶原蛋白糖化。紫外线照射、活性氧（reactive oxygen species，ROS）自由基都可以（间接和间接）加速糖化反应，实际上也正是有氧化反应才能形成终末糖化产物（advanced glycation end producs，AGE）；反过来AGE也会诱导产生自由基，导致脂质过氧化，从而对细胞膜结构造成损伤，并促进黑素合成。糖化是光老化的一个伴随或者交叉过程。

MMP是一个较大的家族，其主要作用是分解胶原蛋白和弹性纤维，并引起真皮的重塑，这是皱纹形成、真皮老化的核心机制之一。

UVA和UVB还可以诱导真皮成纤维细胞产生纤维调节素（fibromodulin）、弹性蛋白酶等，这些均对真皮的重塑过程有重要作用。

UVA可以导致皮肤中的抗原捕获和递呈细胞——朗格汉斯细胞减少，形成光免疫抑制，这是日光诱导的皮肤癌的主要发生机制之一，同时也具有治疗价值，可用于减轻一些皮肤疾病，比如过敏性接触性皮炎。真皮成纤维细胞对于低剂量UVA照射还有适应能力。一项研究显示，先用较低剂量UVA（49 W/m^2）照射成纤维细胞，再用高剂量UVA（135 W/m^2）照射，低剂量UVA反而会对细胞有一定的保护作用。

显然，紫外线（包括UVB和UVA）的作用随着波长、剂量、照射时间、配合的药物等因素的变化，可以实现不同的生物学效应，其中部分已成为诊断或治疗多种皮肤疾病的有力武器，如白癜风、银屑病、瘙痒等。

（3）蓝光：作为可见光，波长在400～500 nm之间，由于在光谱位置上紧邻紫外线，因此蓝光能级也较高，具有多方面的生物学效应。

蓝光与人体的昼夜节律调节紧密相关，460 nm左右的蓝光通过视蛋白3的感知作用可调节昼夜节律和褪黑素分泌。蓝光可以使人兴奋、清醒，这与日光光谱在一天中的变化是对应的：傍晚，蓝光逐渐减少，人们开始安静；早晨，蓝光逐渐增多，人们开始劳作。

长时间大剂量蓝光照射可具有和紫外线类似的损伤作用，其最早被关注到是因为视网膜黄斑变性。

蓝光在皮肤中可以诱导自由基而产生氧化应激（部分因为类胡萝卜素的消耗），因此也可以直接或间接促进黑素的合成。蓝光通过诱导生成MMP，降解胶原蛋白和弹性纤维，加速光老化。当蓝光与紫外线共同照射皮肤时，诱发的红斑效应更加明显。

蓝光也具有光调作用和光动力等治疗价值，比如可用于白癜风、特应性皮炎/湿疹、黄疸等的治疗；与光敏剂合用，可用于痤疮、人乳头状瘤病毒（human papilloma virus，HPV）相关疾病的治疗等。不过由于蓝光的穿透深度不如红光，加上高强度照射容易引起皮肤黑化，因此在光动力治疗中红光更受欢迎。

在光裂合酶存在的情况下，蓝光可以被光裂合酶作为能量来源，用于修复紫外线对DNA造成的损伤（形成CPD），这一作用被称作“光复活”。这种过程不仅存在于低等生物中，在皮肤领域亦可发挥作用。

蓝光强度最强的光源是日光，其次是电视、电脑屏幕、手机。电脑和手机屏幕发射的蓝光对皮肤的影响较弱，对神经和视觉的影响可能是主要的，因此，日常防护的重点应当是日光中高强度的蓝光。

（4）红光：波长在620～780 nm之间，波长较长，可以有效地穿透入皮肤内部。同时，由于能级较低，对皮肤的伤害很小，光调作用显著，在医学治疗、美容抗衰老方面有重要的应用价值。

红光对真皮的作用机制（图8-6）是：①通过作用于细胞色素C氧化酶，解离其上的NO，使电子呼吸链更加活跃，进而增加ATP的产生及ROS自由基的释放，增加线粒体钙离子的渗入并提升线粒体膜电位；②红光作用于隐性相关肽（latency-associated peptide，LAP），该肽与TGF-β结合在一起，在红光作用下TGF-β1被解离，与受体结合后启动*COL1A1*基因，通过SMAD通路促进胶原蛋白合成，影响成纤维细胞增殖与迁移（TGF-β3对此起抑制作用）。维金德拉·帕布（Vijendra Prabhu）等的体外试验显示，在添加胎牛血清的培养基中培养的人皮肤成纤维细胞，接受5 J/cm^{2}的红光照射，可提升迁移能力，但是低于或高于此剂量，效果都不明显。低浓度TGF-β1可以促进真皮成纤维细胞增殖和胶原蛋白合成，而高浓度TGF-β1起抑制作用。正是这种双面作用，红光（合适的低照度）既可用于抗衰老（高照度，比如24小时连续照射，累积剂量640 J/cm^2），也可用于减轻皮肤纤维化、软化瘢痕。

红光结合化妆品可以抗衰老。安德烈·萨默（Andrei P. Sommer）和朱丹进行了一个很有意思的实验，先用绿茶提取物敷贴皮肤20分钟，再用670 nm红光照射（4 J/cm^2），每天一次，1个月后，受试者皮肤皱纹减轻、肤色和肤质明显年轻化，而这种效果单用光处理的话，需要长达10个月。

红光可以促进皮肤屏障修复。安倍（Abe）等使用猪皮损伤模型，以皮肤透过电位作为衡量指标，用波长＞600 nm的红光以40 mW/cm^{2}剂量照射超过10分钟，可以促进皮肤屏障修复。登达（Denda）等用胶带撕脱无毛小鼠皮肤制作屏障损伤模型，再用不同波长的光线照射，发现蓝光（430～510 nm）延迟了屏障修复，而红光则可以显著促进屏障修复，其他波长（绿光、白光）无影响。同一团队后续的研究发现，在红光促进屏障修复过程中，其诱导产生磷酸二酯酶-6是一个重要的机制。

红光可以减轻UVA导致的光损伤。体外使用红光（0.18 J/cm^2）和UVA（25 J/cm^2）

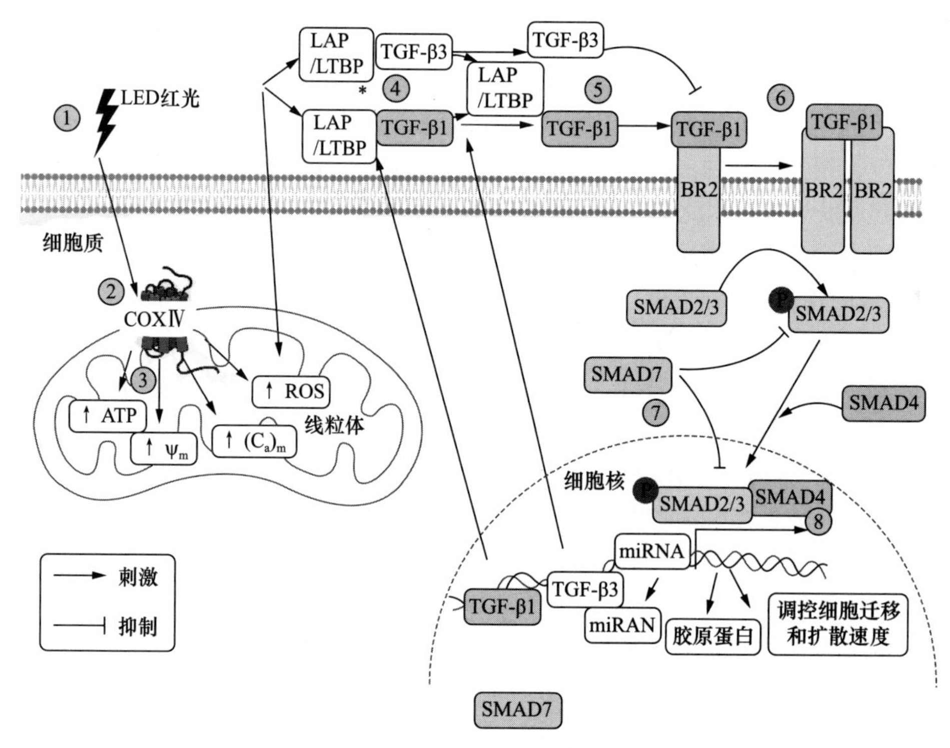

图8-6 红光对真皮的作用机制

引自：安德鲁·马马利斯（Andrew Mamalis）等

照射成纤维细胞，发现红光延缓了低剂量UVA累积照射造成的光老化相关指标，包括减少了与衰老相关的半乳糖苷酶、MMP-1、乙酰化*p53*基因表达；上调了*SIRT1*基因（长寿基因）的表达；减少了细胞凋亡，提高细胞活力，而且端粒的长度也得到了保护。

（5）红外线：波长为780 nm以上，为肉眼不可见的光线，是热量传导的主要形式。红外线对皮肤的作用具有双相性，既可以有利，也可以有害。具体地说，要发挥对于皮肤有利的光调作用，照射强度和照射剂量要在一个相对较窄的范围内（称为“最适作用窗口”），低于窗口范围，不起作用；高于窗口范围，不起作用或者起反作用，因此，需要精细的调控才能获得理想的光调效果。

一个实际的例子是，研究发现用810 nm的红外线照射成纤维细胞，观察其诱导ATP和ROS产生的情况，发现该波长红外线使ATP产量增加的最大效应剂量是3 J/cm^2，更高的剂量效果反而不佳（图8-7）。相应地，其诱导线粒体ROS也有两面性：低浓度时，它可能有益；高浓度时，变为有害（图8-8）。

用接近自然情况下日光剂量（而不是超剂量）水平的红外线照射皮肤或皮肤细胞，可获得正面效应，包括减少MMP-1表达和减轻UVB晒伤、改善皮肤皱纹、改善毛细血管扩张、促进胶原蛋白合成、减少紫外线诱导的皮肤细胞凋亡等。

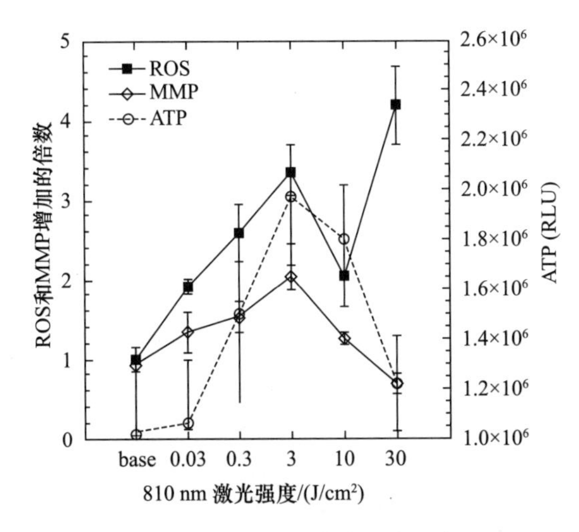

图8-7 810 nm红外线对成纤维细胞ROS、MMP、ATP产量的影响

引自：黄（Huang）等

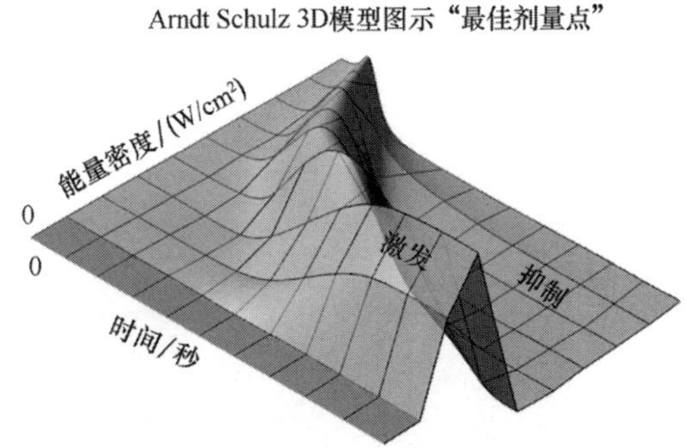

图8-8 光生物调节效应的双相性3D图示：过高的光强或过长的时间，都可能会导致作用走向反面

引自：黄（Huang）等

第二节 光辐射与不同皮肤表征的关系

一、光老化及其表现与特征

皮肤的老化受内源和外源性因素的影响，其中光损伤导致的老化被称“光老化（photoaging）”，是皮肤外源性老化的主要原因，约占外源性老化的80%，因此有时直接使用“光老化”来称呼“外源性老化”。

导致光老化的主要光线是紫外线，包括UVA和UVB。如前所述，紫外线既可以通过诱导过多的自由基而直接损伤真皮ECM和成纤维细胞，促进表皮异常增厚和糖化，造成黑素合成增多从而引起色斑加重，这些都与皮肤老化的表现直接相关，也可以通过间接途径使真皮ECM发生重塑（remodeling）。这些间接途径包括：通过增加MMP的产生而促进真皮基质降解；通过刺激表皮角质形成细胞形成TGF-β1来调控真皮生理过程（前面提到，过多的TGF-β1可以抑制成纤维细胞增殖）；引起弹力纤维变性和不均匀沉积（图8-9），导致皮肤受光部位和避光部位的弹性强度不均匀，引起或加重皱纹；胶原蛋白纤维结构失

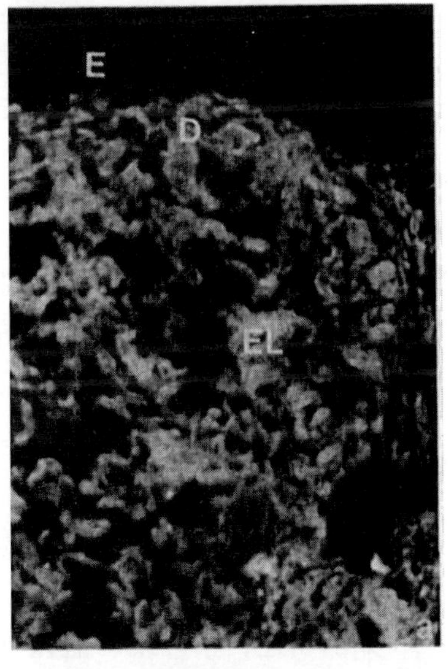

图8-9 日光弹力变性部位皮肤的弹力纤维分布

间接免疫荧光；E：表皮；D：未涉及的真皮；EL：弹力变性区域；引自：陈（Chen）等

序、Ⅰ型和Ⅲ型胶原蛋白比例失衡，导致真皮内部ECM成分不均匀，皮肤弹性下降且失去紧致平滑的外观等。

在外观上，光老化皮肤的显著特征包括：发生于曝光部位，肤色斑驳、粗大而深重的皱纹，皮革样外观（图8-10A）；蛛网状毛细血管扩张（浅肤色更常见，图8-10B）；皮脂腺在皮肤上形成线性串珠状条纹（图8-10C），皮肤表面不平整；项部菱形皮肤（图8-10D）等（彩图8-10）。

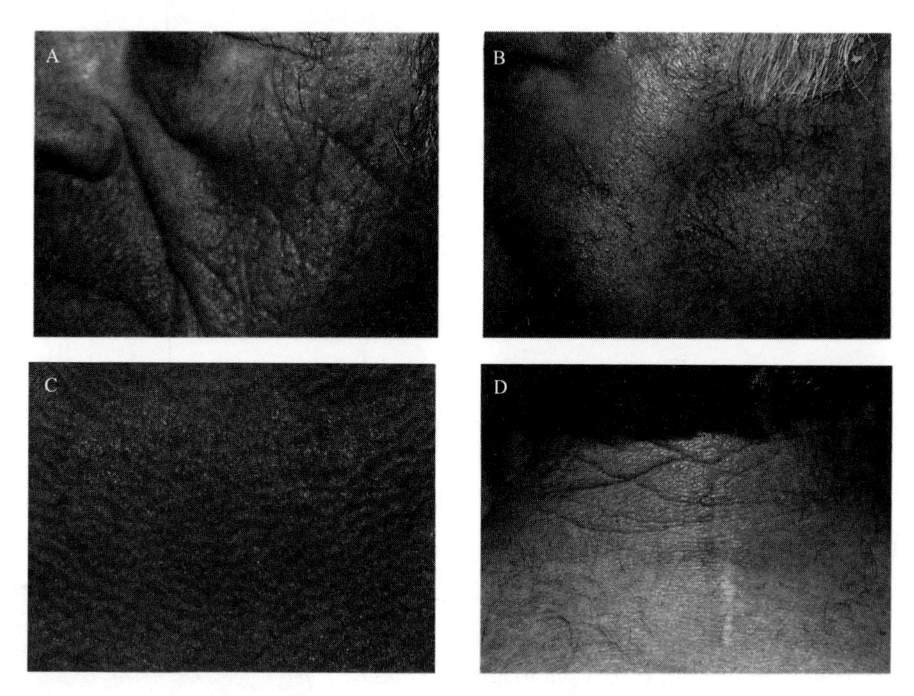

图8-10　光老化皮肤的特征性表现

引自：卡尔德隆（Calderone）和芬斯克（Fenske）

相反地，内源性皮肤老化则发生于非曝光部位，主要表现是皮肤松弛、弹性降低，以及绉纱样外观（图8-11、彩图8-11），皮肤呈萎缩性变化，而不会出现光老化那样粗大而深重的皱纹，且肤色不会斑驳。其组织学基础不像光老化皮肤那样有大量的弹力纤维异常增多（图8-12、彩图8-12）。

二、光诱导的色素沉着及其表现和特征

如前所述，紫外线、蓝光可以通过间接或直接方式刺激皮肤产生黑素和色素沉着。在急性暴露情况下，皮肤可出现即时黑化（instant pigmentation，IP）和持续性黑化（persistent pigmentation，PP）。前者在出现后一段时间会消失，后者在接受照射后24小时或者更久才会出现，并持续多日后才消失。这两者多用于测量防晒产品对UVA的防护能力［即长波紫外线防护指数（protection factor of UVA，PFA）值］。

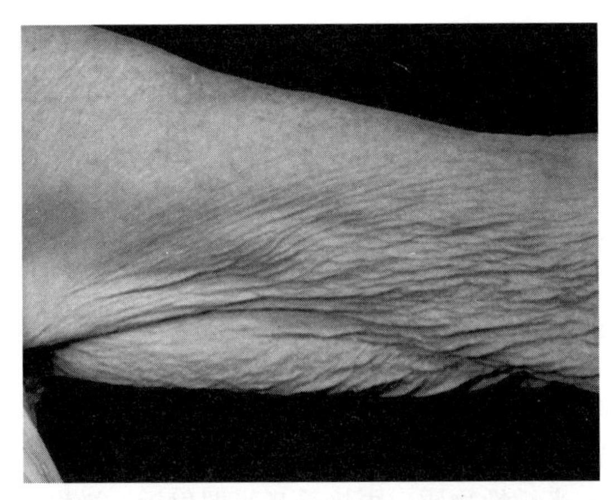

图 8-11　内源性老化的皮肤：松弛和典型的绉纱样外观

引自：萨克斯（Sachs）和沃里斯（Voorhees）

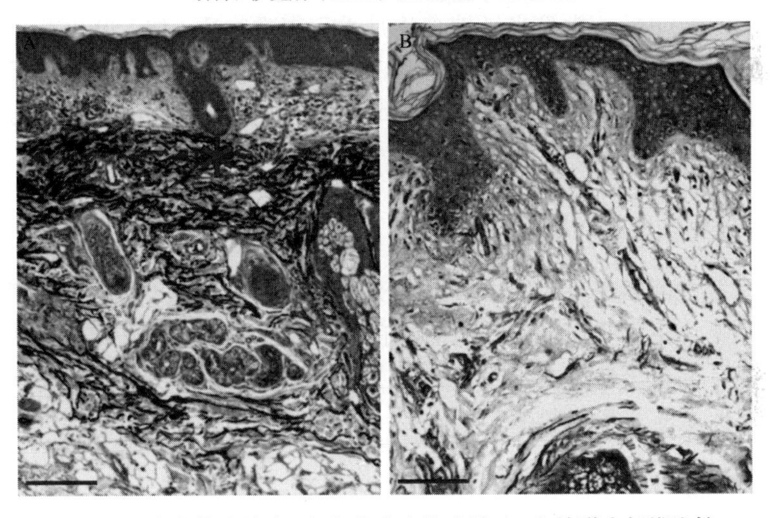

图 8-12　光老化皮肤（A）和非光老化皮肤（B）的弹力纤维比较

石蜡切片地衣红染色，*处示着色的弹力纤维。引自：查尔斯德萨（Charles-de-Sá）等

长期慢性光暴露与黑素不均匀的沉着有关，而黑素不均匀沉着在本质上是色斑。此外，色素细胞在紫外线和其他因素刺激下，也可以形成色素痣。已有研究明确，色素痣的数量与日光暴露显著相关。

虽然日晒是色斑形成的重要因素，但需要注意的是，并没有一种色斑叫作“晒斑”。葛西健一郎先生在其著作《色斑的治疗》中对此进行过专门论述，原因是所有的色斑（此处指色素增加性色斑）都可以被日晒加重，但是对于任何色斑，日晒都只是加重因素而不是唯一原因，故不能将某一种色斑称为“晒斑”。有些患者本身的色斑不很明显，在旅游、户外活动中接受大量的日晒后，色斑会在短期内变得更加明显，以至于他们产生错觉，以为这些色斑是本次日晒造成的。其实，这些色斑早就存在了，只是被日晒加重后突然更引人注意了而已。

色斑的种类和原因多种多样，如与遗传和先天性因素更相关的有雀斑、咖啡斑，后天和性别因素影响较大的黄褐斑；与炎症更相关的炎症后色素沉着等。不同色斑需要根据其原因、特点进行处理。当然，鉴于所有的色斑都可以被日晒加重，不管存在什么类型的色斑都应非常注意防晒。

三、其他与光辐射相关的异常表现

（一）光敏和光变态反应

少数人群在紫外线照射下会发生自然的光敏反应，其皮肤接受少量日光照射后会发生皮疹、瘙痒等症状，此类问题发生在日光暴露部位。

少量人群会因摄入光敏性物质，再接受日光照射后，激发了光敏反应。此类物质分布非常广泛，包括药物、食物、外用物质等。光敏性药物种类繁多，不胜枚举，四环素类可能是最常见的。常见光敏性食物是香豆素类物质，如七叶内酯，又称“秦皮乙素”，来源于芸香科植物柠檬的叶，木犀科植物苦枥白蜡树的树皮，以及颠茄、曼陀罗、地黄等植物。此外，伞形科、十字花科（如萝卜、白菜、小青菜）、菠菜及一些野菜（如灰菜）食用后也常发生光敏反应。

（二）光加重性皮肤问题

有一些系统性问题在光的作用下会有皮肤上的表现，如卟啉病、烟酸缺乏症，均会在光的作用下产生皮肤损害或者加重原有损害。另一大类是皮肤本身的问题会因光线照射而加重，除色斑外，主要还有炎症或红斑表现的各类皮肤病，如红斑狼疮、玫瑰痤疮、脂溢性皮炎、寻常痤疮等。

（三）光致癌

长期的光损伤与一些皮肤的肿瘤或癌前病变有关。最为著名的是黑色素瘤，不过这在东亚人群中不常见。其他最常见的病变是皮肤基底细胞癌、鳞状细胞癌，以及作为癌前病变的脂溢性角化和日光性角化病。

第三节　结　　论

光对人体和皮肤健康具有多方面的影响，不同波长、强度、照射剂量可以产生不同的生物学效应。

紫外线有诸多损伤作用，通过直接损伤DNA，诱导ROS间接损伤细胞膜结构，或者通过光信号感受系统影响有关细胞的活动，释放多种因子来诱导光损伤、光老化、色素合成与沉着、光致癌、光敏与光变态反应等。利用紫外光的高能特性，也可以成为光诊断、光医学治疗的工具。UVB在人体合成维生素D过程中有重要作用。

蓝光的部分效应与紫外线相近，作用强度弱一些，但在紫外线的共同作用下会加重紫外线的损伤效果。同样，蓝光也可以作为光诊断、光医学治疗的工具，甚至结合光裂合酶可以修复光损伤。

红光和红外线均有两面性，在合适的窗口范围内具有有益的光调作用，可用于改善血管扩张和皮肤皱纹，促进NO释放而影响心血管，减轻紫外线和蓝光对皮肤的损伤。但低于一定剂量，对皮肤不起作用；高于一定剂量，则可能起反作用。因此，利用红光和红外线实现光调作用，需要精细调控。

光老化是皮肤外源性老化中最大的因素，日光中的紫外线是导致皮肤光老化和光损伤的主角。光老化造成皮肤产生深重粗大的皱纹、皮革样外观、斑驳的肤色。紫外线直接、间接的损伤与黑素沉着、糖化等过程交织在一起形成网络作用，并与内源性老化互相促进，使衰老状况不断加剧。

日光还可以造成光敏和光变态反应，加重日光敏感性疾病的状况，长期、大量、慢性的日光暴露可以导致色素痣、癌前病变和皮肤癌。

日晒也与人类的健康息息相关。心血管疾病、维生素D缺乏、哮喘、近视、抑郁等与日光暴露过少有关。当然，以科学为基础采取适当的策略，可以做到既避免日晒对皮肤造成的影响，也可以享受沐浴阳光带来的快乐与健康。

日光对人体皮肤的影响广泛而深刻，不过仍有许多未知领域尚待进一步研究，尤其是随着精准护肤时代的来临，新技术可为科学工作者提供更多科学依据，以深入了解日光对皮肤的有益作用和造成的不利影响，相信未来不断涌现的科学发现必将把日光的研究及与光辐射相关的技术提升到更精准的水平并造福人类。

（许　阳　审校）

参考文献

实践篇

第九章　化妆品功效管理

苏　宁　杨　丽　贾雪婷　刘铭丽　张倩倩　郑洪艳

本章概要

- □ 国内外化妆品功效管理的法律法规和标准概况
- □ 化妆品新功效的发展趋势
- □ 化妆品新功效的评价
- □ 化妆品功效评价新技术

精准护肤模式是对皮肤护理的全过程管理，不仅要求产品设计时机制明确、目的清晰，也需要功效可验证，功效宣称需有坚实的科学依据。因此，功效管理是精准护肤非常重要的组成部分，是其得以实现的重要保障和强力证据。功效宣称是化妆品的基本特色之一，规范宣称是保障消费者权益的基本要求，因此世界各国和地区都对化妆品功效管理有明确的法律和条例规范。我国对化妆品按照分类分级的原则进行严格的管理，对功效的科学依据有着明确的要求和方法参照。精准护肤模式和国家对化妆品产业的要求相契合，化妆品功效管理的技术要求为验证精准护肤产品的功效提供了基本依据。随着更多先进技术和新型评价策略的建立和完善，护肤产品及功效验证的精准化可望最终实现。

一、国内外化妆品功效管理的法律法规和标准概况

化妆品的质量安全直接关系到消费者的健康，其安全性和功效准确性越来越受到消费者的关注。各国也相继出台了各项法规、措施，从管理的角度，完善对化妆品的质量和功效的监管。

（一）国外的化妆品功效管理

1. 欧盟的化妆品功效管理

（EC）No 1223/2009是欧盟的第一部化妆品法规，于2013年7月生效，从化妆品标签的角度对化妆品的功效提出了整体要求。如“应当保护消费者，化妆品功效和其他特征的宣称不能误导消费者”“在化妆品的标签、市场销售和广告中，使用的文字、名称、商标、图片和数字或者其他标识，不得暗示此类产品具有与实际不相符的特性和功效。”同年，欧盟专门出台了规范化妆品宣称的《化妆品宣称合理性通用准则》[（EU）No 655/2013]，其中针对化妆品的功效宣称提出了六大基本原则，即“合法性

原则、真实性原则、证据支持原则、诚实信用原则、公平原则、消费者知情原则。”此外，还在配套发布的（EU）No 655/2013的指南文件中提供了功效宣称支持证据的最佳实践文件，其中规定：“通常通过使用实验研究、消费者感知测试、公开出版文献，或上述方式的结合作为宣称支持证据。”

2021年5月，欧盟官方公报发布委员会法规（EU）2021/850，修订了关于化妆品法规（EC）No 1223/2009中的部分内容，对化妆品中的功效原料水杨酸和二氧化钛在各类型产品中的最大浓度限制以及其他注意事项进行了规定和说明。

在化妆品功效评价方法方面，欧盟未给出法规性文件，企业主要参考欧洲化妆品及其他外用产品功效评价协会（European Group for Efficacy Measurements on Cosmetics and Other Topical Products，EEMCO）发布的皮肤弹性、经表皮水分流失、皮肤油脂、皮肤颜色、表面形态等多项功效评价指南。此外，在2008年发布的《化妆品功效评价指南》，对化妆品功效评价中所使用的人体测试、体外测试以及离体实验都提出了指导性要求。

另外，欧盟消费者安全科学委员会（Scientific Committee on Consumer Safety，SCCS）于2021年4月修订并发布了第十一版《化妆品成分测试和安全评估指南》，可以为企业和测试机构提供专业指导，辅助EEMCO指南、欧盟化妆品法规在化妆品研发、生产和销售经营及其他领域的有效施行。

2. 日本的化妆品功效管理

在化妆品功效评价方法方面，日本主管机构并未发布法规性文件，日本化妆品工业联合会（Japan Cosmetic Industry Association，JCIA）在杂志上发表的包括化妆品及医学护肤品的美白功效评价指南、抗皱产品评价指南、防晒产品的功效宣称评价指南，被作为行业主要的参考。

对于化妆品功效的规定，日本行业机构主要从功效宣称和管理方面进行行业约束与管理。JCIA从2008年起向行业发布《化妆品等适当广告指南》，为化妆品厂商及经营者提供了非常详尽的指导，目前已更新至2020年版本。此外，在2011年日本厚生劳动省发布的《化妆品功效范围的修订》中，将化妆品可宣称的功效范围限制为55种，用以规范化妆品标签，广告中的化妆品功效宣称必须按规定使用宣传内容和用语。

日本的《医药部外品》，是独立于普通化妆品的管理办法，它类似于非处方药（over the counter，OTC）对功效的规定，对适用于医学护肤品的原料和成品的功效均有明确、严格的管理程序和规定。这类似于我国对特殊化妆品的管理规范。

3. 美国的化妆品功效管理

美国对于化妆品功效的管理侧重于由企业承担主体责任，主要依据《联邦食品、药品和化妆品法》以及《公平包装和标识法》对化妆品的标签、化妆品的进出口和化妆品的检验标准进行监管。美国在法规中对于化妆品的功效宣称并没有具体验证的要求，对于保湿等功效的宣传，企业可以自行制定评价实验方法。对于OTC药品，例如防晒产品、去屑洗发水等，要求其广告的真实性，功能宣称也应当有相应的证据证明。也就是说，美国对于普通化妆品的功效宣称管理较为宽松，而对于OTC类的产品管理比较严格。

（二）中国的化妆品功效管理

1. 化妆品功效管理相关的法律法规

2020年6月29日，《化妆品监督管理条例》（以下简称《条例》）正式发布，并于2021年1月1日起施行。《条例》确立了注册人、备案人、标准管理、原料分类、质量安全负责人、风险监测评价、信用体系、责任约谈等一系列新制度，全面开启了化妆品监管新篇章。2021年4月9日，国家药品监督管理局接连发布《化妆品分类规则和分类目录》（以下称《目录》）、《化妆品功效宣称评价规范》（以下称《规范》）、《化妆品安全评估技术导则（2021年版）》三则公告，对化妆品分类、功效宣称评价要求以及安全评估方法等方面作出了规范和指导，标志着我国正式进入了化妆品的功效管理时代。

随着我国近年来化妆品相关法规、规范、文件的陆续出台，涵盖了产品研发初期的原料管理、化妆品生产与经营环节的监督管理、产品的不良反应监控全链条的监管，从普适性化妆品的分类到安全性和功效性评价，再到特殊人群（儿童化妆品）产品的专项管理，以风险控制为基准，对化妆品功效监管建立了基本完善的法律法规体系（表9-1），并从化妆品的科学分类、功效评价、路径精准分级等方面展现出我国化妆品监管法规体系的鲜明特点。

表9-1　2021～2022年我国发布的化妆品法规、文件汇总

发布时间	文件名称	公告	实施日期
2021-01-07	《化妆品注册备案管理办法》	国家市场监督管理总局令 第35号	2021-05-01
2021-03-02	《化妆品防脱发功效测试方法》	国家药监局关于将化妆品中防腐剂检验方法等7项检验方法纳入化妆品安全技术规范（2015年版）的通告（2021年 第17号）	2021-03-02
2021-03-02	《化妆品祛斑美白功效测试方法》	国家药监局关于将化妆品中防腐剂检验方法等7项检验方法纳入化妆品安全技术规范（2015年版）的通告（2021年 第17号）	2021-03-02
2021-03-04	《化妆品新原料注册备案资料管理规定》	国家药监局关于发布《化妆品新原料注册备案资料管理规定》的公告（2021年第31号）	2021-05-01
2021-03-04	《化妆品注册备案资料管理规定》	国家药监局关于发布《化妆品注册备案资料管理规定》的公告（2021年第32号）	2021-05-01
2021-04-09	《化妆品分类规则和分类目录》	国家药监局关于发布《化妆品分类规则和分类目录》的公告（2021年第49号）	2021-05-01
2021-04-09	《化妆品功效宣称评价规范》	国家药监局关于发布《化妆品功效宣称评价规范》的公告（2021年 第50号）	2021-05-01
2021-04-09	《化妆品安全评估技术导则（2021年版）》	国家药监局关于发布《化妆品安全评估技术导则（2021年版）》的公告（2021年 第51号）	2021-05-01

续表

发布时间	文件名称	公告	实施日期
2021-04-28	《化妆品补充检验方法管理工作规程》	国家药监局关于发布化妆品补充检验方法管理工作规程和化妆品补充检验方法研究起草技术指南的通告（2021年第28号）	2021-07-01
2021-04-28	《化妆品补充检验方法研究起草技术指南》	国家药监局关于发布化妆品补充检验方法管理工作规程和化妆品补充检验方法研究起草技术指南的通告（2021年第28号）	2021-07-01
2021-04-30	《已使用化妆品原料目录（2021年版）》	国家药监局关于发布《已使用化妆品原料目录（2021年版）》的公告（2021年第62号）	2021-05-01
2021-05-28	《化妆品禁用原料目录》	国家药监局关于更新化妆品禁用原料目录的公告（2021年第74号）	2021-05-28
2021-05-28	《化妆品禁用植（动）物原料目录》	国家药监局关于更新化妆品禁用原料目录的公告（2021年第74号）	2021-05-28
2021-06-03	《化妆品标签管理办法》	国家药监局关于发布实施《化妆品标签管理办法》的公告（2021年第77号）	2021-06-03
2021-08-06	《化妆品生产经营监督管理办法》	国家市场监督管理总局令 第46号	2022-01-01
2021-10-08	《儿童化妆品监督管理规定》	国家药监局关于发布《儿童化妆品监督管理规定》的公告（2021年第123号）	2022-01-01
2022-02-21	《化妆品不良反应监测管理办法》	国家药监局关于发布《化妆品不良反应监测管理办法》的公告（2022年第16号）	2022-10-01

（1）化妆品及原料分类管理，促进产业的创新发展

根据《条例》要求，在落实“放管服”改革要求的前提下，我国按照风险程度对化妆品和化妆品原料实行分类管理，科学分配监管资源，同时兼顾安全和创新，充分体现了风险管理在化妆品监管中的作用。

《条例》将化妆品分为特殊化妆品和普通化妆品，将原料分为新原料和已使用的原料。染发、烫发、祛斑美白、防晒、防脱发的化妆品以及宣称新功效等安全风险较高的化妆品分类为特殊化妆品，实行注册管理，其余化妆品为普通化妆品，实行备案管理。在化妆品分类的管理基础上，《目录》的发布，对化妆品从功效、作用部位、使用人群、产品剂型、使用方式角度做了细分，使行业对化妆品的监控更加精准（表9-2）。

表9-2 化妆品分类

分类	分项
按功效类别分	祛斑美白、防晒、防脱发
	染发、烫发、防断发、去屑、脱毛、护发、发色护理
	修护、抗皱、控油、保湿、紧致、祛痘、滋养、舒缓
	辅助剃须剃毛、清洁、卸妆、去角质、爽身、芳香、美容修饰、除臭
作用部位	头发、体毛、躯干部位、全身皮肤、指（趾）甲
	手、足、头部、面部、眼部、口唇

续表

分类	分项
使用人群	婴幼儿（0～3周岁，含3周岁）、儿童（3～12周岁，含12周岁）、普通人群
产品剂型	膏霜乳、液体、凝胶、粉剂、块状、蜡基、泥
	喷雾剂、气雾剂、冻干、（贴、膜、含基材）、其他
使用方法	淋洗、驻留

在对于原料的管理方面也体现了风险控制的特点，《条例》对风险程度较高的化妆品新原料实行注册管理，对其他化妆品新原料则实行备案管理。此外，国家药品监督管理局还以目录管理的方式，发布了《已使用化妆品原料目录（2021年版）》《化妆品禁用原料目录》等，使生产经营者、监管部门和消费者易于理解，便于操作。

（2）化妆品功效宣称评价分级管理，有效维护消费者的权益

在化妆品及原料分类管理的基础上，《规范》中根据功效的程度对功效宣称依据分成四个等级进行管理。其中，免予公布摘要的功效宣称13类，通过文献资料、研究数据或产品功效评价资料作为功效宣称依据的2类，需要开展功效宣称评价试验的7类，需要开展人体功效评价试验的6类。宣称新功效的产品，需要根据功效宣称的具体情况科学合理分析并选择合适的方法。分级管理的方式，在为企业减轻功效评价负担的同时，实现了监管资源的合理分配（图9-1）。

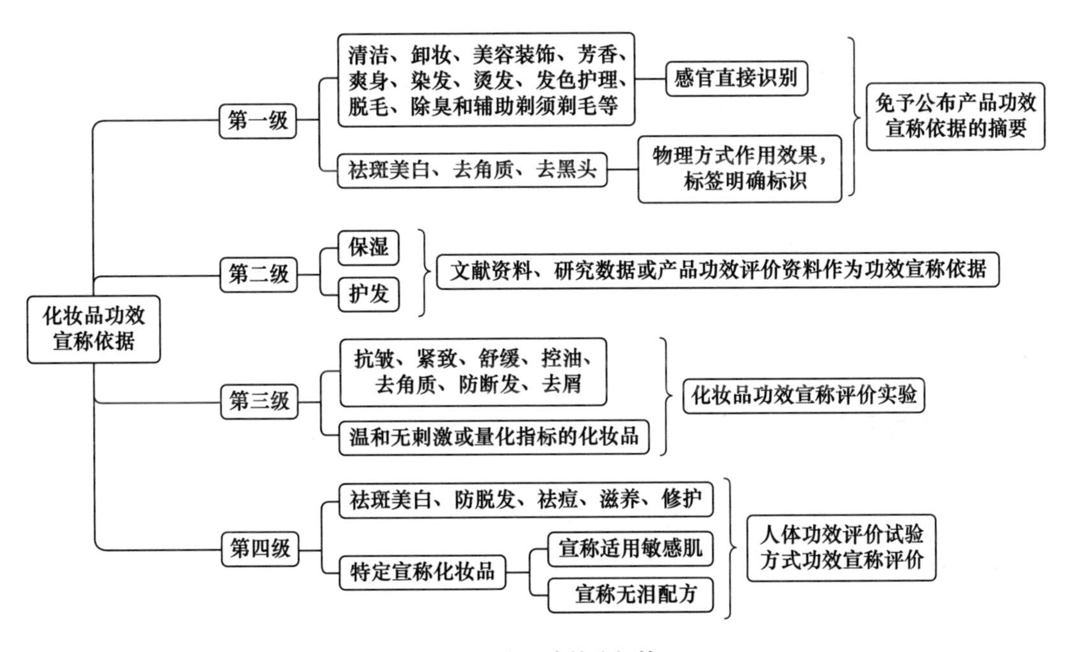

图9-1　化妆品功效分级管理

2. 功效评价方法的国家标准和其他标准

《化妆品安全技术规范》（2015年版）中规定的防晒化妆品防晒指数（SPF值）测

定方法、防晒化妆品长波紫外线防护指数（PFA值）测定方法、防晒化妆品防水性能测定方法，以及中国检验检疫科学研究院、北京工商大学等单位联合起草的轻工行业标准《化妆品保湿功效评价指南》（QB/T 4256—2011）均已成为行业内功效评价的参考方法。

2021年3月2日，国家药品监督管理局发布了《关于将化妆品中防腐剂检验方法等7项检验方法纳入化妆品安全技术规范（2015年版）的通告》，修订了化妆品防腐剂等相关检测方法的同时，新增了化妆品祛斑美白功效测试方法、化妆品防脱发功效测试方法。2022年3月31日，中国食品药品检定研究院为顺应行业发展需求、落实《条例》及系列配套文件的创新制度和管理理念，又发布了《关于公开征求〈化妆品安全技术规范〉修订意见的通知》。该征求意见稿中，对人体功效评价试验方法中的防晒化妆品SPF值测定方法、防晒化妆品防水性能测定方法、防晒化妆品PFA值测定方法、化妆品祛斑美白功效测试方法、化妆品防脱发功效测试方法提出了修订，相关标准在逐渐推进和完善中。

根据国务院《深化标准化工作改革方案》（国发〔2015〕13号）要求，我国在标准制定主体上，鼓励具备相应能力的学会、协会、商会、联合会等社会组织和产业技术联盟协调相关市场主体共同制定满足市场和创新需要的标准，供市场自愿选用，增加标准的有效供给。国家在化妆品的功效评价标准的建立方面也秉持开放态度，在行业自律的前提下，除监管部门以外的企业、科研机构等化妆品产业链各环节的市场主体都可加入标准体系的建设当中。当前，中国香料香精化妆品工业协会、中国整形美容协会等国家一级协会以及各省的相关协会、社团也已经陆续牵头发起了各类化妆品功效评价方法的团体标准制定工作，这对化妆品功效评价的科学和创新发展极具推动作用。

3. 功效评价方法的文献依据

现有化妆品功效的评价方法包括实验室方法、消费者使用测试和人体功效评价试验几乎都已有相关文献的发表，然而质量参差不齐。刘玮教授的《皮肤科学与化妆品功效评价》对各类功效的评价方法做了详细的介绍。

二、化妆品新功效的发展趋势

随着化妆品产业的发展，化妆品产品的安全性和功效性越来越受到关注。在皮肤科学领域组学研究的不断创新、医研共创模式的发展，以及消费者对化妆品功效需求升级的影响下，化妆品的新功效逐渐向精准化、功能化与个性化发展。

（一）新功效的精准化

伴随消费者对皮肤科学认识的逐渐深入，传统的基于皮肤表征的功效护肤，如抗皱、美白、祛痘等解决方案已经不能满足他们的护肤需求。功效相关的基因组学、蛋白组学、微生物组、暴露组学等新学科和技术的发展，为化妆品功效提出了更加精确的理论和研究方法，以及精细化的表征指标，使功效实现更趋精准化。

如本书第八章第一节所述，紫外线、可见光以及红外线均具有诱导色素沉着、氧化应激、光老化、抑制增殖、抗肿瘤等多种皮肤生物学效应。由此可见，不仅是紫外线，蓝光作为可见光中的重要组成部分，对皮肤的各种生物学效应造成的影响也是显著的。对于光损伤的研究，精准聚焦蓝光防护，并在原料筛选和产品研发方面以蓝光损伤机制通路为靶点，将为光防护功效评价提供新的研究思路，也为精准护肤产品的开发提供新的方向。

（二）新功效发展的功能化

随着科学护肤意识的提升，消费者对于敏感肌肤、问题肌肤等亚健康状态肌肤的关注度持续上升，特别是在改善屏障受损、敏感和痤疮肌肤，以及皮肤术后护理等方面，以日常护理为主的化妆品不再能满足其需求。消费者更倾向于使用有针对性的功能性护肤品，以求高效地解决皮肤问题（详见第六章和第七章）。

在人群需求不断提升的推动下，具有功能性的护肤品在解决消费者皮肤问题方面具有更明显的优势，在“专家深度合作研发、产品临床观察”医研共创手段的支持下，化妆品功效的功能化必将迎来高速发展。

（三）新功效发展的个性化

近年来，随着我国经济快速发展，人们对于化妆品的消费需求也逐渐表现出品质化、个性化、享受化的特点。消费者对中高端化妆品越来越青睐，在追求功效的同时，也更加注重产品功能的个性化，以实现个体水平的精准护肤。

每个消费个体，在肌肤现状、生理年龄、需求痛点、季节气候等方面都具有独立的个性化的特点。当前化妆品功效同质化突出，而准确获取消费者的生活方式、环境特征及皮肤特性，利用精准护肤策略满足其个性化需求，是解决当前化妆品产业所面临问题的策略。

通过智能化的个体皮肤测试，结合组学技术、基因检测技术与大数据人工智能算法等，在化妆品功能化的基础上精准匹配消费者的个性化需求，可真正实现个性化产品定制，做到化妆品功效的“千人千面”。

在未来，以消费者差异化的个性需求为驱动力，实现研发生产、物流配送、售后服务等产品全生命链的个性化定制服务，使消费者感受到“独一无二”的化妆品体验，将成为新发展潮流。

三、化妆品新功效的评价

顺应化妆品功效精准化和个性化的发展趋势及特点，建立与之相匹配的严谨、科学的评价技术体系以对产品进行更准确有效的评估，是实现精准护肤的必要条件。

综合运用物理学、化学、生物医学、统计学等多学科交叉知识，从多维度针对功效性化妆品对皮肤深层结构、代谢机制、作用途径等方面的影响深入研究，并将研究结果应用于产品研发体系全过程，从化妆品的开发、列队临床验证、消费者跟踪等方面，建立和完善化妆品功效评价技术体系，满足精准护肤理念应用发展需求，为企业化妆品技术创新提供强有力的技术支撑，为消费者提供更精准、更有效的功效性化妆品。

（一）精准护肤功效评价策略

实现精准护肤的评价与测试，需要以科学为导向，解决四个核心关键问题。

首先，要从了解皮肤的角度，深入探究皮肤问题。基于当代流行病学研究，对特定人群针对不同皮肤问题分型论治，结合消费者神经科学、情绪及行为特征研究，从皮肤问题的起因到心理影响，精准洞察消费者的切实需求，为精准护肤提出实践的方向。

其次，运用新型的更为精准的技术和设备，在产品成分及原料的开发和研究中实现精准化。基于多种组学研究（基因组学、转录组学、蛋白组学、代谢组学、微生物组学等），探究皮肤相关生理病理干预靶点及其作用机制和途径，进行高通量的活性成分筛选及成分的作用机制和途径研究，在兼顾消费者皮肤共性的同时量身定制异质性的化妆品。

再次，运用科学的功效验证方法体系确认产品的设计思路。在精准评价功效作用方面，基于人体皮肤科学，通过现代生物技术方法分析不同人群在特定环境下皮肤生理状态及机理性特征的变化，结合多元化统计学，采用已知、标准化、有效的评价技术体系，检测皮肤标志物改善状况，从客观角度诊断化妆品对人体皮肤护理或解决皮肤特定问题的效果。在评判临床实际功效的精准化方面，从皮肤科医生、专家角度出发，在多个临床研究中心采用科学队列研究方法，针对皮肤病理原因和化妆品作用效果进行临床验证，从生物医学专业角度，由“病因”观察“作用效果”，进行专业临床评判。

最后，对化妆品的不良反应进行监控和干预，并通过收集消费者反馈为产品和技术的优化与发展提供支持。针对大批量有特定消费者皮肤问题类型的消费者群体，不定向跟踪和调研试验和非实验消费者群体在日常生活条件下，随访监控试验组消费者使用化妆品后的皮肤状态和不良反应，精准追踪护肤的实施效果并及时干预。

总之，我们需要从皮肤问题产生机制出发，对化妆品原料筛选、作用机制和途径、配方设计、临床应用和验证以及不良反应监测等各个环节实行安全有效的技术评价，验证化妆品有效成分对皮肤细胞、组织的作用机制和效果，高效整合从而形成化妆品功效评估体系，为化妆品新功效进行科学的检测和评估，为科研机构、企业、消费者提供多元化和个性化功效评价服务，实现精准护肤（图9-2）。

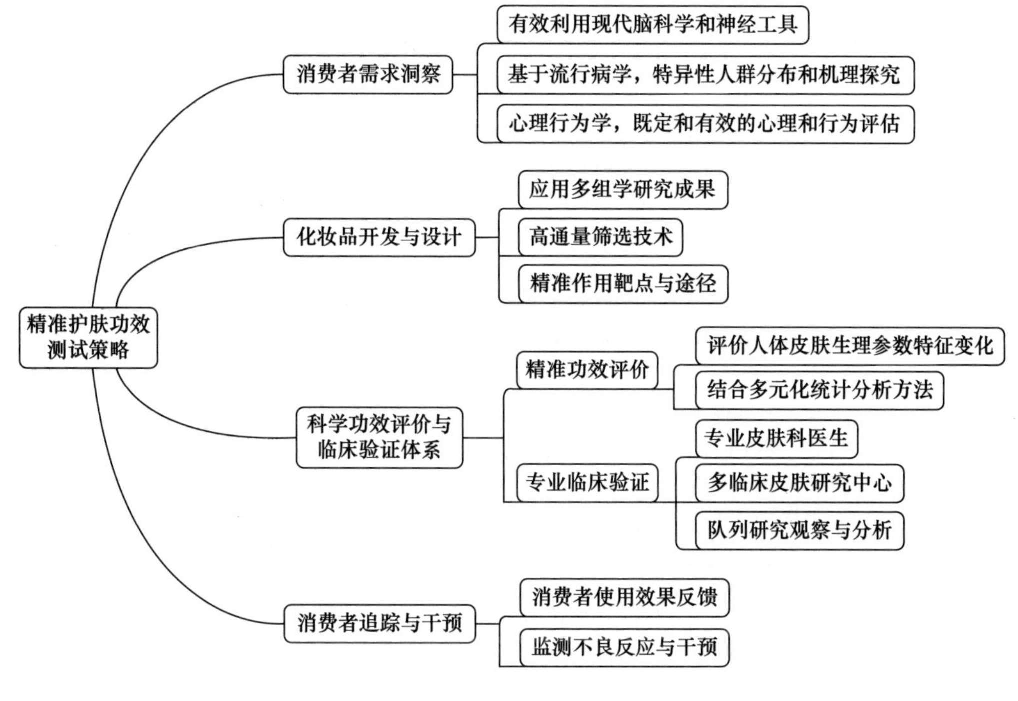

图9-2　精准护肤功效测试策略

（二）精准护肤功效评价技术体系

化妆品功效评价技术体系是对化妆品功效性宣称科学支持的有效手段，是评判其是否能够精准解决皮肤特定问题的最佳技术检测方案，也是对产品的功能、成分、剂型等特征的描述性说明。化妆品功效测试方法具有多样性和复杂性，研究者主要从体外和体内两大维度结合多种检测技术，探究不同外在和内在因素条件与皮肤生理特征、微生态、屏障等状态之间的关系，针对不同肤质特异性生物变化指标，开发或匹配科学合理的检测方法，从有效成分作用机制角度更精准地对皮肤进行护理，或解决其特异性问题的综合测试、合理分析和科学解释。

1. 实验室评价技术

基因组、表观组、转录组、蛋白组、代谢组、微生物组、表型组和免疫组等多组学研究体系能够从皮肤内在机理解析和靶点与原料的精准匹配方面促进利用组学技术实现化妆品研发的水平。深入了解目前多组学与化妆品结合的研究成果以及发展趋势，可从分子水平、细胞水平、组织器官水平为全面针对化妆品功效成分初步或高通量筛选、作用机制研究、化妆品配方设计以及功效性的初步性研究和评价提供检测方法（表9-3）。总之，对于皮肤机理的多组学深度研究，挖掘皮肤问题的外在和内在因素以及它们之间的相互作用，有助于建立动态且全面的能够对抗环境或其他影响因素的综合护肤方案。

表9-3 细胞水平、蛋白水平、组织器官水平检测方法

功效检测方法	方法说明	在精准护肤领域的应用
细胞水平	通常以稳定细胞系作为模型，控制其生长环境，经体外培养特定细胞或建立细胞损伤模型的方式，控制单因素指标变化的功效检测体系	1. 化妆品使用原料毒理性分析； 2. 原料功能性的初步筛选、作用机制研究； 3. 对原料的功效性进行初步验证环节； 例如，抗皱、美白、舒缓、控油等功效原料初步筛选
蛋白水平	通过理化分析，借助光谱分析、化学分析等手段，控制单一成分的方式，检测化妆品自身物理性能、特定标志物指标变化的检测体系	1. 用于作用机制明确的功效性原料的高通量筛选； 2. 原料、配方设计的优化； 3. 化妆品的功效评价环节； 例如，美白、防晒等功效原料高通量筛选和配方优化
三维组织模型	通过构建三维结构人体皮肤模型，在基因表达、代谢活力、组织结构等方面模拟人体皮肤；可根据功效检测需要，构建包含不同皮肤结构组成的皮肤模型，检测模型须具备反应特定指标变化的生理基础，且接近人体皮肤的反应状态	1. 用于功效性原料和产品作用于皮肤的机制研究和功效性评价环节； 2. 作为人体试验前的功效评价； 例如，美白、保湿、抗皱、紧致等原料和产品类的筛选、配方设计和产品评价

利用体外组织模型时，可基于基因组学、代谢组学等多组学融合技术探究皮肤生理表型，以及皮肤表型个体差异的分子机制，为精准护肤理论提供科学依据和解决方案。在基因组学中，通过皮肤生理学特征的全基因组研究，可进一步针对皮肤的某种性状或某个与组学关联的标志物/分子，找到特异性标志靶点，精准筛选最佳活性分子靶向作用位点，解决皮肤问题。美国宾夕法尼亚大学遗传学教授蒂什科夫（Sarah Tishkoff）研究发现，*MFSD12*基因变异与色素沉着密切相关；在体外细胞实验中阻断*MFSD12*的表达后发现，细胞中真黑色素的产生大量增加，且不同于其他主要在黑色素体（即一种产生黑色素的细胞器）中表达色素沉着基因方式，这表明在溶酶体中表达的*MFSD12*以一种新的方式影响真黑色素沉着。这种基于组学水平的检测技术，通过深入探索皮肤生理指标的个体差异及其背后的机制来揭示皮肤内在的影响机制，从而精准判断皮肤生理问题的根本原因。总之，从皮肤机理层面评价化妆品功效成分，借助比较完整的评价体系深入理解其皮肤生物学效应，能为预测化妆品配方设计的有效性和合理开发化妆品提供“精准”建议。

2. 人体功效评价试验

（1）常规人体功效评价试验

人体功效评价实质是通过临床诊断、仪器测量或问卷量表等形式呈现化妆品使用后皮肤内外变化的特征，以精准评价化妆品配方体系的有效性。人体功效评估系统主要涉及仪器测试、专家评估、感官评估（感官评估又分为差异测试和描述性分析）以及消费者使用体验（表9-4）。针对精准护肤，人体功效评价试验需要根据功效原理，综合考虑人体皮肤在不同区域或同样区域的种群等之间的差异属性，明确产品适用群体倾向于何种性质检测方法，通过客观仪器检测机理、合理试验设计与所表征的化妆品功效作用之间的关联度、产品对照、受试者入选和排除标准以及统计方法等科学合

理地评估化妆品的功效性。评估特定受试人群需要在恒定实验室环境下，采用精密仪器检测、临床验证及感官调研后，结合统计学方法，从人体代谢水平层面精准评价待测化妆品功效作用效果。

表9-4 评价方法

功效检测方法	方法说明	在精准护肤领域的应用
仪器测试	包括仪器测量和成像分析，不仅可以得到客观定量的检测数据，还可以借助光谱分析、电子显微镜以及其他物理、化学技术手段，直观、可视化的图像检测方法，实现从皮肤表层参数到皮肤深层细胞形态学的无创检测，完成由皮肤水平到细胞水平的跨越	适用于皮肤问题检测和产品的功效活性成分筛选、化妆品功效作用机制的挖掘
专家评估	通常为皮肤科、眼科、口腔科医生或专家，主要评估化妆品可通过视觉、触觉、嗅觉感知的功效，如气味、平滑度等；或根据一定评分标准，对受试者使用产品前后皮肤颜色、皱纹改善情况等进行评价	适用于化妆品的功效临床评价环节
感官评估和消费者使用体验评估	以消费者为调研对象，按测试目的可分为定性测试和定量测试，从调研和追踪角度收集消费者试用产品后，对产品气味、皮肤感觉、触觉等相关特性的反馈，再结合消费者问卷调查统计结果，对化妆品功效进行评估	该方法可直接获得消费者对产品最直观的感受和评价，适用于消费者调研和追踪环节

（2）人体临床试验

越来越多的消费者正在寻找高功效化妆品来实现皮肤健康和美的追求，许多皮肤病患者也在寻求处方药之外的解决方案，即经过临床验证的非处方产品和护肤品。而同时，皮肤科医生在临床实践中还经常会被咨询关于化妆品有效性、护肤的科学证据以及准确建议等。由于化妆品成分繁多、市售产品琳琅满目，而且功效宣称的科学依据来源不明，使得产品有效性和准确性实难判断，因此消费者和临床医生所面临的这些疑问，也是急需整个行业参与者和管理者回答的问题。因此，需要通过人体临床试验证明化妆品具有其所宣称的功效。

通常在科学评估功效化妆品（或药妆品）的潜在功效时，需要从阿尔伯特·克里格曼（Albert Kligman）博士提出的如下三个主要的原则出发，即开展临床功效试验时，需要回答三个主要问题：①活性成分能否穿透角质层，并在所宣传的时间内以足够的浓度输送到皮肤中的预期靶点？②活性成分在人体皮肤的目标细胞中是否具有机制明确的特定作用？③是否有已发表的、经同行评审的相关研究论文或通过双盲、随机对照的具有统计学意义的临床试验来证实宣称的功效？

常见的临床测试通常是小样本单中心对照测试，可验证试验组与对照组之间的差异，但在客观性、系统性、严谨性方面尚不能满足上述三个主要原则，然而可满足上市前的备案条件。

满足上述阿尔伯特·克里格曼三原则的试验通常为随机对照试验（randomized controlled trial，RCT）或干预性队列研究（interventional cohort sutdy）。研究者以观察者角度来跟踪随访研究人群在一段时间内使用特定化妆品后自然发生的问题、发展、转归等情况，用来探讨皮肤生理影响因素和评价干预手段，比较相关暴露因素对化妆品人体功效结果的影响，这也是将基础皮肤科研究成功转化应用的有效办法。

采用多中心、随机、盲法、科学的试验设计和临床试验研究，经过长周期试验，利用更丰富的评价指标，并结合大样本试验和严谨研究方法，在临床阶段精准双向验证评价化妆品功效成分的安全性和功效性，检测化妆品的功效性作用以及引起人体不良反应的潜在可能性，对配方设计合理性进行多项临床验证，从临床验证层面观察和衡量功效性化妆品是否可有效改善肌肤状况，最终判断该化妆品能否按照预期功效投入消费者市场。

鉴于不同种族间皮肤相关表型和位点均存在特定的差异性，针对中国人群的化妆品应根据中国人的基因组、转录组、代谢组和表型组与其他种族间的差异建立针对中国人皮肤表型的精准范式，并据此建立针对中国人群的精准临床研究方法，探索适合中国人群的临床方案。

队列研究（cohort study）是流行病学分析性研究的重要方法之一，它可以直接观察暴露于不同危险因素的人群或防治措施患者的结局，从而探讨危险因素、防治措施与疾病发生或结局之间的因果关系。化妆品功效评价的队列研究主要是干预性队列研究，利用队列研究的策略探索化妆品对特定队列人群皮肤的真实功效。然而，目前很少见到针对化妆品的队列研究，尤其是缺乏针对中国人群的化妆品功效评价的干预性队列研究。可喜的是，国内复旦大学研究团队已经开展了针对中国人群皮肤特征的队列研究，有望开展基于中国人群的化妆品功效评价的干预性队列研究实践。

3. 消费者使用测试

消费者使用测试将化妆品功效评价试验的过程设置在真实消费场景之中，使参与者处于自然状态，在完全真实的世界中使用产品并对其功效作出判断。这种测试方式是真实世界研究的一种特定形式，能够提供与实际消费场景中较一致的产品使用效果。但这种方式易受生活环境的影响，混杂因素较多，如果没有安慰剂或其他对照设计，一旦样本量过少，测试结果的可靠性将大打折扣。科学合理的试验设计，会使消费者使用测试呈现出高精准的功效评价结果，也能够发现产品在现实使用中可能出现的各类问题，对产品的合理使用和迭代升级都有重要的参考价值。

作为皮肤问题适配解决方案的精准范式，体现在化妆品研发、生产、销售各个环节。利用有效的化妆品功效检测体系，从科学研究角度采用体内体外严格的检测方法，验证适用于中国人群皮肤的各类功效成分和不同产品的宣称功效，最终实现功效性化妆品精准护肤体系的功效评价。

四、化妆品功效评价新技术

随着科学技术的发展和对皮肤科学认知的加深，越来越多的新技术、新仪器和功效评价新思路被应用于化妆品功效的研究中，使功效评价不再仅仅停留于皮肤表面生理特征参数的检测，而是向皮肤结构、成分、代谢等机理的研究方向深度发展，进而实现精准化的功效评价测量。

（一）无创实时成像技术

20世纪70年代末，超声技术在皮肤疾病的诊断中逐渐被广泛应用。近年来高频超声诊断技术在皮肤和皮下组织的病变检测中的应用越来越受到关注。在皮肤美容方面，该技术通过皮肤不同组织对超声的回声强度不同进行组织检查，如表皮层、真皮层的形态和结构等。在皮肤痤疮的检测中，高频超声还可用于观察激光治疗前后皮肤表皮层的动态改变过程。该技术在化妆品功效评估中的应用，为皮肤结构的深层可视化研究提供了思路。

随着光学检测技术的发展，多光子断层扫描技术（multiphoton tomography，MPT）以其无创实时皮肤成像且无须荧光标记的特点，逐渐在化妆品的人体功效评价中得到应用。例如MPT系统，通过飞秒多光子激发生物体内的内源性荧光物质，如还原型辅酶、黄素腺嘌呤二核苷酸、角蛋白、黑色素和弹性蛋白等，在亚微米级别范围内实现高空间分辨率的在体成像。该技术空间分辨率横向小于0.5 μm，纵向小于2 μm。作用原理见图9-3。目前，MPT技术在皮肤科学多个领域都有所应用（表9-5）。

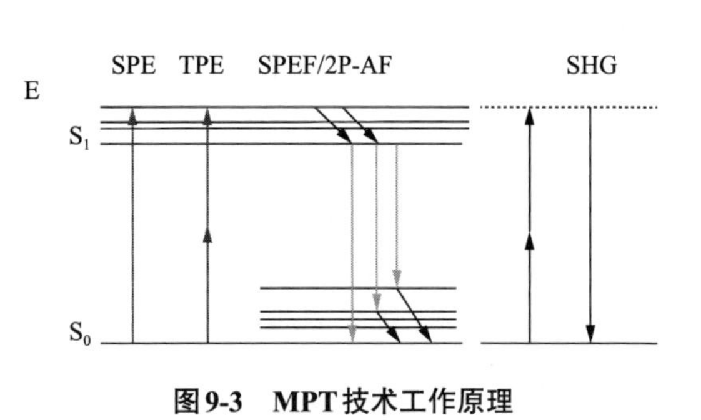

图9-3　MPT技术工作原理

表9-5　MPT技术应用方向及研究重点

研究方向	研究靶点
不同人种皮肤敏感性研究	皮肤角质层、表皮层结构
皮肤真皮层衰老研究	胶原蛋白、弹性蛋白的结构、含量
皮肤细胞代谢状态研究	代谢中荧光成分变化（如NADH）
化妆品成分皮肤代谢动力学测试	荧光成分的透皮吸收及在皮肤中的分布
黑色素细胞相关检测与研究	细胞形态、分布以及黑色素含量
毛囊/毛发检测与研究	形态结构
纳米原料生物安全性检测与研究	外源成分的渗透以及分布

在皮肤结构、细胞形态学方面的检测中，MPT技术可以实现不同深度的皮肤成像，对皮肤组织进行水平、纵向扫描，能够对细胞外基质、细胞形态、真皮网络特征以及胶原蛋白和弹性蛋白形态进行再现，可用于定量分析胶原蛋白、弹性蛋白、黑色素含量等指标。不同层皮肤结构成像示例见图9-4、彩图9-4。

基于皮肤横切成像，以多光子激光扫描技术进行化妆品的美白功效研究，可以从

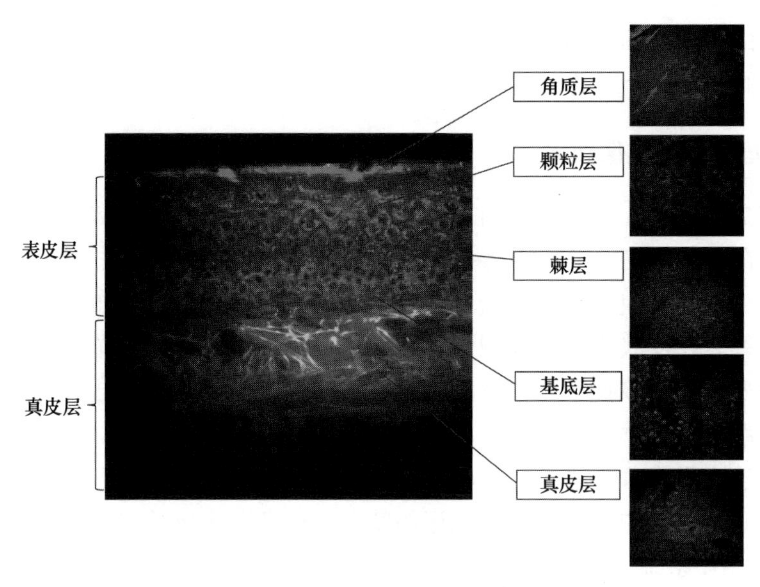

图9-4　皮肤不同结构成像

黑色素细胞的角度，结合荧光寿命成像技术（fluorescence lifetime imaging microscopy，FILM），对黑色素细胞的分布、黑色素含量进行可视化研究。

通过分析图像中各区域荧光寿命物质分布及产品处理前后荧光寿命物质分布的红移和蓝移这一特性，可用FILM表征黑色素荧光寿命变化（图9-5、彩图9-5）。例如，扎格尔（Saager）等采用通过荧光信号图像计算皮肤黑色素含量及分布的方法，对比了不同肤色人种手臂皮肤中黑色素含量和分布的差异。

此外，在抗衰老领域，通过对胶原蛋白和弹性蛋白结构形态的可视化研究，以及皮肤疾病的检测等，均可为化妆品的功效评价提供支持，并从成分作用机制和靶点的角度，为化妆品成分的功效性评价提供精准的差异化测试（图9-6、图9-7、彩图9-7、图9-8、彩图9-8）。

（二）拉曼共聚焦技术

在皮肤深层，以共聚焦显微镜技术为核心的新型非侵入性检测手段，宏观上可实现皮下0～200 μm的检测深度，微观可直接观察皮肤角质层、真皮层细胞形态。共聚焦拉曼光谱技术的发展，为化妆品的功效研究提供了一个新的检测思路。

共聚焦拉曼光谱技术（confocal Raman spectroscopy，CRS）是在拉曼光谱的基础上衍生出来的新型分析技术，它将共聚焦光学显微技术与拉曼光谱技术相结合，通过对拉曼光谱中拉曼峰的位置、形状和强度以及被测物质的分子结构和含量之间的关系进行分析，实现物质的定性鉴别和定量分析（图9-9、彩图9-9）。皮肤水分含量分析波段光谱与皮肤内源成分分析波段光谱见图9-10和图9-11。

目前，该技术相关设备可实现皮下200 μm以内的相关检测，并已经应用到皮肤内源成分的检测，以及外源物质皮肤渗透性的研究。例如，空气污染中的颗粒物可作为金属或

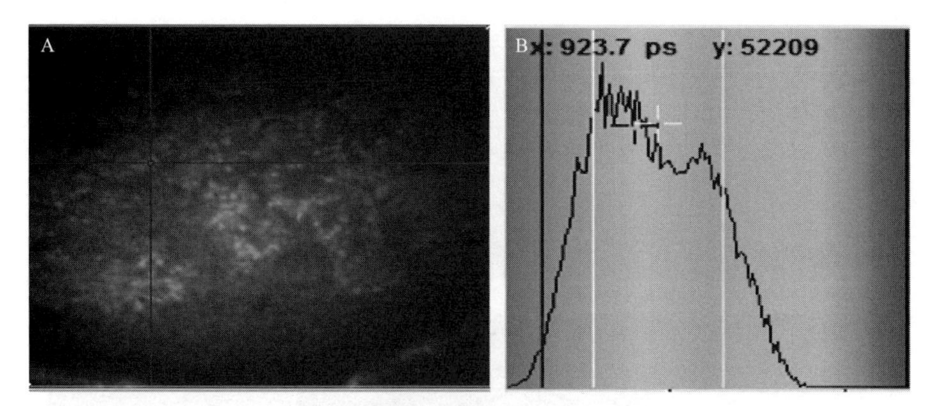

图9-5 荧光寿命成像进行黑色素分析

A：荧光寿命成像；B：成分荧光寿命分布

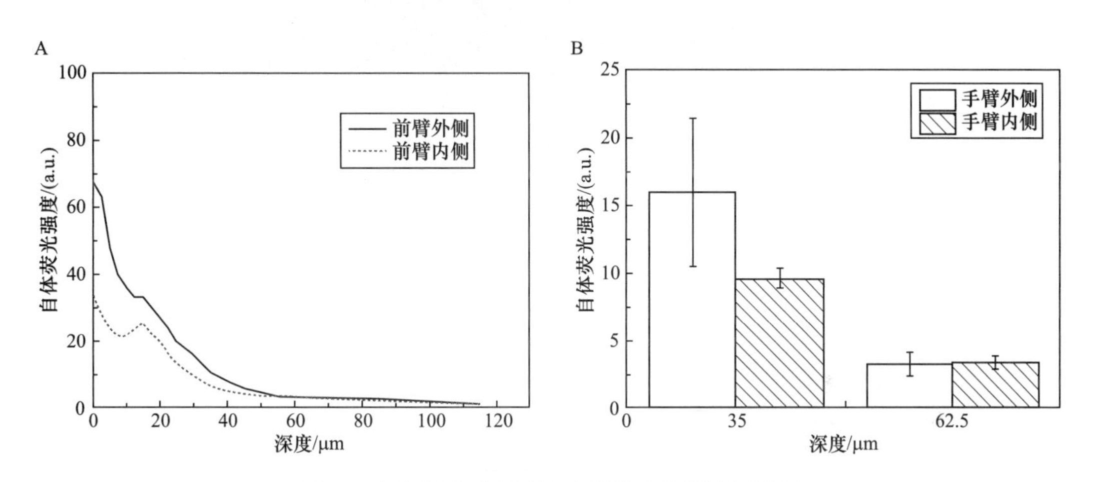

图9-6 暴露区和非暴露区自发荧光物质检测结果

A：自体荧光信号强度随深度的变化；B：特定深度下的自体荧光信号强度

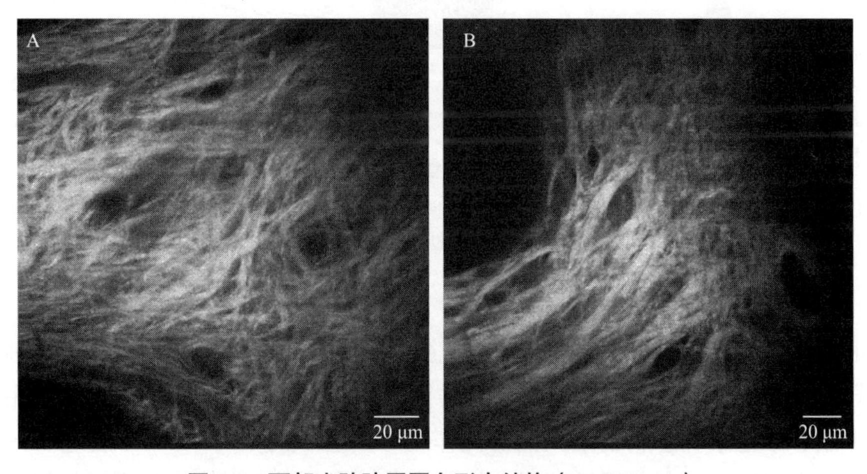

图9-7 面部皮肤胶原蛋白形态结构（$z=110$ μm）

A：年轻受试者面部皮肤；B：年老受试者面部皮肤

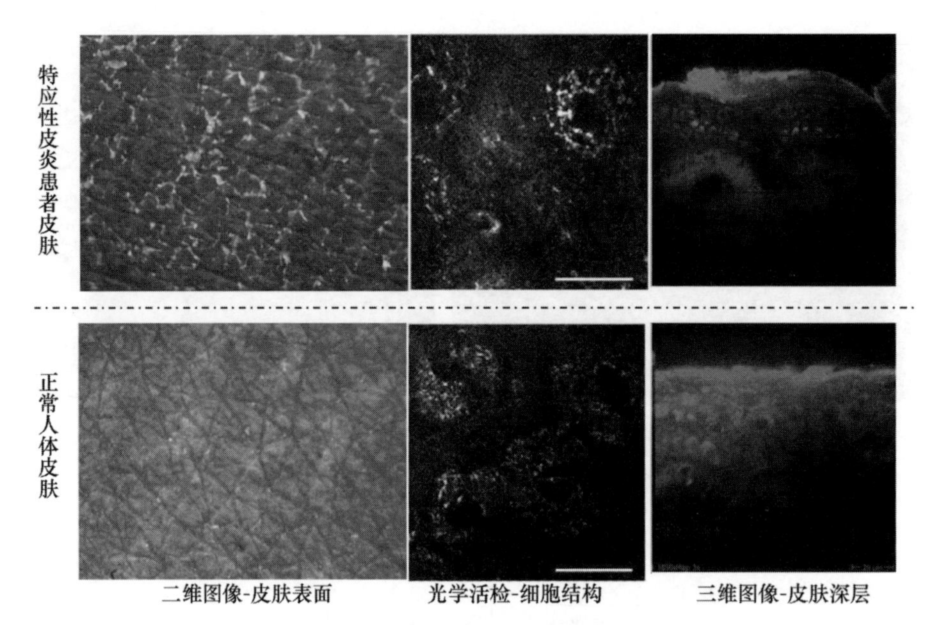

图9-8　特应性皮炎患者与正常人体皮肤结构对比

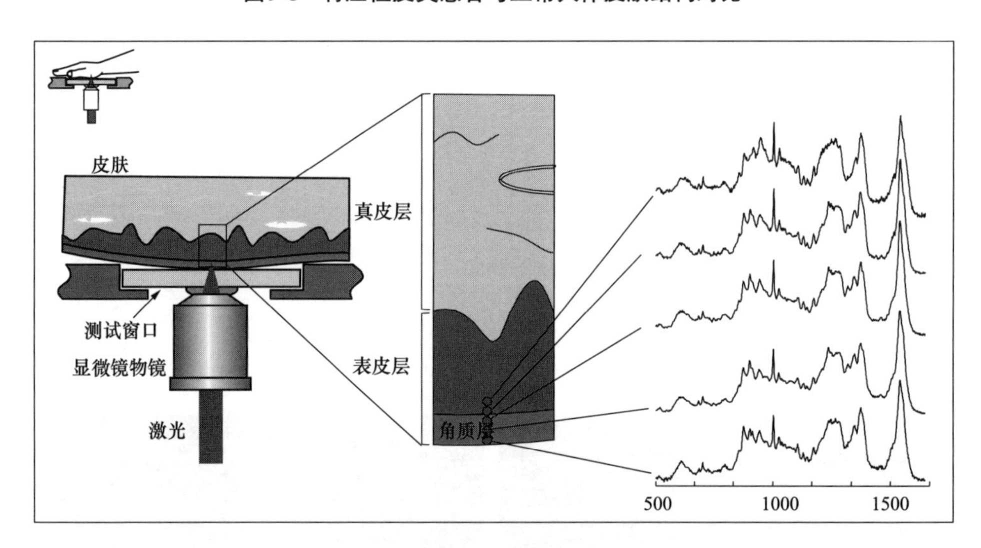

图9-9　共聚焦拉曼光谱仪作用原理

引自：Caspers P J，Lucassen G W，Bruining H A，et al. Automated depth-scanning confocal Raman microspectro-meter for rapid in vivo determination of water concentration profiles in human skin［J］. Journal of Raman Spectroscopy，2000 31（8-9）：813-818.

有机物的载体，直接或间接诱导产生活性氧簇（reactive oxygen species，ROS）破坏线粒体，诱导细胞凋亡。人体对过量自由基的防御机制基于不同抗氧化剂的协同作用，包括类胡萝卜素、维生素和生物酶之间的协同作用等。达尔文（Darvin）等通过CRS对产品经皮肤吸收进行了研究和分析后发现，其中的类胡萝卜素在人体皮肤不同位置存在渗透差异性，并测得类胡萝卜素在皮肤不同深度内含量的变化。CRS的应用具体总结见表9-6。

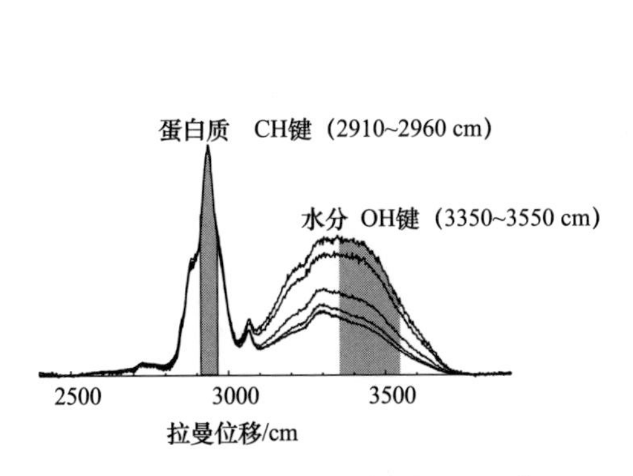

图9-10 皮肤水分含量分析光谱

引自：Caspers P J，Lucassen G W，Bruining H A，et al. Automated depth-scanning confocal Raman microspectrometer for rapid in vivo determination of water concentration profiles in human skin［J］. Journal of Raman Spectroscopy，2000 31（8-9）：813-818.

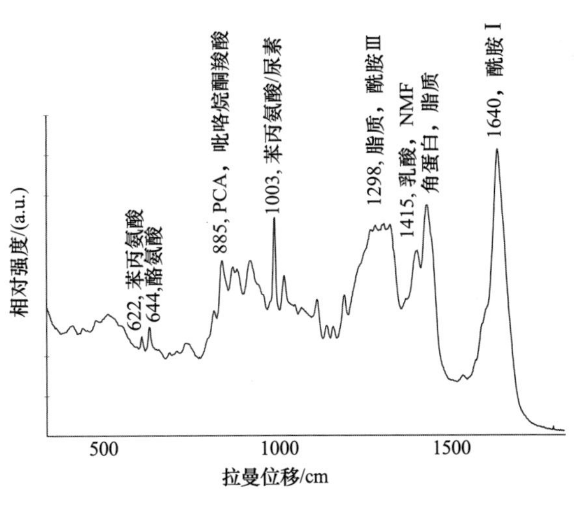

图9-11 皮肤内源性成分分析光谱

引自：Caspers P J，Lucassen G W，Wolthuis R，et al. In vitro and in vivo Raman spectroscopy of human skin. 1998，4：S31-S39
Caspers P J，Lucassen G W，Carter E A，et al. In vivo confocal Raman microspectroscopy of the skin：noninvasive determination of molecular concentration profiles.［J］. Journal of Investigative Dermatology，2001，116（3）：434-442.

表9-6 CRS的应用

应用	研究参数	在化妆品功效相关的研究方向
皮肤内源成分的研究	天然保湿因子 角蛋白 胆固醇 神经酰胺 乳酸 尿素	1.温度、湿度、季节、光照、年龄等不同效应对皮肤的影响 2.化妆品及药物成分对皮肤成分含量和深层分布的影响
皮肤外源成分渗透动力学研究	甘油 咖啡因 类胡萝卜素 烟酰胺 维生素C	1.成分在皮肤中的渗透性能研究 2.化妆品配方促渗体系的研究 3.化妆品配方的优化
皮肤结构的检测	皮肤角质层厚度	屏障功能相关研究

通过对正常皮肤和特应性皮炎患者皮肤不同深度拉曼光谱的检测，得到皮肤水分含量和分布变化曲线，结合天然保湿因子（natural moisturizing factor，NMF）在皮肤中含量和分布的规律，可计算皮肤角质层厚度（图9-12和图9-13）。通过对皮肤成分拉曼光谱的分析，可以对比分析正常皮肤和特应性皮炎患者皮肤内源性成分，如NMF和

神经酰胺（图9-14和图9-15）。此外，通过拉曼光谱分析，对比产品使用前后皮肤内活性成分的吸收、代谢变化，可对该成分在皮肤中随时间渗透和分布的变化进行研究（图9-16）。

因此，利用CRS对化妆品使用前后进行研究，可精准确定目标成分的渗透性，以及产品功效作用靶点受皮肤成分变化的影响，为化妆品在皮肤中精准发挥功效提供验证方法。

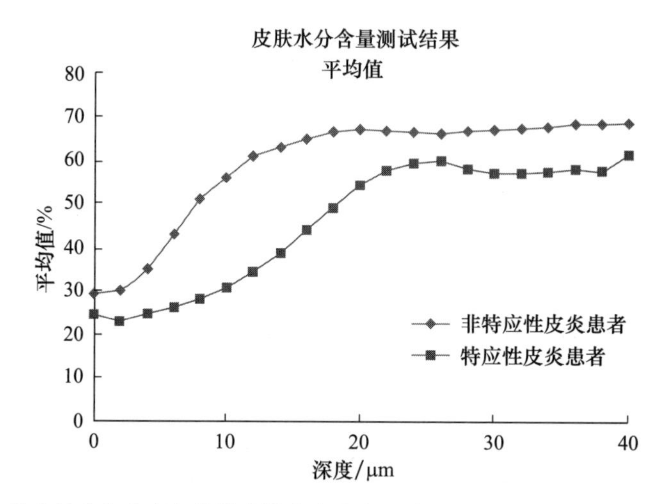

图9-12 特应性皮炎患者与非特应性皮炎患者皮肤0～40 μm深度水分含量分布曲线

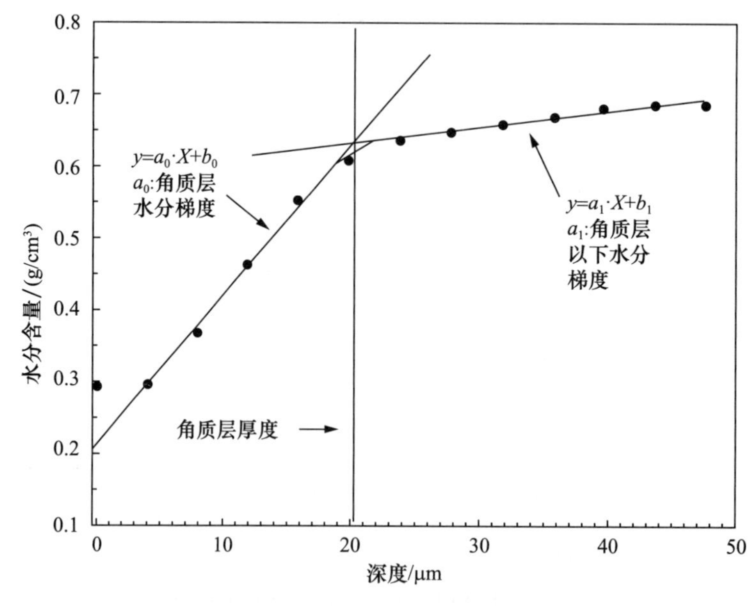

图9-13 角质层厚度的计算

引自：Bielfeldt S, Schoder V, Ely U, et al. Assessment of human stratum corneum thickness and its barrier properties by in-vivo confocal Raman spectroscopy［J］. International Journal of Cosmetic Science, 2010, 31（6）: 479-480.

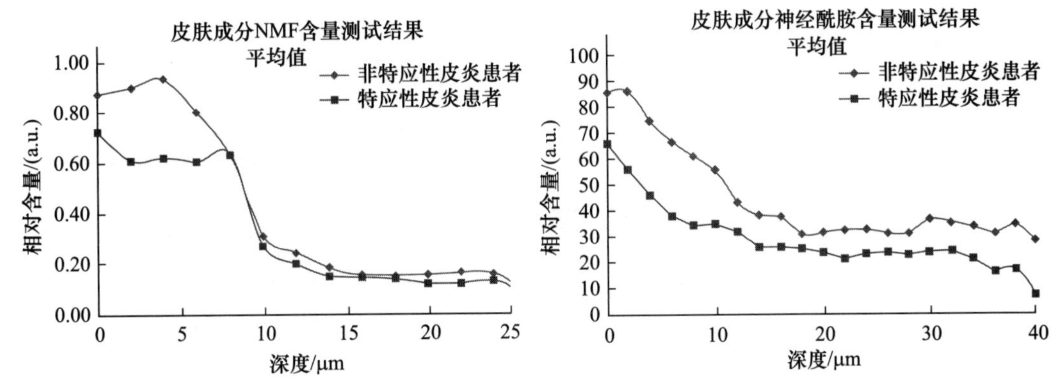

图9-14　特应性皮炎患者与非特应性皮炎患者皮肤0～25 μm深度NMF含量曲线

图9-15　特应性皮炎患者与非特应性皮炎患者皮肤0～40 μm深度神经酰胺含量曲线

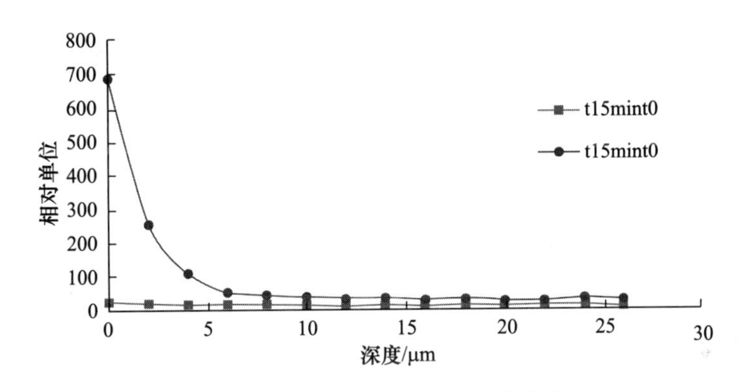

图9-16　角质层内成分的渗透性曲线

（三）智能分析技术

在以数字技术为核心的工业4.0时代，数字化、智能化技术在化妆品评价中的应用优势逐渐凸显。

运用图像处理、机器学习以及智能算法，可以获得直观的可视化图像，并根据实际需要，实现图像数据的定量测量和输出。如在人体功效评价过程中采用面部成像系统，可快速捕捉并增强皮肤特征，通过皮肤表面形态的图像解析以及与数据库的对比分析，如皮肤纹理、细纹、均匀度、卟啉等，以评估化妆品对皮肤的改善作用。

机器视觉评估技术可对皮肤表面纹理进行测定，直接研究皮肤的表面形态。例如，在临床阶段，利用皮肤表面粗糙度测试（如Visioscan VC20plus）评价保湿类化妆品对皮肤干燥区域的改善状况；在使用产品前后，分别通过对特定皮肤区域的表面粗糙度进行测试，评价其在该区域保湿效果（图9-17、彩图9-17），从而为产品的功效评价与宣称提供客观检测手段。

此外，在保护个人隐私的前提下，智能评价技术可直接面对消费者群体，对其皮

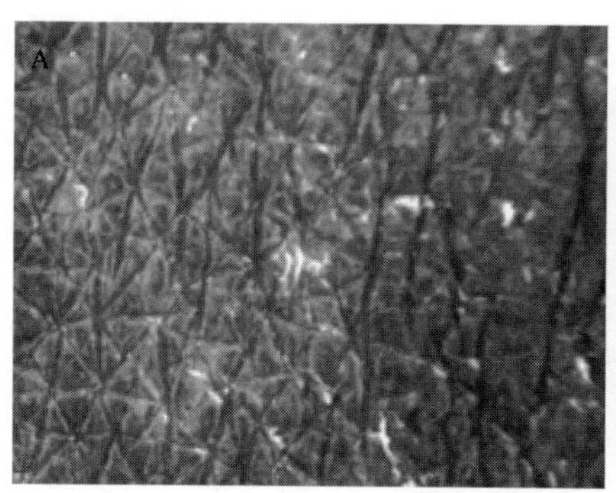

图9-17　皮肤粗糙度成像

A：产品使用前；B：产品使用后

肤的真实状态进行精准分析，推荐适合其个体肤质的护肤品，实现精准服务。例如，市场上多种AI皮肤智能化终端设备，基于人群肤质特点数据库和算法进行产品推荐，可在自我皮肤精准检测、产品功效评估的基础上，实现皮肤检测、数据分析、用户管理、护肤建议、产品推荐等一系列精准护肤服务，为消费者带来个性化体验的同时，还能更好地满足其不断升级的需求。

由此，我们相信在不远的将来，新技术的发展及其在皮肤科学领域应用的不断推广，将会对功效管理时代下的精准护肤起到促进作用。

（马彦云　梅鹤祥　审校）

参考文献

第十章　精准护肤范式下创新活性成分的筛选与设计

李钧翔　傅晓蕾　许　阳

本章概要

□　新技术在生物活性成分开发和筛选中的应用

□　计算生物学技术在活性成分开发中的应用——以多样化多肽分子筛选与理性化设计为例

□　高通量湿实验筛选技术在活性成分开发中的应用——以筛选人体酪氨酸酶抑制剂为例

由于功效类化妆品越来越受消费者的青睐，化妆品企业对功效类生物活性成分的需求也越来越迫切，但安全性高、功效显著的生物活性成分仍然稀缺。因此，在新的生物活性成分研发过程中如何克服各种挑战，提高先导化合物的发现和优化（lead generation）效率以及筛选的准确性，是开发团队在选择筛选策略时的重要考量。

为了达成上述目标并在竞争激烈的市场环境下降低研发成本，提高研发成功率，一些新的筛选技术和筛选平台被开发出来并被逐步应用到生物活性成分的筛选工作中。这些新的筛选技术和平台包括结构生物学、计算生物学、生物信息学以及高通量筛选等技术。

在化妆品领域，这些新技术的应用尚未普及，但已有生命科学领域跨界的研究成果得到应用。如清华长三角产业研究院的人工智能计算生物学技术在新型小分子活性肽先导化合物预测和优化方面的应用已逐步受到业界关注。本章将简要阐述这类技术平台及部分应用实例，为该领域的创新发展提供参考。

第一节　新技术在生物活性成分开发和筛选中的应用

一、结构生物学

结构生物学（structural biology）是一门以分子生物学、生物化学和生物物理学为基础的分支，是研究生物大分子（如蛋白质）的分子三维结构，包括结构的形成以及机构改变影响其功能关系的学科。由于结构生物学能够解释生物大分子的构象和相互作用的方式，而所有生命活动都是通过各种生物大分子的相互作用来实现的，因此在医药研发中，结构生物学的研究已经被广泛作为新药开发的最基本依据。

当前，通过X射线晶体学、核磁共振（nuclear magnetic resonance，NMR）技术、冷冻电镜三维重构技术以及人工智能手段已经可以成功分析或预测生物大分子的结构，以及大分子间的相互作用关系。国际上已经建立了专门存储大分子结构的数据库，如蛋白质结构数据库（protein data bank，PDB），截至目前，已经存储近20万条结构信息。

随着皮肤科学中越来越多靶点的发现，通过结构生物学工具对靶点分子的结构信息以及相关作用方式的精细化解析，将为精准护肤提供更加深入的认知以及创新原料的理性化开发提供更全面的依据。

二、计算生物学

计算生物学（computational biology）是现在生物学下的一个分支，是指开发和应用数据分析及理论的方法，通过数学建模和计算机仿真等技术手段，研究宏观和微观生物学系统运行的一门学科。计算生物学的目标是运用计算机的思维解决生物问题，用计算机的语言和数学的逻辑构建和描述并模拟生物世界。

随着计算机算力的不断突破，目前分子动力学模拟和机器学习工具已经逐步应用于基于靶点的药物分子设计，甚至是功效护肤的原料开发领域（见第二节案例）。其中，分子动力学模拟（molecular dynamic simulation，MDS）在原子水平模拟生物大分子在三维空间中数百纳秒尺度内的运动状态，继而从微观角度阐释生物分子发挥生理功能的作用机制，以及分子与靶点质检识别匹配的模式等科学问题。而随着越来越多生物大分子相关作用的模式被解析和量化，近几年来人们已经成功将机器学习人工智能等技术手段应用到预结构与生物分子间相关作用的高效预测上，这也为高效筛选和预测未知功效的生物分子潜在应用价值提供了无限可能。

三、生物信息学

生物信息学（bioinformatics）是在生命科学的研究中，以计算机为工具对大规模生物信息进行储存、检索和分析的科学。它是当今生命科学和自然科学的重大前沿领域之一，其研究重点主要体现在基因组学（genomics）、蛋白组学（proteomics）等方面，具体说就是从核酸和蛋白质序列出发，分析序列中表达的结构功能的生物信息，并从数据分析中获得未知的新信息。相比计算生物学，生物信息学主要侧重于对生物学中所得信息的采集、存储、分析处理与可视化方面，而计算生物学主要侧重于使用计算技术对生物学问题进行研究。

在生物信息学领域，通过灵活地结合基因组学、蛋白组学、代谢组学以及网络药理学手段，可以系统地研究成分对特定生理过程的调节作用、调控潜在靶点以及探索系统性调节分子机制，在功效护肤领域为未来功效的深度刻画和科学循证提供强有力的手段。

四、高通量筛选技术

高通量筛选（high throughput screening，HTS）是一种从大量候选化合物中快速有效地分选有用新药（原料）的技术。通常高通量筛选技术以分子和细胞水平的实验方法为基础，以微板形式作为实验工具载体，以自动化操作系统执行试验过程，以灵敏快速的检测仪器采集实验结果数据，以计算机分析处理实验数据，在同一时间检测成百上千样品的特定性能指标。它具有微量、快速、灵敏和准确等特点，现已被广泛应用于生物研究以及药物开发等领域。将高通量的实验筛选技术与计算生物学、生物信息学进行有机的整合，将更加精准和高效地获得针对靶点的候选新分子。

第二节　计算生物学技术在活性成分开发中的应用——以多样化多肽分子筛选与理性化设计为例

多肽研究起始于20世纪初人们对激素（hormone）研究的热情。1921年，内源性多肽类激素胰岛素（insulin）的发现被认为是科学研究发现的里程碑之一，随后胰岛素便成为第一个被应用于临床治疗的多肽药物。多肽的高特异性、高选择性、高效能、低毒性、短半衰期等性质使它比传统药物更为安全，多肽药物的相关研究也逐渐得到重视。

在化妆品领域中，针对皮肤问题相关的细胞学和分子生物学研发在不断深入，而随着“精准护肤”这一新理论体系的提出，如何基于这些根源性分子靶点理性设计活性分子、从而靶向性地解决问题成为了该领域的挑战之一。在众多功效成分中，多肽作为重要的信号分子，在特异性调控细胞生理通路、解决特定皮肤问题方面具有其独特的优势，因此其市场需求逐渐增加。

多肽重组表达技术和基因工程改造技术已经使人们能够按照实际需求生产各类多肽，多肽递送载体技术也在不断更新，进一步提高了多肽的生物利用率。在更上游的原料分子开发环节，活性多肽筛选和鉴定已成为其中主要的限速步骤。传统的活性多肽获取方法、大规模的多肽库筛选以及对已知多肽序列修饰后的鉴定，都需要大量的人力物力，已难以跟上功效护肤产品开发与技术迭代升级的节奏。

得益于科技的高速发展，基于计算的虚拟筛选活性成分这一方式已经广泛应用于药物设计等领域。将其引入多肽筛选流程，使得研究人员能够快速低成本地处理大量多肽序列信息及加速活性多肽发现的进程，也将成为未来精准护肤的关键。本节将围绕活性多肽的分类、机器学习的基础以及活性多肽的虚拟筛选展开介绍。

一、活性多肽的分类

（一）按性质和作用方式分类

从性质和作用方式角度看，护肤多肽可以分为信号肽（signal peptide）、神经递质抑制肽（neurotransmitter inhibitor peptide）、酶抑制肽（enzyme inhibitor peptide）和自身功能肽。

1．信号肽

不同于细胞生物学中的概念，本节的信号肽是指能够介导信号级联发生的多肽，通常是细胞外基质的片段产物，能够刺激胶原蛋白（collagen）、弹性蛋白（elastin）、蛋白聚糖（proteoglycan）、糖胺聚糖（glycosaminoglycan）和纤连蛋白（fibronectin）等细胞外基质的合成，因此又称为“细胞外基质活化素”（matrikine）或者“胶原蛋白刺激因子”（collagen stimulator）。此外，其他一些能够激活细胞生理代谢和增殖分化的多肽也属于信号肽。化妆品中常使用的肌肽（carnosine，β-Ala-His）、铜肽（copper glycine-histidine-lysine，Cu-GHK）、棕榈酰三肽-3/5（palmitoyl tripeptide-3/5，Pal-Lys-Val-Lys）、棕榈酰四肽-7（palmitoyl tetrapeptide-7）、棕榈酰五肽-4（palmitoyl pentapeptide-4，Pal-KTTKS）等都属于信号肽。

2．神经递质抑制肽

神经递质抑制肽通过干扰神经肌肉节点处神经信号的传递，抑制肌肉的收缩，可以实现瞬时的皱纹淡化。乙酰基六肽-3/8（acetylhexapeptide-3/8，Acetyl-Glu-Glu-Met-Gln-Arg-Arg-NH_2）是一个被广泛使用的抗皱多肽原料，模拟突触体相关蛋白25（synaptosomal-associated protein 25，SNAP-25）的结合模式，竞争性抑制可溶性NSF附着蛋白受体（soluble NSF-attachment protein receptor，SNARE）复合体的形成，干扰突触前膜囊泡融合过程，抑制胞质中钙离子依赖的乙酰胆碱的释放，从而实现肌肉舒张、皱纹淡化。

3．酶抑制肽

酶抑制肽能够抑制蛋白酶、多肽酶的活性，从而减少细胞外基质的降解，延缓皱纹出现。

4．自身功能肽

自身功能肽的活性作用方式不太依赖于信号传递和生理活动的影响，而是通过自身特定结构或序列实现功能。例如，抗菌肽（antimicrobial peptide，AMP）基于自身特殊结构和序列，单独或成簇作用于细菌的细胞膜，破坏细胞膜的完整性，实现抑菌、杀菌效果；穿膜肽（cell-penetrating peptide，CPP），基于自身性质与细胞膜互作，实现跨膜入胞，可用作活性分子入胞载体等；谷胱甘肽（glutathione，GSH），通过自身半胱氨酸的巯基与氧化剂反应，实现抗氧化、整合解毒等作用。

（二）其他分类方式

从功能角度看，护肤多肽可以分为促胶原合成类多肽、屏障修复类多肽、美白类多肽、促进毛发生长类多肽等。

从获取角度看，护肤多肽可以分为水解蛋白多肽和单体活性多肽。前者根据物种来源还可以进一步细分为大豆多肽、小麦肽、酵母多肽等。

二、从混合成分到单体多肽

（一）混合成分

早期保健产品应用的多肽原料主要是通过水解酶水解、蛋白酶酶解、微生物发酵或者其他物理化学方式（酸处理、热处理、超高压处理等）处理蛋白后获得的。混合多肽在食品工业中备受喜爱，普遍被认为对人体有益。以大豆蛋白多肽为例，从其混合物中鉴定出大量多肽序列，表现出神经元保护、血管紧张素转换酶抑制、抗氧化、免疫调控、抗菌抗病毒等作用。

在化妆品领域中，混合多肽也有大量的应用历史。如水解胶原（hydrolyzed collagen）、水解角蛋白（hydrolyzed keratin）就是对应蛋白经过酸解、碱解或酶解后成为相对分子质量在400～25 000的多肽混合物，可添加于头发和皮肤的护理产品中，被认为具有良好的抗氧化、抗衰老效果，能够提升皮肤水分含量，改善皮肤外观。化妆品原料审查报告（cosmetic ingredient review，CIR）称，该类水解物无致癌性、无刺激性、无光毒性，是安全的化妆品原料。

混合多肽成分复杂，包含长度不等的短肽和氨基酸等，因此通常表现出多种生理功能。但是随着精准护肤的发展，以及皮肤生理学、细胞生物学、分子生物学研究的深入，人们发现难以全面解释混合多肽的具体作用机制。此外，多肽混合物还可能存在其他问题：一些特殊来源的混合多肽可能存在致敏性问题，如来自鸡蛋、大豆、坚果类的蛋白多肽；缺乏通用可靠的成分鉴定方法，不同批次之间可能存在差异，进而影响保存和功效；透皮率、利用率、留存率等试验指标难以量化等。因此从混合多肽中鉴定出功能明确、靶点与作用方式清晰的单体活性多肽逐渐成为新趋势。

（二）单体多肽成分

随着皮肤生理学研究的发展，不同的皮肤问题与特定的信号或代谢通路之间的关联也逐渐被揭示。例如，皮肤中黑色素合成与黑皮质素受体（melanocortin receptor，MCR）家族激活介导的信号通路相关；部分皮肤敏感问题与辣椒素受体1（transient receptor potential vanilloid 1，TRPV1）、1型大麻素受体（cannabinoid receptor type 1，CB1R）等受体的激活相关；皱纹的形成与转化生长因子-β（transforming growth factor-β，TGF-β）刺激信号减弱、细胞外基质降解加剧等相关。伴随着信号通路和靶点蛋白的发现，人们也开始逐渐意识到多肽作为一类特异性信号分子，在针对性调控皮肤问题方面的重要性。

多肽组学（peptidomic）的兴起使得大量内源性多肽被成功鉴定，其中被研究最多的是神经多肽和多肽类激素。作为细胞间信息传递的分子，它们在中枢神经系统和内分泌系统中广泛存在，参与体温、能量自稳、昼夜节律等重要生理过程的调控。例如，P物质（substance P）是一个十一肽，主要结合神经激肽-1（neurokinin-1，NK-1）受体，能够有效舒张血管，降低血压；生长抑素（somatostatin）是一个由二硫键环化的十四肽，与体内至少5种生长抑素受体互作，参与调控内分泌系统和神经系统功能；胰岛素包含一条二十一肽和一条三十肽，由二硫键连接，与胰岛素受体互作，参与调控血糖水平。

对外源性混合多肽的测序鉴定也提供了大量活性单体成分。现有数据库如BIOPEP-UWM、FermFooDb等，包含大量功效得到实验证据支持的多肽。例如，IYP（异亮氨酸-酪氨酸-脯氨酸）可作为血管紧张素转换酶抑制剂；VPL（缬氨酸-脯氨酸-亮氨酸）可作为二肽基肽酶Ⅳ抑制剂；GVYY（甘氨酸-缬氨酸-酪氨酸-酪氨酸）可作为炎症抑制剂；LVVVPW（亮氨酸-缬氨酸-缬氨酸-缬氨酸-脯氨酸-色氨酸）可作为免疫调节剂；LWM（亮氨酸-色氨酸-甲硫氨酸）可作为抗氧化剂等。

内源性多肽性质鉴定和多肽-蛋白的关系网络研究为靶向解决皮肤问题提供了基础，而大量单体多肽的筛选鉴定为未来活性原料的开发提供了无限可能。

在多肽的作用方式上，除了抗菌肽、穿膜肽等特殊类别，化妆品活性单体多肽主要通过以下三种方式实现功能：模拟内源性多肽序列，与受体蛋白互作后激活或抑制相应信号通路；模拟酶的底物序列，竞争性抑制酶活性；截取两个蛋白接触面上的序列，干扰正常的蛋白互作。这些方式中都涉及多肽-蛋白或者蛋白-蛋白的互作。

多肽-蛋白互作的广泛性使得多肽成为一类可应对不同皮肤问题的重要活性原料。多肽-蛋白的结合通常需要较大的结合面积，对结合面的结构也有要求，因此多肽-蛋白互作能够有很高的特异性。活性多肽能够有效区分不同蛋白靶点，针对性地影响细胞生理过程，解决相应皮肤问题，同时减少脱靶等带来的不良反应。

传统实验研究，如蛋白-多肽阵列（protein-peptide array）、等温量热滴定（isothermal titration calorimetry，ITC）和表面等离子共振（surface plasmon resonance，SPR）等，需要单独合成蛋白和多肽用于测试，成本高且不适合大规模测试，同时还极大地受限于实验技术和设备。另外，生物体系的高复杂性以及蛋白-多肽互作的一一对应，都可能导致实验设计考虑不全面。最新的报告显示，人体内存在的蛋白-多肽、蛋白-蛋白二元互作估计数值高达3 000 000。如此大量的互作数量，若从实验层面全部证明，不但成本过高，更难以跟上功效护肤产品的日常开发与技术迭代升级节奏。

单体多肽的需求性、多肽筛选和功能鉴定实验的复杂性，共同催生了计算辅助的单体活性多肽研究的发展。计算机可以辅助靶点蛋白折叠、预测蛋白表面多肽的可能结合位点、预测多肽/蛋白-蛋白对接模式等，实现多肽的虚拟筛选。

三、计算辅助的单体多肽开发

（一）机器学习的简单介绍

人工智能研究的长远目标，是构建拥有人类所有思维的机器，能够思考学习，拥有自主意识。而在当前生活中能够接触到的属于“弱”人工智能，即拥有一定的学习能力，能够处理特定的数据并解决特定的问题，如自动驾驶汽车、苹果智能语音助手Siri，以及阿尔法围棋AlphaGo等。

本节提及的人工智能，准确来说是机器学习（machine learning），属于人工智能的子领域，是指通过构建一定的算法逻辑，让机器能够从已有经验中学习并优化计算性能，随后对新提供的数据做出预测，解决特定的问题。

机器学习可以概括提取同类功能多肽的内在性质，从而对其他未知多肽做出功能预测；它可以预测未知多肽与某个或某类蛋白靶点的结合情况，从而预测目标蛋白或多肽对应的生理过程，解决特定皮肤问题；也可以大规模预测蛋白-多肽互作情况，从中筛选并优化出可能的互作对，为新原料的开发提供思路。

（二）机器学习模型构建

1. 机器学习分类

根据使用的数据类型、模型的训练目的等，可以将机器学习大致分为三类。

（1）监督式学习方式

监督式学习方式（supervised learning approach）是当前最常使用，也最为实用的机器学习方式，是指基于已知输入和输出的数据进行模型训练，用于预测新输入的可能输出。该方式可以用于解决两类问题：①亲和力强度、蛋白熵值等回归问题；②是与否、包含与不包含等分类问题。

（2）非监督式学习方式

非监督式学习方式（unsupervised learning approach）使用的训练数据没有任何“标记”或“答案”，因此它并不能直接用于解决回归或分类问题。该学习其意义在于对输入数据进行降维处理，聚类形成一个数据模式。它更加近似于人类学习的过程，即从外界获取信息并根据自身经验独立分析处理。

（3）半监督式学习方式/强化学习

关于这种机器学习方式，当前有两种看法。第一种是半监督式学习方式（semi-supervised learning approach），指同时提供标记与非标记的数据进行训练学习；第二种，也是当前更被人接受的看法，是强化学习（reinforcement learning approach），指根据环境响应学习并选择最佳的行为序列，常用于复杂环境中的决策制定。

2．机器学习模型构建过程

建立机器学习模型主要包含四步：建立高质量、独立的数据集；提取特征；建立模型；评估模型。

（1）数据收集和整理

数据收集和整理是建立机器学习模型的重要步骤。因为当前没有自动化的数据收集流程，所以必须通过大范围的资料检索等方式，整理检查获得所需多肽/蛋白性质和互作数据集。公共数据是重要的信息资源，如RCSB PDB、PepBDB、DrugBank等多肽-蛋白相互作用信息数据库，PubChem、Uniprot等多肽/蛋白序列信息数据库，以及公开的多肽-蛋白亲和力测试的微阵列数据等。

（2）特征提取

简单而言，特征提取是将结构、序列信息量化，转变为计算机可处理的数据格式。这是一个降维的过程，从原始数据的所有特征描述符（feature descriptor）中选择若干蛋白和多肽信息并将之转化为数学表达形式，用于模型训练。

常使用的描述符包括表示一级序列的氨基酸序列组成信息、表示氨基酸理化性质（疏水性、极性、荷电数量、二级结构、溶剂接触性）的CTD（composition，transition，distribution）信息、表示序列进化保守性的位置权重矩阵（position-specific scoring matrix，PSSM）信息、表示蛋白三维结构的内部无序性区域（intrinsical disordered region）信息等。对于多肽-蛋白存在互作时，还可以增加结合残基位点、残基间距离等信息。

（3）模型训练

模型训练的过程就是建立特征描述符和输出结果之间关系的过程。传统的机器学习模型包括线性回归（linear regression）、逻辑回归（logistic regression）、决策树（decision tree）、随机森林（random forest，RF）、*k*最近邻分类（*k*-nearest neighbor，KNN）、支持向量机（support vector machine，SVM）等。

线性回归是最早使用的机器学习算法，用统计学方法建立一个或多个独立变量与结果变量之间的线性关系，从而对未知结果的数据进行结果预测。训练时，线性回归模型能够学习获得各个独立变量对于输出值的影响权重，实现对数据的最佳拟合。线性回归常用于对实际数值做出预测，如从成本投入预测收益值和从氨基酸序列预测残基间亲和力强度值等。而对于分类问题，如预测多肽是否为抗菌肽，以及蛋白之间是否存在互作等，可以选择逻辑回归。逻辑回归类似于线性回归，只是在线性函数的基础上，嵌套“S”型的*Sigmoid*函数，将具体数值的输出结果转变为［0，1］范围的可能性值。训练过程中，逻辑回归模型同样学习各个独立变量对于输出值的影响权重，使可能性值尽可能靠近最大值1或者最小值0，实现结果的二元分类。

决策树模型主要用于解决分类问题。输入数据集根据一个特征分为若干个亚集，每个亚集再根据第二个特征进一步分类，重复以上过程，直至亚集不可再分类或所有分类特征都已使用，最终形成一个树状分支构型，即决策树。模型训练就是减少不必要的分类特征，剪除多余的分支，在保证预测正确性的情况下精简模型。RF模型基于决策树模型，从数据集中随机抽取样本，在所有特征中随机选择少量特征，并据此建立合适的决策树。以同样的原理构建大量的决策树，将所有决策树的结果整合并输出最终结果。训练过程就是不断优化决策树数量及单个决策树使用的最大特征数量等参数。

KNN模型基于数据特征之间的相似性对新数据点做出预测，通常用于解决分类问题。对一个完成标注的数据集，所有特征属性和所属分类都已知。待预测数据将会计算与模型中所有数据点的距离（通常是欧几里得空间距离）并取距离最近的k个值，其中占比高的类别就是待测数据的分类。KNN模型的训练过程就是寻找合适的k值。

SVM模型是最常见的监督式学习算法，常用于解决分类问题。在一个n维数据空间中，SVM的算法逻辑就是找出一个$n-1$维的最佳超平面作为数据的分类边界，使得两个类别之间的空间距离达到最大。

除了传统的机器学习模型外，还有比较多的深度学习模型可以用于处理蛋白-多肽数据。深度学习（deep learning）是一种比较特殊的机器学习，大多数都基于人工神经网络（artificial neural network，ANN），模拟大脑神经元分级，分层处理信息。数据从输入层（input layer）被模型读取后，经过一定的数据整合，映射到隐藏层（hidden layer）。信息经过若干隐藏层处理后，最终从输出层（output layer）输出为结果。模型训练的过程就是让计算机自行调整数据传递时层与层之间的权重值，使其能够输出最佳结果。常用的深度学习模型包括多层感知器（multilayer perceptron，MLP）、卷积神经网络（convolutional neural network，CNN）、递归神经网络（recurrent neural network，RNN）等。

（4）模型评估

在多肽原料开发过程中，我们希望模型能够为多肽序列标注“有结合/无结合”“有活性/无活性”等分类标签。这里介绍几种常用的机器学习或深度学习分类模型性能的评价方式。

基于一定的分类阈值，可以将输出结果分为两类。将实际结果与预测结果比对，统计真阳性（true positive，TP）、真阴性（true negative，TN）、假阳性（false positive，FP）和假阴性（false negative，FN）的数量。基于混淆矩阵，可以建立正确率（accuracy）、精确率（precision）、召回率（recall）、F1分数（F1 score）等概念。

正确率＝（TN＋TP）/（TN＋TP＋FN＋FP），表示正确分类的预测数在总预测数中所占的比例。

精确率＝TP/（TP＋FP），表示模型预测的所有阳性结果中真阳性的比例。

召回率＝TP/（TP＋FN），表示真阳性样本在实际为阳性的样本中所占的比例，又被称为“敏感度”（sensitivity）或者“真阳性率”（true positive rate，TPR）。反之，真阴性样本在所有实际为阴性的样本中所占的比例，被称为“特异度”（specificity）。假阳性率（false positive rate，FPR）表示所有实际为阴性的样本中被鉴定为阳性样本的比例，与特异度的和为1。

F1分数=2×精确率×召回率/（精确率+召回率），是精确率和召回率的调和平均数，综合精确率和召回率以获得更好的评估效果。

F1分数的缺点是，精确率和召回率在计算中所占权重相同，因此在实际应用中，常使用加权F1分数（weighted F1 score，F_β）、精确率-召回率曲线（precision-recall curve，PR curve）或受试者操作特征曲线（receiver operating characteristic curve，ROC curve）以及曲线下面积（area under the curve，AUC）作为更精细的评估。

F_β引入一个权重参数β，公式表示为（$1+\beta^2$）×精确率+召回率/（β^2×精确率×召回率）。

将所有预测结果数值按照从小到大排序，并将每个数值作为分类阈值计算分类精确率和召回率，再以召回率为x轴、精确率为y轴作图就能形成PR曲线。曲线下的面积值越大，表示模型的性能越好。

同理，ROC曲线以FPR为x轴，以TPR为y轴作图，计算AUC。AUC越大，表示模型性能越好。

（三）预测的流程

计算机辅助的配体设计（computer-aided ligand discovery）可以分为两类，基于配体的虚拟筛选（ligand-based virtual screening）和基于结构的虚拟筛选（structure-based virtual screening）。基于配体的虚拟筛选关注配体自身的结构和理化性质，通过机器学习从中抽提出配体的重要特征，与受体无关。基于结构的虚拟筛选，通常考虑到受体信息，需要配体和受体的互作信息建立预测关联函数。

1. 基于配体的虚拟筛选

基于配体的虚拟筛选关注配体的结构和理化性质，往往不考虑受体结构信息。这类配体通常依靠本身残基性质或序列信息发挥作用，或者针对的靶点选择特异性不高。基于相似结构可能表现相似生物活性的假设，通过机器学习从已知的活性多肽信息中获得多肽组成模式，产生的模型将用于后续的虚拟筛选。如抗炎症多肽（anti-inflammatory peptide，AIP）、细胞穿膜肽（cell-penetrating peptide，CPP）、抗菌肽（anti-microbial peptide，AMP）等都已获取较多数据，可以支持构建机器学习模型。

数据库IEDB中包含大量有关免疫抗原表位与主要组织相容性复合体（major histocompatibility complex，MHC）结合的信息，抗炎症多肽预测模型的训练数据大多来自于此。建立的预测模型有AntiInflam（SVM，2017）、AIPpred（RF，2018）、PEPred-SUITE（RF，2019）、iAIPs（RF，2021）等。

细胞穿膜肽数据可以从CPPsite/CPPsite 2.0中获取。建立的预测模型有C2Pred（SVM，2016）、CPPred-RF（RF，2017）等。

抗菌肽数据可以从APD、DADP、DRAMP、LAMP和DBAASP等数据库中获取。建立的预测模型有iAMPpred（SVM，2017）、AmPEP（RF，2018）、AI4AMP（DNN，

2021）等。

2．基于结构的虚拟筛选

基于结构的虚拟筛选，是基于结构信息和分子对接建立受体和配体之间的相互作用关系。结合信息的分辨率越高，构建模型能够解决的问题就越精细。根据筛选的规模可以大致分为两类。

1）计算辅助分子对接

计算辅助对接（docking）可以视为一个小规模的虚拟筛选，仅涉及一个或少数几个靶点蛋白以及若干多肽序列。

它在小分子药物的设计发现中已经被广泛应用。多肽类原料开发也可以使用类似的方式，即基于已知的靶点和若干可能结合的多肽序列，通过计算对接获得可能的结合模式，作为后续多肽修饰的依据或者功效机制解释的佐证。

多肽-蛋白对接可以分为基于模板的对接（template-based docking）、局部对接（local docking）和全局对接（global docking）。不同的对接模式意味着不同的已知信息量，也对应不同的预测准确性。

（1）基于模板的对接

基于模板的对接需要使用已知的蛋白结构作为骨架，基于序列同源性搜索数据库中相似的蛋白结构和蛋白-蛋白/多肽互作，构建未知结构的复合体。随后通常基于能量状态对结构进行优化，确保结构的合理性。该对接方法简单，但是对模板要求较高，当存在同源性较高的蛋白/多肽-蛋白复合物结构信息时，才更具实际意义。通常情况下该方法应用于蛋白-蛋白互作界面截取短肽作为互作抑制剂，可使用的工具包括GalaxyPepDock等。化妆品原料中常用的乙酰基六肽-8（acetyl hexapeptide-8，argireline）、棕榈酰三肽-5（palmitoyl tripeptide-5）就是基于这种方式获得的。

乙酰基六肽-8来源于突触体相关蛋白25（synaptosomal-associated protein 25，SNAP-25）的片段。神经肌肉接头上突触小体与突触前膜融合，释放神经递质乙酰胆碱，引起下游骨骼肌收缩，从而形成皱纹。囊泡融合过程需要精细地调控，其中SNAP-25蛋白参与结合突触小体和前膜上的可溶性NSF附着蛋白受体（soluble NSF-attachment protein receptor，SNARE）蛋白形成三元复合体，将小体定位于膜上，并在钙离子信号刺激下介导膜融合，释放递质。外源添加的乙酰基六肽-8则能与体内的SNAP-25蛋白竞争结合SNARE蛋白，抑制复合体的形成，减少囊泡融合和递质释放，从而减少骨骼肌收缩，淡化皱纹。

潜伏期相关肽（latency-associated peptide，LAP）上的Leu-Ser-Lys-Leu序列会与转化生长因子-β（transforming growth factor-β，TGF-β）蛋白上的Arg-Lys-Pro-Lys序列互作结合，形成稳定的无活性复合体。但是血小板反应蛋白（thrombospondin）上的Lys-Arg-Phe-Lys序列会竞争性结合到LAP上，从而释放TGF-β蛋白。棕榈酰三肽-5中的多肽序列Lys-Val-Lys则模拟血小板反应蛋白的调控模式，干扰无活性复合体的形成，从而起到促进细胞胶原合成的功能。

（2）局部对接

局部对接是在蛋白表面预设结合位置，将多肽置于附近并小范围调整骨架和残基方向，根据能量状态等筛选可能的结合模式。对接的准确性取决于结合位点的信息量，信息越多，准确性越高。在活性肽原料开发中，局部对接是可操作性很强的获取蛋白-多肽复合体的方式，因为已有的基础研究数据会为结合位置提供方向，通常情况下不会产生差别过大的结合模式。可使用的工具包括Rosetta FlexPepDock、HADDOCK等。

（3）全局对接

全局对接是在完全不做限定的情况下，在整个蛋白表面寻找合适的结合位点，并生成蛋白-多肽复合体。为了简化计算过程，部分工具会将起始蛋白和多肽结构视为刚体进行对接。这也导致在多肽较长时难以产生合理的对接构象。为了平衡蛋白多肽结合的复杂性和计算效能，对接流程进行了多种调整，包括单独处理多肽序列获得合理的预测结合构象，以及预测结合位点从而降维至局部对接等。可用的工具包括CABS-dock、PIPER-FlexPepDock等。

2）大规模多肽筛选

大规模多肽筛选是指针对一类蛋白乃至于所有蛋白，预测一系列多肽与之结合的可能性、结合位点、结合强度等。目前，大规模虚拟筛选获得活性多肽的案例在化妆品领域中鲜有听闻，但是相关的学术基础研究已经相对较多。根据是否限制蛋白靶点，大规模多肽筛选可以分为两类：将靶点限定为一类蛋白或者几类同源性较高的蛋白，优势是同类蛋白的多肽结合区域和结合模式相似，整合其与多肽的结合数据后，可以获得一个高分辨率数据集，便于模型的训练，但仅适用于该类蛋白的预测；对靶点不做限制，优势是具有极强的普适性，但是需要的多肽/蛋白-蛋白数据量极大，数据的处理和模型的构建都有较大难度。

（1）限定靶点的多肽筛选

将预测靶点限制为一类蛋白后，虽然只能片面预测输入多肽的潜在性质，但是当该蛋白家族与皮肤健康关系较大时，预测结果还是非常有价值的，如免疫相关的人类白细胞抗原（human leukocyte antigen，HLA）家族。

HLA在免疫系统中起重要作用，可以将结合的多肽递呈给T细胞受体（T cell receptor，TCR），传递免疫信号。通过预测多肽-HLA的结合能力，可以筛选合适的多肽，缓解炎症。如NetMHCpan或NetMHCⅡpan模型，利用ANN模型，将多肽-HLA互作残基信息聚类处理后训练。输入氨基酸序列，限定HLA家族或分子，滑动窗口从蛋白上截取所有可能的多肽序列，并预测其与选定的HLA结合与否以及对应的亲和力强度。

（2）不限定靶点的多肽筛选

尽可能利用现在能够获得的所有多肽/蛋白-蛋白信息，结合深度学习，训练普适的预测模型，是计算生物学的一个重要发展方向。

于2021年提出的深度学习模型CAMP，结合PDB和DrugBank数据库，抽提所有以多肽为配体的复合体，识别筛选其中存在非共价相互作用的复合体后提取特征，包括氨基酸结构和理化性质、多肽和蛋白的无序性、蛋白的进化保守性等。训练过程中，对于一个多肽-蛋白复合体，多肽/蛋白数据独立输入CNN模型和一个自注意力模块（self-attention module），前者识别多肽/蛋白参与互作的残基，后者学习氨基酸残基在结合过程中的重要程度。将蛋白和多肽共四个输出整合后，作为多肽-蛋白结合与否以及各个残基的结合打分的依据。这一训练完成后的模型可根据输入的多肽和蛋白序列进行预测，极大限度地摆脱了晶体结构缺乏的问题。虽然受限于训练数据量，模型准确率仍需要进一步提升，但已经可以作为多肽虚拟筛选的方式了。

四、前景

计算机辅助多肽药物设计开发的发展已经取得不小的进展，但是相应技术的应用在化妆品领域还处于起步阶段。其中的原因包括：现有学术模型使用的蛋白数据与化妆品靶点并不一定匹配；筛选模型以互作为目的，通常用于预测结合与否、结合亲和力、结合位点等，并不能直接与活性、功能挂钩；针对化妆品领域独有的数据过少，如透皮性、配方稳定性、功效性等，且不同来源的数据难以共享、整合，因而难以形成足够大的数据库进行训练。

可以预见的是，计算机辅助技术的应用，再结合结构生物学、生物信息学以及高通量筛选等技术将成为化妆品生物活性成分重要的开发工具，不仅仅因为虚拟筛选能够大幅降低实验成本，而且利用筛选预测模型还可以发现未知的多肽结合模式，进而开发全新功能或靶点更明确、效果更显著的肽类和其他小分子先导生物活性成分。

第三节　高通量筛选技术在活性成分开发中的应用——以筛选人体酪氨酸酶抑制剂为例

酪氨酸酶（tyrosinase：EC1.14.18.1，Tyr）是一种单酚单加氧酶，是具有双功能的含铜糖蛋白，广泛存在于植物、酵母和动物组织中。Tyr是生物体合成黑色素的关键酶，也是引起果蔬酶促褐变的主要因素，同时还对昆虫的免疫及生长有重要影响。在动物体内，Tyr通过催化*L*-酪氨酸两步氧化成*L*-多巴醌，最终形成黑色素，从而调节皮肤、眼睛和头发的色素沉着。因此，人体Tyr（human tyrosinase，hTyr）作为黑素生成抑制剂的靶点颇受关注。

以往研究多采用商用双孢菇（agaricus bisporus）Tyr（mTyr）进行试验，其底物特性实际与hTyr存在差异。但hTyr较难从自然来源或其他物种中获得，因此实际动力学或结构信息很少。hTyr在多种动物细胞系中均有少量表达，但产量较低，并且天然跨膜蛋白的溶解性差、翻译后存在异质性修饰并且可能混杂黑色素，这些因素都限制了从细胞提取物中纯化hTyr。2013年科德斯（Cordes）等研究者从HEK 293细胞中获得了His-标记的hTyr节段（hTyr-DHis），其中包含了hTyr的催化结构域，所得产物具有与野生型hTyr相同的催化能力。此后较多相关hTyr抑制剂的筛选研究均采用了该重组hTyr。

药物高通量筛选（high throughput screening，HTS）模型的实验方法，根据其生物学特点可分为以下几类：受体结合分析法、酶活性测定法、细胞分子测定法、细胞活性测定法、代谢物质测定法和基因产物测定法。目前针对筛选有效hTyr抑制剂的相关HTS研究已经取得了一定进展，筛选出的有效成分已经在细胞、皮肤模型以及人体临床观察研究中证实可有效抑制色素合成，并已被用于美白类护肤品。

HTS中受体结合分析法通过蛋白准备、活性位点发现、蛋白柔性构象探索、配体构象数据库准备、对接结果分析评价、小分子化合物库制备、药效团建模及筛选、人工经验筛选等流程筛选出最佳配体。特拜斯（Tobias Mann）等学者研究采用HyperChem 7.5（Hypercube，Inc.，Gainesville，FL，USA）构建了hTyr的同源模型，生成蛋白质靶标后使用Molero Virtual Docker（MVD，Molero，Aarhus，Denmark）对大约30种化合物进行分子对接（molecular docking）模拟，发现间苯二酚基团和噻唑环都必须结构完整才能有效抑制hTyr，而噻唑2-氨基上取代基的大小和极性决定了其额外的抑制活性，并且噻唑基间苯二酚系列的大多数化合物与hTyr具有非常相似的对接方式，而其中W630化合物（肽安密多，异丁基咪唑噻唑间苯二酚，Thiamidol）与hTry可较好地结合并抑制hTry活性。

该研究团队还通过酶活性测定法证实了分子模拟的结果，从含有50 000化合物的Evotec 化合物数据库中筛选了抑制重组hTyr活性效果最好的物质——间苯二酚-噻唑的衍生物，尤其是肽安密多（异丁基咪唑噻唑间苯二酚，Thiamidol），其半抑制浓度（IC50）为1.1 μmol/L，体外实验中其抑制hTyr的活性明显高于对苯二酚、曲酸和熊果苷。但肽安密多对mTyr仅有微弱的抑制作用（IC50＝108 μmol/L）。在黑色素细胞实验中，肽安密多可强效且可逆性抑制黑色素生成（IC50＝0.9 μmol/L），而对苯二酚则不可逆性抑制黑色素生成（IC50＝16.3 μmol/L）。临床研究显示，肽安密多在4周内即可显著减少日光性黑子的生成，12周后部分日光性黑子好转明显，颜色接近邻近正常皮肤而两者间边界模糊。此后更多的临床研究也表明含有肽安密多的护肤品具有美白效果，可有效治疗面部色素沉着性疾病，包括黄褐斑、UV诱导的色素沉着、炎症后色素沉着等皮肤问题。

（卢云宇　陈雨童　审校）

参考文献

第十一章　精准护肤范式下的经皮输送系统

高　颖　牛哲明

本章概要

- □　经皮吸收的生理学基础
- □　皮肤输送技术的发展

一、经皮吸收的生理学基础

（一）皮肤结构及功能

皮肤作为人体最大的器官，是不断自我更新的动态组织。其中，角质层由已死亡、角质化和部分干燥的扁平表皮细胞相互交织而组成的，镜检下呈紧密均匀排列状。角质细胞与其胞间脂质紧密连接形成“砖墙结构”，其中脂类物质包括长链神经酰胺、胆固醇和游离脂肪酸。由于角质层的特定物理结构和化学性质，大多数水溶性或者脂溶性不强的药物或活性物质难以以被动穿透的方式透过表皮，这种规则也称为“500道尔顿法则”（500 Delton rule），即仅有部分小分子、亲脂性的分子能穿透表皮。

由于皮肤的屏障作用，经皮吸收面临着极大的挑战。通过改变角质层屏障特性、增强皮肤渗透性和提高有效成分的物理化学递送效率等方法，可以较好地优化经皮吸收技术。因此，新颖且具有临床价值的经皮输送技术，在医药和化妆品领域中极具应用前景。

（二）经皮吸收途径

药物或有效活性成分的经皮递送主要有三种途径（图11-1、彩图11-1）：①跨细胞途径，有效成分直接透过角质层细胞，经过初步扩散，在真皮层被毛细血管吸收进入体循环，载药微针贴片，其通过直接刺破角质层到达真皮层，释放药物进入体循环；②跨细胞间质途径，有效成分通过角质细胞间类脂双分子层进行扩散，这是目前经皮吸收的主要途径，也为目前多数化妆品、水凝胶贴剂等产品广泛采用；③跨皮肤附属器途径，药物通过皮肤附属器即毛囊、汗腺和皮脂腺等皮肤附属器后被吸收，这适用于那些难以通过类脂角质层屏障吸收的有效成分，如亲水性大分子、离子型药物等的吸收。

随着生物来源的新型药物或新成分的不断增加，以及主动透皮技术的不断发展，经皮输送的应用价值也不断凸显，展现出极大的市场发展潜力。

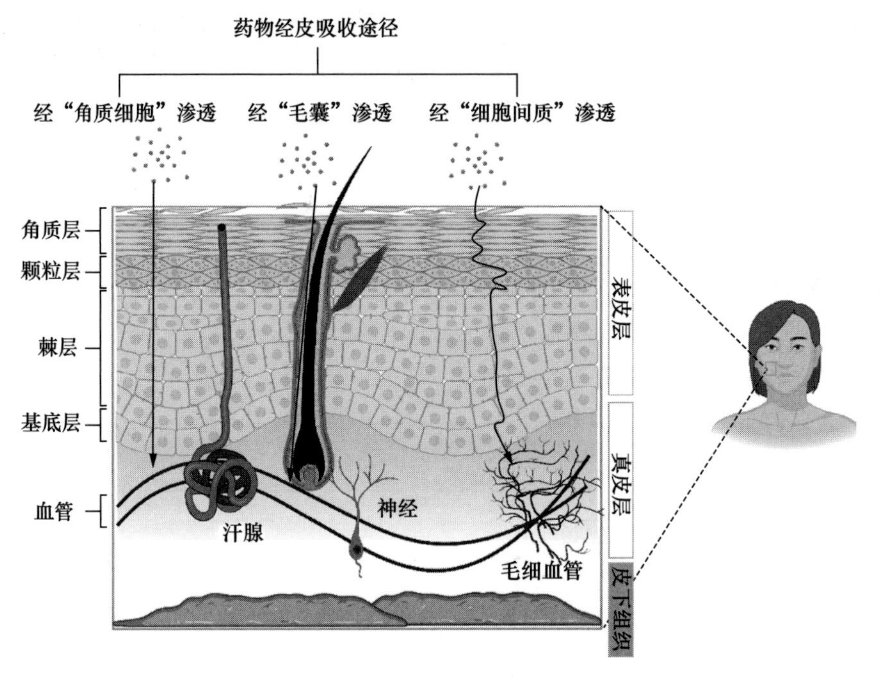

图 11-1 经皮吸收途径

（三）经皮吸收的设计因素

为达到有效成分能穿透皮肤在局部或全身起效的目的，通常需要兼顾作用对象和作用方式，以对经皮递送进行合理的设计。

有效成分透过皮肤的难易程度取决于不同的使用者。由于作用对象的不同（如年龄、性别等），以及个体间较大的差异（如敏感性），会使有效成分的作用位置及相关的皮肤情况等随之变化。因此，设计经皮吸收系统应首先考虑作用对象及作用目的。设计经皮吸收系统时，作用部位应选择具有较高渗透性的皮肤，如头皮、面部、生殖器部位的皮肤等。另外，根据不同年龄的作用对象，需要制定不同的经皮输送设计方案，如老年对象的皮肤由于水分缺失以及其皮肤性质的改变，可能需要强化有效成分的穿透能力；儿童的皮肤屏障尚未发育完全，故有效成分的穿透能力和经皮输送的方式均需要适当调整减弱，以防止由于过度给药而产生不良反应。另外，有效成分和其他制备材料对皮肤的敏感性与刺激性也需加以考虑，尽可能选择对皮肤损伤较小的有效成分或者包埋材料。

确定有效成分和作用对象后，需要根据有效成分的性质如其分子量大小、亲水性、亲油性等，进一步设计并选择相应的载体。经皮吸收遵循第一和第二菲克定律（Fick's law），即当载体中有效成分浓度远大于局部浓度时，浓度梯度越大，则扩散的通量越大。在非稳态扩散时，浓度随时间的变化率等于该处的扩散通量随距离变化率的负值（浓度随位置作线性的变动）。根据菲克定律，适当地提高作用部位的有效成分浓度，有助于提高有效成分的皮肤透过量。然而，局部过高的有效成分含量可能影响皮肤的正常状态，故可以通过物理方法、化学方法、药剂学方法或多方法联合作用等手段来安全控制有效成分的皮肤透过率。目前，这些提高有效成分皮肤透过率的方法均已有一些实质性进展，促进了经皮吸收的进一步发展及临床应用。

1. 包裹载体设计

通过包裹技术制备而成的载体有很多种，包括脂质体（liposome）、纳米乳剂（nanoemulsion）、固体脂质纳米颗粒（solid lipid nanoparticle）、类脂囊泡（niosome）、聚合纳米微粒（polymetric nanoparticle）等。使用包裹载体技术经皮肤输送药物或者活性成分，需考虑到皮肤对包裹载体的适应能力以及包裹载体自身的稳定性和运载有效成分穿透皮肤角质层的能力。因此，配合亲脂性材料及化学类促透剂来对活性成分进行包载，成为包裹载体设计的优先选择。

一些研究发现，载体粒径在小于300 nm的情况下，可以透过角质层且到达角质层以下的真皮层。然而，当载体粒径大于600 nm时，则无法到达深层皮肤，仅停留在角质层。目前，已有多种化学物质被应用于提高载体的促透性。脂肪酸类化学促透剂有油酸、月桂酸、烷烃酸和癸酸；醇类化学促透剂有乙醇、1-辛醇、1-己醇、1-癸醇和月桂醇。另外，硫化物和类似化合物［如二甲基亚砜（dimethylsulfoxide，DMSO）、二甲基乙酰胺和二甲基甲酰胺］、唑类、环糊精（如2-羟基丙基-β-环糊精）和表面活性剂也被用来提高载体的促透性。

包裹载体的可变形性与该体系是否可以有效作用于皮肤以及其后续活性成分的释放密切相关。马可尼（Manconi）等使用大豆磷脂酰胆碱和Tween 80制备了负载黄芩苷（baicalin，BAI）的转移体和加入结冷胶（gellan）的黄芩苷转移体，研究黄芩苷转移体对发炎皮肤的抗炎效果，同时与市售的用于治疗皮肤发炎的倍他米松乳膏进行比较。结果显示，转移体的可变形特性，使黄芩苷可以有效地透过角质层并到达真皮释放，抑制促炎因子的生成，起到局部抗炎的作用。

因此，在设计透皮运输的包裹载体时，应对载体大小、变形能力、快速透皮能力及皮肤适应性等因素充分考虑，这对于药物经皮输送的效果至关重要。

2. 刺入载体设计

透皮吸收的另一种策略是采用穿刺角质层或消融角质层的方法，形成长效或短暂的可逆微通道，从而使活性成分进入真皮层或进一步进入体循环起效。由于皮肤表皮致密角质层的厚度为10～30 μm，因此刺入载体的微针长度至少要达到30 μm才能穿过角质层。然而在实际应用的过程中，受到表皮的堆叠性及弹性影响，刺入载体的长度设计需远大于30 μm。并且，刺针载体上微针的分布密度在设计时也需要考虑在内，因为这对药物的递送效率也起着非常重要的作用。Weng等使用COMSOL Multiphysics的“结构力学模块”，对微针贴片的单针进行了仿真模拟测试和冯·米塞斯应力模拟试验，成功推算出此类刺入型载体的单针临界屈曲力及刺入皮肤所需的单针最小承重力。通过计算推导出，当刺入载体的最佳针长在500～800 μm的范围内时，单针临界屈曲力最高可达0.39 N，冯·米塞斯应力最高可达7590 MPa。在保持微针阵列形态完整且无断裂凹陷的情况下，这样的条件可确保穿过皮肤角质层完成给药。

此外，刺入式载体的载体材料和载体形态也是在设计时需要考虑的两个重要因素。由于单一材料具有难以完全兼顾载体机械强度、韧性及释药性能等特性的劣势，因此刺入载体的设备通常采用复合材料，即采用凝胶类材料作为主体，添加适当比例的增塑剂、助溶剂等，使得载体适应更多的给药条件。

另一方面，刺入载体形态的改变对于其刺入行为和滞留能力等均有明显影响。例如，Zhong等参考海螺贝壳的螺旋状结构，通过使用模型设计和3D打印技术，采用光固化树脂材料成功制备出针尖形态为螺旋状的微针贴片。这种微针贴片的微针长度达到500 μm，并且可通过包衣方法在其针尖表面包载活性成分。与普通光面微针针尖相比，螺旋状结构的针尖有效地增加了拔出贴片时的阻力，并且其机械强度及韧性可与光面针尖相媲美。

综上所述，在设计刺入载体时，需要对刺入载体的材料、形态及长度等因素进行合理的筛选和设计，调整得出最佳方案。

二、皮肤输送技术的发展

目前，由于大多数药物或生物提取物等活性物质很难同时满足低分子量、足够的溶解度、适当的亲脂性等理化特性的条件，即达到皮肤直接吸收的物理化学性质平衡，所以这类活性物质要直接通过皮肤在局部或全身发挥其作用，面临一定困难和挑战。随着透皮技术不断发展与改进，许多旨在提高皮肤渗透性能的药剂学方法已取得一定的进展，如载体包裹、物理促透、化学促渗等。其中，活性成分或者生物活性酶通过新型药物制剂的方式，即采用自组装或水油两相分布来制备载体的递送方式，越来越受到研究者的关注。

（一）活性成分包裹技术

1. 脂质体（liposome）

脂质体的概念最早由亚历克·班厄姆（Alec Bangham）于1968年在英国伦敦提出。塞萨（Sessa）和魏斯曼（Weissman）等人在1968年报道了脂质体包封溶菌素的实验结果，正式将此小球状载体命名为“脂质体”。脂质体是由磷脂等类脂形成的完全封闭的磷脂小囊，主要由多层结构脂质体（multilamellar vesicle，MLV）组成，同时也有单层结构脂质体（unilamellar vesicle，ULV）。脂质体的粒径为25～2500 nm，不同类型或不同大小的脂质体可通过改变制备方法来获得。

脂质体作为药物或有效成分的递送载体具有较多的优势：①脂质体磷脂层的磷脂分子头部亲水，尾部亲脂，故脂质体双层磷脂膜不仅能够包裹亲水型活性成分，也能作为亲油型活性成分的载体；②脂质体的生物可降解性和无毒性也为其在递送目标成分时保证其输送效率和安全性；③脂质体的物理特性如粒径大小、表面电位、多分散性指数（polydispersity index，PDI）等，具有极高的可控性，可以通过改变制备时的原料和配比及制备方法进行调整。

由于人体皮肤角质层作为天然防御屏障的特性，如弱酸性的环境及表面酶的存在等，使得脂质体的经皮输送面临一系列的挑战。然而，由于脂质体的脂质成分与表皮组成成分相似，这使得它们相比其他传统水溶剂型或亲水型药物，能更大程度地与表皮屏障发生作用。大部分局部应用在皮肤上的脂质体将聚集在角质层的上层，更多地发挥“储存器”的作用，提供局部给药的可能性。Chen等人研究了不同磷脂种类制备的脂质体对姜黄素局部递送的影响，其中天然磷脂大豆磷脂（soy phosphatidylcholine，SPC）和蛋黄磷脂（egg yolk phosphatidylcholine，EPC）及合成磷脂氢化大豆磷脂（hydronated soy phosphatidylcholine，HSPC）被用于制备姜黄素（curcumin，CUR）脂质体。制备得到的脂质体的粒径均小于100 nm，如CUR-SPC-L粒径为（82.37±2.19）nm，CUR-EPC-L粒径为（83.13±4.89）nm，CUR-HSPC-L粒径为（92.42±4.56）nm。CUR-SPC-L体外药物释放率最高（67.38%）。实验结果表明，三种脂质体均能有效改善CUR的皮肤渗透性和滞留量，与CUR-EPC-L（31.97 μg/cm^2）和CUR-HSPC-L（21.87 μg/cm^2）相比，CUR-SPC-L的皮肤滞留量高达34.84 μg/cm^2。同时，脂质体的粒径大小也对其在透皮效果上发挥着重要的作用。根据维尔马（Verma）等的研究，将脂质体的大小控制在纳米级别（＜300 nm）时，这类大小的脂质体则具备一定的经皮输送能力。

另外，在制备上通过对载药脂质体磷脂膜进行优化，也可以在一定程度上提升脂质体的功能并增加其与皮肤角质层之间的互动作用。例如，在制备脂质体时加入等摩尔比或梯度浓度的神经酰胺（ceramide）、胆固醇（cholesterol）和游离脂肪酸（free fatty acid），可以使优化后的脂质体具有相对更好的修复普通皮肤屏障、加速皮肤愈合的作用。

目前，除了传统脂质体外，研究者们通过调整脂质囊泡的化学组成、空间结构、表面电荷和尺寸等参数来改变脂质体的特性和性能，也因此发现了一系列新型脂质体，如传递体（transformersome）、醇质体（ethosome）、立方晶（cubosome）、类脂囊泡（niosome）等。传统脂质体和新型脂质体的结构示意图见图11-2（彩图11-2）。研究表明，与传统脂质体相比，新型脂质体在透皮效果上有一定程度的改善和提高。

2. 传递体（transformersome）

传递体又称为“柔性脂质体”，为一种特别设计的囊状颗粒，由至少一个被脂质囊泡包围的内亲水室构成。它在形态上是脂质体，但在功能上可适当变形以通过比其自身体积小得多的孔隙。传递体作为一种新型载药载体，具有比传统脂质体更优良的性质和更灵活的载

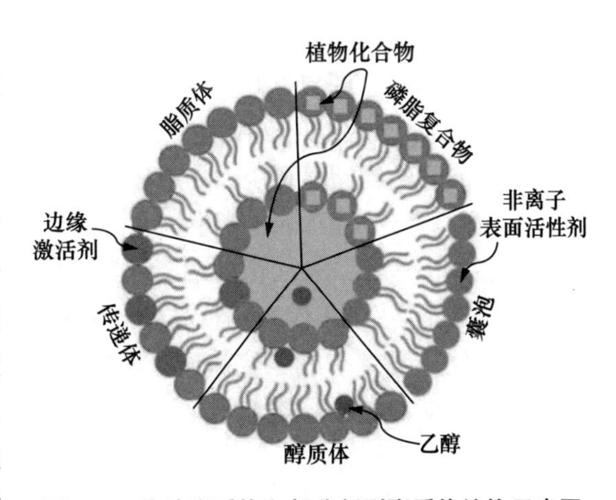

图11-2　传统脂质体和部分新型脂质体结构示意图

药应用，特别在经皮输送领域表现出了极大的优势。传递体通过打开细胞间的细胞外通道，然后变形以适应这些通道，穿越皮肤障碍。这个过程允许转移体将药物相对容易并可重复地输送透过皮肤，并且为控制药物在皮肤上的分布提供了一种较好的方法。根据目前的研究进展，传递体已经被用作不同治疗药物或有效成分的载体，其中包括胰岛素、DNA、缝隙连接蛋白、多肽、皮质类固醇、镇痛剂、性激素和麻醉剂等，并且这些研究还证明传递体显著增加了药物穿透皮肤的量。

3. 醇质体（ethosome）

醇质体是由磷脂、乙醇（乙醇含量为20%～45%）和水合成的弹性囊泡。就药物利用醇质体系统透过皮肤的量和深度而言，醇质体系统在向皮肤递送米诺地尔（minoxidil）比脂质体或乙醇溶液都更加有效。乙醇本身可以使脂质体表面净电荷发生改变，从而有效减少囊泡粒径，提高体系稳定性。另外，乙醇具有与脂质分子相互作用、降低角质层中脂质熔点的特性，因此能够增加细胞膜脂质的流动性和渗透性，故乙醇在醇质体递送体系中作为一种渗透增强剂发挥着作用。

芦丁（rutin，RU）是一种葡萄糖苷类黄酮，难溶于水，存在于红酒、荞麦、红辣椒和番茄中，通常用作非处方膳食补充剂。由于芦丁具有较好的抗氧化活性，其在医疗和化妆品领域具有广泛的应用潜力，尤其是防止紫外线损伤方面。坎迪多（Cândido）等人制备了包载芦丁的醇质体来提高芦丁的皮肤渗透率，可克服角质层的屏障作用使芦丁达到更深的皮肤层。其离体透皮实验结果表明，游离芦丁停留在角质层的表层，而负载芦丁的醇质体能将芦丁输送到更深的皮肤层。

4. 立方晶（cubosome）

立方晶是由特定的两亲性脂质与水以精确的比例组装而成的液态结晶纳米颗粒。单甘油脂甘油单烯（monoglyceride glycerol monoolein）是目前制造立方晶最常用的表面活性剂之一。立方晶具有的双连续液态结晶相（bicontinuous cubic liquid crystalline phase）是一种在光学性质上呈现透明，且非常黏稠的液态晶体相，其结构独特性表现为两个连续但不相交的水区被一个脂质双分子层分割成一个空间填充状的形态。由此，立方晶的形成是在特定温度下，脂质双层发生三维扭曲，从而形成表面最小的水和脂质双连续域结构（即立方晶）。由于其独特的微观结构和较好的生物兼容性，立方晶能够在控制药物、蛋白质等活性成分的增溶和释放方面发挥较好的作用。另外，立方晶递送系统作为药物储存系统，在透皮给药领域上的应用也非常成功。

5. 类脂囊泡（niosome）

类脂囊泡也称“表面活性剂囊泡”，其组成成分中包含非离子表面活性剂，这种载体最早于20世纪70年代在化妆品领域中率先提出。类脂囊泡用表面活性剂代替传统脂质体的磷脂，是烷基或二烷基聚甘油醚类的非离子表面活性剂与胆固醇结合后形成的囊泡状纳米颗粒结构。类脂囊泡非离子表面活性剂具有较大的选择性，并且这类纳米载体也具有生物相容性、生物可降解性、无刺激性和无免疫原性的优点。

根据类脂囊泡的大小和结构，类脂囊泡通常也可以被分为三类：小型单层结构囊泡（small unilamellar vesicle，SUV）、大型单层结构囊泡（large unilamellar vesicle，LUV）和多层结构囊泡（multilamellar vesicle，MLV）。前两者的大小分别为10～100 nm和100～3000 nm。类脂囊泡具有包埋亲脂性或亲水性分子的能力，因此，显示出与脂质体类似的药妆应用价值。然而，由于其不同的组成成分，类脂囊泡显示出卓越的稳定性、包埋率、皮肤渗透性以及缓释能力，并且具有比脂质体更低廉的制作成本。例如，鞣花酸（ellagic acid，EA）是一种抗氧化剂和潜在的皮肤美白剂，它在水或者部分有机溶剂中的溶解度较差。使用Span 60和Tween 60（2：1）以及增溶剂聚乙二醇400、甲醇和丙二醇将其配制成载有鞣花酸的类脂囊泡后，可以极大地增加鞣花酸在水溶液中的溶解度。并且，与鞣花酸溶液相比，这些载有鞣花酸类脂囊泡表现出较好的包埋率和更好的透皮能力。

综上所述，天然来源的活性物凭借着其良好的美容功效和低毒性、可生物降解性等特点，成为了当下越来越多化妆品的有效成分。然而，与小分子化学成分相比，这些天然来源的活性物质在稳定性上不具有优势。药剂学包埋技术是解决天然活性物稳定性差、生物利用度低等问题的有效方法，同时，为了提高传统脂质体稳定性和透皮能力，各种新型脂质体也在传统脂质体的基础上进行了改良和创新。快速、方便地制备出更稳定、低毒性的载体，仍然是脂质体包载技术未来的发展方向。

（二）第三代透皮给药系统——微针技术

透皮给药系统发展至今，根据其给药方法大致可以分为三代：第一代透皮技术已经得到广泛的运用，大多通过传统的透皮贴剂来实现，即药物被包埋在固体聚合物基质中，通过渗透经过角质层进入深层皮肤和体循环。故该透皮给药系统对药物本身的要求较高，要求药物具备较好的亲脂性和有效性，且是小分子量。第二代透皮给药技术是在第一代透皮给药技术的基础上，通过使用化学促透剂（chemical enhancer）、离子电疗（iontophoresis）、非空化超声（non-cavitational ultrasound）等方法来增强皮肤通透性而达到透皮递送。第二代技术在局部给药和皮肤病治疗上有较好的应用。第三代透皮给药技术则是利用微针（microneedle）、热消融（thermal ablation）、微磨皮（microdermabrasion）、电穿孔（electroporation）和空化超声（cavitational ultrasound），作用于皮肤的角质层屏障。目前，在第三代透皮给药技术中，微针技术和热消融技术在透皮递送大分子物质、胰岛素、甲状旁腺激素和流感疫苗中或已有一定的应用，或正在进行临床试验验证其有效性。微针贴片作为第三代透皮给药系统的代表，由于其较低的生产成本、良好的定制性及功能性等特点，成为目前较为理想和具有发展潜力的透皮输送载体。

1. 微针贴片技术简介

微针贴片（microneedle patch，MNP）是一种含有微小针状结构集合的贴片。亨利（Henry）等在1998年发表的论文中证明，微针可以穿透人类皮肤的最上层（角质层），对药物的透皮给药具有潜在的应用价值。总的来说，微针具有以下特点：①通过创建微米级的路径穿透角质层来增加皮肤的渗透性；②可以将药物涂层在微针表面或装载在中空微针内，随微针插入皮肤时进行药物释放和递送；③微针的效果主要作用在角质层，尽管不同类型大小的微针也可能刺穿表皮并进入真皮浅层。因此，微针贴片在一定程度上规避了受试者皮肤状态的差异性，提高了经皮递送用药的准确性。

目前，微针主要可以分为四种类型，分别是固体微针（solid microneedle）、涂层微针（coated microneedle）、可溶性微针（dissolving microneedle）和空心微针（hollow microneedle）。其中，固体微针对药物的递送过程总体而言是安全的，它穿透到皮肤中，然后药物通过由此创建的通道送达表皮内。微针穿刺所产生的通道会在微针被移除后逐渐愈合，因此可以避免感染或致毒的次症状。涂层微针则将药物通过浸渍（dipping）、喷气干燥（gas-jet drying）、喷涂（sparying）等方法置于微针表面，药物随微针进入体内后释放，解决了固体微针递送和释放药物途径相对复杂的问题。可溶微针则是利用生物可降解聚合物与药物结合后制备成具有穿透能力的微针阵列，其进入皮肤后释放药物（poke and release），然后尽数溶解，达到给药的目的。它具有容易制造、方便使用和载药量大的优点。空心微针与其他的微针类型略有不同，药物加载在它的中空结构中。相比其他微针类型，空心微针对药物递送的剂量精准度更高。空心微针的制作难度相比其他微针类型也更大，需使用金属或硅制基质通过微电子机械系统（microelectromechanical system，MEMS）技术，包括机械微激光加工（laser micromachining）、集成光刻成型技术、微加工技术（microfabrication）、X射线光刻技术等加工而成。

2. 微针贴片技术应用

近年来，微针贴片技术在实际应用上也有较大进展。例如，Li等利用生物可降解聚合物聚乳酸（polylactic acid，PLA）制成了载有胰岛素的固体微针。他们发现，使用固体微针这种透皮递送的方法有效提升了水溶性胰岛素的透皮作用。动物活体实验结果也表明，在糖尿病小鼠使用载有胰岛素的固体微针5小时后，小鼠的血糖水平降低到初始水平的29%，证实了微针透皮输送胰岛素在小鼠上的有效性。

微针在化妆品领域的应用也同样越来越广泛，尤其是在改善皮肤外观上，如改善皮肤瑕疵和淡化瘢痕等。许多研究已经成功将抗坏血酸、依氟鸟氨酸、维生素A（视黄醇）、视黄酸等化妆品活性成分载入微针，通过载有这些活性成分的微针来完成局部经皮递送，达到改善皮肤状况的作用。可溶性微针近年来在医疗美容领域也得到了较好的发展，其中透明质酸（hyaluronic acid，也称“玻尿酸”）是用于制造可溶解型微针的不二选择，这归功于玻尿酸具有的水溶性、生物相容性、生物可降解性和机械性能，并且玻尿酸微针的快速溶解性也极大地提高了患者对玻尿酸微针贴片的可操作性。Liu等采用真空浇筑法，成功将异硫氰酸荧光素标记的葡聚糖模型药物载至微针中，刺入大鼠表皮后微针阵列显著增加了经皮水分流失并降低了经皮电阻（transcutaneous electrical resistance，TER），这表明，它们可以刺穿皮肤并成功建立药物渗透途径。Lee等通过离心注模法制备得到载有尼罗红亲脂性分子药物的玻尿酸微针，在弗兰兹（Franz）扩散池对小型猪背皮肤进行的皮肤渗透试验中显示，载有尼罗红的微针贴片可以在猪背皮肤完成药物的释放，并且70%以上加载在微针贴片中的尼罗红可渗透过表皮。除此之外，可溶性中空微针在医疗检验方面也发挥着一定的作用。由于皮肤组织液的成分与血液的相似，利用微针提取的皮肤组织液可以代替血液对代谢物（如葡萄糖、胆固醇等）进行监测分析，进而实现非侵入式的及时诊断检测。这种方法对帮助患者发现疾病或监测患者长期固有的系统性疾病具有较大益处。

3. 微针贴片技术的联合应用

使用单一类型微针贴片也存在着一定的缺陷。例如，可溶性微针可能由于溶解速率过快，会使活性成分过快地在表皮中释放，从而使其在表皮缓释药物应用中效果降低，并且在对特定剂量的药物递送方面，可溶性微针也表现出短板。除此之外，固体微针的制作通常基于硅、钛或不锈钢，使用后会产生具有污染源性质的固体垃圾，对生物体产生可能的毒害作用，同时还污染环境。开发微针与其他药物剂型的联用，则可以弥补上述使用单一类型微针贴片的不足，因此这样的联合应用方式正逐渐成为目前发展的趋势。

研究显示，用微针材料包载纳米载体可以有效解决可溶性微针溶解释放过快的问题。载有纳米载体的可溶性微针在刺入皮肤后快速溶解，将纳米载体释放进入真皮层，直接作用于局部，释放有效成分来发挥作用，或使其部分被真皮层中的毛细血管吸收进入体循环。这种创新的联用方法为可溶性微针的缓释功能设计提供良好的思路，使其可以朝着多功能方向发展。Weng等使用真空沉积方法制备了由羧甲基纤维素钠（CMC-Na）、透明质酸（hyaluronic acid）、聚乙烯吡咯烷酮（polyvinylpyrrolidone，PVP）、聚乙烯醇（polyvinyl alcohol，PVA）组成的可溶性微针，并成功包载含有艾塞那肽的壳聚糖纳米颗粒，最终制备出一种溶解性好、起效迅速、皮肤损伤小的缓释高载药干粉微针。这种微针的作用也在活体实验中得到证实，它有助于药物的透皮作用，并且可有效降低糖尿病小鼠的血糖浓度，使小鼠血糖浓度长时间保持正常水平。

综上所述，将纳米颗粒等新型载体与微针相结合，通过皮肤内丰富的受体和毛细血管将活性成分效果最大化，具有通用性和普适性，是极具前景的热点研究领域。该方法可装载多种疫苗、药物冻干粉或其他生物提取物，而且无须更改微针的制造程序，大大降低生物大分子药物制剂的生产成本，可提高患者的顺应性，降低使用成本和风险，减少不良反应。更重要的是，众多实验结果表明，此递药系统在递送疫苗方面，可以产生不亚于传统皮内注射或肌内注射的免疫反应和治疗效果，甚至提高疫苗抗原的免疫原性。因此，将新型载体与微针技术联用的创新应用是一种非常有潜力的新型经皮输送方式，同时也为生物大分子的传递提供了新的研究思路，可以在生物活性成分经皮肤输送中发挥重要作用。

（牛哲明　审校）

参考文献

第十二章　精准护肤范式与智能技术的融合

马维民

本章概要

- □　人工智能的原理与基础
- □　人工智能与大数据
- □　人工智能与皮肤诊断
- □　人工智能在精准护肤中的实践

一、人工智能的原理与基础

人工智能是研究、开发用于模拟、延伸和扩展人类智能的理论、方法、技术及应用系统的一门新的技术科学。

人工智能是计算机科学的一个分支，目的是了解智能的实质，并设计出一种新的能以人类智能相似的方式做出反应的智能机器，该领域的研究包括机器人、语言识别、图像识别、自然语言处理和专家系统等。人工智能从诞生以来，理论和技术日益成熟，应用领域也不断扩大。可以设想，未来人工智能带来的科技产品，将会是人类智慧的“容器”。人工智能可以对人的意识、思维的信息过程进行模拟。它不是人的智能，但能像人那样思考，也可能超过人的智能。

人工智能是一门极富挑战性的科学，研究工作需要整合计算机知识、心理学和哲学等。其内容涵盖十分广泛，由不同的领域组成，如机器学习、计算机视觉等。总的说来，人工智能研究的主要目标是使机器能够胜任通常需要人类智能才能完成的复杂工作。但不同的时代、不同的人对这种“复杂工作”的理解有所不同。

我国对人工智能在医疗领域的应用非常重视。为把握人工智能发展的重大战略机遇，构建我国人工智能发展的先发优势，加快建设创新型国家和世界科技强国，2017年7月8日国务院印发了《新一代人工智能发展规划》。2019年3月4日，十三届全国人大二次会议举行新闻发布会上宣布，已将一些与人工智能密切相关的立法项目列入立法规划。2021年9月25日，为促进人工智能健康发展，《新一代人工智能伦理规范》发布。

二、人工智能与大数据

1. 大数据的定义

大数据是一种在获取、存储、管理、分析方面大大超出了传统数据库软件工具能力范围的数据集合，具有海量的数据规模、快速的数据流转、多样的数据类型和价值密度低四大特征。大数据是在大量、无规则的数据基础上形成和发展的，通过对大量的数据进行总结和分析，找出其中的发展规律以对一些即将出现的问题进行预测，并实现实时的调整。在人工智能技术的发展中，发展大数据的根本目的是从大量的数据中发现内在的规律，从而实现数据到知识、知识到大数据的一系列转化，促进人工智能技术领域的不断发展。

数据随计算机技术的发展而不断增加，新数据随时随刻产生，平均每年增速约50%。通过大数据分析能力，人类能以更少的人力和物力进行数据的处理、查找和分类。

由于大数据本身的特性，数据的表示非常多且复杂，因此在检索数据时需通过大数据框架搭建系统，进行大数据的信息开源以实现对大数据的随机访问。

大数据最关键的应用是数据挖掘，从规模庞大、信息不全，且具随机性的数据库中找到所需信息以正确地选择和判断。大数据挖掘技术，可以分为数据分类、总结分析、聚类、数据挖掘等。

2. 人工智能与大数据的联系

人工智能与大数据是相辅相成的。一方面，人工智能需要数据来建立其智能，特别是机器学习。例如，机器学习图像识别应用程序通过查看数以万计的解剖图像以了解人体的构成，从而在将来能够进行图像识别。人工智能应用的数据越多，其获得结果就越准确。在过去，人工智能由于处理器速度慢、数据量小而难以有效工作。而今天，大数据为人工智能提供了海量的数据，推动了相关技术的长足发展，甚至可以说，没有大数据就没有人工智能。另一方面，大数据技术为人工智能提供了强大的存储能力和计算能力。在过去，人工智能算法都是依赖于单机的存储和算法，而在大数据时代，面对海量的数据，传统的单机存储和单机算法都已经无能为力。建立在集群技术之上的大数据技术（主要是分布式存储和分布式计算），可以为人工智能提供强大的存储能力和计算能力。

3. 人工智能与大数据的区别

人工智能与大数据也存在着明显的区别。人工智能是一种计算形式，它允许机器执行认知功能，如对输入起作用或作出反应，类似于人类智能的运作方式。而大数据计算是一种传统运行模式，它不会根据结果采取行动，只是寻找结果。

另外，二者要达成的目标和实现目标的手段不同。大数据主要目的是通过数据的对比分析来掌握和推演出更优的方案。以视频推送为例，我们之所以会接收到不同的推送内容，是因为大数据根据我们日常观看的内容，综合考虑了我们的观看习惯和日常的观看内容，由此推断出哪些内容会更可能让我们有同样的感觉，并将其推送给我们。而人工智能的开发，则是为了辅助我们更快、更好地完成某些任务或代替人类做出某些决定。不管是汽车自动驾驶、自我软件调整还是医学样本检查工作，人工智能是在人类之前完成相同的任务，速度更快、错误更少。它能通过机器学习的方法，掌握我们日常进行的重复性事项，并以其计算机的处理优势来高效地达成目标。

三、人工智能与皮肤诊断

基于大数据结合人工智能的应用，医学工作者可以将现在的临床医疗数据分为三种类型：观察数据、诊断数据和治疗数据。通过各项仪器检查、实验室检验、观察指标对患者的情况进行最初始的观察，并将结果进行量化而得到的数据，就是观察数据。根据观察数据，结合大数据处理及人工智能学习训练分析，可以获得进行定量分析的诊断数据，为临床的治疗方案提供参考。而治疗后对患者的康复情况进行评估，同样需要借助各项仪器、实验室检验、观察指标来对治疗结果进行量化分析。

人工智能除了可以对量化数据进行分析处理外，也可以对医学影像进行图像处理。医学图像处理的对象是基于各种不同成像机制的医学影像，临床广泛使用的医学成像种类主要有X射线成像（X-ray computerized tomography，X-CT）、磁共振成像、核医学成像和超声波成像（ultrasonic imaging，UI）；皮肤领域图像分类主要为皮肤镜、皮肤超声、人脸多光谱图像等。

在目前的影像医疗诊断中，主要是通过观察一组二维图像来发现病变，这往往需要借助医生的经验来判定。利用计算机图像处理技术对二维切片图像进行分析和处理，实现对人体器官、软组织和病变体的分割提取、分类、三维重建和三维显示，可以辅助医生对病变体及其他感兴趣的区域进行定性甚至定量的分析，从而大大提高医疗诊断的准确性和可靠性。医学图像处理主要集中表现在病变检测、图像分割、图像配准及图像融合四个方面。

用深度学习方法进行数据分析呈现快速增长趋势。深度学习被评为2013年的十项突破性技术之一，是人工神经网络的改进，由更多层组成，允许更高层次、包含更多抽象信息来进行数据预测。迄今为止，它已成为计算机视觉领域中领先的机器学习工具，深度神经网络学习自动从原始数据（图像）获得的中级和高级抽象特征。最新的结果表明，从卷积神经网络（convolutional neural network，CNN）中提取的信息在自然图像中对目标识别和定位方面非常有效。世界各地的医学图像处理机构已经迅速进入该领域，并将CNN和其他深度学习方法应用于各种医学图像分析。

在医学成像中，疾病的准确诊断和评估取决于医学图像的采集和图像解释。近年来，图像采集已经得到显著改善，设备能以更快的速率和更高的分辨率采集数据，图像数据也因大数据处理方式而生成大量的数据量。然而图像解释过程直到最近才开始从计算机技术中获益。对医学图像的标注大多数都是由医生进行的，但医学图像的解释受到医生的主观性、巨大差异认知和疲劳的限制。

用于图像处理的典型CNN架构由一系列卷积网络组成，其中包含一系列数据缩减，即池化层。与人脑中的低级视觉处理一样，卷积网络检测提取图像特征，如可能表示直边的线或圆（如器官检测）或圆圈（结肠息肉检测），然后是更高阶的特征，如局部和全局形状和纹理特征提取。CNN的输出通常是一个或多个概率或种类标签。

CNN是高度可并行化的算法。与单核的中央处理器（central processing unit，CPU）处理相比，今天使用的图形处理单元（graphics processing unit，GPU）计算机芯片实现了大幅加速（大约40倍）。在医学图像处理中，GPU先是被引入用于分割和重建，然后用于机器学习。由于CNN新变种的发展以及针对现代GPU优化的高效并行网络框架的出现，深度神经网络激发了很大的商业兴趣。从头开始训练深度CNN是一项挑战：第一，CNN需要大量标记的训练数据，这一要求在专家标注昂贵且疾病稀缺的医学领域可能难以得到满足；第二，训练深度CNN需要大量的计算和内存资源，否则训练过程非常耗时；第三，深度CNN训练过程中由于过度拟合和收敛问题而复杂化，通常需要对网络的框架结构或学习参数进行重复调整，以确保所有层都以相当的速度学习。一些新的学习方案，被称为“迁移学习”和“微调”，证明可以解决上述问题，实现弱监督学习，因而越来越受欢迎。

皮肤是人体重要器官之一。随着“精准护肤”概念的提出，对于皮肤检测的研究越来越多。实现便捷化的皮肤信息采集和量化分析、随时掌握皮肤健康状态，是如今皮肤检测相关产业与研究的新方向。随着图像处理算法的迅速发展，利用图像处理的手段对医学图像进行分析、发现甚至诊断疾病正成为一种新兴医疗解决方案。在皮肤问题辅助诊断中，利用数字图像处理的方法也正成为一种有效的手段。通过对指定区域皮肤图像的采集、处理和分析，可以对诸如皱纹、色斑这类皮肤表型的精确识别和量化分析提供客观依据。

如今自拍已经成为人们的一种日常行为，任何一个拥有智能设备的人都可以方便地获取自拍图像。自拍图像中含有丰富的皮肤信息，因此这里将自拍图像作为图像源并通过图像处理技术，设计一种方便使用的皮肤健康检测软件以实现对皮肤情况的检测。

人工智能使用各种皮肤系统和设备积累的数据进行智能诊断的集成系统（图12-1）。其中训练模型需要数据来自不同皮肤检测设备，应用模型是利用现有设备在皮肤测量中的各种集成系统，这些系统产生相应的应用数据，并输入预测模型系统。

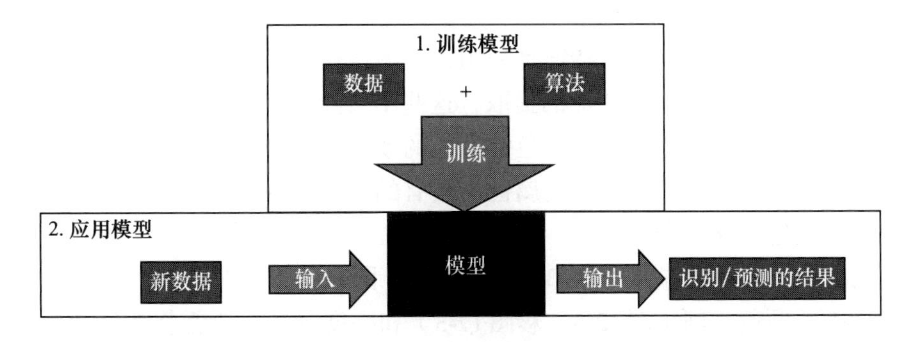

图12-1　人工智能诊断系统

四、人工智能在精准护肤中的实践

人工智能在皮肤健康管理实践中的应用非常广泛，各种皮肤健康管理的系统、设备产生的数据都可利用人工智能技术选择合适的算法进行建模、训练并能提升智能化应用。这种方式在精准护肤中也有不可替代的优势，并已经有了应用实践。下面仅举几例加以描述。

（一）人脸图像与特征基础

精准护肤的核心部位是人面部皮肤，在具体应用上使用如下人脸图像及特征。

1. 人脸图像

人脸图像有许多的共性和差异性，主要体现在以下几个方面：

（1）规律性：人脸各个器官的分布存在一定规律。例如，人的两只眼睛总是对称分布在人脸的上半部分，鼻子和嘴唇中心点的连线基本与两眼之间的连线垂直，嘴绝对不会超过眼睛的两端点。双眼到嘴的垂直距离一般是双眼距离的0.8～1.25倍。上述局部特征分布在早期被用于构建人脸检测算法。

（2）唯一性：人脸图像信息可以唯一描述单独的个体，与其他人进行区分，而且人脸信息具有难以复制和破坏的特性。

（3）非侵扰性与便捷性：人脸特征不同于指纹、虹膜、静脉、声纹和签名等特征，不需要待识别者额外进行某些动作配合，不需要与设备直接接触，只要进入摄像头的有效采集范围即可完成。

2. 人脸特征

（1）几何特征：几何特征是以人脸器官的形状和几何关系为基础的特征，包括几何特征曲率和面部几何特征点。其中，几何特征曲率是指人脸的轮廓线曲率。面部几何特征点包括眼睛、鼻子、嘴等各个器官，以及它们之间的相对位置和距离。这些特征具有位置、大小等不变性，不仅能反映不同人脸之间的差异，而且对光照、姿态等因素稳定性好。

（2）颜（肤）色特征：颜色特征是利用人脸图像在颜色空间下建立肤色模型，从而对肤色进行分割以完成人脸特征的提取，这些不会随着人脸姿态、表情、尺寸的变化而变化。研究证明，肤色在某些颜色空间上的差异性主要体现在亮度上，在色度上具有较好的聚类表现。因此根据肤色属性所具有的规律和分布情况对肤色建模，便可以将肤色与非肤色区域区分开。

常用的颜色空间有红绿蓝（RGB）颜色空间（图12-2、彩图12-2），色调、饱和度和明度（HSV）颜色空间（图12-3、彩图12-3）和亮度分量、蓝色色度分量、红色色度分量（YCbCr）颜色空间（图12-4、彩图12-4）三种。RGB颜色空间各个通道之间存在极大的相关性且对于人脸的检测效果受亮度影响较大。HSV颜色空间存在奇异点。

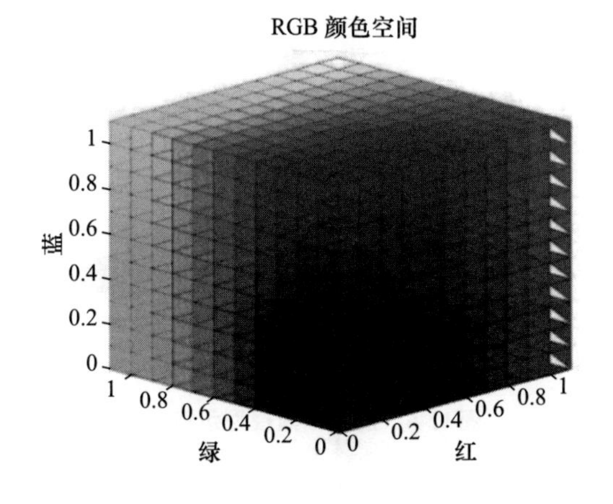

图12-2　RGB颜色空间

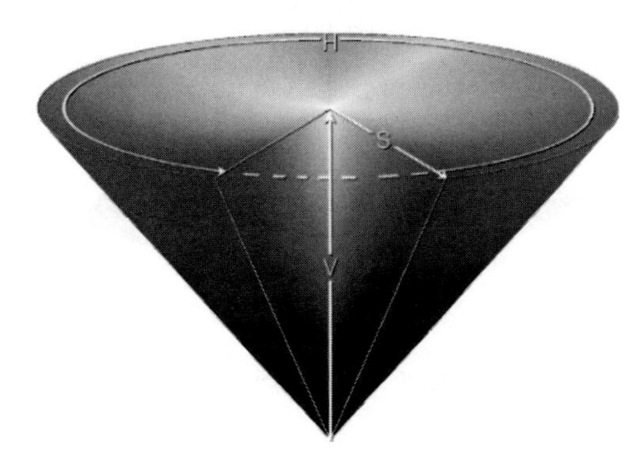

图12-3　HSV颜色空间

YCbCr颜色空间具有与人类视觉感知过程相类似的构造源，它能够将亮度信息与色度信息从空间中有效地分离，并且人脸肤色在YCbCr颜色空间呈现出较好的聚类特性，因此研究者常以YCbCr颜色空间作为人脸肤色的建模空间，其中Y表示亮度分量，Cb表示蓝色色度分量，Cr表示红色色度分量。

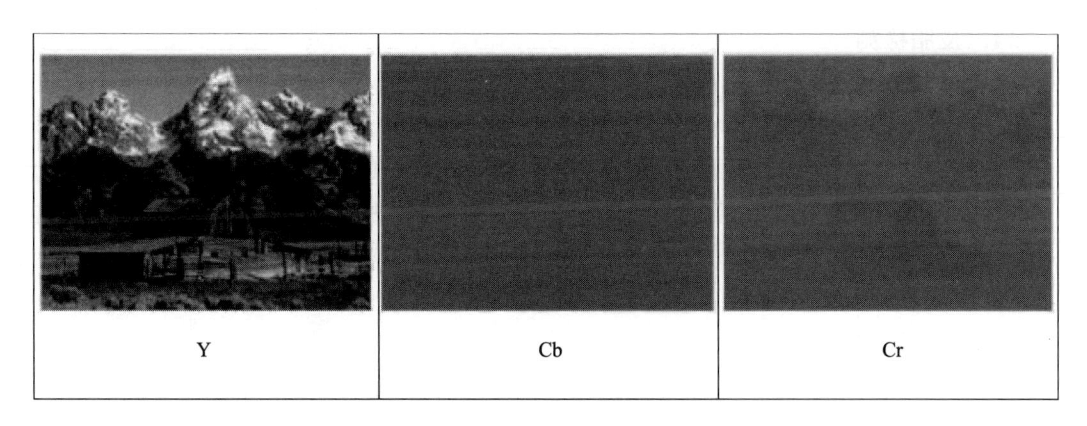

图12-4　YCbCr颜色空间

选择合适的颜色空间后，在该颜色空间下建立一个颜色模型即可完成对肤色的分割。颜色模型是指描述肤色像素点分布状态和分布规律的一种数学模型，通过该数学模型，可以得到某个像素点属于肤色像素的概率值。

常见的颜色模型有区域模型、统计直方图模型、高斯模型（图12-5、彩图12-5）、混合高斯模型（图12-6、彩图12-6）等。

（3）纹理特征：与颜色特征不同，纹理特征不是基于像素点的特征，它需要在包含多个像素点的区域中进行统计计算。在模式匹配中，这种区域性的特征具有较大的优越性，不会由于局部的偏差而匹配失败。作为一种统计特征，纹理特征常具有旋转

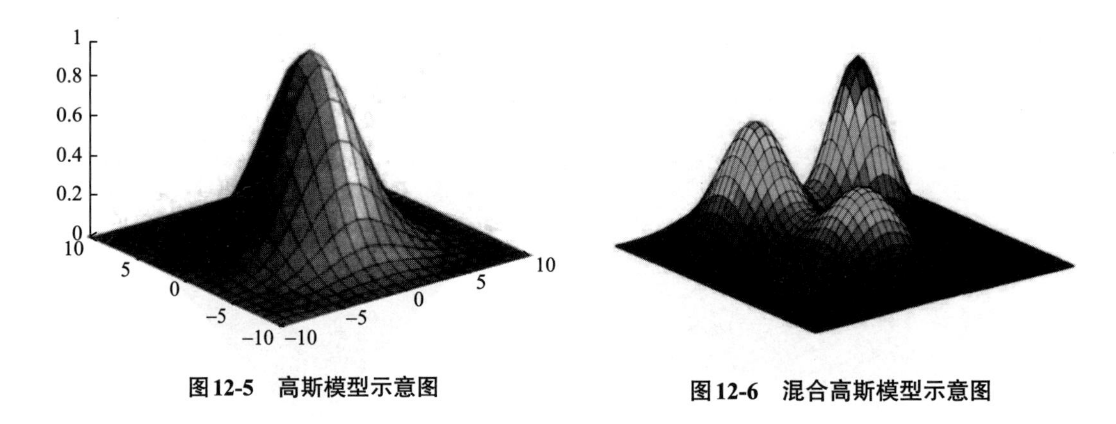

图12-5　高斯模型示意图　　图12-6　混合高斯模型示意图

不变性，并且对噪声有较强的抵抗能力。

（二）多功能皮肤表型采集系统

精准护肤涉及传统算法和人工智能算法的融合，目前有团队研发的颜面软组织图像处理分析系统（AISIA分析系统），能够融合各种数据，提供全面而深层的皮肤领域专用分析、比对、集成的专业化软件。根据上述内容，结合人工智能框架，下面将分别举例介绍精准护肤中较常见的分析指标。

1. 皮脂检测

整个面部的皮脂分泌量（AW）=（6×前额皮脂量+1×鼻子皮脂量+2×下巴皮脂量+5×右面颊皮脂量+5×左面颊皮脂量）/9。

这个公式曾被用于计算面部平均氢离子浓度指数（pH），它由用于面部区域估计的四分法衍生而来。考虑到面部各区域的比例面积，四分法引入了区域加权的概念，这一方法也可应用于计算面部皮脂的平均值。目前算术平均数已被用于大多数关于皮脂分泌的研究。

2. 光泽检测

皮肤光泽指的是皮肤表层的视觉效果，予人视觉亮度、气色的直观印象。光泽度是用数字指标衡量一个物体表面接近镜面的程度，光泽度指标最早在工业领域中提出，用以评价油漆涂料的涂抹效果。光泽度的数字化评价方法，可以计算反射图像的像素均值，以此作为衡量光泽的参数。

反射图像可以利用Retinex算法获取。单尺度Retinex（SSR）是图像增强常用的一种算法（图12-7），它以人眼观察物体方式为模型构造了该算法。当人眼观察一个物体时，物体会经过眼球屈光系统反射到视网膜上形成清晰的物像，然后视网膜上的视锥细胞和视杆细胞将视觉刺激转化成神经冲动，并通过视神经将之传入大脑皮层，产生视觉。

任何一幅给定图像都可以看成是由不同物体的反射图像组合而成。其中，反射图像只能通过数学方法获得，一般可以利用中心环绕函数近似求得。通过该算法能够获

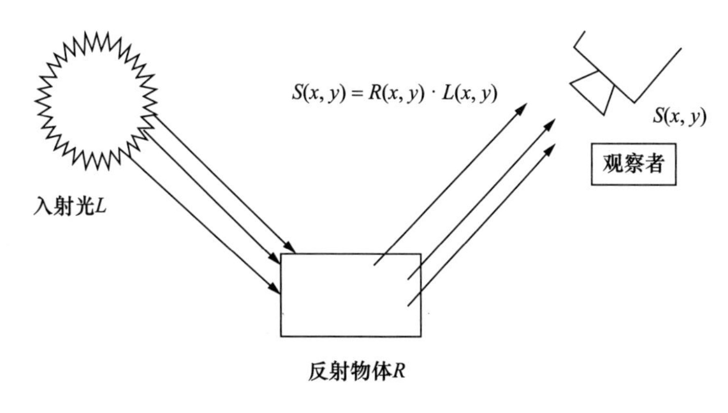

图12-7　SSR示意图

得皮肤的反射图像，而分析反射图像像素分布情况就能了解原始图像的光泽度，从而检测评判皮肤光泽。

3. 色斑、皱纹检测

色斑是指和周围皮肤颜色不同的斑点，是一种色素障碍性皮肤表现；皱纹是指皮肤表层下的自由基破坏活性物质而生成的褶纹。这两者既是人们日常护肤的重点，也是关注度最高的皮肤检测指标。这里介绍的方法，将灰度共生矩阵4个参量作为特征，采用反向传播神经网络（back propagation neural network）对色斑和皱纹图像的特征进行特征训练（图12-8、彩图12-8）。利用训练好的分类器作为评判工具。

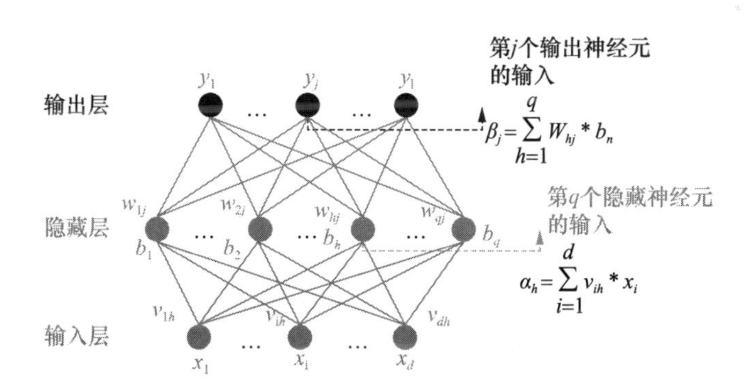

图12-8　反向传播神经网络

灰度共生矩阵是一种表示纹理图像特性的有效手段。这种矩阵中包含有众多信息，考虑实际使用需要在矩阵基础计算纹理特征量，因此在本系统中利用反差、能量、熵和相关性4个参数作为特征量：

（1）反差：它可以表示区域中的像素值分布和局部变化的情况。当纹理深度和清晰程度较为明显时，其计算结果得到的值较大。

（2）能量：是矩阵各像素值的子方和。它反映了图像灰度变化情况和纹理粗细度。能量值大则表示该区域中的纹理变化规则较为稳定。

（3）熵：用以度量矩阵中出现的随机事件情况，能够反映图像的复杂情况。当矩阵中的数值趋近相同或出现了某种极小概率事件时，熵会增大。

（4）相关性：能够衡量图像在水平或竖直方向上的连续性。当其中一个方向出现连续信息时，相关性会变大。

4. 氢离子浓度指数检测

平板玻璃电极（flat glass electrode）有多个生产商可提供测量皮肤表面酸度的平面电极，任何能够适配平面电极的商业化测量设备都能用来测量皮肤表面氢离子浓度指数，电极和皮肤之间的接触部位直径约10 mm，这种测量方法是无创的。

5. 湿润度检测

湿润是指固体表面与液体之间的接触，该特性依赖于分子间相互作用。人体皮肤湿润度（human skin wettability）通过测量接触角（contact angle）进行评价。若$\theta<90°$，则固体表面是亲水性的，即液体较易润湿固体，其角越小，表示润湿性越好；若$\theta>90°$，则固体表面是疏水性的，即液体不容易润湿固体，容易在表面上移动。至于液体是否能进入毛细管，这还与液体本身有关，并非所有液体在较大夹角下完全不能进入毛细管。

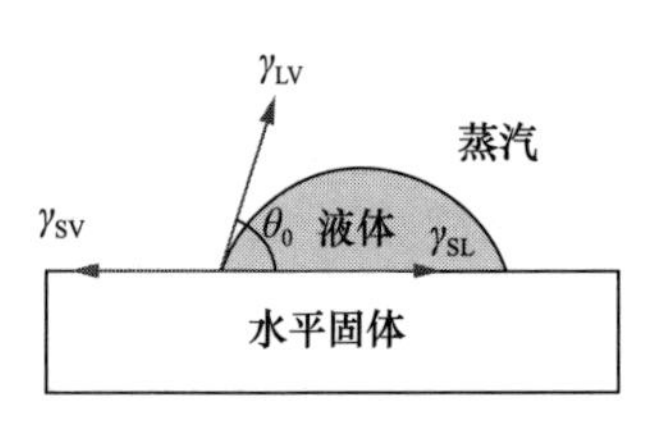

图12-9　杨式公式示意图

润湿过程与体系的界面张力有关。一滴液体落在水平固体表面上，当达到平衡时，形成的接触角与各界面张力之间符合下面的杨氏公式（Young equation）（图12-9）：

$\gamma_{SV}=\gamma_{SL}+\gamma_{LV}\times\cos\theta e$

由它可以预测以下几种润湿情况：

① 当$\theta=0$，完全润湿；

② 当$\theta<90°$，部分润湿或润湿；

③ 当$\theta=90°$，是润湿与否的分界线；

④ 当$\theta>90°$，不润湿；

⑤ 当$\theta=180°$，完全不润湿。

毛细现象中液体上升、下降高度h；h的正负表示上升或下降。

浸润液体上升，接触角为锐角；不浸润液体下降，接触角为钝角。

上升高度（h）=2×表面张力系数/（液体密度×重力加速度×液面半径）。

上升高度（h）=2×表面张力系数×cos接触角/（液体密度×重力加速度×毛细管半径）。

（梅鹤祥　审校）

参考文献

第十三章　产学研的有机融合与精准护肤

李钧翔　陆　益　麦麦提艾力·热合曼

本章概要

- ☐ 产学研深度融合的内涵
- ☐ 化妆品行业中的产学研融合
- ☐ 产学研推动精准护肤模式

《中华人民共和国国民经济和社会发展第十四个五年规划和2035年远景目标纲要》（简称“十四五”规划）明确提出开展中国品牌创建行动，培育属于中国的高端化妆品品牌。除了“十四五”规划外，《化妆品监督管理条例》及相应的一系列二级法规相继出台也从制度上对化妆品行业的发展提出了高要求。如何实现中国化妆品行业有序、健康、高质量发展已成为新常态下的新命题。无论政府规划还是法规要求，其核心是要提高化妆品的科技含量，促进化妆品产业成为高技术含量的产业。实际上，化妆品是涵盖了医学、生物学、物理学、化学、环境科学以及美学等多学科交叉的高科技产品，遗憾的是，目前在国产化妆品产业中并没有体现这种属性，究其原因在于护肤理念和策略仍然停留在传统感官和审美状态，而高度依赖产学研融合的精准护肤理念或是助力中国化妆品实现高端化的途径之一。

精准护肤的发展受到多种因素的驱动，包括配套的教育政策和方针的变化、信息化建设水平的提高、移动传媒的快速发展、自媒体科普化的传播、新一代消费者认知水平的提升等。在科技方面，生物医学领域的理论创新和技术革新明显加速了基础研究和应用转化之间的效率和成功率。基于本书前述章节的论述可以清晰地看到，化妆品行业正逐步进入精准范式驱动的时代，而产学研的转化融合已成为提升其整体水平的重要因素。事实上，产学研的转化融合在生物医药、材料化工和电子信息技术等领域已得到充分验证，而化妆品领域的这一趋势也已凸显。

“建立以企业为主体、市场为导向、产学研深度融合的技术创新体系”是党的十九大明确提出的产业水平提升发展纲要。该体系能够整合“学研”的优势力量，深度解决精准护肤的科学基础和技术诉求，真正实现“产”的升级发展。

本章将从产学研深度融合的内涵、化妆品行业中的产学研融合以及产学研如何推动精准护肤模式等角度展开论述，着重就近年来相关产学研融合的典型案例展开讨论，系统性论述产学研融合对精准护肤模式的发展与促进，以期为本领域的研究人员带来一些启发。

第一节　产学研深度融合的内涵

科技创新水平是一个国家科技实力和竞争力的重要表现。目前，我国基本形成了政府、企业、科研院所及高校、技术创新支撑服务体系四角相倚的创新体系。我国科技体制改革紧紧围绕促进科技与经济结合，以加强科技创新、促进科技成果转化和产业化为目标，以调整结构、转换机制为重点，取得了重要突破和实质性进展。

产学研是科技创新体系的核心，理解“产”“学”“研”三大主体的科学内涵是我们推进产学研深度融合的关键。“产”是代表推进产业化的企业，要具备产业化的能力；“学”是高校的人才队伍及学科，提供研究型人才，并形成有相应的优势学科；“研”是前沿研究的科研机构，具有提供理论研究和应用转化研究的能力。“产”是主体，以市场为导向联合“学”和“研”，通过理论技术的融合创新促进产业的升级和迭代发展。

科研成果要实现产业化，需要与产业界紧密结合，在实践中不断完善其技术路径，在工艺路线上弥补研究阶段与产业规模化阶段的差距，实现规模化、标准化量产。同时需要建立评价体系，为消费者安全使用提供充分的证据。在技术和产业化都满足的情况下，转化成功的另一个条件是商业的标准化，即产品在开发成功后，如何建立相关质量管理体系，实现合规生产和市场准入。在产业链最末端，也是技术和产品进入终端市场的重要环节，即渠道和销售。在当今商品高度丰富且多样化的时代，销售的成功与否，产品的品质并非唯一的决定性因素。尤其是在互联网时代，在“互联网＋”模式充分发展的中国市场，渠道和销售至关重要。回顾2012～2016年，化妆品行业中国际领先的一些跨国企业，由于其在中国市场中对快速发展的电子商务持谨慎态度，仍然重点关注传统的销售渠道，因而在快速发展的电子商务领域增长迟缓。因此，在2012～2016年间，国际顶尖企业在中国的增长速度远远落后于国内的部分新兴企业，特别是落后于依靠电子商务发展起来的国内企业，导致进入企业发展的低潮期。

从以上对产业链各个阶段的分析可以得到一些启发，即产业的发展和成功取决于多方面因素，是对各种要素的整合，单纯某一阶段的成功不一定具有可持续性。企业是产业发展的绝对主体，主要体现在对产品科技力的诉求、工业标准化的推进、产品标准的构建以及市场销售模式的创新。高校通过专业人才培养和学科优势为产业提供源源不断的动力。科研机构的理论研究及技术开发都是促进产业发展不可或缺的基础力量。无论如何，科学研究仍然是一个产业发展的基石，也是企业可持续发展的核心要素；产业标准化是企业实现规模化、增强竞争力不可或缺的关键要素；产业/产品标准化是企业获得试产准入和用户认可的必要条件；渠道和销售是实现产品商业价值的决定性环节，也是企业获得用户资源、实现技术升级和产品改造的资金来源，更是企业持续发展、提升规模、赢得市场的必要条件。

因此，产学研深度融合加强研究成果转化对企业甚至一个产业的成功和可持续发展都至关重要。对于基础研究领域的原始创新，高校和科研院所是主力军，企业有积极参与的趋势；对于应用研究领域的集成创新和引进、消化、吸收、再创新，企业研发机构是主力军，高校等机构在跟进。援引国家教育咨询委员会秘书长、教育部教育发展研究中心原主任张力在中国教育报的评论，当前我国产学研协同创新、深度融合的基本走势，大体有以下几个方面：

第一，企业创新主体和技术创新核心地位更加突出。根据党的十九届四中全会文件的新部署，“建立以企业为主体、市场为导向、产学研深度融合的技术创新体系，支持大中小企业和各类主体融通创新，创新促进科技成果转化机制，积极发展新动能，强化标准引领，提升产业基础能力和产业链现代化水平”。企业在技术创新全局中的决策者、组织者、投资者地位日益凸显，在集聚产业创新资源、加快产业共性技术研发、推动重大研发成果应用中，必然需要产学研、上中下游、大中小微企业紧密合作，进一步促进产业链深度创新融合，在技术创新决策、研发投入、科研组织实施等各个环节，切实发挥企业主体和市场导向作用。

第二，在政府指导规划框架下完善产学研三方签约机制。在国内外发展环境条件不断变化的形势下，我国建设现代化经济体系，推动经济高质量发展，增强经济国际竞争力，必须走创新驱动发展之路。各地政府需要研制关于本地推进产学研协同创新、深度融合的专项指导规划，促成高校同企业、科研院所在规划框架下协商签约，从应用基础研究到应用技术研发、中试孵化、研发成果进入产品化、产业化的链条，选择重点提供财政经费支持。在支持既有大学科技园、高技术产业园区、产业孵化基地的基础上，促进高校合作建设研发成果转化中心，更加重视区域内及跨区域不同隶属关系大学的研发成果转化。

第三，产学研深度融合需要依托协同创新联盟或共同体。高校不仅要顺应企业技术创新的多样化需求，更要主动联系企业，在深入磋商中激发和挖掘企业技术创新需求，会同有关科研院所，探索合作举办技术研究院和专项研发中心，创造条件结成协同创新联盟或共同体。通过设立产学研协同创新管理委员会，发挥高校理事会（董事会）吸引企业家参与机制的作用，促进现代企业制度、现代大学制度、现代科研管理制度相结合，根据企业需求，精准承担技术研发项目、调整人力资源开发模式，形成以市场需求为导向、以企业为主体、高校及科研机构发挥主动性的长效机制，在相同或相近领域技术创新攻关上形成更大合力。

第四，搭建产学研协同创新、深度融合的资源服务平台。借助区域或跨区域的网络和大数据平台、科技中介服务平台、知识产权和技术交流交易平台，按产业链汇聚融合研发创新资源，共建协同创新资源中心，营造动态集群综合体，集实体合作、虚拟研发、投资融资、资源共享、合作管理等多功能于一体，方便企业、高校、科研院所相互了解研发成果信息、借调互换研发人员、联合组建攻关团队。引导需方企业提供资金或设立基金，以风险投资、股份合作、股份制等方式引进社会资本。加强产业行业协会商会服务，健全征信制度和第三方评估监测制度，促进我国产学研协同创新、深度融合的可持续发展。

第二节　化妆品行业中的产学研融合

一、基础研究的创新对精准护肤在理论方面的启发

基础科学研究是转化应用研究的基础。当前护肤科学精准范式的趋势以及相关产品体系的逐步建立，本质上都得益于组学技术、皮肤生理学、细胞分子生物学、结构生物学对皮肤生理功能、皮肤问题的深入研究。近年来，全新的研究发现正不断给化妆品行业带来全新的问题解决思路。

近年来，各类研究表明，细胞衰老源自线粒体动力失衡。目前，氧化自由基、DNA损伤积累、端粒、基因衰老学说等归结到与线粒体功能异常密切相关；炎症修复通路往上追溯也发现了线粒体及线粒体DNA的参与调控；紫外光照射产生的损伤也直接由线粒体损伤及线粒体DNA突变或缺失后释放各种自由基所引起。围绕线粒体理论，已有多家机构推出了调节线粒体功能的活性成分，不同活性原料通过线粒体靶向运输技术以及线粒体相关靶点设计，开发创新的线粒体抗衰体系。

环境污染暴露组活化通路：最新研究表明，$PM_{2.5}$通过激活芳香烃受体（aryl hydrocarbon receptor，AhR）通路调控衰老相关基因*p16INK4a*的表达导致角质形成细胞衰老。此外，AhR的活化可增加白细胞介素和基质金属蛋白酶等物质的表达，不仅导致皮肤发生炎症性衰老，也诱导黑色素细胞分泌黑色素导致皮肤色素沉着和色斑。这类研究近年来推动了一些品牌产品从抗光老化拓展到防污染老化，后者主要从抑制PM粒子附着、强化屏障、抑制AhR活化、抑制黑色素等角度进行精准防控。

蓝光损伤活化通路：电子屏幕污染是电子数字化时代的新常态，本书第三章以及其他相关章节已对蓝光-视蛋白3（opsin-3，OPN3）诱导色素沉着通路进行了详细解释。面对蓝光的损伤，包括德之馨、路博润以及巴斯夫在内的各大供应商基于蓝光损伤的原因和靶点开发上市了相应的抗蓝光原料，全方位涵盖了防晒剂蓝光波段防护、靶向OPN3受体、降低活性氧和舒缓免疫应激、抑制蓝光引起的黑色素沉着等。

随着越来越多的品牌方、原料企业逐渐把目光转向基础科研领域，化妆品研究领域也正从组学、细胞生物学、分子生物学、结构生物学等理论和技术的创新角度重新审视化妆品的概念和研究方法，相信今后将有更多基于精准范式的科研成果驱动与时俱进的靶向方案。

二、应用研究对精准皮肤解决方案的技术创新

（一）从精准医学范式到皮肤问题特征靶点的挖掘

精准护肤的理念源自精准医疗。在精准医疗的应用转化研究中，其核心是找到疾病的关键靶点。寻找靶点的技术流程随着高通量测序等多层次组学技术的不断发展而日臻完善。生命体是一个复杂的调控系统，疾病的发生与发展涉及基因变异、表观遗传改变、基因表达异常以及信号通路紊乱等诸多层次的复杂调控机制，因此通过对多种层次和来源的高通量组学数据的整合分析来系统研究临床发病机制、确定最佳疾病靶点已经成为精准医学研究的共识。这将为疾病研究提供新的思路，并对疾病的早期诊断、个体化治疗和指导用药等提供新的理论依据。2016年，美国约翰斯·霍普金斯大学等研究机构的研究人员发表了一种名为iPanda（in silico pathway activation network decomposition analysis，生物信息学通路激活网络分解分析法）的算法程序，对多组学生物大数据样本进行分析，可以有效挖掘病理场景的生物标志物靶点。随后的几年内，人工智能制药公司英矽智能（Insilico Medicine）基于iPanda算法的转化，成功推出了靶点发现在线软件PandaOmics，用于为制药企业客户提出药物靶点新假设，并对靶点进行评估。

在皮肤科学领域，研究人员近年来正在通过同样的逻辑思路进行研究，并陆续发现多种不同功能的基因和皮肤衰老表型的关系。例如，中国科学院团队针对中国女性皮肤衰老的研究显示*rs2066853*和*rs11979919*分别与眼尾纹及眼睑下垂有关。昆明医科大学何黎教授课题组对敏感性皮肤和正常皮肤进行基因组学对照分析研究，发现了9个皮肤屏障受损基因与敏感性皮肤相关，这是国际上首次发现并证实*CLDN5*介导敏感性皮肤表皮通透屏障受损。基于以上研究，具有敏感肌功效的护肤品牌针对这些靶点对多种植物活性物进行筛选，并将得到的活性物成功有效地用于其产品中。

（二）计算生物学技术在靶向护肤活性物发现中的探索

在制药领域，基于结构生物学和靶点的精细化认知，以及通过计算生物学进行药物分子的结构优化开发已逐渐成为精准靶向药物开发的必经之路。

胰高血糖素样肽-1（glucagon-like peptide-1，GLP-1）多肽类似物药物是一个典型的案例。早在20世纪80年代，来自麻省总医院等研究小组就陆续发现了GLP-1多肽以及类似物，它们被证实对改善糖尿病具有良好的效果。然而，GLP-1在体内被二肽基肽酶-4（dipeptidyl peptidase-4，DPP-4）迅速降解，然后经由肾清除，导致患者需要短时间内反复注射。制药企业诺和诺德在早期买下了部分GLP-1的专利，并针对GLP-1存在的问题进行了多年的技术攻关，通过“alanine-scan”的计算生物学技术确定在GLP-1的C端引入脂肪酸链，显著提高了稳定性，从而在极大程度上延长了用药周期。

在功效护肤领域，近年来经典的多肽原料开发历程亦有异曲同工之处。乙酰基六肽-8（acetyl hexapeptide-8）源自米格尔·埃尔南德斯·德埃尔切大学与费雷尔-蒙特埃尔（A.Ferrer-Montiel）教授的联合研究课题组。费雷尔-蒙特埃尔教授是感觉神经研究专家，他根据自己对皮肤皱纹成因的精细化认知以及受到肉毒素靶点信号通路的启发，联合研究人员锁定了动态纹神经信号产生的关键环节靶点可溶性*N*-乙基马来酰亚胺敏感因子附着蛋白受体（soluble *N*-ethylmaleimide sensitive factor attachment protein receptor，SNARE）蛋白形成三元复合体，通过对该SNARE复合体关键形成过程的结构生物学分析以及计算动力学模拟，最终锁定了突触体相关蛋白25（synaptosomal-associated protein 25，SNAP-25）蛋白的六位氨基酸片段。他们通过大学课题组中较为成熟的试验筛选体系，最终完成了该原料完整的商业化转化应用。

近年来，在AI技术的驱动下，AI计算也逐步尝试应用于针对皮肤问题的靶向护肤活性物发现。例如，2020年拜尔斯道夫和英矽智能合作，通过在计算机上模拟生物效应，更快更有效地生成并分析了针对特定皮肤适应证的生物活性成分。

在国内产学研紧密合作的背景下，基于靶点精准高效的原研活性物开发已在近几年崭露头角。例如，浙江清华长三角研究院与企业的校企联建中心通过AI和生物信息学结合计算生物学的手段，进行虚拟筛选和理性化设计，完成了多组抗衰老、抑菌等功效明确的候选分子的发现与验证。

（三）基于先进功效评价技术的功能筛选验证

在过去的20年里，对于活性成分以及配方产品的功效评价技术层出不穷。而在新版《化妆品监督管理条例》中，国家首次对化妆品的功效进行了明确的定义，并明确匹配从生化实验、体外细胞实验到人体临床试验以及消费者调研等各个维度的科学评估方法。多项检测的国家标准、行业标准和团体标准正在由大学、临床研究机构以及代表性企业紧密合作制定中。

与此同时，更具靶向性的高通量评价和筛选方法，对于精准匹配有效成分、优化工艺并建立精准护肤范式开发产品体系，也是一个必要手段。

皮肤是一个由多层组织结构、多种细胞种类共同组成的系统，相比目前基于单一细胞种类或皮肤整体指标的评价方法，建立更加精细化评价方式将对提升功效护肤的相关研究起到关键作用。近年来，精准到单细胞水平的基因组学技术在研究和临床领域已经取得了突飞猛进的发展，单细胞基因组学技术可以更加精细化和量化地揭示衰老的发生过程，以及对应的功效产品作用于皮肤后对其中不同细胞的响应和调控。例如，2021年，中国科学院动物研究所团队从一组不同年龄的健康女性捐赠者中获得了眼睑皮肤样本，并进行了单细胞转录组测序和生物信息学分析，确定了11种典型的细胞类型以及6个基底细胞亚群。进一步分析显示，随着年龄的增长，光老化相关的变化在逐渐积累，且慢性炎症增加。参与发育过程的转录因子在衰老过程中经历了早发性的下降。

鉴于在功效和安全评价方面对精准范式的迫切需求，在生物活性成分筛选中也急需引入高通量筛选技术作为必要的研究手段以提升筛选工作的精准化和效率。

当前已有多家研究机构开始采用这类技术。例如，美国得州大学奥斯汀分校的研究小组发布了一个基于96孔板和双光子显微镜的皮肤组织筛选体系，可以有效对护肤成分和产品进行皮肤滞留与透皮能力的研究。不可否认的是，如今高通量筛选体系在皮肤科学的应用从实验室走向产业化和标准化应用尚需时日。为接近真实皮肤的3D皮肤替代模型和自动化细胞培养体系，高通量指标采集的硬件以及各模块间的匹配性问题急需解决。

（四）基于合成生物学技术的绿色化生产

合成生物学（synthetic biology）是一门汇集生物学、基因组学、工程学和信息学等多种学科的交叉学科，其实现的技术路径是运用系统生物学和工程学原理，以基因组和生化分子合成为基础，综合生物化学、生物物理和生物信息等技术，旨在设计、改造、重建生物分子、生物元件和生物分化过程，以构建具有生命活性的生物元件、系统以及人造细胞或生物体。合成生物学同时结合了生命科学观察分析方法和工程学设计思维，使人类通过工程方法设计、改造甚至从头合成有特定功能的生物系统。当前，合成生物学技术也越来越得到推崇。这类替代技术能够减少或停止使用那些产生对人类健康、社区安全、生态环境有不利影响的原料、催化剂、溶剂和试剂及产物、副产物等，而且可以有效降低碳排放。尤其是合成生物学技术，除能大幅提升合成效率外，还能实现传统化学手段不能合成的目标成分，即通过靶向设计，以微生物作为微型工厂，可以有目的地精准产出目标活性成分。

第三节　产学研推动精准护肤模式

一、智能技术在优化配方参数中的应用

在生物活性先导化合物和新药开发领域，以传统手段发现新的药物分子，需耗时10年以上，且投入10亿～20亿美元的高昂研发费用。而以计算生物学、计算化学等AI方法替代传统手段，既可快速缩短时间，也能大幅降低研发费用。比如，麻省理工学院多位科学家共同成立的产学研成果转化制药企业METiS Pharmaceuticals公司，结合自有的高通量筛选平台及多种基于AI的计算工具，可有效判断分子设计和剂型模拟，以及解决递送领域遇到的诸多问题。

在化妆品领域，关键成分筛选和产品配方设计是个高度复杂的过程，实际的配方优化难度高于药物剂型。此外，基于化妆品的行业特点，即开发的时间周期要求更快、成本要求更低，也决定了化妆品开发对于活性原料在实际剂型中的性能监控要求较制

药领域更具挑战性。笔者认为随着技术的不断进步，化妆品的配方设计将进一步向药物剂型研发方向靠拢。如何建立一种适用的剂型开发方法学将是一个核心的系统性问题。当前，一些初创型AI公司在该方向上已经开始初步尝试，比如法国inflows-ai公司，推出了对配方的功效性、稳定性、黏度、微生物防腐挑战性能等进行预判断性分析的人工在线系统。当然，这种AI模拟智能技术在规模化应用中的可行性尚需要时间和市场的验证。

除此之外，行业标准对产业的加速和推进发挥着不可忽视的作用。如优良实验室规范（good laboratory practice，GLP）在规范实验室操作管理，临床试验质量管理规范（good clinical practice，GCP）在规范临床试验管理中发挥的重要作用。以及国际标准化组织（International Organization for Standardization，ISO）认证对产品在市场准入方面发挥的作用及突破贸易壁垒的封锁方面对相关企业在国际贸易中有不可替代的作用。在化妆品领域，除不同国家相关的法律法规之外，国际上已发展出多项行业标准，如禁止动物测试的管理规定，针对天然来源的原料和化妆品进行认证的有机认证（欧盟COSMOS、USDA、德国的BDIH）。部分国际企业组成超级联盟共同发起的天然指数非强制性标准，以达成对天然产品的行业共识。此外，2021年10月，美容行业最大的几家公司正由欧莱雅和其他行业巨头共同发起组建一个行业联盟，旨在制定整个行业的可持续发展标准。

与国际企业和国际上的现状相比，国内企业对标准的重视相对不足，也缺乏行业团体的共同呼吁和行动以建立与中国的行业规模和国际地位匹配的行业准入机制。

二、生产线的自动化、智能化控制：智能工厂

随着工业4.0的发展，智能自动化、数字化技术为企业实现更简化、更高效的生产流程提供了可行的解决方案，同时也在重塑从研发到供应链管理的全过程。

早在1987年，欧莱雅在其美国的多家工厂，率先启用工业机器人来生产化妆品和护发产品。日本资生堂也于2016年在其新建工厂大量引入机器人，以提高生产效率。近年来，国内护肤产品的定点生产工厂（original equipment manufacturer，OEM）中，一些大规模顶尖工厂也已经率先实现了智能化、自动化生产，率先跻身国际前列。

自动化智能制造技术不仅能显著提高效率，其高度集成化、自动化的流程也最大程度地保障了产品品质，例如，次抛产品利用B·F·S无菌灌装技术［即吹瓶（blow）-灌装（fill）-封口（seal）技术］可在连续运行的一体化设备中自动完成对塑料安瓿的成型、液体的灌装，并将灌装好的塑料安瓿瓶进行封口。所有这些工序都是在无菌条件下一次性完成的，整个循环在12～14 s以内，最大化减少外部污染，能有效确保产品的使用安全，可将污染率降低到0.1%以下。

在包装仓储物流端，自动化与智能化也已经得到了深入的应用。例如，全球知名的工业4.0解决方案企业与雅芳合作打造了智能化仓储生产工作流和内部物料流输送工

作流。这两套完整的模块化输送机和滚筒系统设备形成了完整且强大的组合，不仅匹配了雅芳公司对生产过程安全、可靠、品质的要求，而且可以高效迅速地完成交货动作。

三、消费者触达中的交互式创新

在功效护肤的消费者交互端，近年来随着数码摄像头硬件设计的平民化，以及人脸技术、3D视觉、图像识别、增强现实（augmented reality，AR）技术、人像美化等软件技术算法的发展，如今消费者通过一张手机自拍照就可以全面了解自己的皮肤状况，并可在肤质、肤龄、肤色、黑头、黑眼圈、痘痘等细分领域进行量化评分，以及前后时间序列的对比。虽然很多解决方案在技术上参差不齐，但也有一些顶尖企业基于其在医疗行业图像识别等方面的技术积累，把消费者交互式识别和皮肤分析准确性提升到了新的高度。

化妆品行业的数字化发展进程正在不断加速。比如，欧莱雅推出化妆品虚拟试用系统、AI粉底适配器，美图公司上线“AI开放平台”和发布美图魔镜Online，天猫精灵推出Queen智能美妆镜等。在当前的美容院以及化妆品集合门店，基于面部识别设备的消费者皮肤问题诊断以及“定制化”产品解决方案推荐已随处可见。

笔者认为，在消费者交互端，今后较长的时间内将主要聚焦于高质量皮肤问题生物大数据的有效积累，以及产品配方端对精准靶向解决皮肤问题的能力。而这些将依赖于整个产业界与学术界在产学研多层次的深度融合。

总之，产学研合作网络中，企业、高校、科研院所是获取知识优势的主要来源。企业是产学研知识网络的重要节点，是整个活动的投入主体、决策主体和受益主体；高等院校是人才的培养基地，是新思想、新知识的创造发源地，而且高校的仪器设备、实验室和图书馆都是生产知识的工具；科研院所拥有专用性程度高的特殊知识资源，是新产品、新技术的创造源泉。产学研合作能够为高校提供一个良好的培养人才的实践环境，可使教师、科研人员通过与企业的合作提高专业能力，将为学生的实践、实习和毕业后就业求职提供更多的机会。企业方面，可以通过与产学研机构合作，搭建有效的高校平台，吸引更多优秀的人才为企业服务。当产学研能够有机融合、良性循环，且产生有效的经济价值并形成技术流动的网络，整个行业就能得到持续的发展，增加社会收益。

（梅鹤祥　审校）

参考文献

第十四章　皮肤科学与精准护肤实践案例

梅鹤祥　张馨元

本章概要

- ☐ 精准护肤产品的设计思路
- ☐ 基于特定人群的消费者洞察
- ☐ 精准护肤靶点和路径的筛选方法
- ☐ 精准输送配方（剂型）的选择策略
- ☐ 通过人体试验的化妆品功效评价
- ☐ 理论到实践的设计案例

本书第二章和第三章已经讨论了环境因素（暴露组）通过调控皮肤细胞的基因表达，诱发一系列分子事件，最终影响皮肤特征和生理功能。可见，基因和环境相互作用决定了人体的皮肤特征，这些特征即皮肤表型。实际上，从胚胎发育阶段开始到人体衰老死亡的过程中，所有皮肤相关的物理、化学和生物学特征共同组成了皮肤表型组。不同人群和个体间皮肤表型组的差别既受遗传结构的调控也受环境的影响。在化妆品皮肤科学中尤其关注环境对皮肤表型的影响，因此，基于特定人群揭示环境因子对皮肤表型形成的调控机制，有望为精准护肤提供分子基础和理论依据。而配方研发的关键，就在于理解不同暴露因素的相互作用以及由此产生的皮肤扰动的净效应，定位明确的靶点，优化输送技术，将活性物质以足够的浓度输送至皮肤的预期目标层。这是本章讨论的主要问题，希望通过下列论述为精准护肤提供可参考的产品设计思路。

第一节　精准护肤产品的设计思路

如前所述，环境暴露组通过基因组对转录组、蛋白组、代谢组、表型组的负性调节而可能引起皮肤问题，尤其是在科技产品的影响无处不在、人们生活习惯不断变化的现代社会。因此，基于上述几个方面，需要深入分析皮肤内在的变化，通过精准靶向的策略实现对皮肤的全方位护理（图 14-1）。

考虑到消费者对化妆品普遍存在功效预期，化妆品的精准护肤需要实现下面几个方面：

（1）适用于皮肤表面；

（2）产生可预期的皮肤效果；

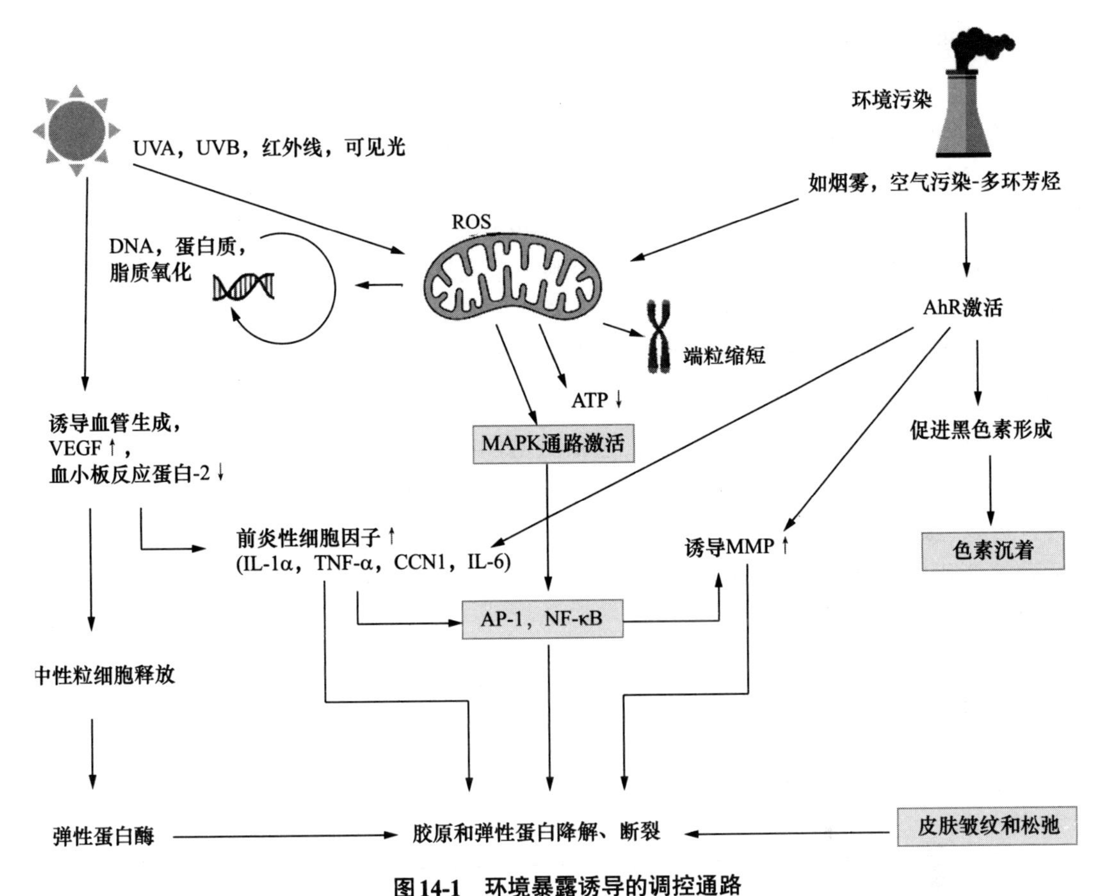

图 14-1　环境暴露诱导的调控通路

（3）实现皮肤健康和美的特性；

（4）符合科学及可持续发展的标准。

为实现精准护肤，笔者与国内外化妆品行业、皮肤领域的专家反复研讨，最终将精准皮肤护理应用实践策略精简为如下步骤（图 14-2）。

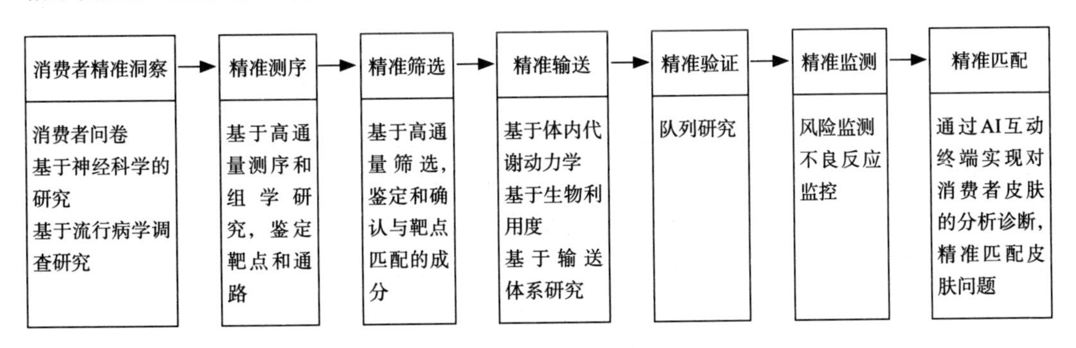

图 14-2　全流程精准护肤策略

一、消费者洞察

传统的消费者洞察主要基于传统纸媒以调查问卷的形式收集信息，往往样本量有限，且功效用词与大量医学术语有重叠，难以准确获取消费者真实的使用效果。随着互联网技术的飞速发展，网络问卷和大数据被有效地整合到了消费者洞察研究之中。利用流行病学尤其是队列研究的策略和经验，全人群和长期跟踪研究在化妆品科学领域已成为可能。在大数据分析和人工智能等技术的整合运用之中，能够更全面深入地挖掘不同地域、年龄、收入等人群的护肤困境和诉求，整合各类智能皮肤无创移动设备，实现对皮肤的表型特征和消费诉求的联结，为精准护肤提供充分的人群信息。

另外，借助无创神经成像技术，包括脑电图（electroencephalograhpy，EEG），以及磁共振成像和功能性核磁共振成像（functional magnetic resonance imaging，fMRI）等，可以记录消费者观察产品外观、评判产品香气以及使用产品时大脑相关区域神经活动的变化，通过开始兴奋的时间、兴奋程度来评判测试者对产品的包装、颜色气味和使用感等的客观认识。

二、皮肤相关路径和靶点

（一）高通量测序技术

高通量技术的应用为快速发现皮肤相关表型的分子机制及相关靶点，以及与相关靶点和通路相匹配的活性成分提供了充分的技术条件。高通量技术又分为高通量测序（high throughput sequencing）和高通量筛选（high throughput screening）。

高通量测序技术逐渐取代了克隆文库的构建，成为最流行的标记微生物鉴定的稳定同位素核酸探针技术（DNA-SIP）程序。目前，高通量测序技术已被广泛采用，从通用基因分析到功能微生物鉴定，因为它不但提供了大量信息，操作快速简单，而且相对便宜。

（二）高通量测序技术在精准鉴定相关皮肤问题靶点中的应用实例

国内科研人员结合多重聚合酶链反应（polymerase chain reaction，PCR）和高通量测序技术，分析了严重痤疮患者外周血中的T细胞受体β链CDR3（互补决定区3）。结果表明，严重寻常痤疮组外周血中T细胞受体β链CDR3 序列的多样性与对照组不同。此外，该研究还发现严重寻常痤疮组和非痤疮组之间有10个TRB CDR3序列、氨基酸序列和V-J组合的表达有显著差异（$P<0.0001$）。这些发现有助于更好地了解免疫在痤疮发病机制中的作用，并可作为未来评估严重痤疮疾病风险或预后的生物标志物。

紫外线辐射是皮肤老化的主要诱因，累积暴露于紫外线辐射会增加皮肤细胞（包括真皮成纤维细胞）中的DNA损伤。在一项研究中，研究人员开发了一种新型的DNA修复调节材料发现系统（DREAM），用于高通量筛选和鉴定可调节皮肤细胞DNA修复的推定材料。该方法首先建立一种表达荧光素酶和次黄嘌呤磷酸核糖转移酶（hypoxanthine phosphoribosyl transferase，HPRT）基因的改良慢病毒。然后用修饰的慢病毒感染人真皮成纤维细胞WS-1细胞，并用嘌呤霉素选择以建立稳定表达荧光素酶和HPRT的细胞（DREAM-F细胞）。DREAM方法的第一步是基于96孔板的筛选程序，包括用试剂预处理DREAM-F细胞，并用UVB辐射后处理分析细胞活力和荧光素酶活性，反之亦然。在第二步中分析细胞周期，评估细胞死亡，并在用这些试剂和UVB处理的DREAM-F细胞中进行HPRT-DNA测序，验证第一步中确定的某些有效试剂。该DREAM系统具有可扩展性，形成了一个省时的高通量筛选系统，用于识别调节真皮成纤维细胞DNA损伤的新型抗光老化试剂。

三、剂型（配方）设计和输送形式

（一）克利格曼（Albert Kligman）博士经典三问

当前市场上的护肤品往往成分繁多，功效宣称因体外和人体临床研究数据质量的参差不齐而不够规范，这让消费者经常面临选择困惑。

针对功效性化妆品是否有效的困惑，著名的美国皮肤病学家克里格曼博士曾经提出三个经典的问题，即当评估宣称具有有益生理作用的新药妆产品时，需要从三个方面出发：

（1）活性成分能否穿透角质层，并在与其作用机制一致的时间过程中以足够的浓度输送到皮肤中的预期目标层？

（2）活性成分在人体皮肤的靶细胞或组织中是否具有已知的特定生化作用机制？

（3）是否具有已发表的、同行评审的、双盲的、空白对照的、具有统计学意义的临床试验来证实功效宣称？

因此，要实现成分的功效，需要根据克利格曼博士提出的三个问题进行思考，并通过合理的配方设计、活性成分的递送形式以及临床测试方案予以实现。

为了使功效护肤品获得更佳的性能，配方设计师应该使用适当的输送技术，聚焦于目标部位进行优化，将活性物质精准输送到皮肤目标部位。

虽然活性成分是重要的组分，但它必须以正确的浓度出现在皮肤内适当的部位才能发挥最佳功能，而如果部位或浓度不对，则要么达不到效果，要么引发安全问题。在影响活性成分功效的因素中，需要了解两个重要的概念：一是输送，这意味着将活性成分转移到皮肤内的特定区域，以实现积极的效果；二是靶向性，意思是把活性成分集中在它最能发挥作用的细胞类型或靶点。想要有效地利用活性物质，需要使活性成分在目标部位达到有效浓度，同时在活性物质有潜在风险的情况下被控制在最低浓度。

活性成分的靶向性以及输送技术和测试方法是优化经皮肤渗透和释放的关键条件，也是实现配方优化的关键要素。活性物质在皮肤中的输送问题，除了目标皮肤部位和输送技术的选择外，与输送相关的因素还包括：活性物质分布在哪里？它被吸收和清除的速度有多快？涂抹在皮肤上的量有多少比例进入皮肤？输送系统的选择对这些结果有何影响？同时需要特别强调一个关键点，即应该特别检查活性成分在体内的代谢动力学变化，注意其原型和代谢产物。如果活性存在于化合物原型中，而不是代谢物中，那么代谢是一个清除过程。另一些情况可能正好相反，如维生素E醋酸酯和维生素C棕榈酸酯。对于这些化合物，代谢释放了活性分子，因此这是生物活性成分输送过程中保持活性的必要条件。

（二）皮肤的靶点

皮肤可分为数个不同的区域部位，特定的产品和生物活性物质会在其中发挥不同的作用。这种分类方法是基于对皮肤属性以及各种化合物作用机制的了解程度。表14-1列出了目标部位，以及适用于每个部位的化合物或产品的实例。

皮肤表面（角质层）是许多产品发挥功能的区域。表皮层和真皮层等活组织是生物活性成分的主要作用部位。

表14-1　皮肤各层靶向部位及其代表的（生物学）功能

靶点	代表的功能、作用	示例
皮肤表面	清洁、保护、改善肌肤	肥皂、防晒霜、驱蚊虫、润肤剂
角质层	维持角质层正常、防感染	保湿、角质剥脱剂
活组织	调节细胞增殖、阻断感觉传递、缓解炎症、局部美化、视黄醇	
汗腺	抑汗	止汗剂
皮脂腺单位	治疗痤疮及其他皮脂腺相关的问题	水杨酸制剂
真皮毛细血管	系统输送	N/A
局部肌肉组织	缓解疼痛	N/A

N/A：无。

角质层或角质化细胞层，是皮肤主要的渗透屏障，也是活性物质的潜在目标。保湿剂，如甘油，通过一种简单的物理机制结合了这一层内的水分；凡士林也是一种保湿剂，主要通过封包来增加水分。此外，大多数皮肤的真菌感染发生在表面，用于治疗这些疾病的药物不需要深入表皮层就能到达作用部位。

舒缓类、抗氧化、美白类成分，必须通过角质层扩散到更深层的组织并发生相应的生物学效应才能发挥作用。

用于治疗痤疮的成分，则必须扩散到毛囊才能发挥作用。顾名思义，经皮输送是指通过皮肤到达毛细血管或底层组织。在这些情况下，生物活性物质不应广泛沉积在皮肤表面的角质层内，因为这会延迟或降低到达预定目标的输送效率。

（三）优化输送技术

市场上通常将“优化”狭义地理解为以合理的成本获得最佳产品，在竞争激烈的市场环境下，效率已经变得比它所代表的直接成本更重要。因此，对“优化”更合理的理解应该是将之描述为在合理的时间内实现预期的效果。在定义“可实现预期功效的”护肤品时，有很多条件影响成分的生物利用度。这些条件包括成分的自身性能、稳定性、外观和刺激性。对这些条件进行优化有助于提高产品性能，同时将刺激性和其他不良影响降至最低。

下面讨论的优化输送的要素（图14-3），可归纳为“3T”［靶标（target）、技术（technique）、测试（test）］要素。

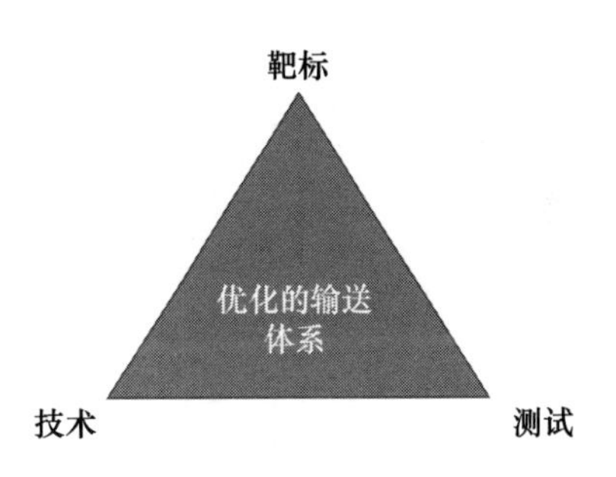

图14-3　优化靶向输送的“3T”原理

三角形的“靶标”顶点是指通过输送技术到达适当的输送目标。“技术”顶点指的是实现这些目标的方法。第三个顶点，即需要进行适当的测试，以便对候选配方进行比较。此外，选择的输送方式必须能够将活性成分靶向于目标领域。没有一种单一的评估方法适用于所有情况，因此根据预期结果选择一种适用的方法很重要。

输送系统对活性物质有多种优势。它们有助于维持生物活性成分的稳定性，当然，它还有助于将生物活性成分输送到作用的靶点部位（图14-4）。输送系统内的成分可能会改变角质层的屏障性能，从而促进皮肤的渗透性增加。在极少数情况下，它们实际上还可以通过活性物质的释放率来控制摄取速度，这通常只有高渗透性的活性物质才有可能实现。上述输送系统的优势是考虑在通常情况下实现的，而生物活性物质在皮肤中的输送动力学效率同时受多种条件的限制。

目前，对经皮输送系统的兴趣，很大程度上受到30多年前的透皮给药贴剂技术的启发。贴片制剂是一个“完整输送系统”，在该系统中，预先将整个系统整合为一个单元应用到皮肤上。其中的活性成分受到高度控制，输送到皮肤的量通常在相对较窄的浓度范围内，总吸收率是通过改变贴片的面积来调整，而不是通过改变配方来实现。

另一个极端是技术含量较低、类似于传统的药膏和面霜的半固态系统（巴布剂）。介于这两者之间的是混合系统，其中活性成分的输送由分散在传统载体中的特殊微囊或调节释放的成分控制。加入新颖或精心挑选的单一传统成分，可以将普通配方转变为具有独特优势的产品。

用微囊、环糊精或聚合物等包埋活性物质，往往会降低它们在溶液中的热力学活性，并减少它们分配到皮肤表面的比例。此外，也可能会使得活性物质在皮肤表面或附近的驻留时间延长，并减少渗透皮肤的物质总量。然而，渗透减少的程度取决于络

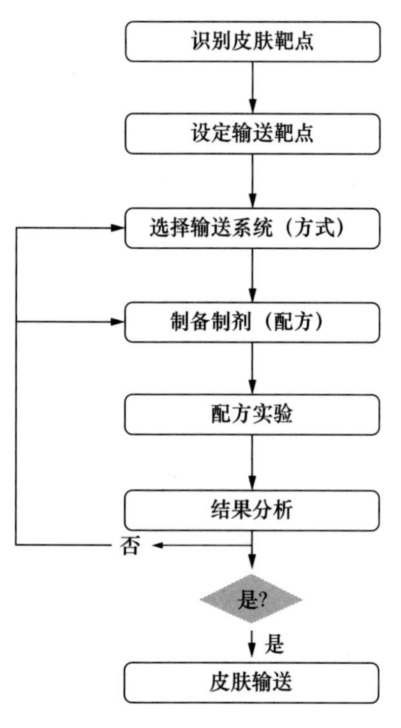

图 14-4 优化输送体系的开发流程

合或以其他方式从溶液中游离出的活性成分的比例，这种分布是几个变量的函数，包括活性成分的浓度、存在于液相的数量和体积以及每个相对活性成分的亲和力等。

近年来发展起来的脂质体递送技术在护肤品的开发中逐步受到重视。组成脂质体囊泡的磷脂和胆固醇等脂质分子是囊泡载体的主要成分，与脂质分子相关的几个因素对药物的渗透和稳定性有很大影响。其中，疏水碳尾、磷脂的浓度和酸性是最重要的因素。脂泡双层的性质和类型通过影响脂溶性药物的分配系数和溶解度来影响其包封率。另一方面，亲水性化合物的包封性与制备方法密切相关，也与囊泡膜的厚度和极性密切相关。尽管胆固醇在用流动磷脂制备的脂质体双层结构中具有刚性，但它的存在可能会通过降低脂质双层的通透性而导致亲水性药物的高包封率。此外，环境pH值还可以改变药物与囊泡的相互作用。磷脂的纯度、链长和饱和度影响磷脂的相变温度（T_m）。T_m对应于特定磷脂从凝胶态（压缩和有序结构）变为液晶和无序化状态的温度。较短的不饱和烃链表现出较低的T_m。表面活性剂的化学和物理特性除了影响药物与囊泡双层的相互作用外，还影响皮肤各层的渗透性。具有紧密短链的磷脂倾向于形成胶束。混合胶束弹性低、粒径小，药物包封率通常较低。在配方研究中，还应考虑表面活性剂的亲水/亲油平衡（hydrophile-lipophile balance，HLB）值。较低的HLB可能有助于减小囊泡大小。最后，尽管囊泡之间的静电斥力较小，但为了防止毒性效应，最好使用非离子表面活性剂。水相组成也是另一个重要的参数。事实上，渗透梯度可能通过改变膜表面的面积来影响UDV的通透性和弹性。脂质体囊泡配方的pH值也优化了UDV的性能。

因此在优化输送系统时，首先需要确定皮肤上具体的输送靶点，再设计适当的输送系统以实现这些目标。制备一系列代表不同输送技术的配方，然后在各种模型中同时进行评估，旨在“淘汰”不符合皮肤输送目标的配方。根据测定的结果，可重新考虑选择输送系统，或只选择符合一般规律的其他配方。而在选择最终配方和备份之前，还需要多次迭代该过程，特别是当两个配方在各种筛选模型中看起来非常相似的情况下。

综上所述，优化输送需通过科学系统评估刺激性、稳定性和耐受性及外观，以及皮肤释放属性来筛选并评估试验配方，从而选择并优化配方的输送效率以实现最佳的生物利用度。

四、精准护肤产品的功效验证

精准护肤是在充分揭示目标人群的皮肤表型特征的基础上，基于特异的靶点选择匹配度最佳的靶向功效成分，依据该类人群表皮结构特征设计优化的传输体系，然后以此设计安全高效的功效护肤品配方。对于由此设计的产品功效，需要根据精准护肤系统理论从两个维度进行验证。活性原料的功效验证以实验室试验和文献为主，利用2D、3D、类器官、外植体和模式动物等模型从分子和组织水平验证原料的功效表现。目前，上市前产品的功效验证以消费者使用测试和人体功效评价试验为主。其中，人体功效评价试验常以受试者使用前后相关皮肤生理参数和临床评价指标的变化作为参考。

人体功效评价试验是以干预性的试验方式为精准护肤产品提供直接的科学数据以证明其功效，而为了全方位评估产品的实际功效，还可利用横断面研究、病例对照研究和队列研究（包括回顾性队列和前瞻性队列）等观察性研究。横断面研究可在某一时点对某一人群中使用目标精准护肤产品的群体完成皮肤状态的量化评估，以评估该产品所具有的实际功效。空白对照研究则是在某一人群中比较分析使用了目标精准护肤产品群体和未使用该目标产品群体之间皮肤状态的差异，从而评估该目标产品的真实功效。队列研究则是对某个相对稳定的人群，以精准护肤产品为唯一的暴露因子，随访一定时间后，比较使用组和非使用组之间皮肤状态的差异，以明确该产品的真实功效。在队列研究既能以回顾形式来区别目标产品的使用情况，也可预先设定标准，给予目标产品干预，通过不断的随访来全面揭示精准护肤产品的真实功效。

根据克利格曼（Kligmann）三原则，如果希望获得更客观、置信度更高、试验人群更有代表性的临床结果，应严格按照随机、双盲对照试验（random clinical trial，RCT）设计多中心试验，开展人体功效研究。通过多中心、随机、双盲对照临床队列研究，同时平行开展基于相同技术标准的人体功效试验，既可以充分验证产品真实的功效，也可基于多中心数据分析，为产品的精准适用人群提供依据，从而为产品的人群选择、功效宣称甚至迭代升级提供科学指导。

队列指具有共同特征并被跟踪一段时间的一群人。队列研究（cohort study）是流行病学分析性研究的重要方法之一，它可以直接观察暴露于不同危险因素的人群或防治措施患者的结局，从而探讨危险因素、防治措施与疾病发生或结局之间的因果关系。队列研究最早用于研究与疾病发生相关的病因或危险因素。20世纪80年代，人们开始将其用于研究医疗防治措施，研究目的也从疾病发生转为治疗效果的评价。因此，队列研究通常首先通过病例对照研究来测试可能的关系。

队列研究应使用前瞻性的研究设计，研究者需要提前制定纳入标准、测量指标以及测量标准，观察由暴露（治疗）引起的结果，从而可以推断因果联系。队列研究可以从结果中计算结局的发生率以及干预措施的效应大小；其样本规模较大，通常是多中心设计；观察时间通常较长，能够获得客观结局的发生信息；数据来源较容易，成本较随机对照试验低。严格的随机队列可为化妆品功效评价结果提供高置信度证据，能够客观地验证产品在实际消费者中的确切功效，而多中心、大样本的随机对照研究还会避免或减小试验结果和真实功效之间的偏差，为精准护肤产品的真实功效提供充分、客观的证据支撑。队列研究的结果由观察而来，对常规医疗实践没有人为干预，其结果更加符合临床实际，推广应用的价值较大。

队列研究对于全面了解影响人群健康的各种慢性病的病因以及风险因素的预防管理具有卓越的科学价值。但队列研究，尤其是大规模人群队列研究，通常需要大量的人力、物力、财力，因此创新性和前瞻性的队列研究应考虑给予特别关注和支持。

流行病学调查是使用标准的流行病学措施来描述风险因素与健康结果之间的关系，复杂的调查设计可以比较疾病发生的测量指标或量化暴露与健康结果的关系。新的流行病学策略鼓励信息的交流与合作以提高对疾病病因的认识，而各种“组学”技术的最新进展为此提供了更为便捷的工具，能够识别常见异常背后的遗传改变。针对遗传流行病学调查的特殊设计，包括前瞻性队列研究中的病例队列和对照分析，这两者在逻辑上比完整队列研究更有效。有关基因功能、基因组组成、信号通路和调控网络的信息与这种灵活且具有成本效益的设计相结合，将为探索基因与疾病之间的关系创造新的机会。

近年来，国内对真实世界研究（real world study，RWS）的应用日益增加，该方法既是观察性研究也能是干预性研究，但还存在一些争议，相关的技术方法有待完善。相信随着RWS体系的不断成熟，该方法将为精准护肤产品的功效验证提供新的策略。

第二节　皮肤健康护理设计案例

一、敏感性皮肤护理

1. 敏感性皮肤成因

关于敏感性皮肤的发生原因和机制在第六章中已有详细讨论，在此不再赘述。

由于敏感性皮肤是在皮肤暴露于物理、热或化学刺激时出现的不适感觉（瘙痒、灼热、疼痛和刺痛）。虽然敏感性皮肤诊断比较复杂，缺乏黄金标准，并且尚无国际共识性干预措施可供参考，但在设计产品时，可以参考《中国敏感性皮肤诊治专家共识》并结合最近的研究所揭示的敏感性皮肤综合征（sensitive skin syndrome，SSS）的部分机制，如米斯里（Misery）等归纳如下几种情况，来匹配相应的活性成分：

（1）敏感性皮肤可能与表皮屏障功能不全、皮肤渗透能力增加和基础经表皮失水量高有关。

（2）除了皮肤屏障损伤外，神经感觉功能障碍在皮肤敏感性中的作用也不容忽视，因为SSS呈现出各种各样的感觉症状；越来越多的研究支持这一假设，其中已有报道的介质和受体包括组胺、神经激肽1（neurokinin 1，NK1）受体、瞬时受体电位通道V1（transient receptor potential V1，TRPV1）、蛋白酶激活受体2（protease activated receptor 2，PAR2）、瞬时受体电位通道A1（transient receptor potential A1，TRPA1）等。

（3）敏感性皮肤和正常皮肤在转录组学方面存在差异。

E-钙黏蛋白在磷酸肌醇3激酶/蛋白激酶 B（PI3K/Akt）信号通路可能与敏感性皮肤的发病机制有关，除了PI3K/Akt转录失调，其他通路如细胞外基质受体相互作用信号和黏着斑可能参与敏感性皮肤的发生机制。PIEZO2通道的信使RNA（人体皮肤和感官中的机械敏感离子通道神经元，涉及触觉和本体感觉）在SSS中的表达显著减少。

（4）敏感性皮肤患者可能有血管高反应性，但无任何相关的红斑或可见的炎症迹象。

（5）压力对慢性皮肤病尤其是SSS有一定的影响。此外，研究人员表明，消极情绪、无助和担忧等认知因素与瘙痒症状的表现有明显关联，抓挠的行为反应也被认为是可能的加剧因素。

（6）反安慰剂效应。反安慰剂效应是治疗的负面后果，代表安慰剂效应的负面影响。它受患者负面期望的强烈影响，或者可能是过去经历和口头建议等多种因素的结果。 最近的反安慰剂研究表明，治疗环境和社会心理背景会影响患者的身体和大脑出现不适感甚至情绪变化。

皮肤表面的微生态失衡，如金黄色葡萄球菌诱导的Toll样受体（Toll-like receptor，TLR）活化，以及干燥棒状杆菌、马拉色菌等可能是引起某些皮肤问题不可忽视的因素。此外，日常使用的护肤品对皮肤渗透压的干扰，细胞外渗透压变化诱导的质膜张力改变激活瞬时受体电位通道（TRPV1、TRPV2和TRPV4）而引起钙离子流入，导致紧绷、刺痛、瘙痒等不适感。

2. 应对敏感性皮肤需要考虑的通路和靶点

鉴于上述对敏感性皮肤成因的分析，根据专家共识的建议，在设计相应的产品时需结合具体的产品功效诉求，有针对性地针对特定的通路和靶点来设计解决方案。如采用抑制炎症通路、瞬时受体电位通道V型拮抗剂、平衡渗透压、抑制组胺释放及PAR2受体阻滞等策略。

抑制炎症因子有多种选择，平衡渗透压可以选择依可多因、氨基酸等相容性溶质，拮抗TRPV1可选择叔丁基环己醇。而棕榈酰乙醇胺（pCB12）作为一种可同时抑制多通路、多靶点的成分已经在临床上验证有显著的抑制炎症性红斑、缓解瘙痒和刺痛的作用（图14-5，图14-6）。

鉴于角质层的屏障作用，多数活性成分的渗透作用往往不理想，导致其生物利用度不高。因此，在产品设计时，需考虑采用提高渗透性的方案，如纳米共输送技术或渗透促进剂。将活性成分以一定比例进行包埋，如pCB12、神经酰胺E为主要的类磷脂脂质体输送技术。实验表明，这一方案可显著提升活性成分渗透皮肤屏障的效率（图14-7、彩图14-7），从而提升其生物利用度，在同等浓度下还可显著增加其对上述

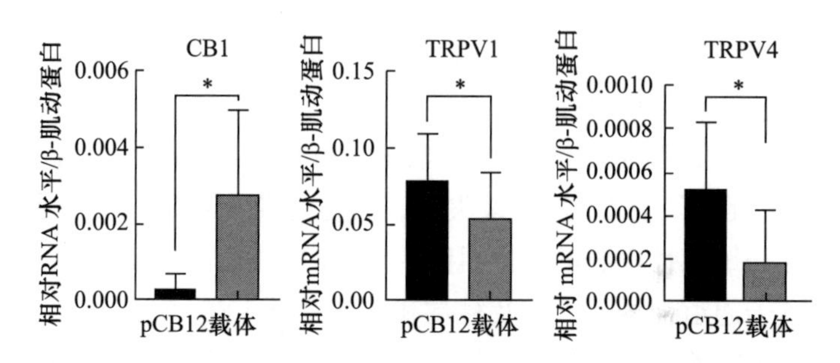

图14-5 pCB12提高CB1表达水平，抑制TRPV1和TRPV4的表达

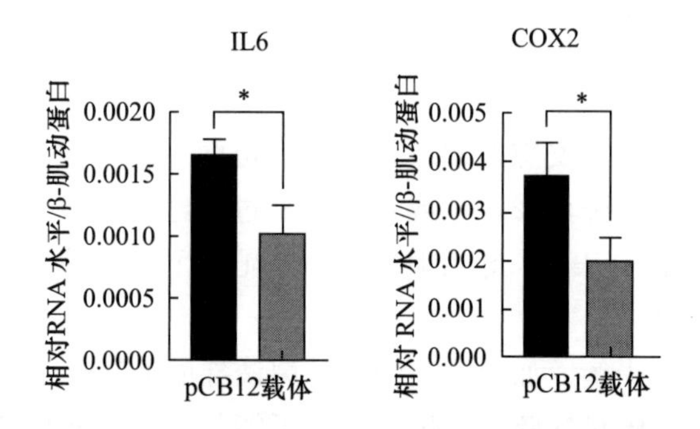

图14-6 pCB12抑制人永生化角质形成细胞炎症反应

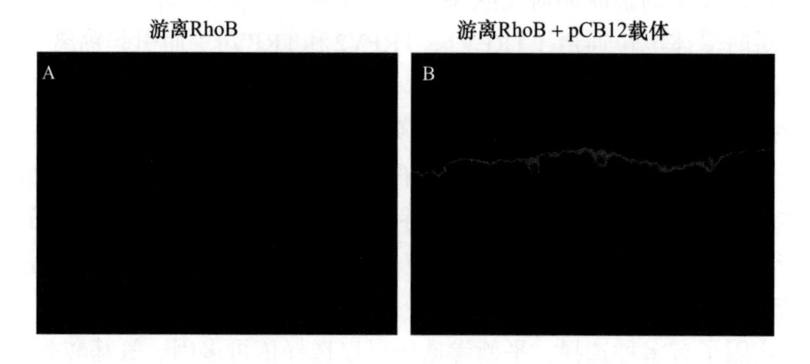

图14-7 激光共聚焦显微镜观察游离RhoB和RhoB纳米载体（pCB12载体）渗透猪皮的测试

渗透2小时后，游离活性物RhoB仅停留在皮肤表皮（A），且荧光强度弱，而包裹RhoB的pCB12纳米载体在皮肤中荧光强度明显强于游离RhoB（B）

部分靶点和通路的抑制效果。同时，体外测试表明，载体包裹的活性成分（pCB12），相对于游离的活性成分，表现出更好的细胞稳定和修复能力（图14-8、彩图14-8）。

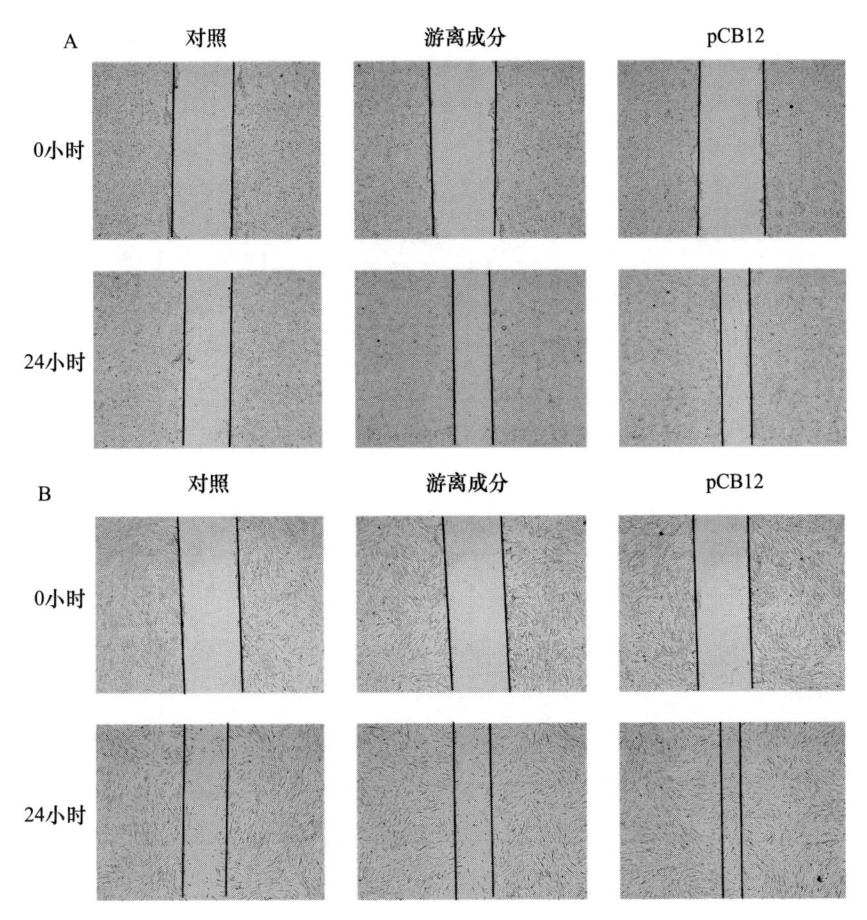

图14-8　游离成分、pCB12对HaCaT细胞（A）和人皮肤成纤维细胞（B）迁移的影响

与对照组比较，游离成分、pCB12组对HaCaT细胞和人皮肤成纤维细胞迁移能力增强，划痕宽度变小，其中pCB12组划痕宽度最小，说明pCB12对细胞迁移能力最强，对于细胞修复能力也最为明显

二、屏障修复

（1）屏障的完整性及状态与多种因素相关：影响表皮微生态平衡的抗菌肽、皮脂和生理脂质的分泌，以及皮肤的代谢、表皮干细胞分化、紧密连接、机械连接和黏着性连接蛋白等，它们与屏障的健康和完整性密切相关。与表皮屏障相关的炎症因子和相关靶点见图14-9，与屏障相关的基因分类见表14-2。

（2）活性成分的筛选和临床验证：特定的微球藻提取物可调控与上述屏障相关的基因（图14-10、彩图14-10）。细胞水平上，0.025%的浓度可显著上调与表皮干细胞分化、黏着连接、机械连接、紧密连接相关的基因表达，促进相关的蛋白合成。

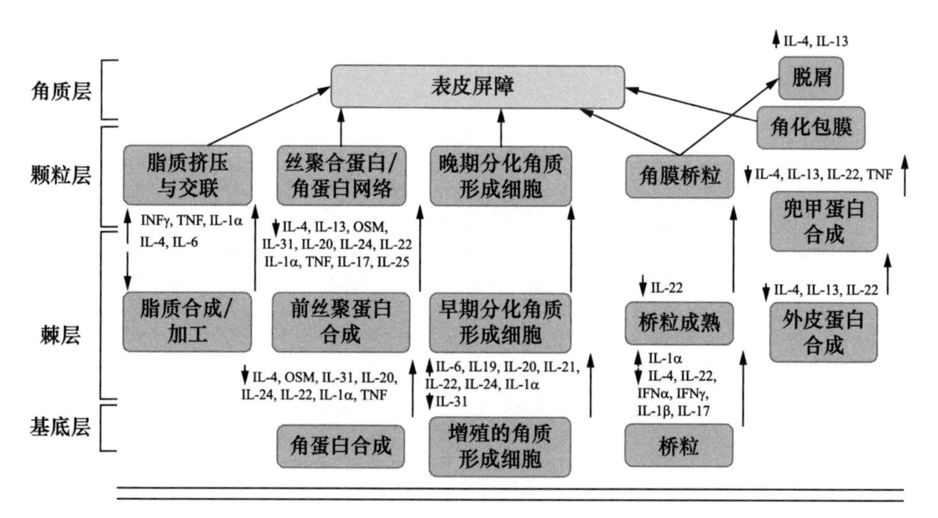

图 14-9 与表皮屏障相关的炎症因子和相关靶点

表 14-2 与屏障相关的基因分类

功能分类	基因名词
与表皮干细胞分化相关	*HPRT1*，*Keratin10*，*Keratin-1, Involucrin, Filaggrin2, Caspase14, Small Proline Rich Protein 1A, Small Proline Rich Protein 1B*
与黏着型连接相关	*Cadherin-1*，*Cadherin Beta 1*
与机械连接相关	*Desmoglein-1*，*Desmoglein-2*，*Desmoglein-3*，*Desmocollin 1*，*Desmoplakin*
与紧密连接相关	*Occludin*，*Claudin 1*，*Claudin 7,Cingulin, Tj Protein ZO-1*
与抗菌肽分化相关	*S100A7*，*S100A8*，*S100A9*，*S100A10*，*S100A11*

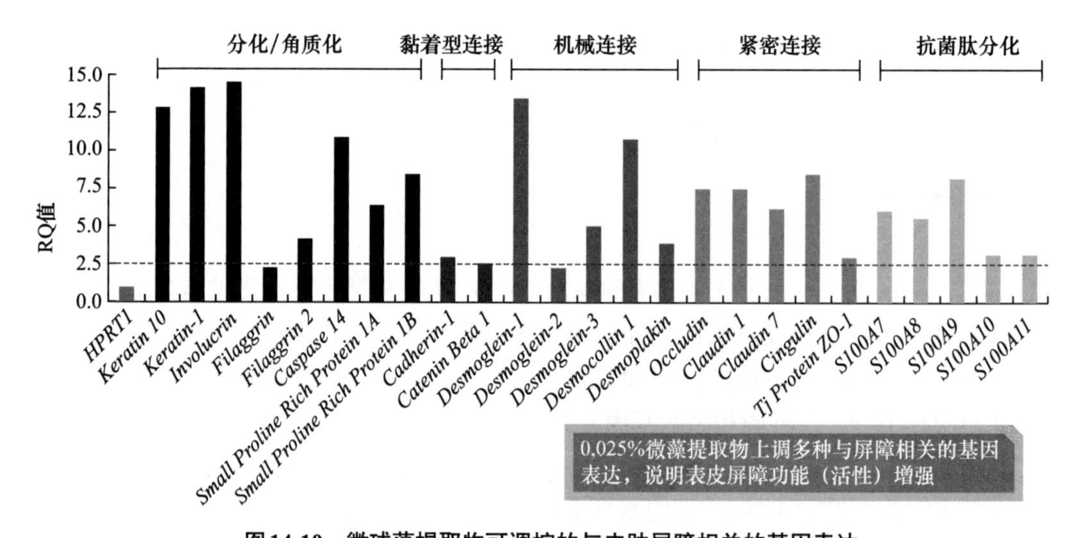

图 14-10 微球藻提取物可调控的与皮肤屏障相关的基因表达

经验证，微球藻提取物也参与调控与皮脂分泌和代谢相关的基因表达（图14-11、彩图14-11），从而改善皮脂分泌、降低环氧合酶2诱导的炎症，提升屏障的完整性。

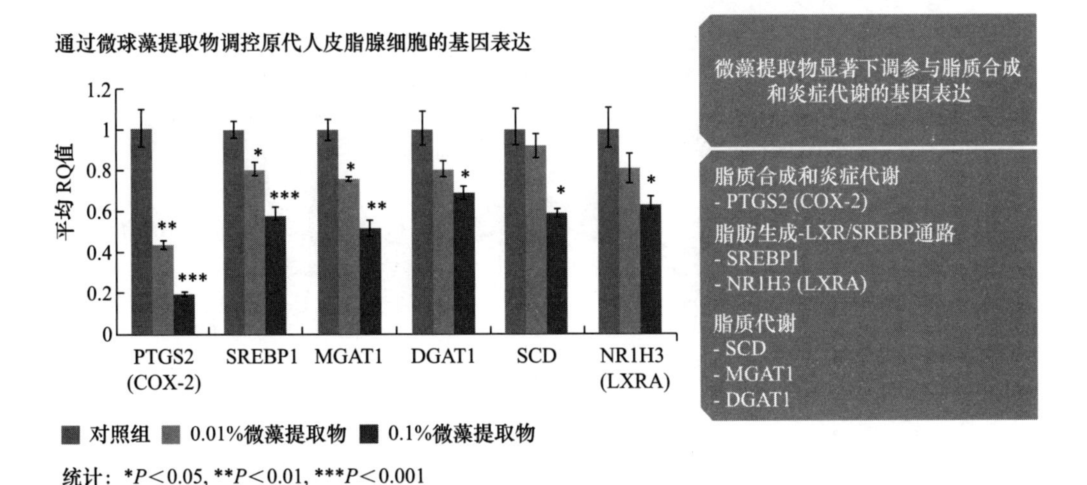

图14-11 微球藻提取物可调控的与皮脂分泌和代谢相关的基因表达

三、皮肤抗氧化的方案

1. 氧化应激成因和分子机制

环境暴露因素是自由基（氧化应激）的主要诱导因素。在亚细胞结构水平上，线粒体是自由基生成的主要场所。尽管低水平的活性氧簇（reactive oxygen species，ROS）对于促进细胞存活信号通路和抗氧化防御很重要，但较高的ROS水平（如发生在疾病或衰老环境中）会对生物分子（如DNA、蛋白质和脂质）造成氧化损伤。氧化性DNA损伤可导致细胞凋亡和衰老、肿瘤发生和退行性疾病。此外，细胞内的线粒体DNA（mtDNA）突变可以影响能量和非能量途径（补体、炎症和凋亡）（图14-12，图14-13），因此氧化应激影响到皮肤的方方面面。

在分子水平上，衰老皮肤的特征与ROS水平升高、线粒体受损、导致核和mtDNA突变的DNA损伤、由于酶改变引起的呼吸链缺陷、细胞调节改变和疾病进展等与线粒体的损伤密切相关。mtDNA对氧化损伤的敏感性比核DNA（nDNA）高约50倍，部分原因是mtDNA靠近电子传递链（ETC）和ROS的产生，同时又缺乏组蛋白保护膜，以及相对有限的DNA修复机制。与nDNA相比，氧化应激诱导的mtDNA损伤的突变率高出10倍。mtDNA 损伤和随后的突变可导致线粒体功能障碍，包括线粒体膜电位（$\Delta\Psi_m$）的崩塌和半胱氨酸蛋白酶的释放，从而促使疾病、衰老和肿瘤的发生。

2. 抗氧化通路靶点选择

抗氧化策略中应首先关注对胞内重要靶点核因子E2相关因子2（NRF2）有关键调

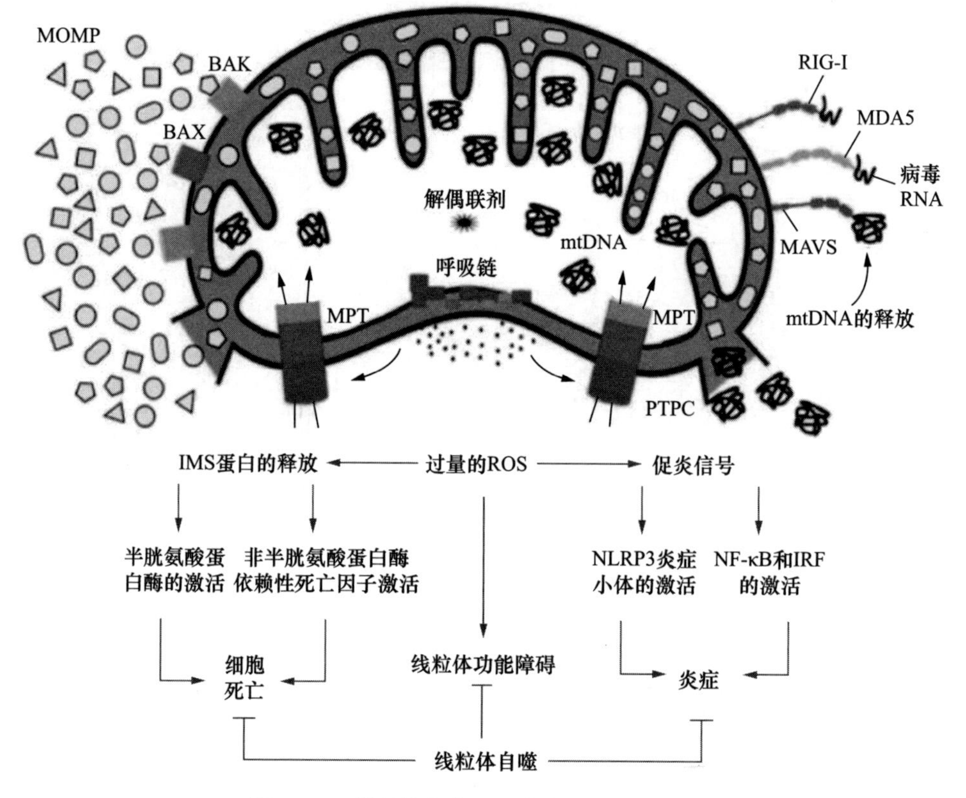

图 14-12　线粒体与自噬—炎症—细胞死亡轴

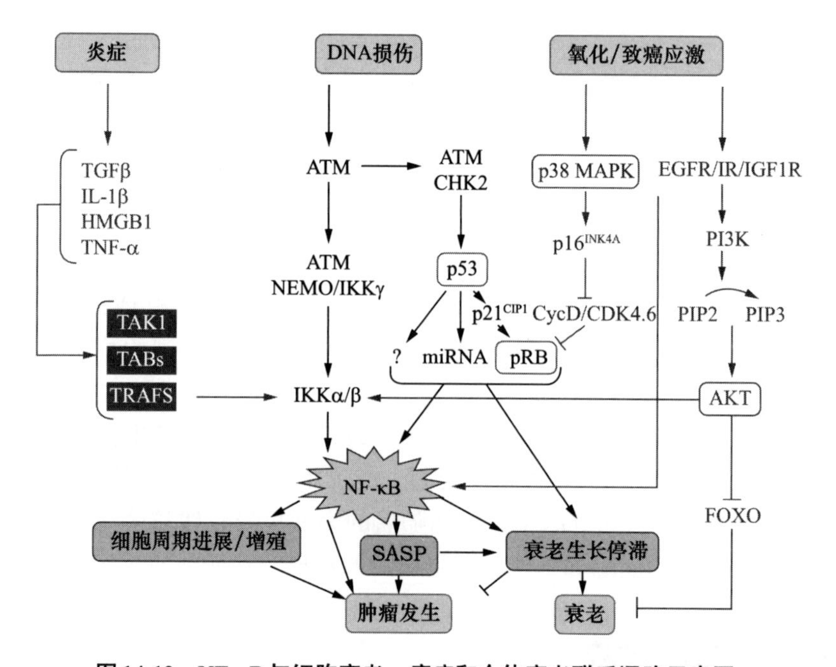

图 14-13　NF-κB与细胞衰老、癌症和个体衰老联系通路示意图

控作用的靶点，并根据核心靶点选择匹配的成分。

根据已有生物信息学数据，NRF2是皮肤屏障功能、抵御环境压力的细胞防御机制以及日光辐射反应的主要调节器。

NRF2调控核心的细胞防御机制，包括Ⅱ相解毒、炎性信号传导、DNA修复和抗氧化反应。最新研究特别指出，NRF2介导的基因表达在抑制由紫外线辐射诱导的皮肤光损伤中具有保护作用。

在暴露于ROS或亲电化合物时，Kelch样环氧氯丙烷相关蛋白1（KEAP1）中的关键传感器半胱氨酸残基（特别是半胱氨酸151）发生化学修饰，导致KEAP1发生构象变化，从而防止NRF2降解，NRF2仍与KEAP1络合。这使得新合成的NRF2能够积累并易位至细胞核，在细胞核中与小肌筋膜纤维肉瘤蛋白异二聚体，及其下游基因调控区的抗氧化应答元件结合。这种典型的NRF2调节模式已在皮肤保护和发病机制背景下得到了广泛研究。此外，NRF2调节的其他模式，如以自噬依赖性方式激活NRF2的p62依赖性非典型途径或糖原合成激酶3/β-转导素重复蛋白（GSK3-βTrCP）降解途径，已有描述。

研究表明，许多基因在NRF2转录控制之下编码皮肤屏障结构和功能组分，包括后期角化套膜1家族成员（LCE1B、LCE1C、LCE1E、LCE1G、LCE1H、LCE1M）、角蛋白类（KRT6A、KRT16、KRT17）、富含脯氨酸的小蛋白（SPRR2D、SPRR2H）、分泌性白细胞蛋白酶抑制剂和EGF家族成员epigen（EPGN），其中一些含有经确认的ARE。此外，NRF2在皮肤屏障和桥粒功能中的新作用被归因于角化细胞中MiR编码基因（MIR29AB1和MIR29B2C）的转录控制，这证实了NRF2-miR29-桥粒胶原2轴在桥粒功能和皮肤稳态控制中的新作用。

此外，许多研究证实了NRF2在表皮氧化还原控制、应激反应调节、末端定向和屏障稳态中的作用，且NRF2在控制整个表皮的细胞保护性谷胱甘肽梯度中的关键作用也已被证实。NRF2与皮肤屏障维持、修复和再生相关的其他功能影响最近已被发现，包括在代谢控制和线粒体稳态、蛋白酶体功能和自噬以及干细胞更新和多能性中的作用。

NRF2与包括AhR和NF-κB在内的其他皮肤应激反应通路之间存在丰富的功能串扰。AhR激动剂能够在mRNA和蛋白水平上诱导NRF2表达。研究还表明，PAR2是丝氨酸蛋白酶引起的炎症和免疫反应的重要介质，可通过角质形成细胞中的NRF2稳定作用激活醌氧化还原酶-1，这表明除了诱导炎症外，PAR2还可发挥依赖于NRF2的细胞保护作用。

NRF2失调（或由于对环境应激源的适应性激活不足，或由于可能涉及KEAP1的遗传改变导致的组成性过度激活）具有损害皮肤屏障功能和应激反应的有害作用。开创性研究发现，通过KEAP1永久性遗传缺失造成的组成型表皮NRF2过度活化会导致小鼠皮肤角化过度。此外，还证明了强制组成型NRF2过度活化会导致小鼠出现特征为棘皮病、角化过度和囊肿形成的氯痤疮样皮肤病。

最新研究表明，NRF2在多种皮肤病理学机制中发挥重要作用：

（1）与可能源于NRF2激活受损和强迫过度激活的受损皮肤结构和功能相反，健康皮肤中的NRF2激活是短暂的，且会受到大量的反馈调节和调节串扰。

（2）谷胱甘肽-NRF2-硫氧还原蛋白的串扰能够通过调节炎症、凋亡和氧化应激来实现角质形成细胞的存活和伤口修复。

（3）在银屑病中，NRF2是角蛋白6、角蛋白16和角蛋白17上调的角质形成细胞增殖的重要驱动因子。

（4）在过敏性皮炎中，NRF2激活已被确定为由已知为半胱氨酸定向亲电子体的常见皮肤致敏剂触发的关键事件。

（5）在特应性皮炎中，靶向NRF2的药理学干预已显示出在2,4-二硝基氯苯敏化和激发小鼠中靶向特应性皮炎样皮肤病变的前景。

（6）NRF2在维持黑色素细胞对环境应激的反应中也起着重要作用。

（7）最新研究表明，NRF2介导的基因表达在抑制紫外线辐射诱导的皮肤光损伤中具有保护作用（通过抑制紫外线诱导的细胞凋亡和炎性信号传导已被证明），并且已证明NRF2激活可保护皮肤角化细胞和成纤维细胞免受UVA和UVB的细胞毒性作用。

因此，抗氧化剂选择中，可将能跨膜入胞的麦角硫因（ergothioin，EGT）和肌肽脂质体作为主要的抗氧化活性成分。根据Hseu等的研究，发现在UVA暴露之前进行EGT处理可显著提高细胞活力并防止乳酸脱氢酶释放到培养基中。EGT显著抑制UVA诱导的ROS和彗星样DNA形成，同时抑制细胞凋亡，这一结果可通过减少DNA片段化、caspase-9/-3激活及Bcl-2/Bax失调得以证明。此外，EGT减轻了UVA诱导的线粒体功能障碍。EGT对抗氧化基因HO-1、NQO-1和γ-GCLC以及谷胱甘肽的剂量依赖性增加与上调NRF2和下调Keap-1表达有关。

EGT对皮肤的保护作用是通过NRF2/ARE介导的信号通路（图14-14），并由PI3K/AKT、PKC或ROS信号级联介导，使NRF2易位。此外，EGT增加的基础活性氧对触发NRF2/ARE信号通路至关重要。这些研究证明了NRF2易位的活力和EGT在角质形成细胞中的保护作用（图14-15），因此，一定浓度的EGT可有效改善UVA引起的皮肤损伤，并且可作为皮肤保护的理想成分应用于护肤品中。

3. 剂型和输送体系设计

抗氧化成分可跨膜渗透是其发挥作用的决定性因素。EGT由有机阳离子转运蛋白介导，经主动转运通过质膜，因此成为抗氧化的首选成分，EGT的主动转运以Na^+依赖性方式发生。这种转运蛋白的线粒体定位也得到了证实。

此外，其他成分如肌肽脂质体，则是通过与乙酰基肌肽复合使用并以神经酰胺制备成肌肽脂质体形式，促进其跨膜转运、提升在皮肤中的生物利用度。组织肌肽酶分布在人体多种组织中，对组织中的肌肽进行代谢。因此，酶降解是肌肽有效药理应用的主要限制因素。经研究证实，将肌肽与乙酰基肌肽形成复合肌肽纳米组合物，可使其在皮肤中的滞留量明显高于肌肽原料水溶液，这表明肌肽经纳米包载后在皮肤中的滞留量显著提高。由于纳米载体粒径小，表面积大，与细胞之间具有更强的黏附性，且纳米组合物

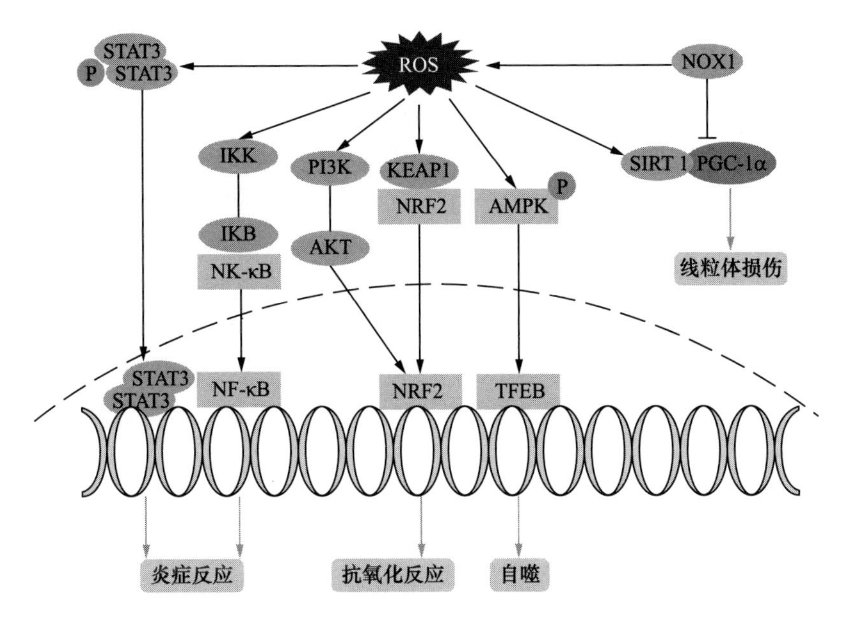

图14-14　NRF2/ARE介导的信号通路

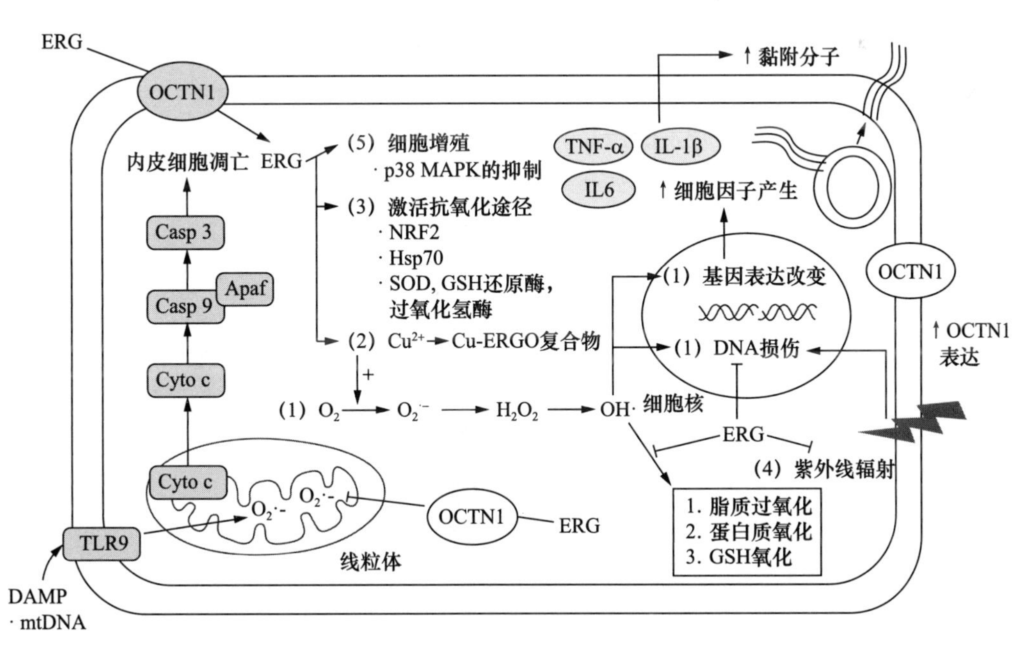

图14-15　EGT对NRF2/ARE信号通路调控作用

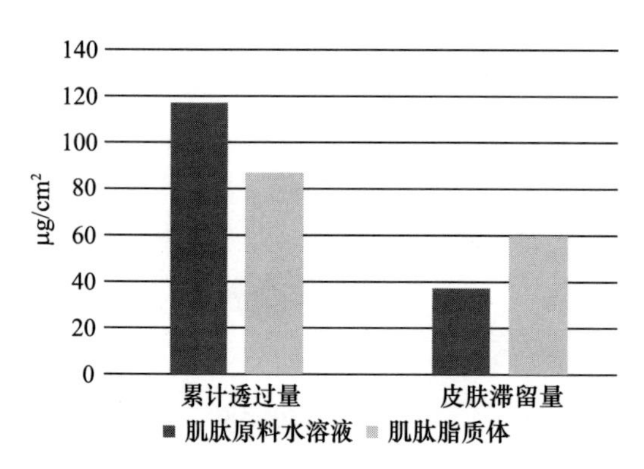

图14-16　肌肽体外皮肤累积透过量及滞留量（离体猪皮）

具备脂质囊泡的类脂双分子层结构，与皮肤细胞膜结构接近，生物相容性好，故更易进入皮肤细胞并高浓度滞留，延长肌肽在皮肤中的滞留时间和作用时间，以缓释和控释的方式，有效避免肌肽活性成分因快速渗透造成的流失，从而增强抗氧化、抗衰等功效（图14-16）。

肌肽原料水溶液和肌肽脂质体的皮肤累积透过量分别为117.84 μg/cm^{2}和87.09 μg/cm^2，皮肤滞留量为37.76 μg/cm^{2}和60.18 μg/cm^2。说明脂质体透过量低于水溶液，但皮肤中滞留量高于水溶液。

四、总结

综上所述，精准护肤范式的目的是以系统化的理论为依据，通过严谨的调查，分析消费者对产品的准确诉求，并以消费者诉求为前提，通过多组学方法精准分析和筛选与该诉求紧密关联的皮肤路径和靶点。根据已经明确的靶点和路径，通过高通量的方法，筛选鉴定出作用效果明确、安全性高的组分，并通过现代的制剂递送方式使之到达皮肤的作用部位，实现良好的生物利用度。在临床阶段，采用双盲、多中心、随机测试，临床结果经过同行评议。

通过这一系统性过程开发的产品，不仅理论基础缜密，配方设计和临床验证过程也足够严谨，因此产品的效果也会在实际应用中得到消费者的验证和认可，产品的生命周期更长。

当然，这一系统在不同类型的产品开发过程中需要根据具体需要不断补充和优化。

（任传鹏　马彦云　审校）

参考文献

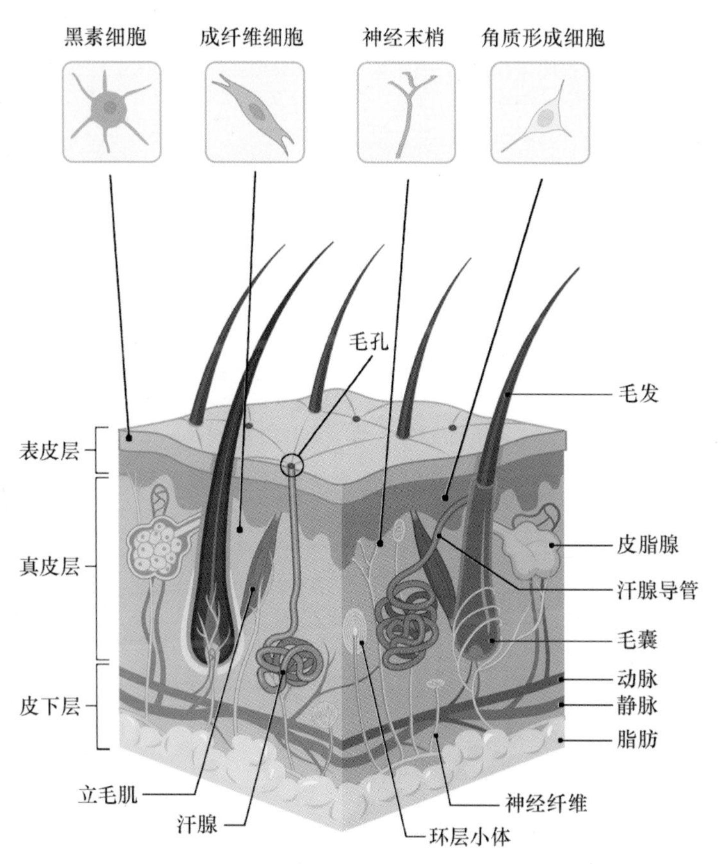

彩图 **2-1**　人体皮肤横截面示意图

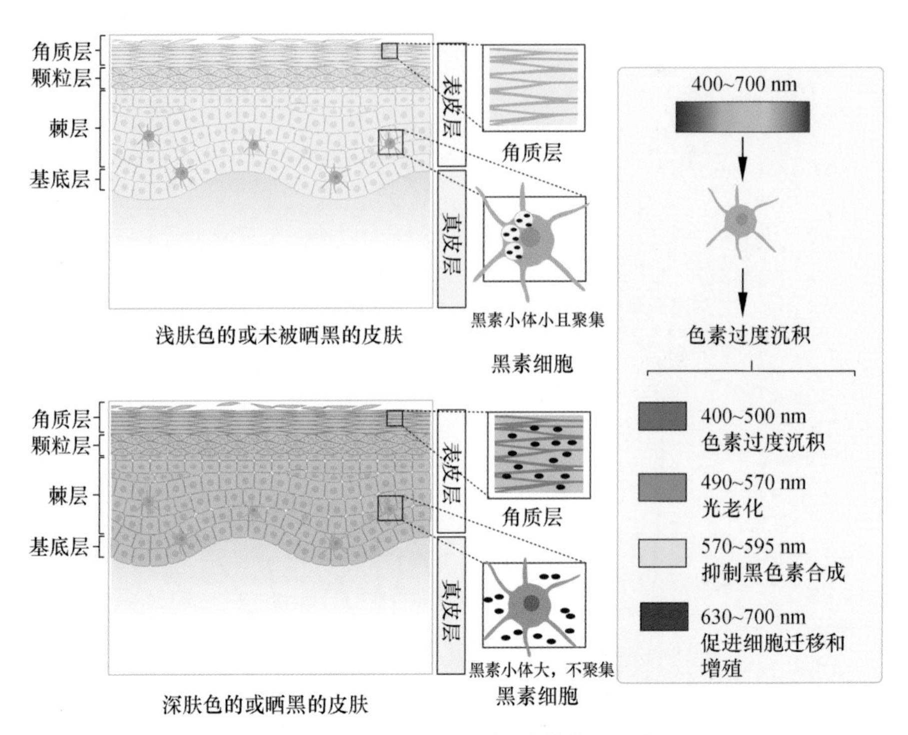

彩图 2-2　浅色和深色人体皮肤横截面示意图

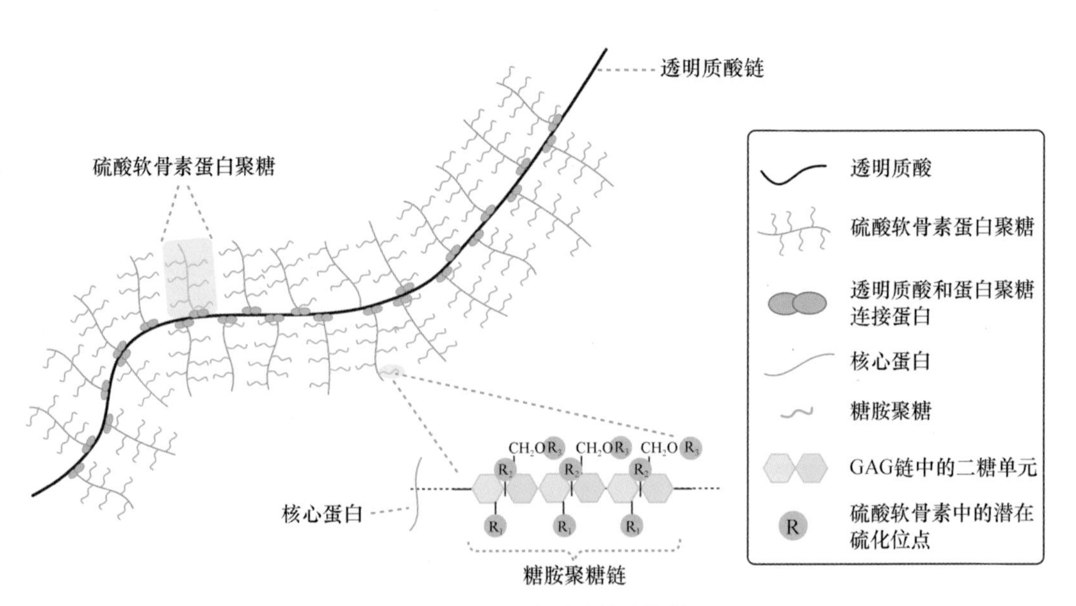

彩图 2-3　不同类型的糖胺聚糖

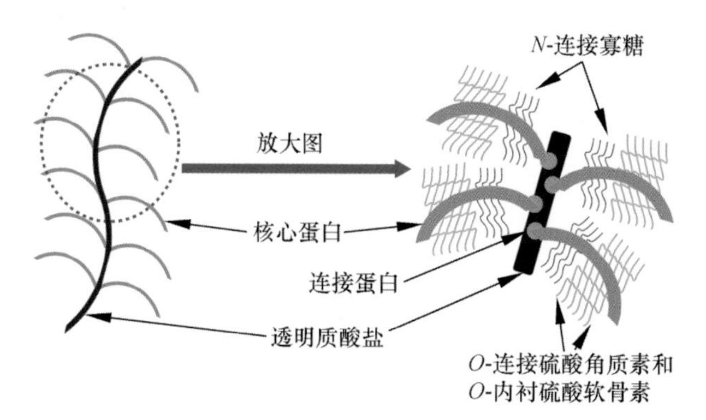

彩图 2-4　蛋白聚糖的结构

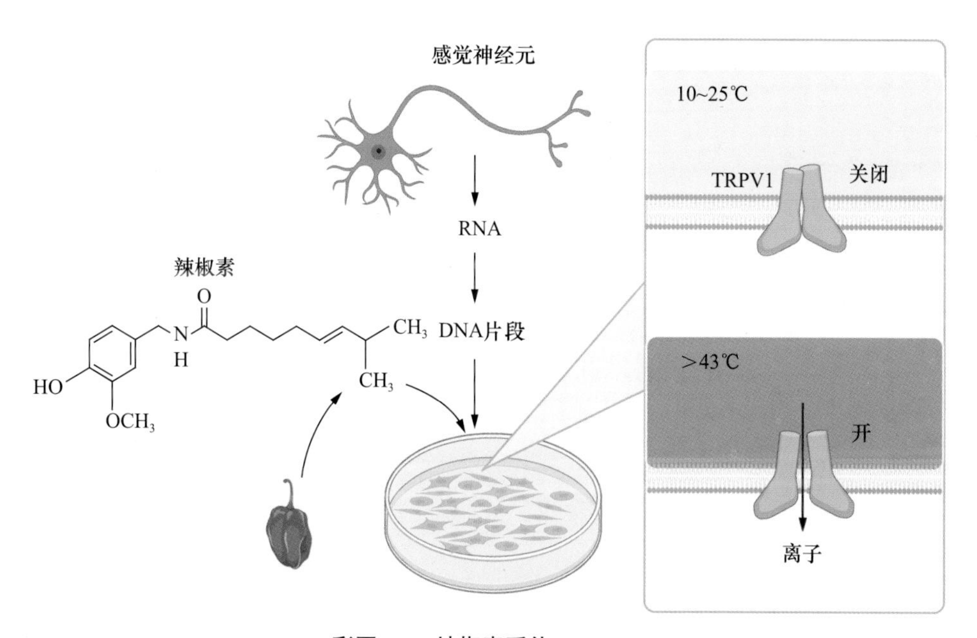

彩图 2-5　辣椒素受体 TRPV1

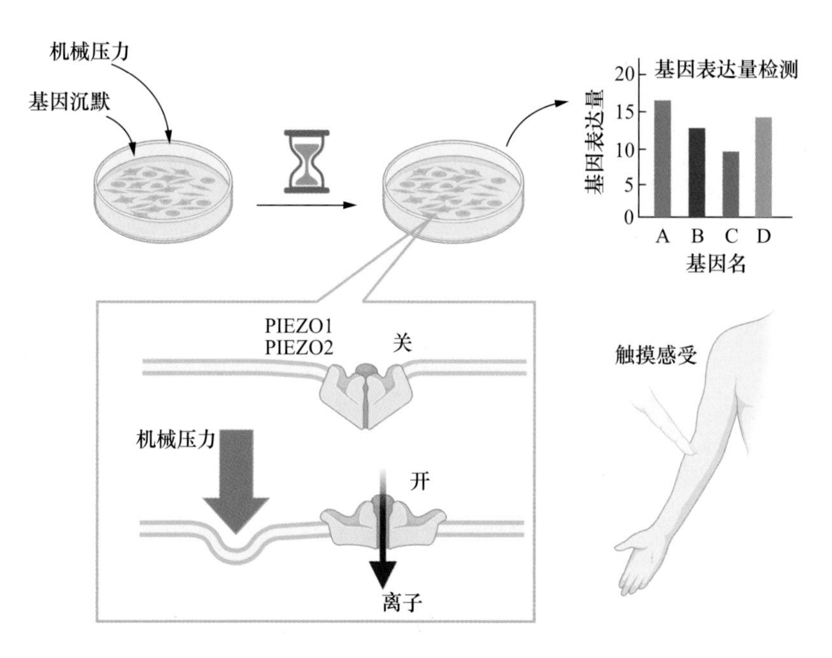

彩图 2-6　机械力激活的离子通道

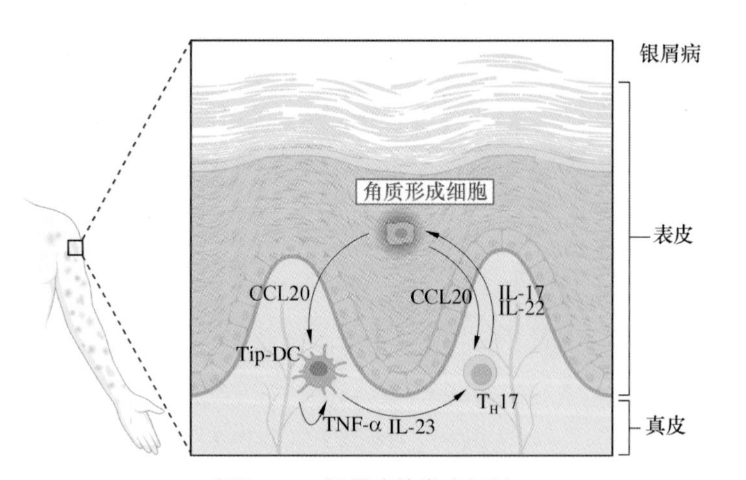

彩图 2-12　银屑病的发病机制

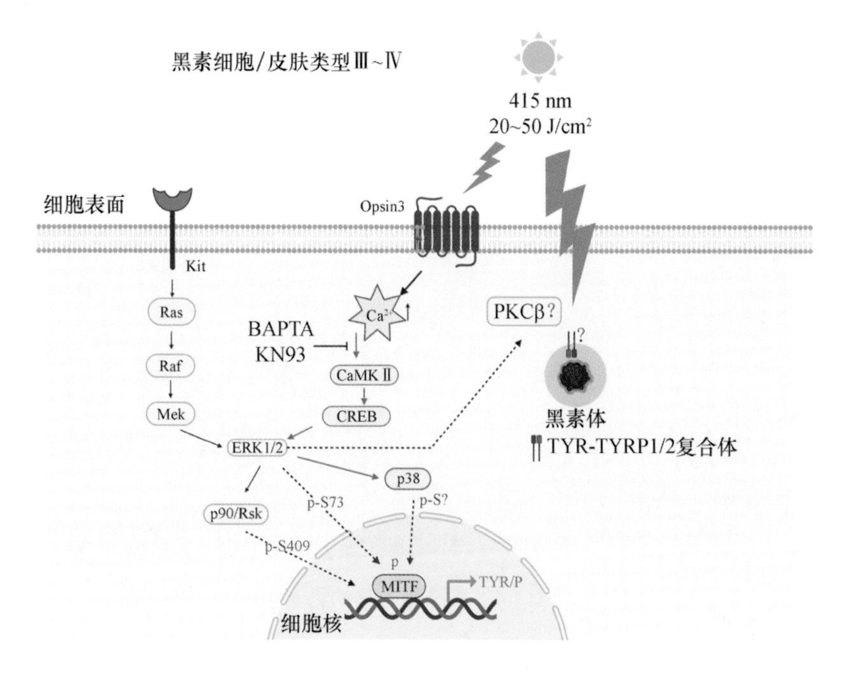

彩图 2-13　蓝光对色素沉着的影响途径

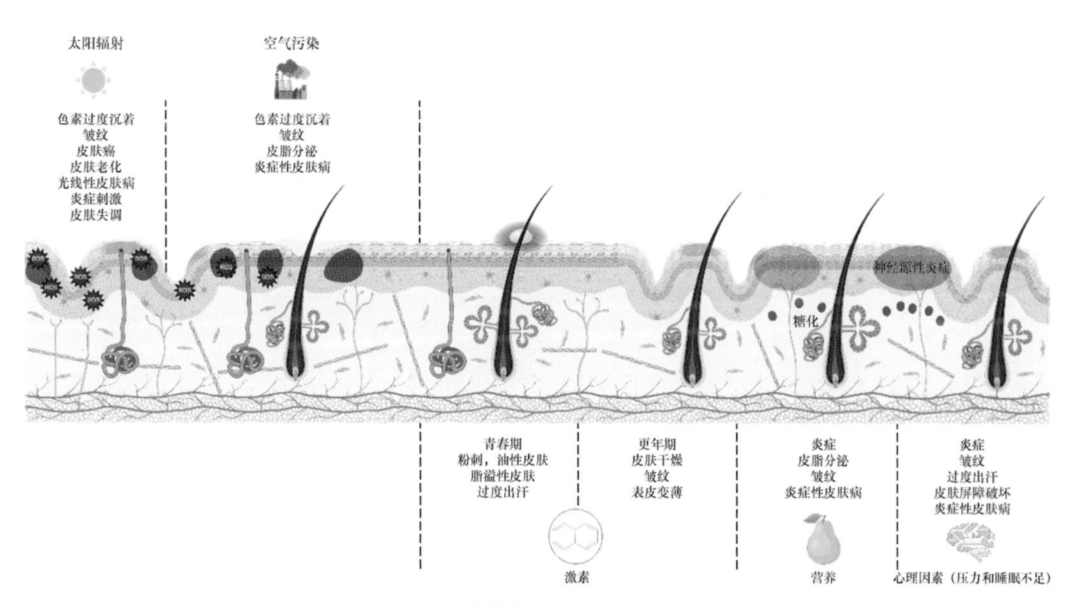

彩图 3-3　皮肤暴露原及产生的皮肤问题

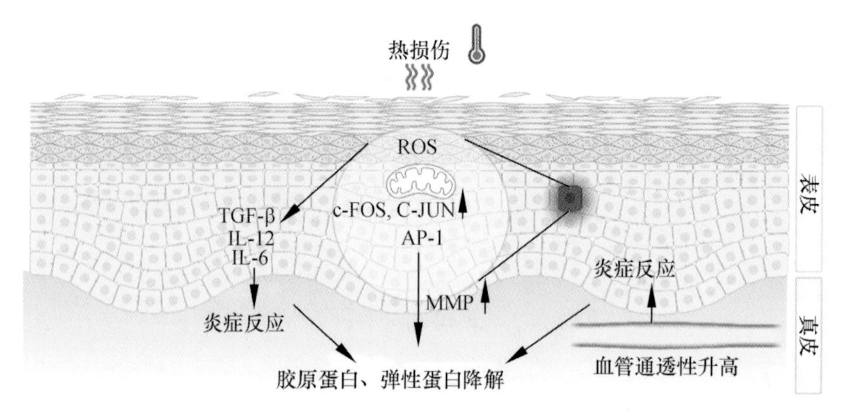

彩图 3-4　皮肤热老化的机制

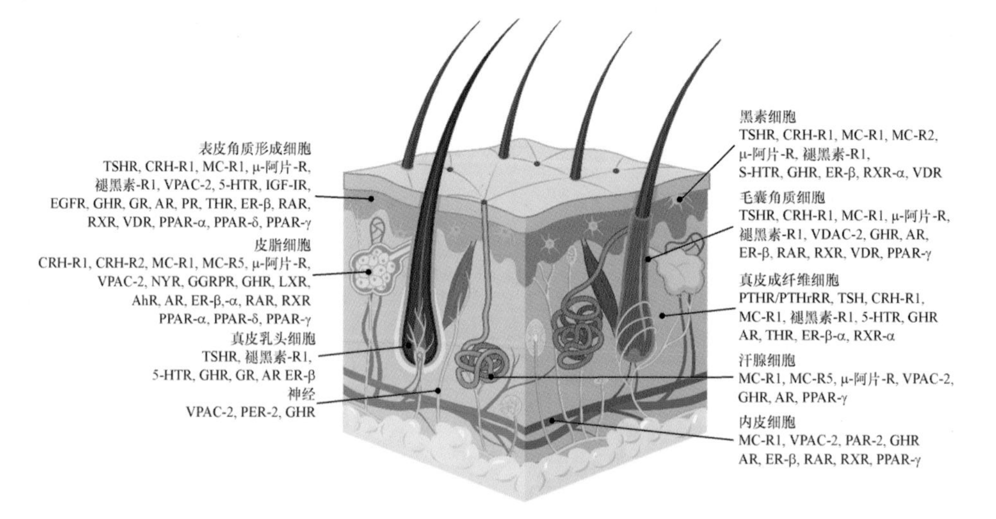

彩图 3-5　在人类皮肤细胞中发现的活跃的激素受体

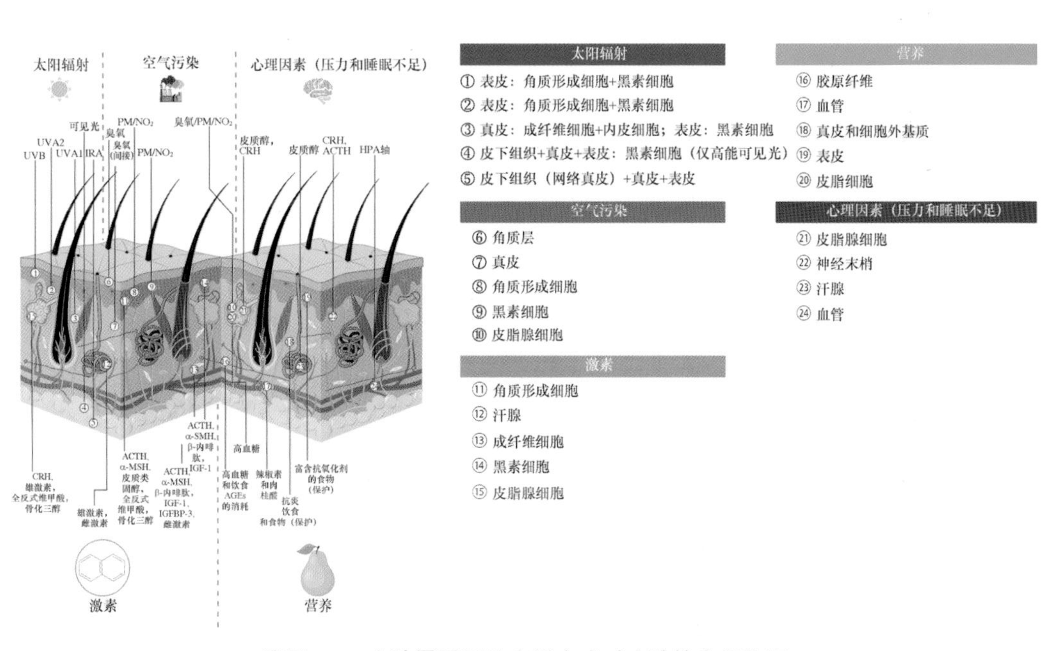

彩图 3-6　皮肤暴露原及生活方式对皮肤的生理作用

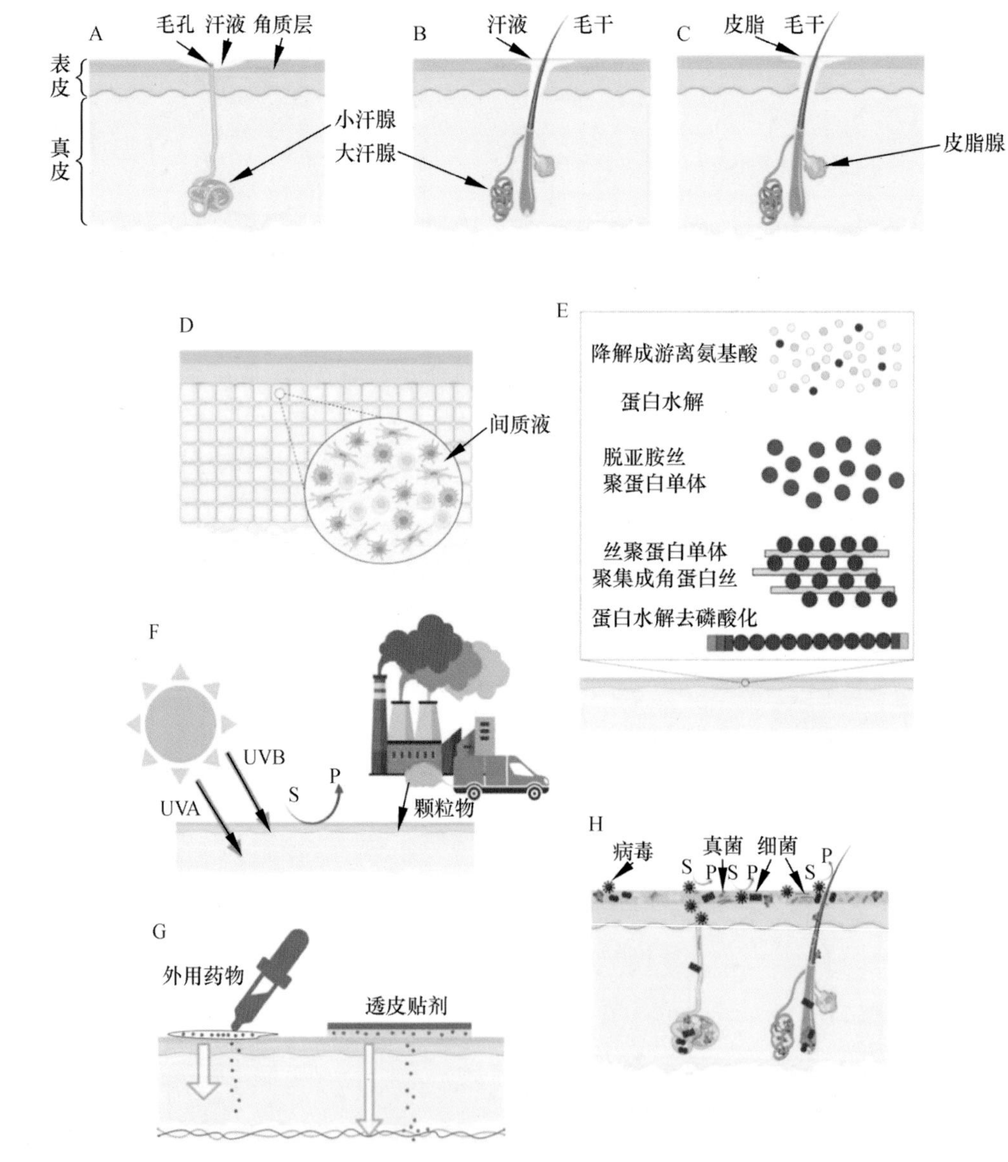

彩图 3-8　皮肤释放代谢物的途径以及皮肤保留成分的来源

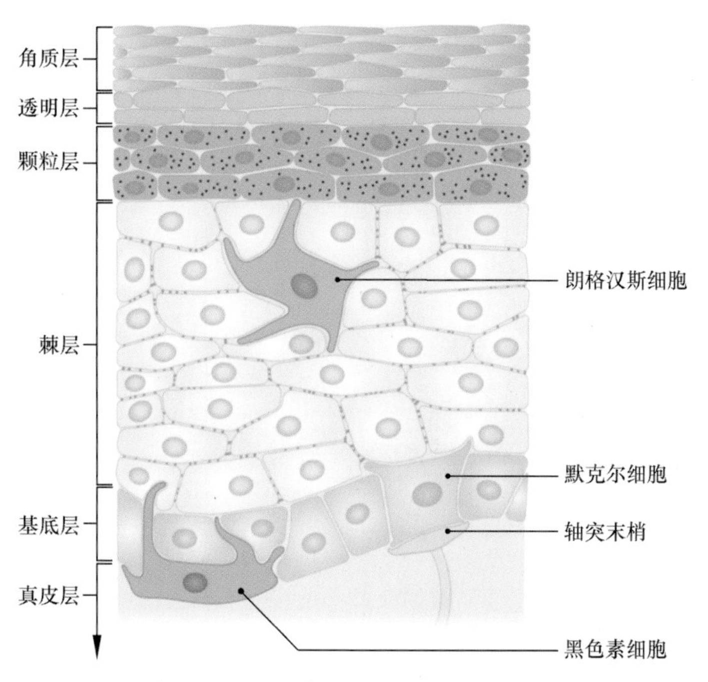

彩图 3-9　皮肤表皮层的细胞结构示意图

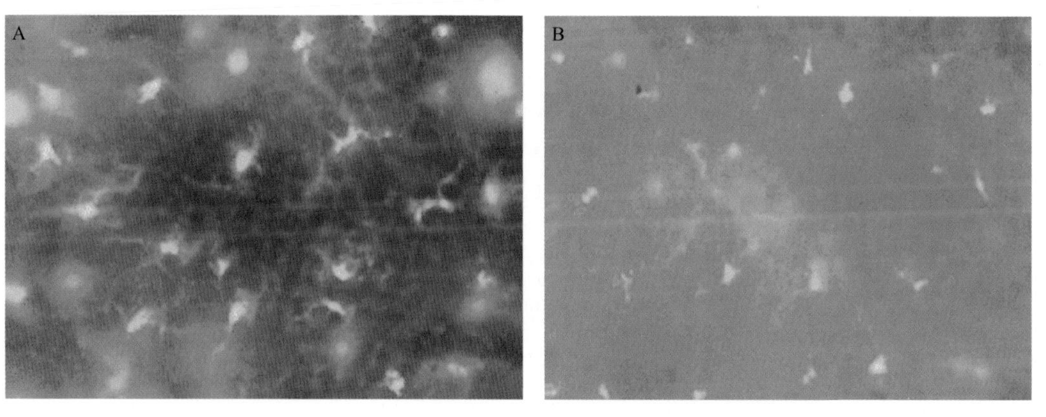

彩图 3-10　急性 UVA 暴露导致皮肤朗格汉斯细胞密度和形态的变化

A：未暴露的皮肤；B：暴露于 UVA 的皮肤（照射强度：50 J/cm^2，显微镜 160 倍放大）

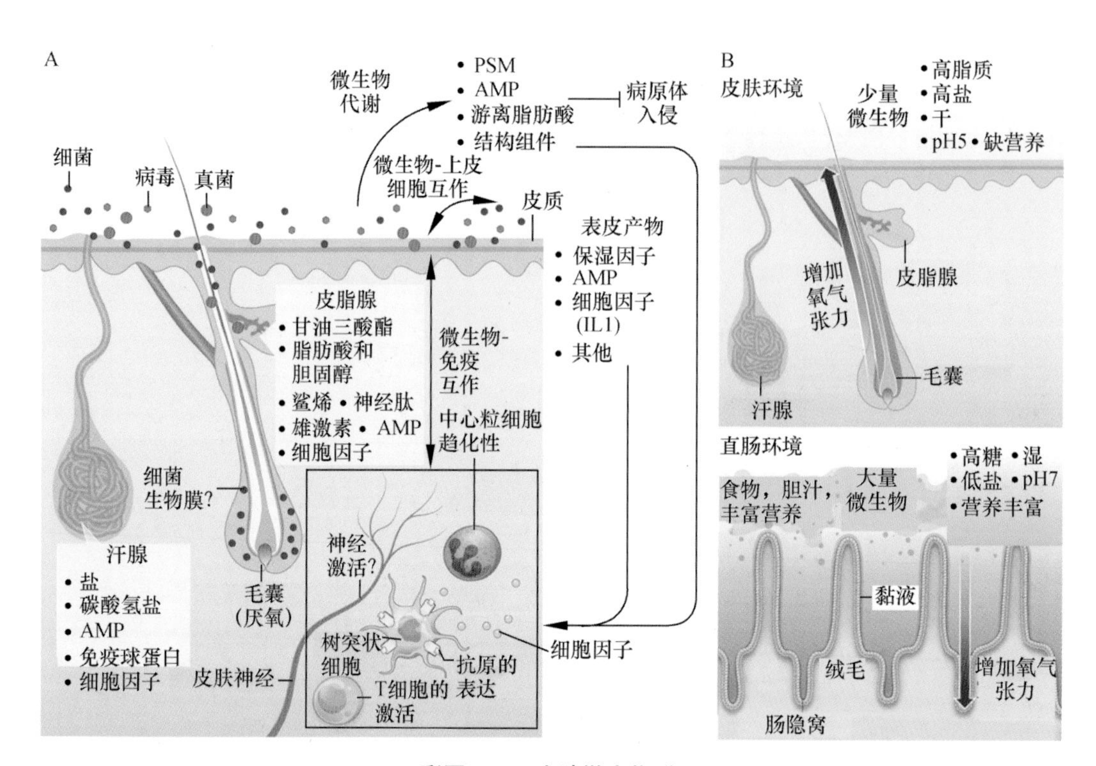

彩图 3-11　皮肤微生物群

多种微生物（病毒，真菌和细菌）覆盖了皮肤表面和相关结构（毛囊，皮脂腺和汗腺），可能在某些部位形成生物膜。

A：这些微生物代谢宿主蛋白和脂质并产生生物活性分子，如游离脂肪酸、AMP、细胞壁成分和抗生素。这些产物作用于其他微生物以抑制病原体侵袭，在宿主上皮上刺激角质形成细胞衍生的免疫介质，如补体和IL-1，以及表皮和真皮的免疫细胞；反过来，宿主产物和免疫细胞活性会影响皮肤上的微生物组成。B：皮肤与肠道的物理和化学特性。皮肤是一种干燥、酸性、富含脂质的高盐环境，没有外源营养，因此具有低微生物生物量。相比之下，肠道是湿润的，具有丰富的营养和厚厚的黏膜，使其能够支持更大的微生物生物量。虽然毛囊变得越来越深入卵泡，但隐窝变得更接近上皮。此外，由于蠕动而与肠腔中的物质定期交换，而毛囊的开口狭窄，充满了皮脂和角质形成细胞碎片，使其更加孤立。

A　　B

彩图**5-1**　年轻皮肤（**A**）和衰老皮肤（**B**）

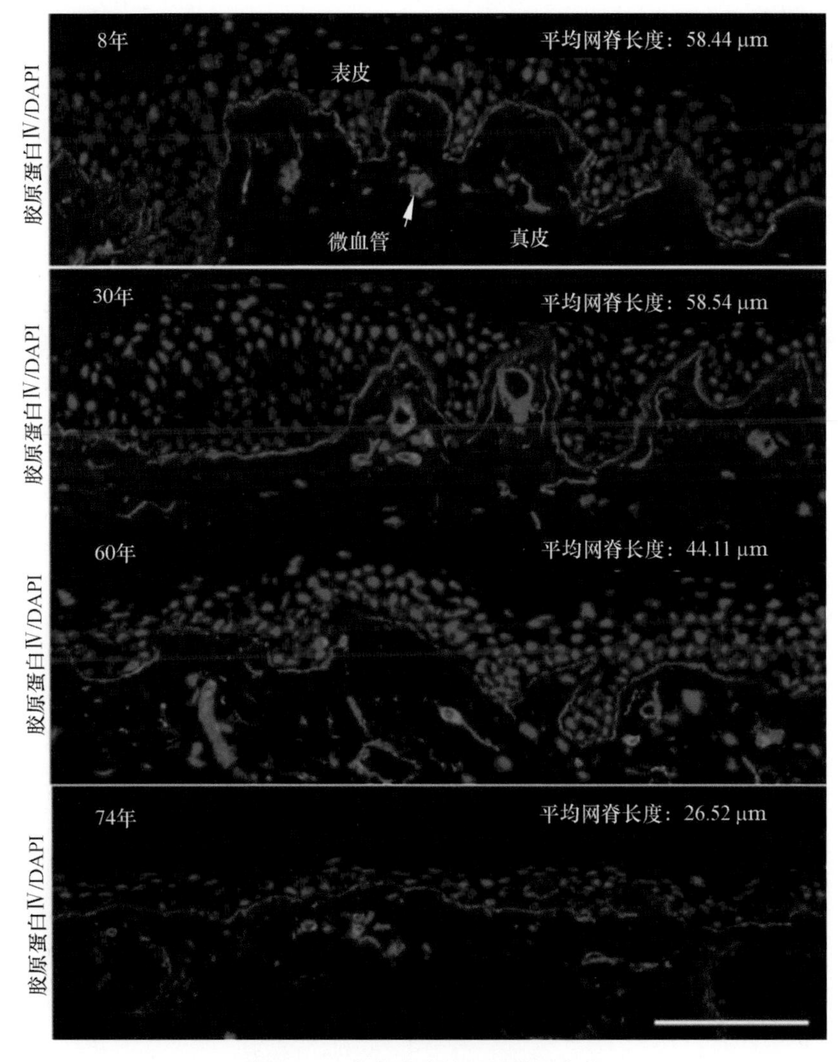

彩图**5-2**　真表皮连接处结构及变化

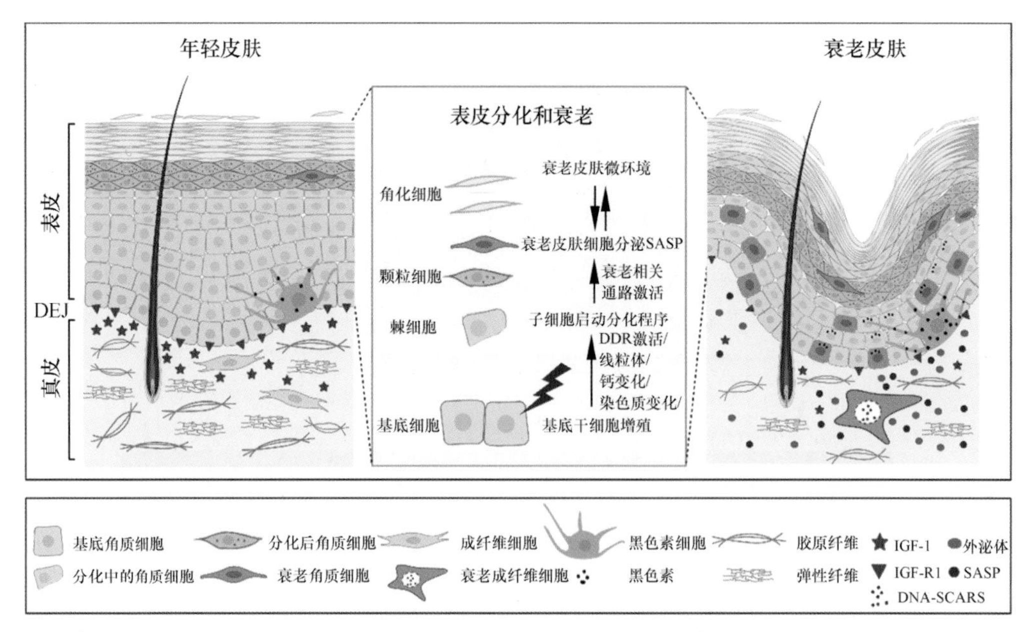

彩图5-3　皮肤中的细胞衰老

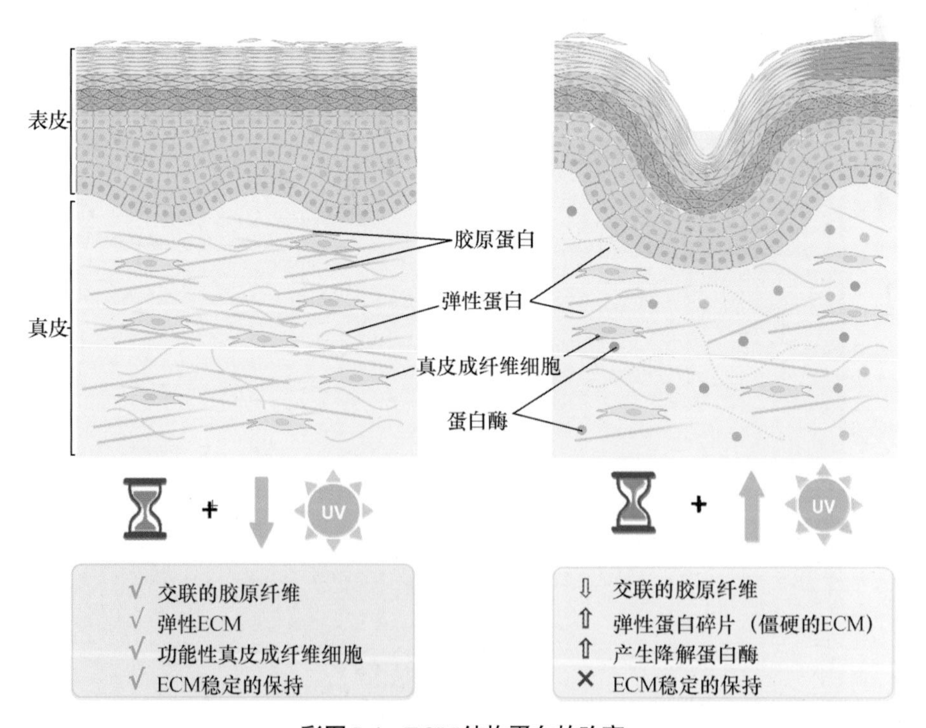

彩图5-4　ECM结构蛋白的改变

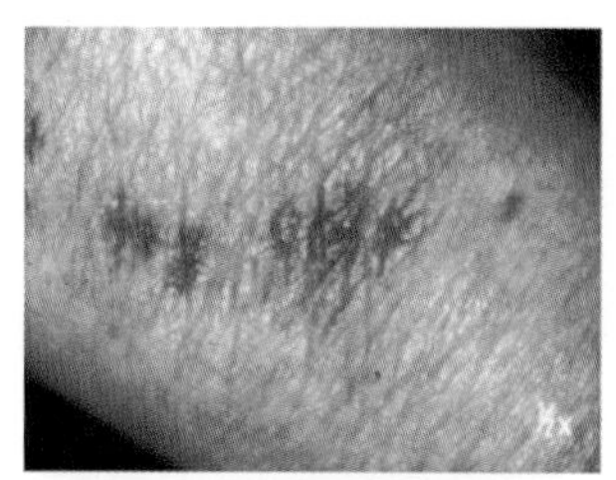

Ⅰ型皱纹：主要由于萎缩造成

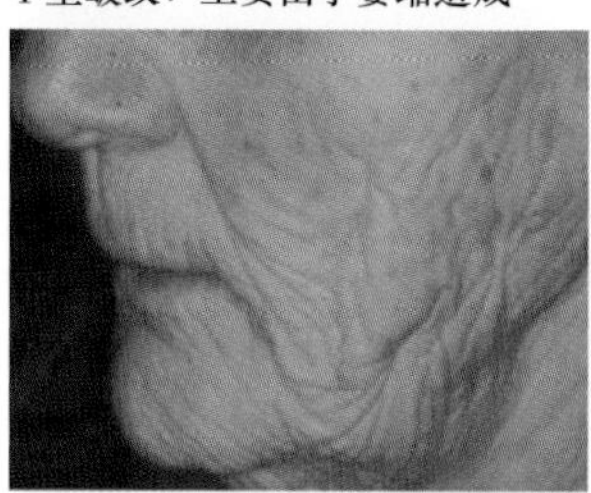

Ⅱ型皱纹：主要由于日光弹性纤维变性造成

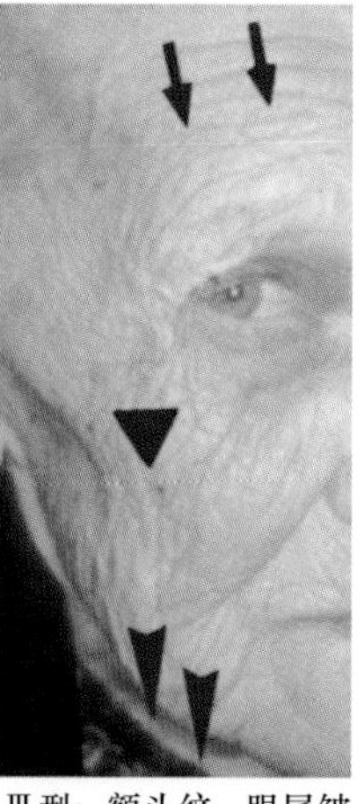

Ⅲ型：额头纹、眼尾皱纹，主要由于表情造成；Ⅳ型：主要由于重力造成

彩图 5-5　皱纹的分类

注：图片来自皮拉德（Pierard）等

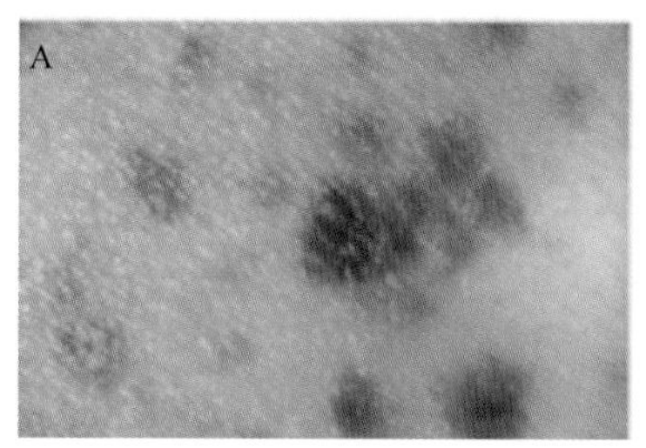

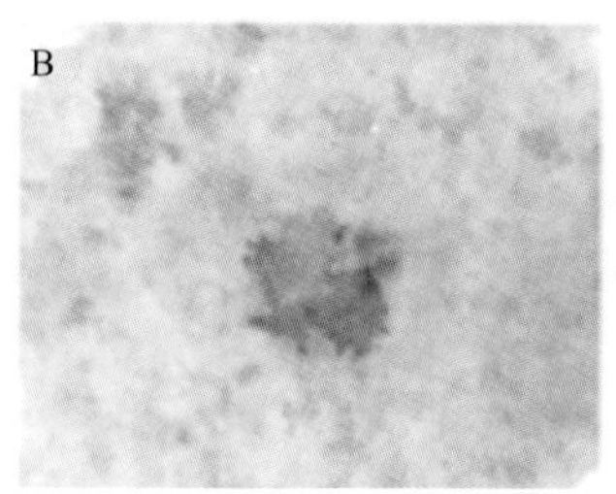

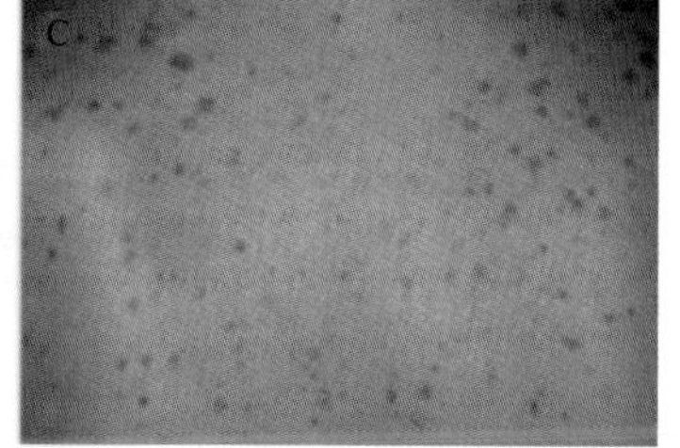

彩图 5-7　皮肤典型的晒斑示例

A：雀斑样痣；B：43 岁女性的晒斑；C：日光灼伤后的日晒雀斑

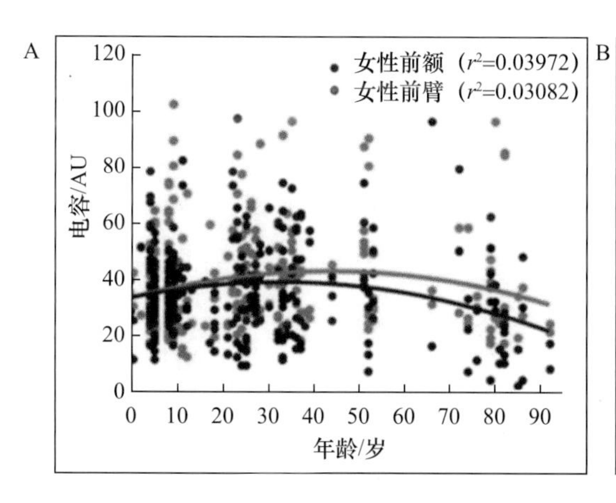

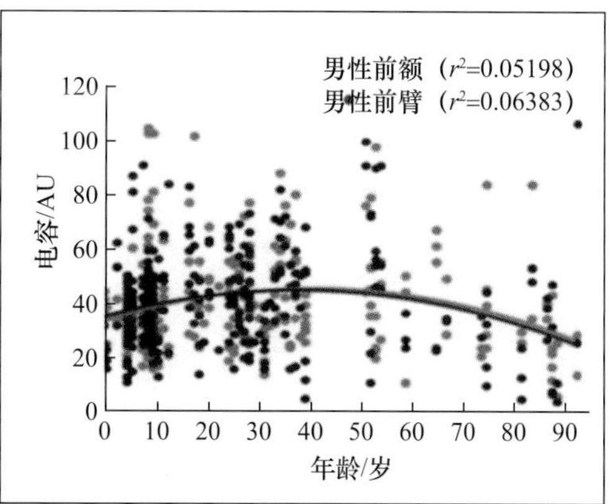

彩图 5-11　皮肤角质层水分含量变化

女性（A）和男性（B）分别在前臂和前额随年龄变化的角质层水合作用变化

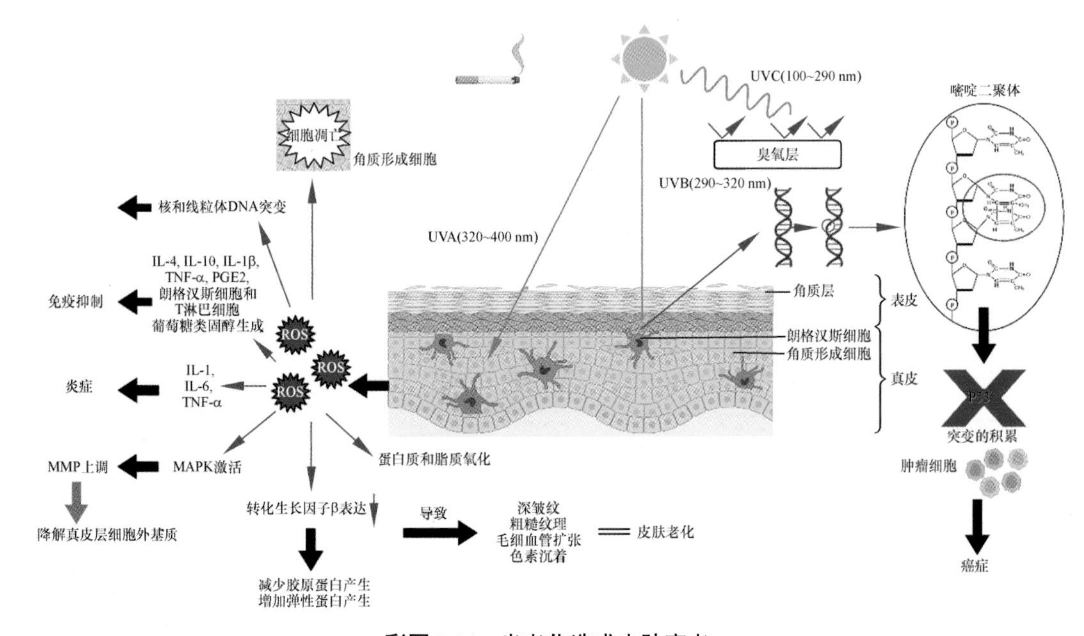

彩图5-14　光老化造成皮肤衰老

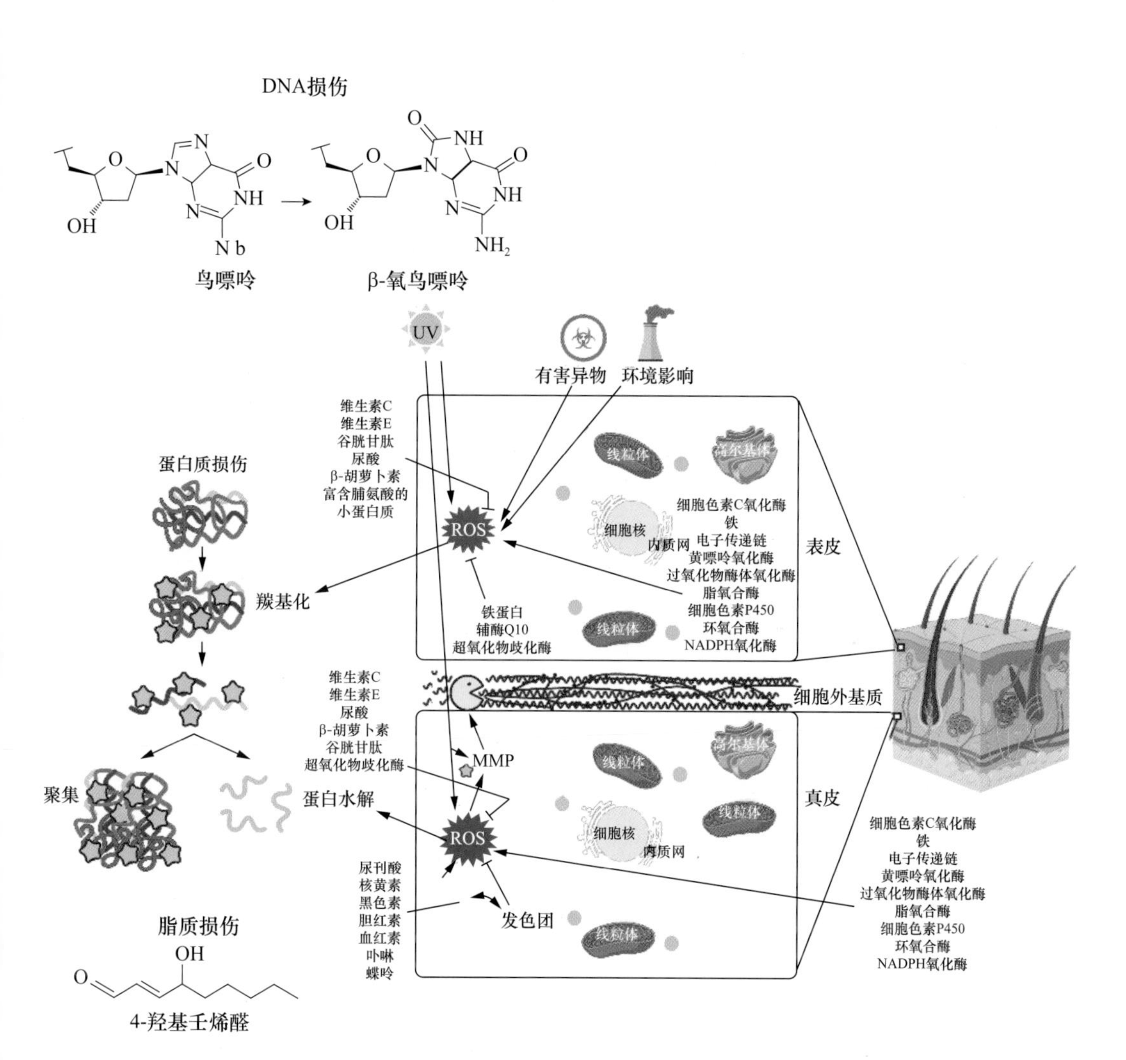

彩图5-16　皮肤氧化应激来源及影响

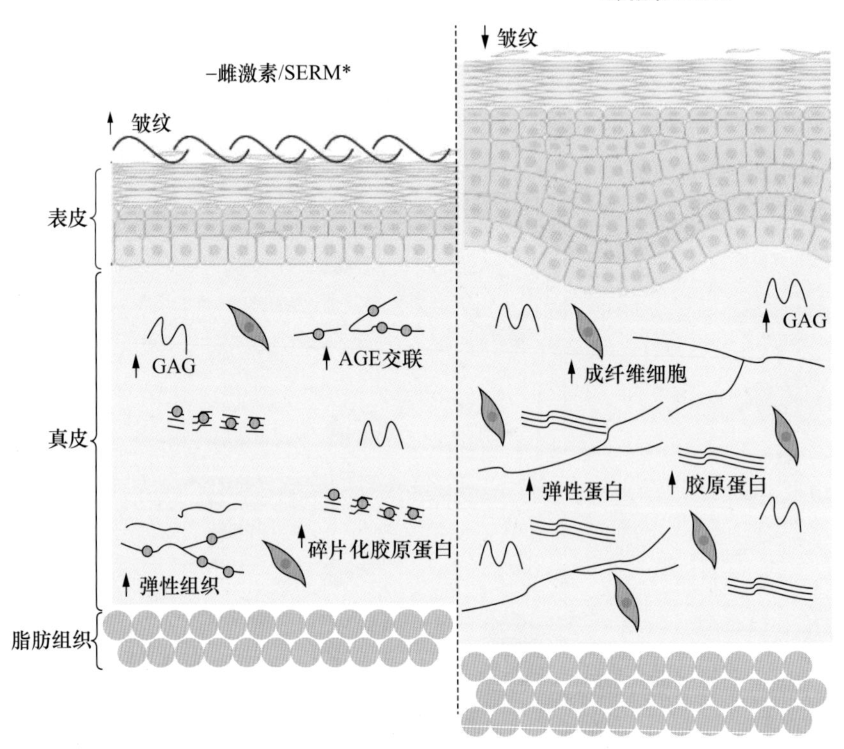

彩图 5-17　雌激素对皮肤衰老的影响

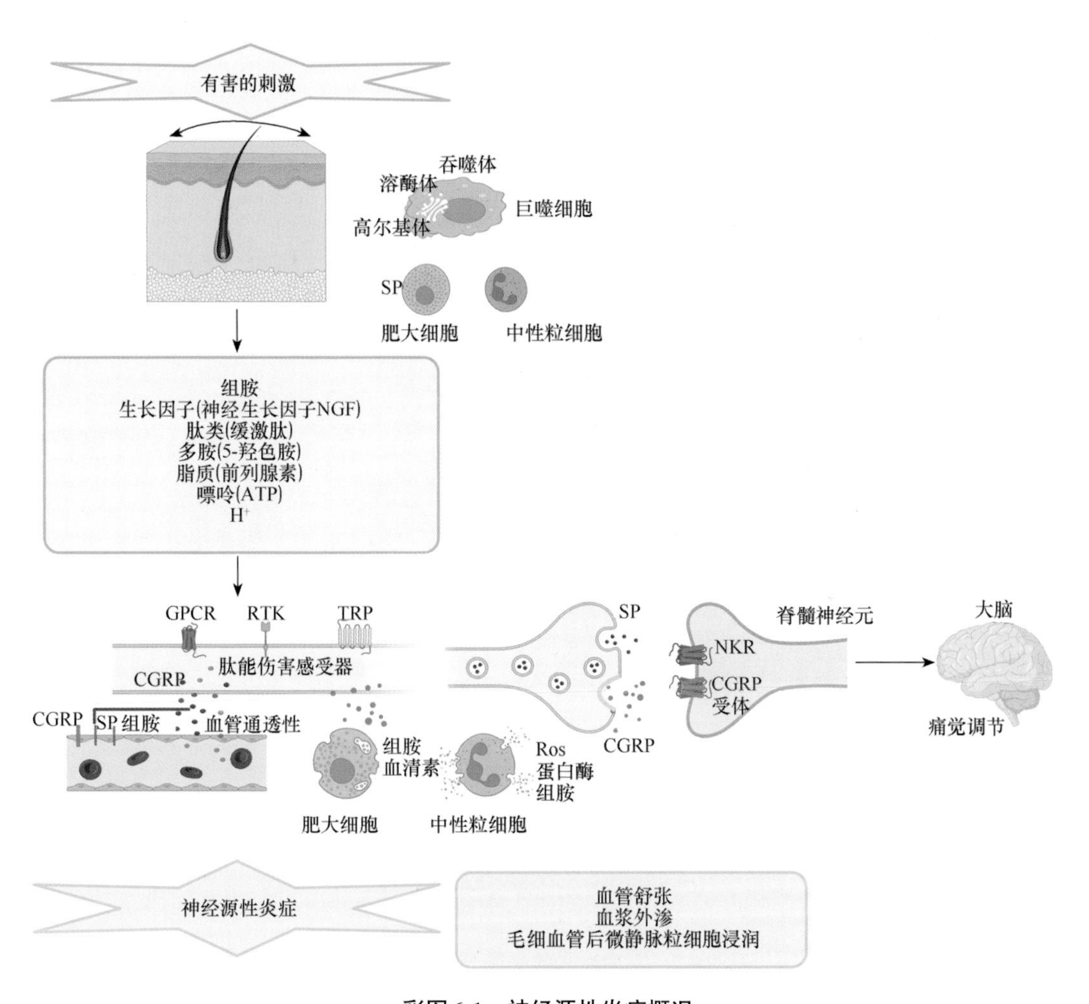

彩图 **6-1**　神经源性炎症概况

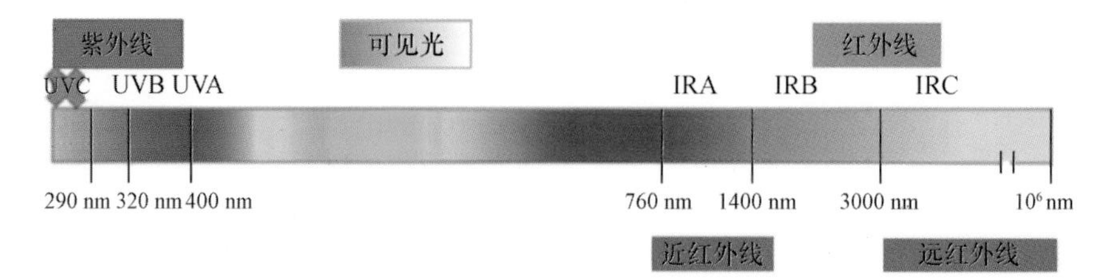

彩图 8-1　地表日光光谱

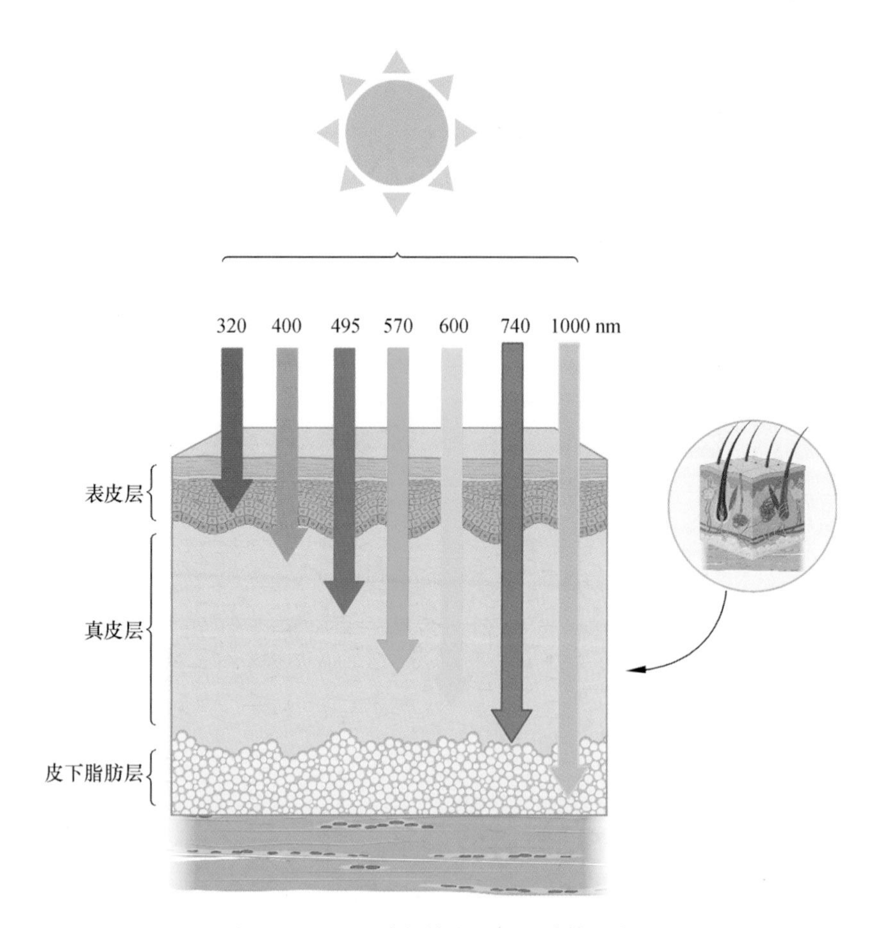

彩图 8-2　不同波长的光透入皮肤的深度

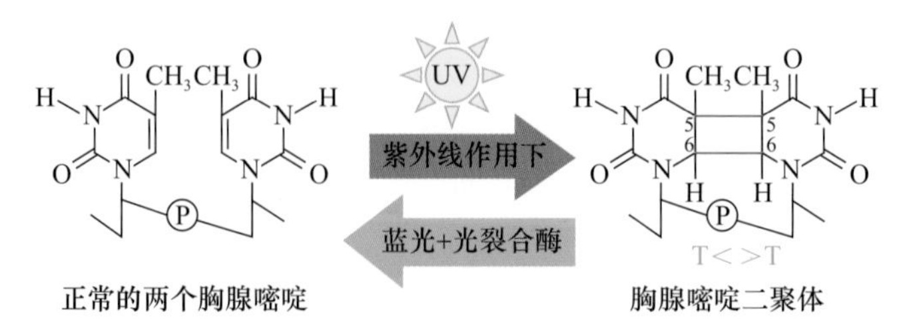

彩图 8-3　UVB 对 DNA 的损伤作用原理示意图

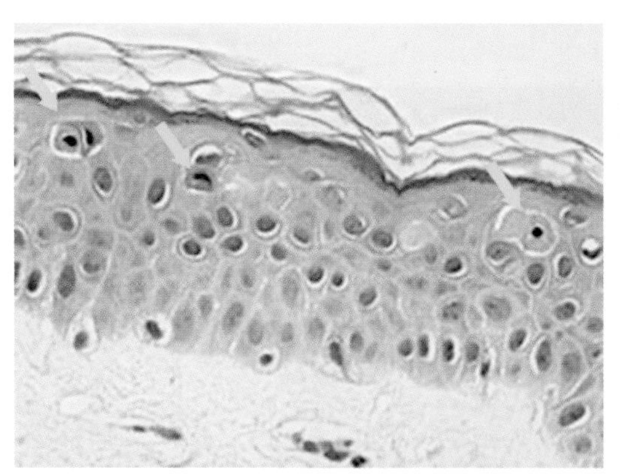

彩图8-4　表皮中的晒伤细胞（黄色箭头）

引自：dermatologyadvisor.com

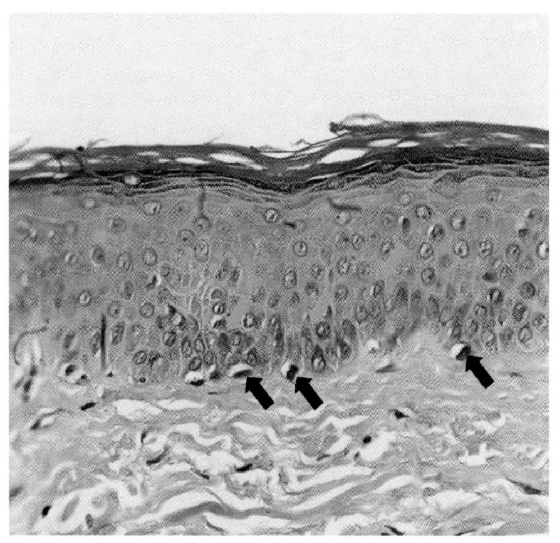

彩图8-5　表皮中角质形成细胞中的核上帽结构（绿色箭头）和黑素细胞（黑色箭头）

引自：冰寒．问题肌肤护理全书［M］．青岛：青岛出版社，2020：105.

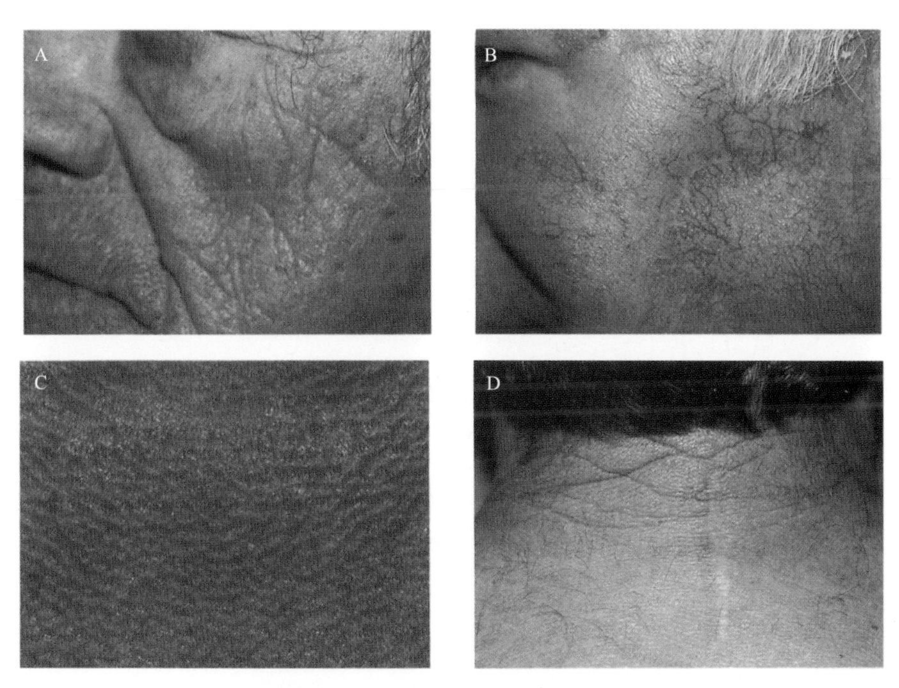

彩图8-10　光老化皮肤的特征性表现

引自：卡尔德隆（Calderone）和芬斯克（Fenske）

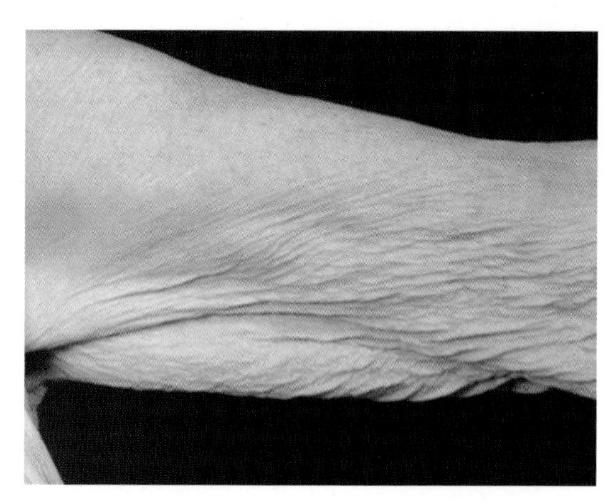

彩图8-11　内源性老化的皮肤：松弛和典型的绉纱样外观

引自：萨克斯（Sachs）和沃里斯（Voorhees）

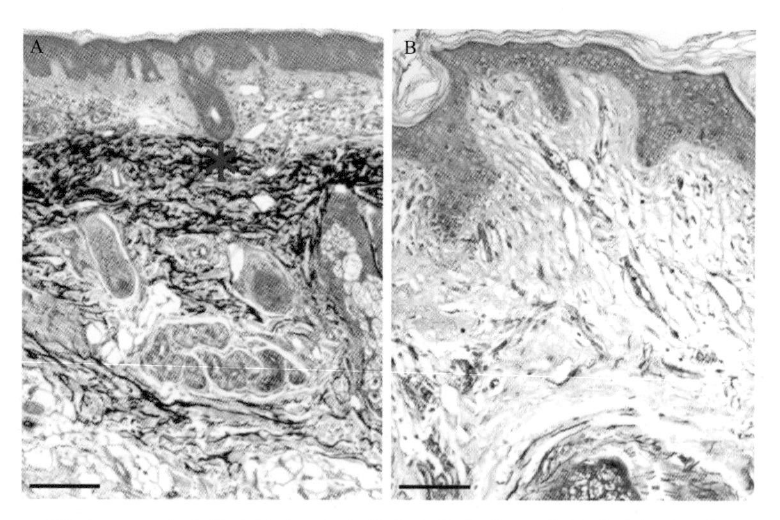

彩图8-12　光老化皮肤（A）和非光老化皮肤（B）的弹力纤维比较

石蜡切片地衣红染色，*处示着色的弹力纤维。引自：查尔斯德萨（Charles-de-Sá）等

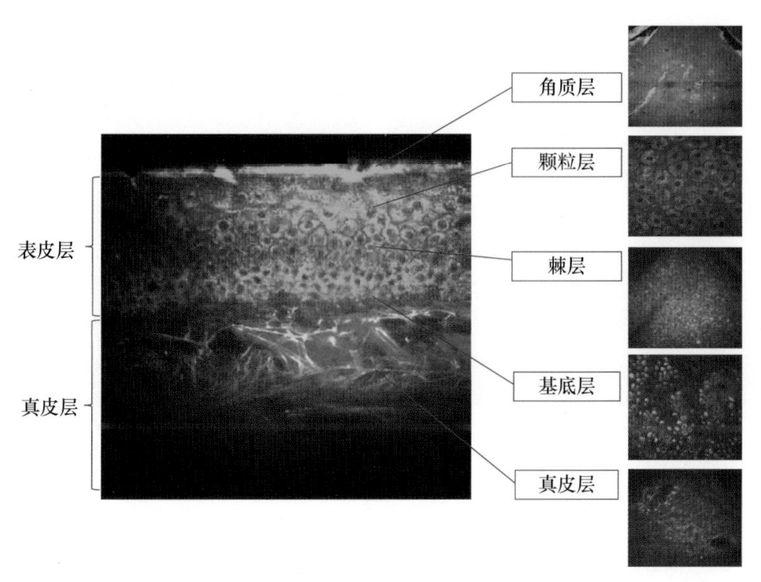

彩图9-4　皮肤不同结构成像

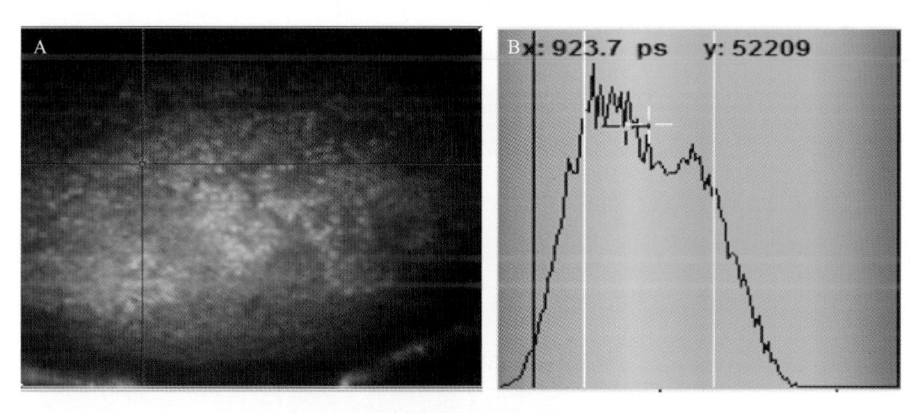

彩图9-5　荧光寿命成像进行黑色素分析

A：荧光寿命成像；B：成分荧光寿命分布

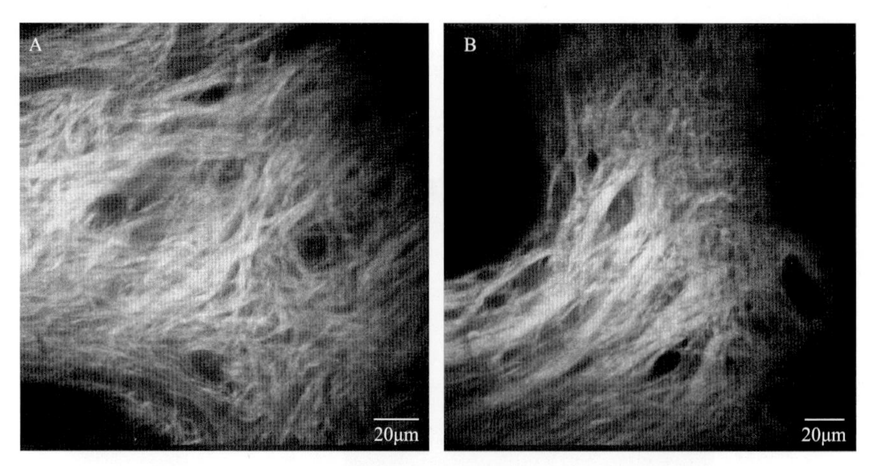

彩图 9-7　面部皮肤胶原蛋白形态结构（$z = 110\ \mu m$）

A：年轻受试者面部皮肤；B：年老受试者面部皮肤

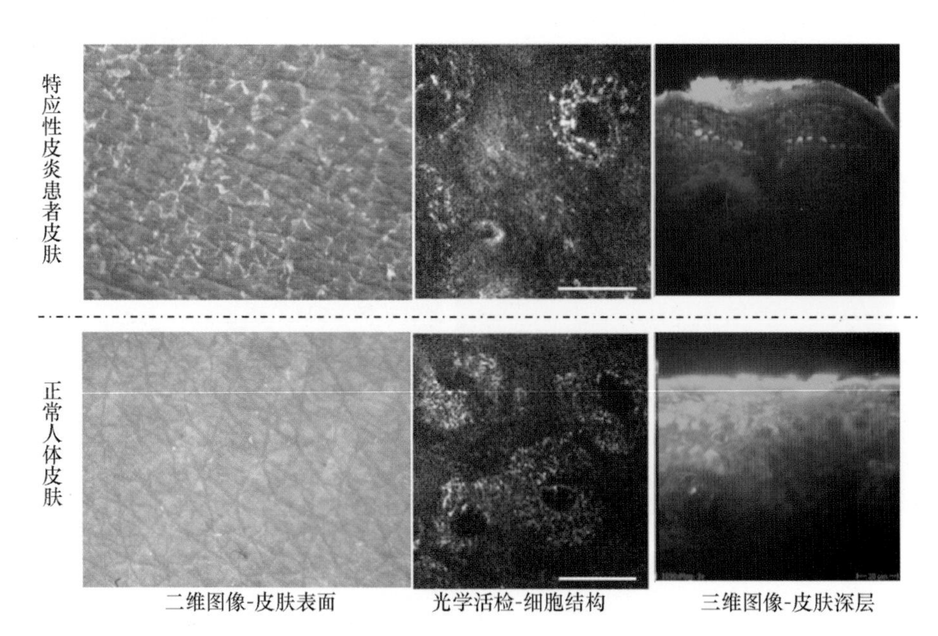

彩图 9-8　特应性皮炎患者与正常人体皮肤结构对比

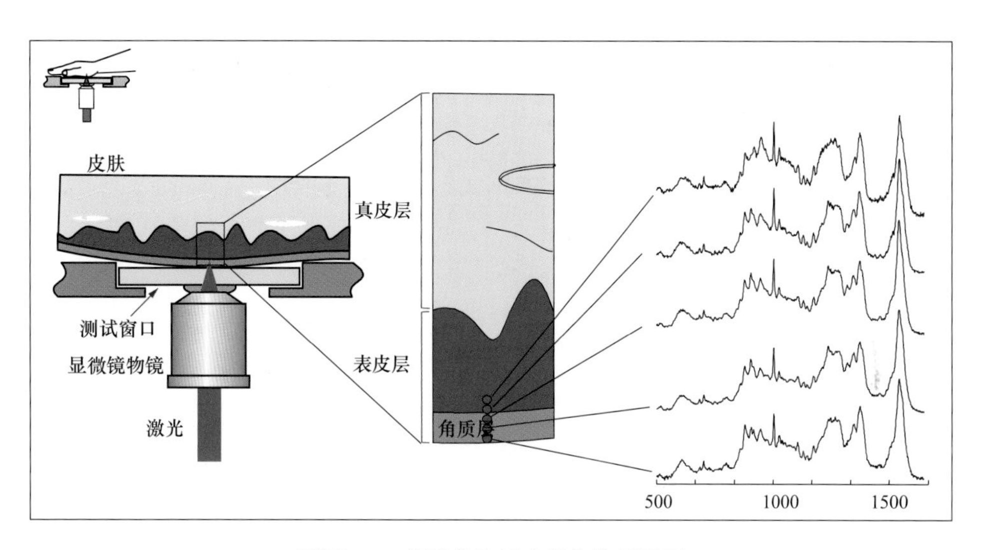

彩图9-9　共聚焦拉曼光谱仪作用原理

引自：Caspers P J，Lucassen G W，Bruining H A，et al．Automated depth-scanning confocal Raman microspectro-meter for rapid in vivo determination of water concentration profiles in human skin［J］．Journal of Raman Spectroscopy，2000 31（8-9）：813-818.

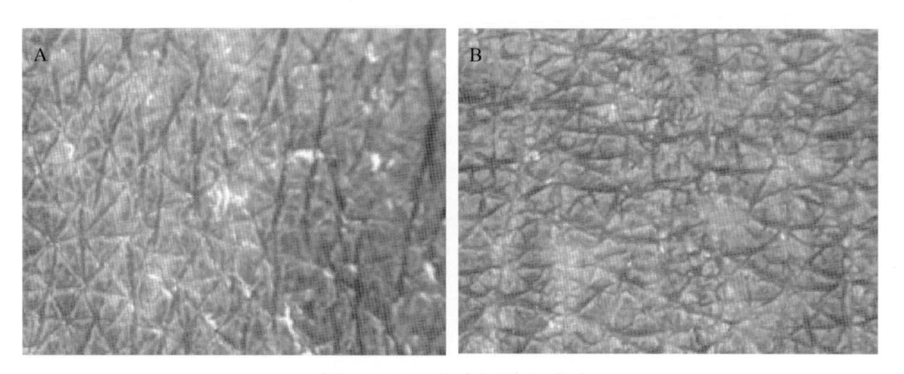

彩图9-17　皮肤粗糙度成像

A：产品使用前；B：产品使用后

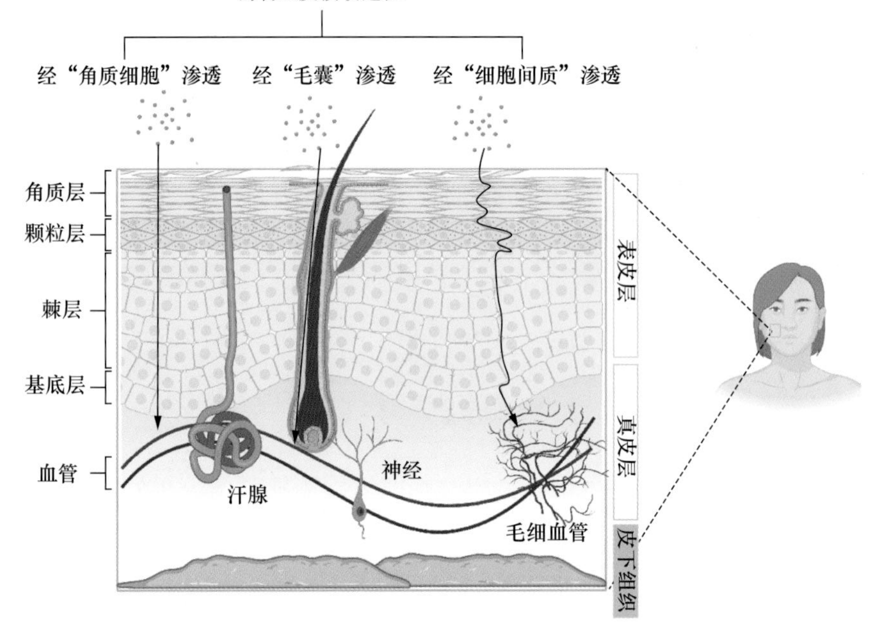

彩图 11-1　经皮吸收途径

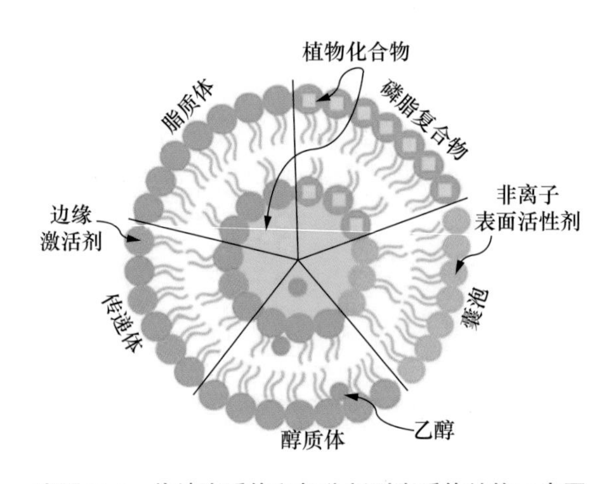

彩图 11-2　传统脂质体和部分新型脂质体结构示意图

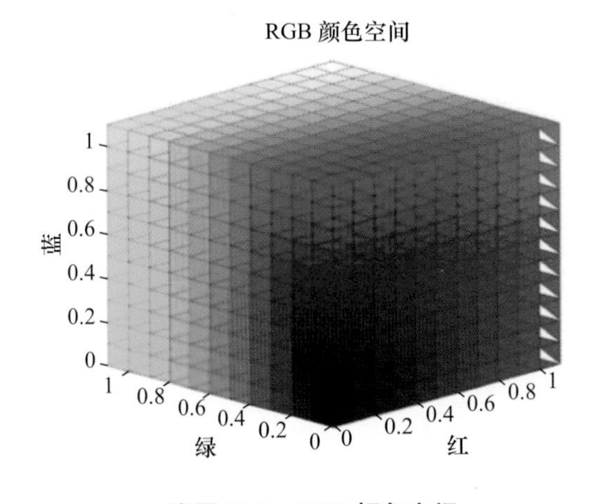

彩图 12-2　RGB 颜色空间

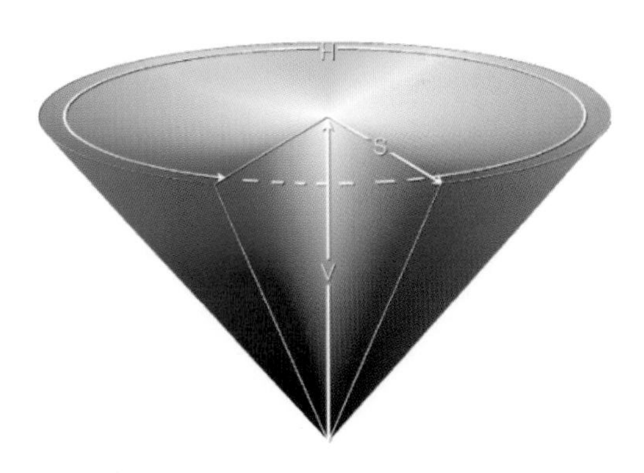

彩图 12-3　HSV 颜色空间

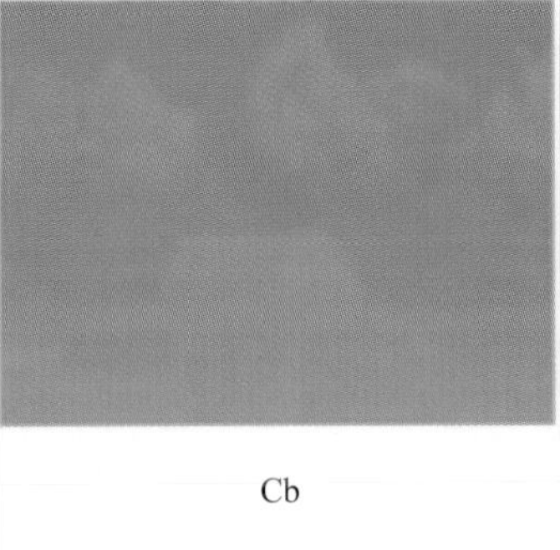

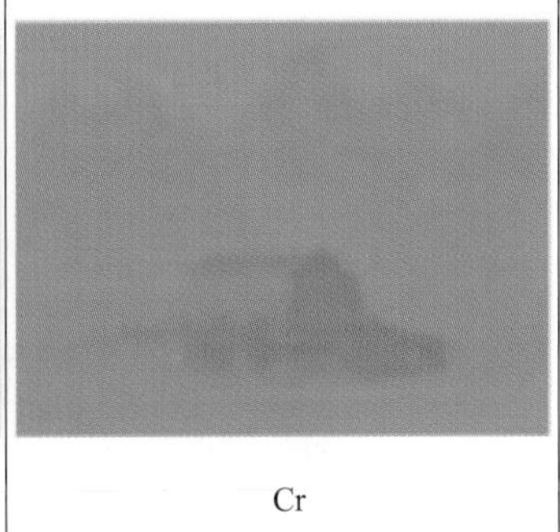

彩图 12-4　YCbCr 颜色空间

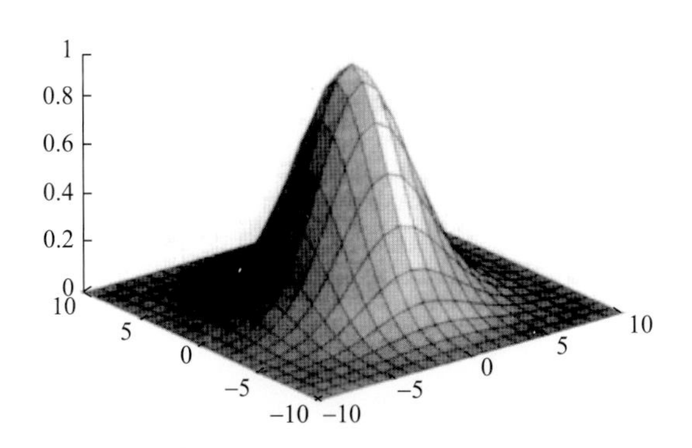

彩图 12-5　高斯模型示意图

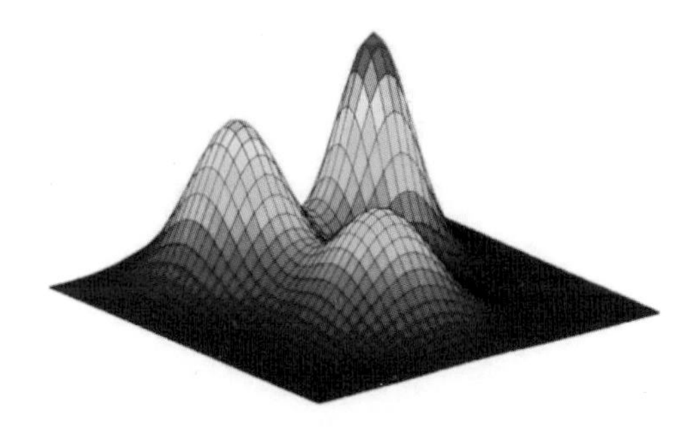

彩图 12-6　混合高斯模型示意图

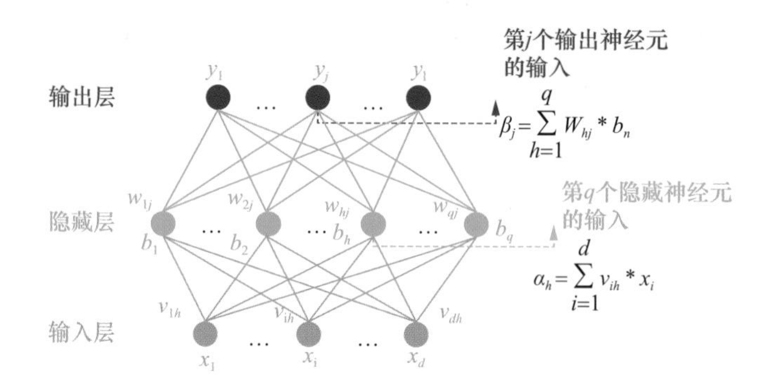

彩图12-8　反向传播神经网络

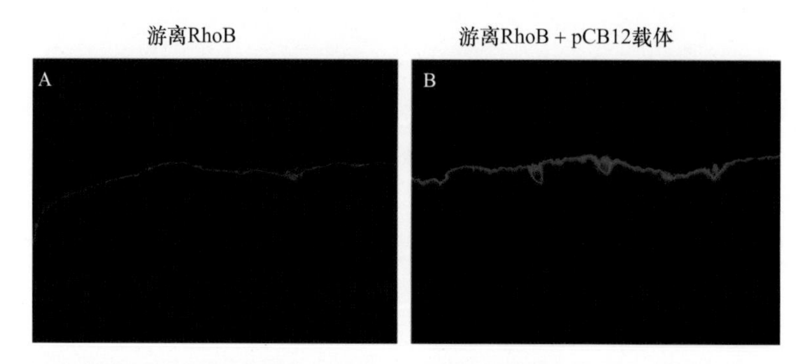

彩图14-7　激光共聚焦显微镜观察游离RhoB和RhoB纳米载体（pCB12载体）渗透猪皮的测试

渗透2小时后，游离活性物RhoB仅停留在皮肤表皮（A），且荧光强度弱，而包裹RhoB的pCB12纳米载体在皮肤中荧光强度明显强于游离RhoB（B）

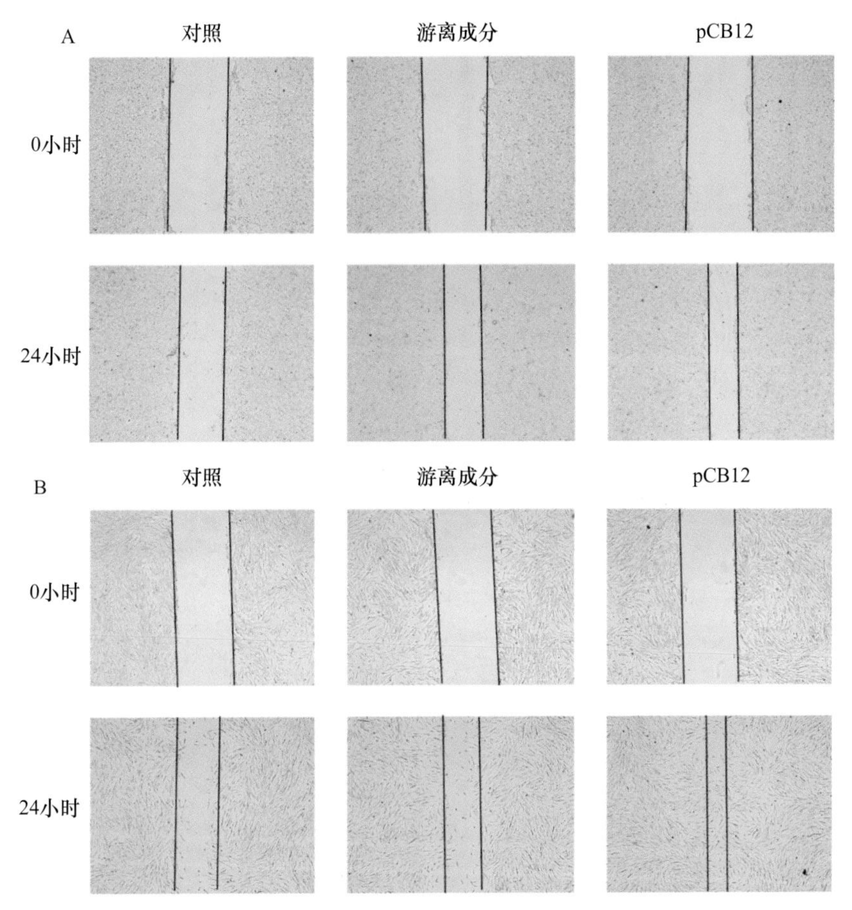

彩图14-8　游离成分、pCB12对HaCaT细胞（A）和人皮肤成纤维细胞（B）迁移的影响

与对照组比较，游离成分、pCB12组对HaCaT细胞和人皮肤成纤维细胞迁移能力增强，划痕宽度变小，其中pCB12组划痕宽度最小，说明pCB12对细胞迁移能力最强，对于细胞修复能力也最为明显

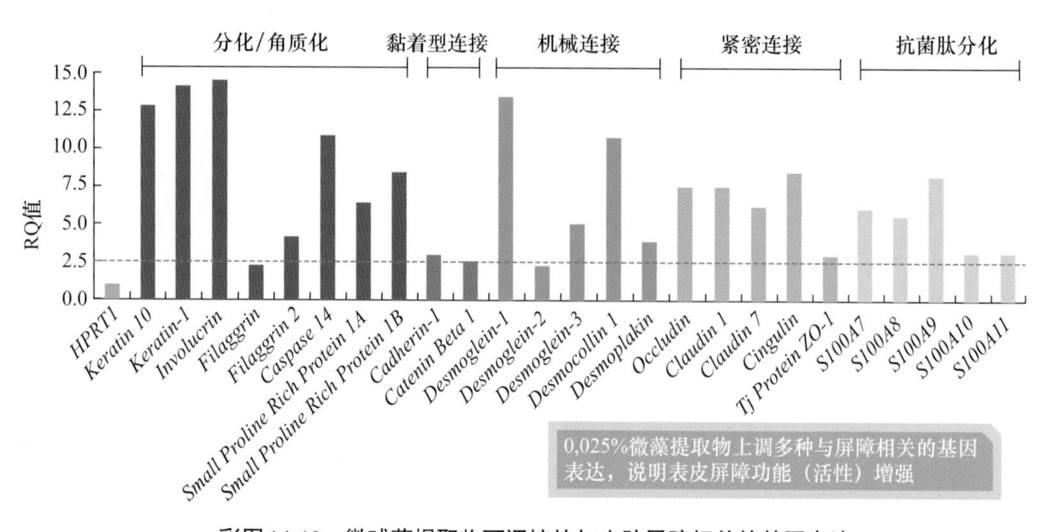

彩图 14-10　微球藻提取物可调控的与皮肤屏障相关的基因表达

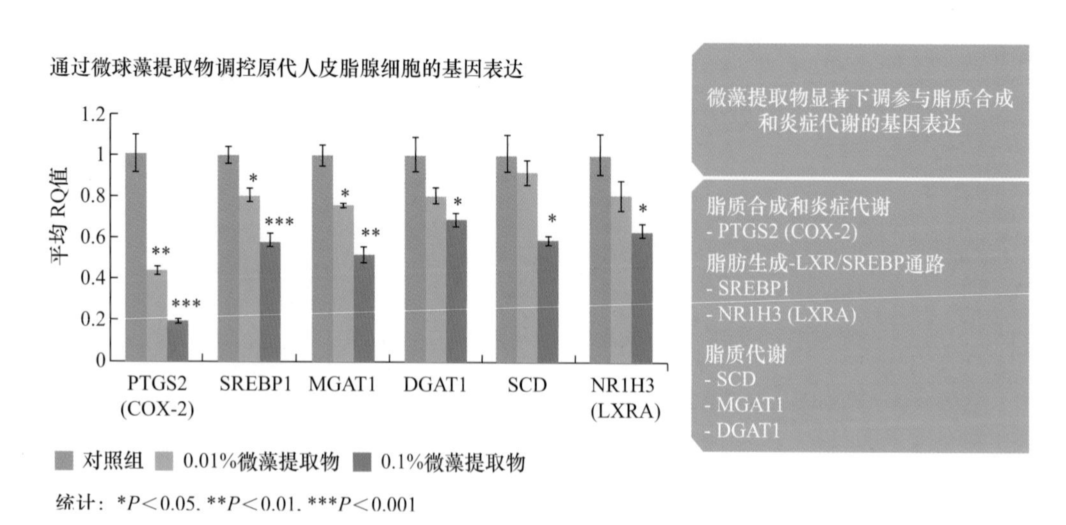

彩图 14-11　微球藻提取物可调控的与皮脂分泌和代谢相关的基因表达